腐蚀电化学

第二版

王凤平　敬和民　辛春梅　编著

化学工业出版社

·北京·

《腐蚀电化学（第二版）》以金属材料的电化学腐蚀与防护为主要内容，共分为三篇：第一篇讲述腐蚀电化学原理，内容包括：金属腐蚀的基本概念、腐蚀过程热力学、电化学腐蚀动力学、电化学腐蚀的阴极过程、金属的钝化、金属的局部腐蚀、金属在自然环境中的腐蚀等；第二篇主要介绍腐蚀电化学测试方法，主要内容包括：腐蚀电化学测量基础、稳态极化曲线测量及电化学阻抗谱方法等。第三篇为腐蚀电化学原理的应用，即材料保护技术，主要介绍缓蚀剂的腐蚀电化学、金属的电化学保护、电镀等。同时每章后所附的"科学视野"和"科学家简介"扩大了读者的知识面，增加了阅读本书的趣味性。

　　《腐蚀电化学（第二版）》可作为高等院校应用化学、材料学等专业《腐蚀电化学》或《金属腐蚀与防护》课程的教材，也可作为高等学校化工、机械、冶金方面有关专业开设相关课程的参考书，也可供有关专业的研究生或工程技术人员参考。

图书在版编目（CIP）数据

腐蚀电化学/王凤平，敬和民，辛春梅编著. —2版.
北京：化学工业出版社，2017.9（2023.5重印）
　ISBN 978-7-122-30113-0

Ⅰ.①腐…　Ⅱ.①王…②敬…③辛…　Ⅲ.①电化学
腐蚀　Ⅳ.①TG172

中国版本图书馆 CIP 数据核字（2017）第 156197 号

责任编辑：宋林青　　　　　　　　　装帧设计：关　飞
责任校对：吴　静

出版发行：化学工业出版社（北京市东城区青年湖南街 13 号　邮政编码 100011）
印　　装：北京建宏印刷有限公司
787mm×1092mm　1/16　印张 20¾　字数 518 千字　　2023 年 5 月北京第 2 版第 4 次印刷

购书咨询：010-64518888　　　　　　售后服务：010-64518899
网　　址：http://www.cip.com.cn
凡购买本书，如有缺损质量问题，本社销售中心负责调换。

定　　价：58.00 元

前　言

本书的全部内容建立在三个重要的基础上，第一，作者多年为应用化学专业本科生及研究生讲授《金属腐蚀与防护》、《金属腐蚀与防护实验》等必修课，积累了丰富的教学经验；第二，作者对现有金属腐蚀与防护科学成就进行了整理与总结；第三，作者及同事多年从事金属腐蚀与防护的研究，积累了一些科研成果。所以，本书适合从事金属腐蚀与防护以及与此有关的本科生和研究生学习腐蚀电化学理论及其研究方法，并将这些理论应用于实际。

本书具有如下几个特色。

（1）指导思想上

在选材和内容的编排上突出电化学腐蚀理论，但任何理论的发展都与实践紧密相连，离不开仪器的测试，所以本书不同于将金属腐蚀与防护都面面俱到的《金属腐蚀学》，而是将腐蚀电化学理论与腐蚀电化学测试紧密结合起来。另一个特点是突出了与腐蚀电化学知识有关的防护技术，旨在使读者清楚如何利用学到的腐蚀电化学知识为工农业生产服务，培养读者理论联系实际的能力。同时在编写中突出物理概念，尽量避免烦琐和不必要的数学推导，在保持全书系统和重点的前提下，充分考虑了相关知识的衔接和知识面的拓宽，对一些次要和不相关的内容作了大量的删减，使本教材既可以作为应用化学专业本科生的必修课程用书，也可以作为有关专业的研究生教学用书及相关人员的参考书。

（2）内容体系上

本书系统地、深入浅出地论述了腐蚀电化学的基本原理、主要研究方法以及腐蚀电化学理论在工业中的主要应用，内容上专注于金属的电化学腐蚀与防护，既考虑了腐蚀电化学的基础知识与腐蚀电化学研究及测试的统一，也考虑了腐蚀电化学的理论与应用的统一。同时为扩大读者的知识面，增加本书的趣味性和可读性，配合主干内容在"科学视野"部分精选了部分院士及专家学者的一些最新研究成果、科学展望、学科发展、科普常识等内容。为帮助读者树立正确的科学观，培养读者的人文素质，在每章最后介绍本领域著名的科学家业绩，以科学家事迹启迪人生。

（3）编排顺序上

全书以金属材料的电化学腐蚀与防护为主要内容，分为三篇：第一篇为腐蚀电化学原理，主要讲授金属腐蚀的热力学、金属腐蚀的动力学、电化学腐蚀的阴极过程、金属的钝化、金属的局部腐蚀、金属在自然环境中的腐蚀等；第二篇为腐蚀电化学测试方法，包括腐蚀电化学测量基础、稳态极化曲线测量及电化学阻抗谱方法等；第三篇为腐蚀电化学原理的应用，即材料保护技术，主要介绍缓蚀剂的腐蚀电化学、金属的电化学保护、电镀等。

（4）深度和广度上

本书的主要读者对象是应用化学专业没有系统深入学习过基础电化学的本科生，同时兼顾到腐蚀电化学专业的研究生，因此在深度上具有阶梯式特点，有些比较难的章节（如第10章电化学阻抗谱方法）本科生可以不讲或选讲，而作为研究生的必学内容。同时有些内容适合有关的科研人员参考。

为便于读者深入思考所学的内容，巩固所学的知识，加深对知识的理解，每章后有一定数量的紧紧围绕主干和重点内容的思考题和计算题。

学习好腐蚀电化学基本原理离不开与此密切联系的实践活动，希望读者在学习的同时多参加实验室的实践活动，使读者对金属材料腐蚀过程的基本原理和防护技术有更深刻的理解和掌握，为从事金属材料腐蚀与防护方面的工作或研究奠定扎实的基础。《腐蚀电化学》是一门以电化学为基础，涉及材料科学、物理化学、表面科学等学科的交叉性、综合性学科，同时又是一门实践性很强的专业课。目前该书的姊妹书《金属腐蚀与防护实验》已于2015年由化学工业出版社出版发行，有兴趣的读者可以参阅。

对本书做出贡献的专家学者有：王凤平教授主要完成第2、3、4、5、6、7章，习题及附录的编写；敬和民副教授主要完成第1、10、11、12、13章的编写；辛春梅教授主要完成第8、9章的编写。湖南大学化学化工学院余刚教授在百忙中为本书提出了许多宝贵的意见和建议。与此同时，作者还参考了国内外大量的专著、文献以及本书作者的部分研究成果，一并列在参考文献中。王晓丹、刘丹、朱梦思、张航、姜鼎、郭亦菲等担任本书部分文字的输入和图表绘制。作者向所有为本书做出贡献的同仁表示衷心的感谢。全书最后由王凤平润色和定稿。

由于编者水平有限，书中缺点疏漏在所难免，如蒙指正，不胜感激（wang_fp@sohu.com）。

编著者
2017 年 5 月于大连

目　录

第一篇　腐蚀电化学原理

第二篇　腐蚀电化学测试方法

第8章　腐蚀电化学测量基础 ·· 166

第三篇　金属的电化学防护技术

第11章　缓蚀剂 ·· 236

绪　　论

金属腐蚀与防护的研究对象是材料，具体地说是金属材料，之所以要研究金属材料（尤其是钢铁材料）的腐蚀与防护，不仅因为金属材料在工农业生产中用量巨大，而且还因为大多数金属材料在一定条件下很容易遭到腐蚀破坏，而这种腐蚀破坏很大部分都是电化学腐蚀。腐蚀电化学是应用电化学基本理论来研究金属材料发生的电化学腐蚀规律与行为、如何进行金属腐蚀研究以及如何防止金属材料腐蚀的一门科学。所以，腐蚀电化学与金属材料有密切的关系。

0.1　材料的分类

一般来说，材料按其状态可分为三大类：气态、液态和固态。工程技术中最普遍使用的是固态材料。

按特性可将材料分为三大类：金属材料、无机非金属材料和有机高分子材料。

无机非金属材料主要是硅酸盐材料，包括陶瓷、玻璃、水泥和耐火材料四类。它们的主要原料是天然的硅酸盐矿物和人工合成的氧化物及其他少数化合物。它们的生产过程与传统的陶瓷生产过程相同，需经过原料处理-成型-煅烧三个阶段。在这四类材料中，陶瓷是最早使用的无机材料，因此无机非金属材料又常常被统称为陶瓷材料或硅酸盐材料。

高分子材料是以 C、H、N、O 等元素为基础，由许多结构相同的小单位重复连接组成的，含有成千上万个原子，分子量很大。目前高分子材料的分类方法很多，根据来源可分为天然和人工合成两类；根据使用性质可分为塑料、橡胶、纤维、胶黏剂、涂料等。

金属材料通常分为黑色金属材料和有色金属材料两类。黑色金属材料包括铁、锰、铬及其合金。有色金属材料指除铁、锰、铬以外的其他金属及其合金。有色金属大约有 80 余种，分为轻金属（Mg，密度 $1.74g/cm^3$，Al，密度 $2.78g/cm^3$，Be，密度 $1.85g/cm^3$，Ti，密度 $4.52g/cm^3$，等），重金属（Pb、Hg、Cu、Zn 等），贵金属（Au、Ag、Pt、Pd），类金属（Si、As、Te、Se、B 等）和稀有金属（铂系元素）五类。

按性能划分，可将材料分为结构材料和功能材料。

结构材料（structural materials）是指用于承载目的的，能承受外加载荷而保持其形状和结构稳定的材料，在物件中起着"力能"的作用，如强度、硬度等，结构材料须具有优良的力学性能，这类材料主要用来制造结构件。

功能材料（functional materials）是指用于非承载目的的，具有一种或几种特定功能的材料，要求具有优良的物理、化学和生物功能，在物件中起着"功能"的作用，如材料的物理功能（热、声、光、电、磁），化学功能（感光、催化、含能、降解），生物功能（生物医药、生物模拟、仿生）等。这类材料主要用来制造具有某种特殊用途的器件，例如，用来制造导线的纯铜就是利用了纯铜的电阻率很小的特性。

按使用领域划分可将材料分为航天材料、建筑材料、电子材料、医用材料、仪表材料、能源材料等。

0.2 金属腐蚀与社会发展

在上述各种材料中，金属材料是最易遭受破坏的材料。众所周知，钢铁材料在使用过程中很容易生锈，钢铁生锈是金属腐蚀的一种形式，如果不采取适当的措施，钢铁很快就不能起到它应有的作用，严重的甚至发生意外事故。

当金属和周围介质接触时，由于发生化学或电化学作用而引起的破坏称为金属的腐蚀。从热力学观点看，除少数贵金属（如 Au、Pt）外，各种金属都有转变成离子的趋势，即金属腐蚀是自发的、普遍存在的现象。

金属材料的腐蚀广泛存在于工业生产和生活设施的几乎所有领域中，由于金属材料的腐蚀而造成的损失是巨大的。根据美国、英国两国全面的腐蚀调查报告，腐蚀的直接经济损失分别占其国民总产值的 3.5% 和 4.2%。据美国及前苏联估计，世界上每年由于腐蚀而报废的金属设备和材料相当于金属年产量的 20%～40%，而 10% 则因腐蚀散失掉无法回收。

虽然我国目前没有对腐蚀的年经济损失作全面准确的统计，但是仅就国外的一些局部的统计数字，以及 1999 年我国工业与自然环境腐蚀调查的初步统计，就可以想象我国由于金属材料的腐蚀造成的经济损失也是巨大的。因此，金属材料的腐蚀和保护，是关系国计民生和国防建设的一个重要问题。

金属腐蚀问题几乎涉及人类生活的方方面面。其中金属腐蚀最严重的几个领域有：石油化工、航空航天、船舶制造、核能等现代工业。下面的几个例子足以说明腐蚀的危害。

(1) 石油化工系统的腐蚀

图 0-1 是某含硫天然气油田油管使用了仅 1 年半后取出的油管实物照片。井下油管不仅被腐蚀得形若筛孔，而且油管断裂跌落到井底，破坏了油气田的正常生产。重新更换报废的油管必须用泥浆压井。即使更换了油管，泥浆压井的残留物对油气采出通道的堵塞会使油气井大大减产。这些都会造成巨大的经济损失。

又如某海洋采油平台，仅使用 10 年就因严重腐蚀而不得不封井报废。图 0-2 示出了这一平台关键部位——管节点——腐蚀穿孔和腐蚀裂开的照片。即使下海才使用 4～5 年的新的海洋采油平台，在阴极保护条件下，平台的管节点普遍发生明显的小孔腐蚀和腐蚀裂开。这些腐蚀破坏的失稳扩展会造成巨大的经济损失和严重的社会后果。

随着我国沿海地区从中东以及西北地区从中亚进口含硫原油数量的增加，还有我国含硫油田的开发，进口原油量及加工原油平均含硫量逐年增高。炼油厂在炼制高硫原油时，因腐蚀裂开造成爆炸和人身伤亡的恶性破坏事故会产生严重的社会后果。某中外合资的石油化工厂，在炼制从中东进口的高硫原油时，在高温高压加氢反应器的前部，从国外进口的 321 不锈钢进料阀和同种材料的后部出料管仅使用 2 年就因发生硫化物腐蚀裂开，阀体上产生长约 500mm 的穿透性腐蚀裂纹，360℃、14MPa 的高温高压氢气、硫化氢和热油流突然从裂口喷出，所幸附近没有火星，否则，由此造成的后果将不堪设想。含硫原油炼制过程中硫和硫化物引起的设备腐蚀长期困扰着炼油工业生产，为确保我国炼油工业的发展和生产的长周期运行，开展含硫原油炼制过程中活性硫腐蚀的系统研究具有重要的意义。

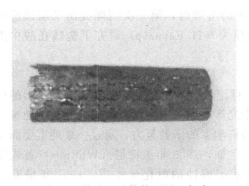

图 0-1 某油田油管使用了 1 年半
后取出的实物照片

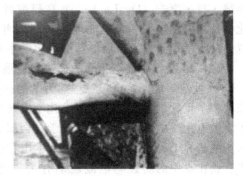

图 0-2 海洋采油平台管节点的腐蚀裂开

（2）军事装备方面的腐蚀

各军兵种的军用电子装备在一定环境中普遍受到程度不同的腐蚀，破坏了它们的可靠性，电子装备早期失效直接影响乃至丧失它们的作战能力。例如，1990 年美国空军的电子装备因腐蚀而失效者占其失效总数的 20%。同年，全世界用于与腐蚀有关的电子装备的维修费达 50 亿美元。另有报道称，因为海洋环境具有更强的腐蚀性，海军舰载电子装备的可靠性在更大程度上受到腐蚀的影响。

武器装备在平时防锈封存的质量直接关系到其在战时的作战性能。20 世纪 80 年代中期，世界范围内枪械的防锈封存有效期曾远低于计划要求的期限。经过改进防锈技术与工艺，才使防锈封存有效期达到了战备的要求。

不仅常规武器存在因腐蚀而影响战备的记录，核武器也有因腐蚀而影响战备的案例。例如，有报道表明，战术核武器中的核裂变材料，在 α 射线和高温的腐蚀性大气环境条件下储存时发生的大气腐蚀已经影响到核武器的作战性能。

（3）粮食存储系统的腐蚀

原设计使用寿命为 30 年的某粮库的现代化钢板仓大型仓储设备，由于地处海洋大气环境，因设计选材不当，使用不到 2 年镀锌钢板仓顶就发生严重腐蚀。加上其后错误的防腐蚀施工和维修保养不当，致使这个储备粮库的 24 座钢板仓大型仓储设备无法使用。

由此可见，金属腐蚀破坏严重阻碍了工农业生产、国防建设、环境保护等人类社会物质文明的建设，上述这些腐蚀均为金属的电化学腐蚀。

0.3　腐蚀电化学科学发展简史

（1）19 世纪腐蚀电化学的萌芽时期

18 世纪中期到 19 世纪中期，英国开始的工业革命给人类社会带来了极为重要的影响，近代工业和交通运输业的发展，促进了金属腐蚀和防护技术的发展，也推动了电化学和腐蚀电化学的发展。早在 1790 年，凯依尔（Keir）就描述了铁在硝酸中的钝化现象。1824 年戴维提出阴极保护原理，将锌阳极用于保护英国军舰，以防止舰身外壳铜包皮在海水中的腐蚀。1830～1840 年间，法拉第（Faraday）首先确定了金属的阳极溶解量和通过电量之间的定量关系，即法拉第定律，这对腐蚀电化学理论的进一步发展具有重要的意义。法拉第还提出了在铁上形成钝化膜的历程及金属溶解过程的电化学本质的假设。几乎在同一时期，1830

年德·拉·李夫（De. La. Rive）在研究锌在硫酸中的溶解时，第一次明确提出了腐蚀的电化学特征的观点——微电池理论。1881 年，卡扬捷夫（Н. Каяндер）研究了金属在酸中溶解的动力学，指出了金属溶解的电化学本质。

(2) 20 世纪腐蚀电化学的形成和发展时期

19 世纪末能斯特电极过程热力学的研究和 20 世纪 30 年代德拜-休克尔溶液电化学的研究取得了重大的进展，形成了电化学发展史上两个光辉时期。电化学理论的发展极大地推动了腐蚀电化学的进步。经过电化学、金属学等学科科学家的辛勤努力，通过一系列重要而又深入的研究，确立了腐蚀历程的基本电化学规律。例如，1903 年惠特尼（Whitney）首先发现：铁在水中的腐蚀与电流流动有关，进一步揭示了腐蚀的电化学本质。1905 年塔菲尔（Tafel）根据实验结果找到了过电位与电流密度的关系式，即塔菲尔公式。1932 年，现代腐蚀科学的奠基人伊文思（Evans）及其同事如霍尔（Hoar）等用实验证明了金属表面存在着腐蚀电池，其阳极区和阴极区之间流过的电量与金属的腐蚀量直接有关，发表了许多经典性的著作，揭示了金属腐蚀过程的电化学基本规律。20 世纪 30 年代初期，巴特勒（Butler）和伏尔摩（Volmer）根据电极电位对电极反应活化能的影响推出了著名的电极反应动力学的基本公式，即 Butler-Volmer 方程。1938 年，瓦格纳（Wagner）和楚安德（Trand）提出了在金属表面发生一对共轭腐蚀反应和混合电位的概念。同年，布拜（Pourbaix）计算并绘出了大多数金属的电位-pH 图。在当时的苏联，弗鲁姆金（Фрумкин）及阿基莫夫（Акимов）和托马晓夫（Томщов）等人，分别从金属溶解的电化学历程与金属组织结构和腐蚀的关系方面提出了许多新见解。一直到 20 世纪 40 年代，这些科学家的系统研究工作奠定了金属腐蚀电化学的动力学基础。

20 世纪 50 年代以后，随着腐蚀电化学理论的不断完善和发展，腐蚀电化学研究方法也得到了相应的发展，同时也诞生了腐蚀电化学研究的重要测试仪器——恒电位仪，所以，这一阶段腐蚀电化学的研究主要集中在实验测试方法上。如 20 世纪 40 年代末、50 年代初电化学暂态研究方法的建立和发展，促进了腐蚀电化学界面和电极过程宏观动力学研究的迅速发展。在金属腐蚀的电化学测量中做出了重要贡献的是 Stern 和他的同事，他们在 1957 年提出了线性极化的重要概念，虽然线性极化技术有一定的局限性，但仍是实验室和现场快速测量腐蚀速率的一种简单可行的方法。许多腐蚀电化学工作者在随后的十余年中，又做了许多工作，完善和发展了极化电阻技术。

自 20 世纪 80 年代以来，微电子技术和计算机技术的发展使本来在电化学研究中测量过程比较繁复的交流阻抗的应用研究愈来愈普遍，以致在 20 世纪 80 年代后期国际上不少知名的电化学家将以前的电化学的交流阻抗测量作为一个学术领域，更名为电化学阻抗谱（electrochemical impedance spectroscopy，简称为 EIS），并于 1989 年 6 月在法国举行了第一届 EIS 国际学术会议。法国的 I. Epelboin 及其同事、德国的 H. Schweickerth、英国的 R. D. Armstrong 实验室、日本的 S. Haruyama（春山志郎）以及我国的曹楚南院士等对金属腐蚀过程的阻抗研究都达到了很高的水平。利用电化学阻抗谱研究电化学腐蚀过程的主要优点为：一是可以像暂态测量那样获得整个动力学过程中的一些子过程或反应步骤的动力学信息；二是可以获得电极表面状态的信息，至少可以测得电极表面的界面电容的数值。这对于研究金属表面状态的变化对电化学腐蚀过程的影响，例如缓蚀剂在腐蚀金属表面上的吸附是很有用的。

从 1987 年开始，M. Stratmm 及其合作者提出了应用开尔文（Kelvin）探针技术测量探针与腐蚀金属电极表面上的薄水膜下金属表面的腐蚀电位，可以说这是 20 世纪后期腐蚀电化学测量技术的重要进展。因为利用这种技术不需要测量参比电极与腐蚀金属电极之间的电动势，解决了用通常的方法测量薄水膜下金属表面的腐蚀电位时难以在薄水膜中安置参比电极的问题。

(3) 21 世纪的腐蚀电化学

金属的电化学腐蚀和腐蚀的电化学控制，目前基本上还建立在唯象理论基础上，腐蚀理论和技术上的突破将主要依赖金属等材料界面电化学分子水平的研究。当前的研究主要包括：在复杂的宏观体系中基元腐蚀过程及其相互作用的理论模型；决定体系使用寿命的参数及寿命预测；对重要技术设备腐蚀实时监控的传感器技术；应用于腐蚀保护的新电极材料；耐蚀新材料的开发；金属钝化膜的成分、晶体结构及电子性质，钝化膜局部破坏和金属局部腐蚀的理论模型、统计处理及原位微区测试技术；金属表面耐蚀处理的技术和理论；缓蚀剂电化学行为的分子水平研究。

【科学视野】

金属腐蚀与化学的关系

1. 金属腐蚀学是一门跨学科的交叉科学

钢铁为什么会生锈？能不能使金属不发生腐蚀？

金属的腐蚀过程是通过什么途径进行的？影响腐蚀破坏的速率因素主要有哪些？

如何防止金属的腐蚀破坏？

这些既是材料科学的问题，更与化学有着密不可分的联系。所以说，金属腐蚀是一门跨学科的交叉科学。

金属发生腐蚀的本质是一种化学过程。根据金属腐蚀机理，可将金属腐蚀分为化学腐蚀和电化学腐蚀。化学腐蚀是指金属表面与非电解质直接发生纯化学作用而引起的破坏。电化学腐蚀是指金属表面与电解质溶液发生电化学多相反应而引起的破坏。电化学腐蚀是一种最普遍、最常见的腐蚀。金属在大气、海水、土壤和各种电解质溶液中的腐蚀都属此类。不论是化学腐蚀还是电化学腐蚀，其腐蚀的本质是一样的，都是在腐蚀过程中发生了氧化还原反应，所以化学的基本原理是我们认识金属发生腐蚀的基础。

从能量变化的观点看，既然炼铁是吸收能量的过程，那么根据能量守恒定律，生锈必然是放出能量的过程。金属在遭到腐蚀之后，把存在于金属内部的化学能转变成热能放出，结果金属的能量降低了。显而易见，能量上的差异是产生腐蚀反应的推动力，而放出能量的过程便是腐蚀过程。伴随着腐蚀过程的进行，将导致腐蚀体系自由能的减少。因此，金属腐蚀是一种自然趋势，这种趋势可以用热力学第二定律及反应的吉布斯自由能变化来定量地表达。这是物理化学的知识体系。

既然金属腐蚀是体系（材料与制品）与环境之间发生的化学、电化学多相反应，那么金属腐蚀过程不仅受到化学、冶金因素的影响，而且与金属所处的环境有密切的联系。金属本身的性质包括金属的种类、纯度、金相组织、电化学不均匀性、表面状态（表面能）等，环境因素有温度或腐蚀性介质等。一个最明显的例子就是，不锈钢在不含卤素离子的水中是很耐腐蚀的，而普通的碳钢在相同的环境中则很快就生锈。所以影响金属腐蚀的内因是冶金因素，外因除了介质的种类外，还包括结构因素、力学因素及生物因素等。所以，金属腐蚀科学的形成建立在化学、金属学、表面科学、力学、机械学和生物学等相关学科的基础上，同时，相关科学技术与腐蚀科学的相互渗透，又在很大程度上影响着腐蚀科学的发展。所以，就腐蚀科学的特点而言，金属腐蚀学是一门跨学科的、应用性极强的交叉学科。

尽管金属的腐蚀与防护是一门涉及较广的交叉学科，但从金属腐蚀的本质看，金属腐蚀与化学、电化学变化有着密切的关系。对金属腐蚀规律和机理的研究必然以化学理论为出发点，更确切地说，物理化学中的电化学理论是金属腐蚀与防护科学的理论基础，电化学与金属腐蚀与防护学科有着最密切的联系。

尽管金属腐蚀与防护科学是一门交叉学科，然而并不要求从事腐蚀科学的研究人员都要精通上述提及的所有学科，事实上也是很难办到的。

2. 物理化学是金属腐蚀与防护的基础

最早从事金属腐蚀与防护的科学家多为化学出身。前苏联科学院的通讯院士阿基莫夫（G. V. Akimov）及其继承人、前苏联科学院物理化学研究所所长托马晓夫（N. D. Tomashov），在 20 世纪中叶对于金属腐蚀科技领域的发展做出了重要贡献。英国著名的电化学家伊文思（Evans）早在本世纪的 20 年代前后就开始了金属腐蚀理论的研究。这些著名化学家提出的金属腐蚀理论奠定了腐蚀学科成为独立科学的基础。

化学腐蚀服从多相化学反应动力学的基本规律，而电化学腐蚀服从电极过程动力学中的基本规律。这些都是物理化学的主要分支。尽管电化学腐蚀不是金属腐蚀的全部，但绝大部分的金属腐蚀是通过电化学腐蚀途径进行的。因此，金属腐蚀与防护是以物理化学和金属学作为理论基础。尤其是物理化学中的化学热力学可以在理论上判断金属腐蚀发生的趋势和可能性，电极过程动力学和多相反应的化学动力学等对于研究金属腐蚀机理及防护都起了极为重要的作用。

既然腐蚀是一种化学或电化学过程，很显然，从事金属腐蚀研究工作者必须熟悉化学的基本理论以便能理解腐蚀反应，探究反应机理，提出防护对策。举一个简单的例子便可说明这一点。一个人生病要看医生，通过医生的检查、化验及诊断，医生给患者提出正确的治疗措施，从而使患者康复。所以医生的职责是给病人看病。而金属腐蚀研究者是金属材料的医生。实际上，金属腐蚀与防护研究固然需要掌握金属腐蚀与防护科学的知识，只有这样，才能在错综复杂的腐蚀体系中提出腐蚀的防护对策。然而，仅仅提出防护对策才解决了问题的一半，还要进一步研究腐蚀的机理。作为金属腐蚀研究工作者，不仅要知道腐蚀的行为或规律，更要知道腐蚀的机理。而研究腐蚀机理必然要涉及电化学过程，所以，就金属腐蚀和防护技术这门学科的发展趋势而言，更突出反映了它的学科交叉特性和极强的应用性。它的发展不仅取决于生产发展的需要，而且，还在极大程度上得益于众多相关技术取得的成果。

近三十年来，随着现代工业的迅速发展，使原来大量使用着的高强度钢和高强度合金构件不断地出现严重的腐蚀问题，从而促进许多新的相关学科（如现代电化学、固体物理学、材料科学、工程学以及微生物学等）的学者们对腐蚀问题进行综合研究，并形成了许多边缘学科分支，如腐蚀电化学、金属腐蚀学、腐蚀工程力学、腐蚀测试技术、生物腐蚀学和防护系统工程等，所有这些都离不开物理化学的理论支持。化学与金属腐蚀有着千丝万缕的联系。

3. 让化学理论为金属腐蚀与防护服务

金属腐蚀问题遍及国民经济和国防建设各个部门，但较严重的腐蚀主要集中在化学工业及石油与天然气等工业部门，因为在化工及石化生产中，金属机械和设备常与强腐蚀性介质（如酸、碱、盐等）接触，尤其在高温、高压和高流速的条件下，腐蚀问题更显得突出和严重。

金属腐蚀是可以预防和控制的。如果全面采用防腐蚀技术，我国目前每年至少可以少付出 700 亿元的损失。这些防腐蚀技术多与化学有着密切的联系。例如缓蚀剂防腐技术、电化学保护技术、金属和非金属防护层技术等都是以化学基本原理为出发点的。

然而由于种种原因，许多成熟的防腐蚀技术尚未在我国推广应用，许多发达国家早已解决多年的腐蚀现象在我国的工业企业中还被视为无法解决的难题。就目前来讲，最大限度降低金属腐蚀造成损失的关键在于：大力开展金属腐蚀的预测和防护的研究，培养懂得金属腐蚀与防护知识的综合人才。

化学工业及石油与天然气工业的特点决定了化学工业必须重视金属腐蚀问题，不仅在高等教育中要重视金属腐蚀与防护的教学，同时在中等教育中也要普及金属腐蚀与防护的知识。在现今的初中和高中化学教材中，金属腐蚀与防护的教学内容占有了一定的比例，的确是令人可喜的。

【科学家简介】

荣获 2016 年度诺贝尔化学奖科学家

2016 年 10 月 5 日下午 5 点 45 分，法国的 Jean-Pierre Sauvage、美国的 J. Fraser Stoddart 和荷兰的 Bernard L. Feringa 三位科学家荣获 2016 年度诺贝尔化学奖，以表彰这三位科学家在"分子机器的设计与合成"方面做出的杰出贡献。

Jean-Pierre Sauvage   J. Fraser Stoddart   Bernard L.Feringa

Jean-Pierre Sauvage 于 1944 年出生于法国巴黎。1971 年从法国斯特拉斯堡大学（Université de Strasbourg）获得博士学位。现为法国斯特拉斯堡大学荣誉退休教授以及法国国家科研中心名誉研究主任。

J. Fraser Stoddart 于 1942 年出生于英国爱丁堡。1966 年从爱丁堡大学（University of Edinburgh）获得博士学位。现为美国西北大学（Northwestern University）化学系教授。

Bernard L. Feringa 于 1951 年出生于荷兰 Barger-Compascuum。1978 年从荷兰格罗宁根大学（University of Groningen）获得博士学位。现为荷兰格罗宁根大学有机化学教授。

这三位科学家研发了世界上最小的机器——分子机器。

迈向分子机器的第一步是 Sauvage（索瓦日）于 1983 年实现的，他成功将两个环状分子扣在一起，形成一种名为"索烃（catenane）"的链条。通常情况下，分子是由原子间共享电子对构成的强共价键连接而成，而"索烃"链上的分子间主要依靠相对较为自由的机械相互作用连接，不被任何价键连接。对于一个能够完成特定任务的机器来说，必须有能够相互移动的部件组成，而索瓦日实现了两个互锁环状分子的相对移动。

1991 年，Stoddart（斯托达特）实现了分子机器诞生的第二步，他成功合成了"轮烷（rotanane）"。轮烷是一个或多个环状分子和一个或多个哑铃状的线形分子为轴组成的分子集合。哑铃状的线形分子作轴穿过环状分子的空腔，两端结合有体积较大的分子以防止线形分子滑出，从而形成了稳定的轮烷结构。

基于上述研究成果，Stoddart 的研究团队先后成功实现环状分子在线形分子表面上升 0.7nm 的"分子电梯"，用轮烷构成的"分子肌肉"成功弯折了一块很薄的金箔，还开发出一种基于轮烷的计算机芯片，被认为在将来有望颠覆传统的计算机芯片技术。

Feringa（费林加）则是研发出分子马达（分子发动机）的第一人。1999 年，他研制了一个分子转子叶片，叶片能够朝着同一方向持续旋转。这个马达可以让一个长 $28\mu m$、比马达本身大 1 万倍的玻璃缸旋转起来。2011 年，其研究小组在分子马达的基础上制造了一款四驱纳米汽车，一个分子底盘将 4 个分子马达连接在一起作为轮子，当分子马达旋转时，纳米汽车就能向前行驶。

至此，分子机器动起来了。分子机器的动力来源主要有化学驱动、电驱动和光驱动。比如 ATP 合成酶转子是由于质子的流动而旋转，属于化学驱动；索烃是由于铜离子电子的得失而行使其功能，属于电驱动；而分子蠕虫的"前进"是光照引起了偶氮分子构象的改变引起的，属于光驱动。

在这些科学家眼里，分子机器是一个极有趣的研究领域。分子肌肉、分子电梯、分子马达……这些听起来就颇具趣味的概念，都是这个领域的代表工作。如今，上述三位科学家开拓的分子机器研究，已经形成了一个很大的领域，涉及有机合成、超分子化学、分析化学等学科交叉。作为超分子化学一个很重要的分支，三位科学家的开创性工作使得化学家在纳米层次上控制单分子和多分子的运动达到了前所未有的高度。

分子机器人潜在用途十分广泛，其中特别重要的就是应用于医疗和军事领域。就像 19 世纪 30 年代，当电动马达被发明出来时，科学家未曾想过它会在电气火车、洗衣机、电风扇上被广泛运用，给人类生活带来翻天覆地的变化。正如当年的电动马达一样，分子机器未来很有可能将用于开发新材料、新型传感器和能量存储系统等，分子机器很有可能会在未来的新材料、传感器、储能系统、催化等领域大显身手。

第一篇　腐蚀电化学原理

第1章 金属腐蚀的基本概念

1.1 金属腐蚀的定义

许多著名的学者对腐蚀的定义都有自己的表述。20世纪50年代前对腐蚀的定义只局限于金属的腐蚀。它是指金属与周围介质（主要是液体和气体）发生化学反应、电化学反应或物理溶解而产生的破坏。这个定义明确指出了金属腐蚀时包括金属材料和环境介质两者在内的一个具有反应作用的体系。金属要发生腐蚀必须有外部介质的作用，而且这种作用是发生在金属与介质的相界上。它不包括因单纯机械作用引起的金属磨损破坏。

随着非金属材料（如高分子合成材料）的迅速发展，它的破坏逐渐引起了人们的重视。从50年代以后，许多权威的腐蚀学者或研究机构倾向于把腐蚀的定义扩大到所有材料。有人把腐蚀定义为："由于材料和它所处的环境发生反应而使材料和材料的性质发生恶化的现象"。也有人定义为："腐蚀是由于物质与周围环境作用而产生的损坏"。现在已把扩大了的腐蚀定义应用于塑料、混凝土及木材的损坏。的确，非金属也存在腐蚀问题，如砖石的风化、木材的腐烂、塑料和橡胶的老化等都是腐蚀问题，但多数情况下腐蚀指的还是金属的腐蚀。因为金属及其合金至今仍然是最重要的结构材料，同时金属也是极易遭受腐蚀的材料，所以本书主要讨论金属材料的腐蚀与防护问题。

考虑到金属腐蚀的本质，通常把金属腐蚀定义为：金属与周围环境（介质）之间发生化学作用或电化学作用而引起的破坏或变质。在腐蚀反应中金属与介质间大多数发生化学作用或电化学多相反应，使金属转变为氧化（离子）状态，从原来的零价变为腐蚀产物中的正价，金属的价态升高。价态升高是因为金属在腐蚀反应中失去价电子被氧化。因此，腐蚀反应的实质就是金属被氧化的反应。所以，金属发生腐蚀的必要条件就是腐蚀介质中有能使金属被氧化的物质，它和金属构成热力学不稳定体系。

1.2 金属腐蚀的分类

金属腐蚀是金属与周围环境（介质）之间发生的化学作用或电化学作用而引起的破坏或变质。因此，对金属腐蚀有多种分类方法。

1.2.1 按腐蚀机理分类

根据腐蚀的机理，可将金属腐蚀分为三类。

(1) 化学腐蚀

金属或合金及其结构物的表面，因与其所处环境介质之间的化学反应或物理溶解（如金属在液态金属中的物理溶解）所引起的破坏或变质，称为**化学腐蚀**（chemical corrosion）。化学腐蚀是指金属表面与非电解质直接发生纯化学作用而引起的破坏。尽管该反应发生的是氧化还原反应，但在反应过程中没有电流产生。化学腐蚀服从多相反应的纯化学动力学的基本规律。

纯化学腐蚀的情况并不多。事实上，只有在无水的有机溶剂或干燥的气体中金属的腐蚀才属于化学腐蚀。这时金属表面没有作为离子导体的电解质存在，发生的是氧化剂粒子与金属表面直接"碰撞"并"就地"生成腐蚀产物的反应过程。以铁和水的反应为例，在常温下，铁与干的水蒸气之间的化学腐蚀要比铁在水溶液中的电化学腐蚀困难得多。金属与合金在干气中的化学腐蚀，一般都只有在高温下才能以较显著的速率进行。

(2) 电化学腐蚀

电化学腐蚀（electrochemical corrosion）是指金属表面与电解质溶液发生电化学反应而引起的破坏。在反应过程中不仅发生的是氧化还原反应，而且反应过程中有电流产生。电化学腐蚀服从电化学动力学反应的基本规律，即服从电极过程动力学中的基本规律。

阳极反应是氧化过程，即电子从金属转移到介质中并放出电子的过程；阴极反应为还原过程，即介质中的氧化剂组分吸收来自阳极电子的过程。例如，碳钢在酸中腐蚀时，在阳极区铁被氧化为 Fe^{2+}，所放出的电子由阳极（Fe）流至钢中的阴极（Fe_3C）上，被 H^+ 吸收而还原成氢气，即：

阳极反应 $$Fe = Fe^{2+} + 2e^-$$
阴极反应 $$2H^+ + 2e^- = H_2$$
总反应 $$Fe + 2H^+ = Fe^{2+} + H_2$$

可见，与化学腐蚀不同，电化学腐蚀的特点在于，它的腐蚀历程可分为两个相对独立并可同时进行的过程。由于在被腐蚀的金属表面上存在着在空间或时间上分开的阳极区和阴极区，腐蚀反应过程中电子的传递可通过金属从阳极区流向阴极区，其结果必有电流产生。这种因电化学腐蚀而产生的电流与反应物质的转移，可通过法拉第定律定量地联系起来。

由上述电化学机理可知，金属的电化学腐蚀实质是短路的电偶电池作用的结果。这种原电池称为腐蚀电池。电化学腐蚀是最普遍、最常见的腐蚀。金属在大气、海水、土壤和各种电解质溶液中的腐蚀都属此类。

(3) 物理腐蚀

物理腐蚀（physical corrosion）是指金属材料由于受到液态金属如汞、液态钠等的作用而发生的腐蚀，这种腐蚀不是由于化学反应而是由于物理溶解作用形成合金（如汞齐），或液态金属渗入晶界造成的，使金属失去了原有的强度。此时，遭受腐蚀破坏的金属的价态并没有改变，但遭受腐蚀破坏的那部分金属的状态改变了，从原来的单质状态转变成为液态金属的合金状态，即形成了新相。例如热浸锌用的铁锅，由于液态锌的溶解作用，铁锅很快被腐蚀坏了。

至于具体的金属材料是按哪一种机理进行腐蚀的，主要取决于金属表面所接触的介质的种类（如非电解质、电解质或液态金属）。由于液态金属引起的腐蚀不是很多，故物理腐蚀不属于本书的讨论范围。

1.2.2　按腐蚀温度分类

根据腐蚀发生的温度可把腐蚀分为**常温腐蚀**（room-temperature corrosion）和**高温腐蚀**（high-temperature corrosion）。常温腐蚀是指在常温条件下，金属与环境发生化学反应或电化学反应引起的破坏。常温腐蚀到处可见，金属在干燥的大气中腐蚀是一种化学反应；金属在潮湿大气或常温酸、碱、盐中的腐蚀，均是一种电化学反应，导致金属的破坏。

高温腐蚀是指在高温条件下，金属与环境介质发生化学反应或电化学反应引起的破坏。通常把环境温度超过100℃的腐蚀规定为高温腐蚀的范畴。火箭发射时金属内壁的腐蚀就是典型的高温腐蚀。

1.2.3　按腐蚀环境分类

根据腐蚀环境，腐蚀可分为下列两类。

(1) 自然环境下的腐蚀

主要包括大气腐蚀、土壤腐蚀、海水腐蚀、微生物腐蚀。

(2) 工业介质中的腐蚀

主要包括酸、碱、盐及有机溶液中的腐蚀；工业水中的腐蚀；高温高压水中的腐蚀。

1.2.4　按腐蚀的破坏形式分类

(1) 全面腐蚀

全面腐蚀（general corrosion）是指腐蚀分布在整个金属表面上，腐蚀结果是使金属变薄，它可以是均匀的，也可以是不均匀的，例如，钢铁在强酸中的溶解，发生的就是全面的均匀腐蚀。有些条件下发生的全面腐蚀是不均匀的。

(2) 局部腐蚀

局部腐蚀（localized corrosion）是相对全面腐蚀而言的。其特点是腐蚀仅局限于或集中在金属的某一特定部位。例如，置于水溶液中的钢铁，当其表面上有不均匀分布的固体沉淀物时，在沉积物下方将产生蚀坑，这时发生的是局部腐蚀。局部腐蚀通常包括：电偶腐蚀、点蚀、缝隙腐蚀、晶间腐蚀、剥蚀、选择性腐蚀、丝状腐蚀。

全面腐蚀虽可造成金属的大量损失，但其危害性远不如局部腐蚀大。因为全面腐蚀速率易于测量，容易被发现，而且在工程设计时可预先考虑留出腐蚀余量，从而防止设备过早地被腐蚀破坏。但局部腐蚀则难以预测和预防，往往在没有先兆的情况下，使金属设备突然发生破坏，常造成重大工程事故或人身伤亡。局部腐蚀很普遍，据统计，全面腐蚀通常占总腐蚀的20%左右，而局部腐蚀占总腐蚀的80%左右。

(3) 应力作用下的腐蚀

包括应力腐蚀断裂、氢脆和氢致开裂、腐蚀疲劳、磨损腐蚀、空泡腐蚀、微振腐蚀。

1.3　金属腐蚀速率的表示法

任何金属材料都会与环境相互作用而发生腐蚀，同一金属材料在有的环境中被腐蚀得快一些，而在另外的环境中被腐蚀得慢一些；不同的金属在同一环境中的腐蚀情况也不一样。表示及评价金属的腐蚀速率就成为金属腐蚀科学的重要内容。

金属遭受腐蚀后，金属的一些物理性能和力学性能会发生一定的变化，如质量、厚度、力学性能、组织结构、电阻等都可能发生变化，因此，可以用金属的这些物理性质的变化来表示金属的腐蚀速率。

1.3.1　重量法

金属腐蚀程度的大小可用腐蚀前后试样重量的变化来评定。即用试样在单位时间、单位面积的重量变化来表示金属的腐蚀速率。如果腐蚀产物完全脱离金属试样表面或很容易从试样表面被清除掉的话（如金属在稀的无机酸中），重量法就是失重法。失重法就是根据腐蚀后试样质量的减小量，用式(1-1)计算腐蚀速率：

$$v_{失} = \frac{m_0 - m_1}{St} \tag{1-1}$$

式中，$v_{失}$ 为腐蚀速率，$g/(m^2 \cdot h)$；m_0 为试样腐蚀前的质量，g；m_1 为试样清除腐蚀产物后的质量，g；S 为试样表面积，m^2；t 为腐蚀时间，h。由式(1-1)可知，重量法求得的腐蚀速率是均匀腐蚀的平均腐蚀速率，它不适用于局部腐蚀的情况，而且该式没有考虑金属的密度，所以，不便于相同介质中不同金属材料腐蚀速率的比较，这些是失重法的局限。

当金属腐蚀后试样质量增加且腐蚀产物完全牢固地附着在试样表面时（如金属的高温氧化），可用增重法表示腐蚀速率，增重法计算腐蚀速率公式如下：

$$v_{增} = \frac{m_2 - m_0}{St} \tag{1-2}$$

式中，$v_{增}$ 为腐蚀速率，$g/(m^2 \cdot h)$；m_2 为带有腐蚀产物的试样的质量，g。

我国选定的非国际单位制的时间单位除了上面所用的小时（h）外，还有天，符号为 d (day)；年，符号为 a (annual)。因此，以质量变化表示的腐蚀速率的单位还有 $kg/(m^2 \cdot a)$，$g/(dm^2 \cdot d)$，$g/(cm^2 \cdot h)$ 和 $mg/(dm^2 \cdot d)$。有些文献上用英文缩写 mdd 代表 $mg/(dm^2 \cdot d)$，用 gmd 代表 $g/(m^2 \cdot d)$。

1.3.2　深度法

以质量变化表示腐蚀速率的缺点是没把腐蚀深度表示出来。在工程上，制品腐蚀深度或腐蚀变薄的程度直接影响该部件的寿命。在衡量密度不同的金属的腐蚀程度时，用腐蚀速率的深度指标极为方便。

腐蚀速率的深度指标就是单位时间内金属试样或制品被腐蚀的厚度，以 $v_{深}$ 表示，常用 mm/a（毫米/年）为单位，表示金属试样或制品在一年时间被腐蚀的厚度（mm）。

$$v_{深} = \frac{\Delta h}{t} \tag{1-3}$$

Δh 为金属试样或制品腐蚀的厚度，t 为腐蚀时间。

如果长度单位均以 mm 为单位，则以深度指标表示的金属腐蚀速率的公式为：

$$v_{深} = 8.76 \frac{v_{失}}{\rho} \tag{1-4}$$

$$或\ v_{深} = \frac{8.76 \times 10^4 \times (m_0 - m_t)}{S \cdot t \cdot \rho} (mm/a) \tag{1-5}$$

式(1-4)、式(1-5)中，8.76 为单位换算系数，$v_{失}$ 是失重法测得的腐蚀速率，单位为

g/($m^2 \cdot h$)，$v_深$ 的单位为 mm/a，ρ 为金属的密度（g/cm³），m_0 为金属试样腐蚀前的质量（g），m_t 为金属试样腐蚀后的质量（g），S 为金属试样的表面积（cm²），t 为腐蚀时间（h）。

显然，知道了金属的密度，即可以将腐蚀速率的质量指标和深度指标进行换算。

从式(1-1)和式(1-3)可以得到式(1-4)，推导过程如下：

$$v_深 = \frac{\Delta h(mm)}{t(a)} = \frac{10\Delta h(cm)}{t(a)}$$

假设金属试样的密度为 ρ，金属试样腐蚀后的质量变化为 Δm，体积变化为 ΔV，则 $\Delta m = \Delta V \rho = S(cm^2)\Delta h(cm)\rho$

故
$$v_深 = \frac{10\Delta h(cm)}{t(a)}$$
$$= \frac{10\Delta m}{S(cm^2) \cdot \rho \cdot t(a)}$$
$$= \frac{10\Delta m}{10^4 S(m^2) \cdot \rho \cdot \dfrac{t(h)}{365 \times 24}}$$
$$= 8.76 \times \frac{\Delta m}{S(m^2) \cdot \rho \cdot t(h)}$$
$$= 8.76 \times \frac{v_失}{\rho}(mm/a)$$

1.3.3 电流密度指标

对于发生电化学腐蚀的金属来说，常常用**电流密度**（current density）来表示金属的腐蚀速率。

电化学腐蚀中，阳极溶解导致金属腐蚀，即 $M \longrightarrow M^{n+} + ne^-$。根据法拉第定律，阳极每溶解 1mol 的金属，需通过 nF 法拉第的电量（n 是电极反应方程式中的得失电子数；F 是法拉第常数，96500C/mol）。若电流强度为 I，通电时间为 t，则通过的电量为 It。如果金属的原子量为 M，则阳极所溶解的金属质量 Δm 为：

$$\Delta m = \frac{MIt}{nF} \tag{1-6}$$

对于均匀腐蚀来说，整个金属表面积 S 可看成阳极面积，故腐蚀电流密度 $i_{corr} = I/S$。因此可由式(1-6)求出腐蚀速率 $v_失$ 与腐蚀电流密度 i_{corr} 间的关系：

$$v_失 = \frac{\Delta m}{St} = \frac{M}{nF} \cdot i_{corr} \tag{1-7}$$

即腐蚀速率与腐蚀电流密度成正比。因此可用腐蚀电流密度 i_{corr} 表示金属的电化学腐蚀速率。若 i_{corr} 的单位取 $\mu A/cm^2$，金属密度 ρ 的单位取 g/cm³，则以不同单位表示的腐蚀速率为：

$$v_失 = 3.73 \times 10^{-4} \times \frac{M i_{corr}}{n} \ [g/(m^2 \cdot h)] \tag{1-8}$$

以腐蚀深度表示的腐蚀速率与腐蚀电流密度的关系为：

$$v_深 = \frac{\Delta m}{St\rho} = \frac{M i_{corr}}{nF\rho} \tag{1-9}$$

若 i_{corr} 的单位为 $\mu A/cm^2$，ρ 的单位为 g/cm^3，则：

$$v_深 = 3.27 \times 10^{-3} \times \frac{Mi_{corr}}{n\rho} \quad (mm/a) \qquad (1-10)$$

若 i_{corr} 的单位取 A/m^2，ρ 的单位仍取 g/cm^3，则：

$$v_深 = 0.327 \times \frac{Mi_{corr}}{n\rho} \quad (mm/a) \qquad (1-11)$$

必须指出，金属的腐蚀速率一般随时间而变化，例如金属在腐蚀初期的腐蚀速率与腐蚀后期的腐蚀速率是不一样的（图 1-1 所示）。重量法测得的腐蚀速率是整个腐蚀实验期间的平均腐蚀速率，不反映金属材料在某一时刻的瞬时腐蚀速率。通常用电化学方法（如 Tafel 极化法、线性极化法等）测得的腐蚀速率才是瞬时腐蚀速率。瞬时腐蚀速率并不代表平均腐蚀速率，在工程应用方面，平均腐蚀速率更具有实际意义。平均腐蚀速率（v）和瞬时腐蚀速率（i）既有区别，又有一定的联系，即：

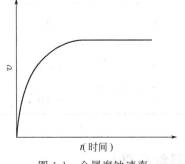

图 1-1 金属腐蚀速率
随时间的变化

$$v = \frac{\int i \, dt}{t} \qquad (1-12)$$

腐蚀实验时，应清楚腐蚀速率随时间的变化规律，选择合适的时间以测得稳定的腐蚀速率。

1.4 金属耐蚀性评定

金属材料在某一环境介质条件下承受或抵抗腐蚀的能力，称为金属的耐蚀性。有了金属平均腐蚀速率的概念，可以比较方便地评价各种金属材料的耐蚀性及指导选材。对均匀腐蚀的金属材料，常常根据腐蚀速率的深度指标评价金属的耐蚀性。表 1-1～表 1-3 分别是我国金属耐蚀性四级标准、美国金属耐蚀性六级标准及前苏联金属耐蚀性十级标准。

表 1-1 我国金属耐蚀性的四级标准

级　　别	腐蚀速率/(mm/a)	耐蚀性评价
1	<0.05	优良
2	0.05～0.5	良好
3	0.5～1.5	可用,腐蚀较重
4	>1.5	不适用,腐蚀严重

表 1-2 美国金属耐蚀性的六级标准

相对耐蚀性[①]	腐蚀速率/(mm/a)	相对耐蚀性[①]	腐蚀速率/(mm/a)
极好	<0.02	中等	0.5～1.0
较好	0.02～0.1	差	1.0～5.0
好	0.1～0.5	不适用	>5.0

① 根据典型的铁基和镍基合金。

表 1-3　前苏联金属耐蚀性十级标准

耐蚀性分类		耐蚀性等级	腐蚀速率/(mm/a)
Ⅰ	完全耐蚀	1	<0.001
Ⅱ	很耐蚀	2	0.001~0.005
		3	0.005~0.01
Ⅲ	耐蚀	4	0.01~0.05
		5	0.05~0.1
Ⅳ	尚耐蚀	6	0.1~0.5
		7	0.5~1.0
Ⅴ	欠耐蚀	8	1.0~5.0
		9	5.0~10.0
Ⅵ	不耐蚀	10	>10.0

【科学视野】

世界腐蚀日倡议：关注腐蚀，保护人类家园

"世界腐蚀日（Worldwide Corrosion Day）"由世界腐蚀组织（WCO）确立。世界腐蚀组织是于 2006 年在纽约注册成立的非营利学术组织，由美国腐蚀工程师国际协会（NACE International）、中国腐蚀与防护学会（Chinese Society for Corrosion and Protection）、欧洲腐蚀联盟（European Federation for Corrosion）、澳大利亚腐蚀协会（Australasian Corrosion Association）四个组织联合发起，是一个代表地方及其国家的科学家、工程师和其他团体的世界性组织。在腐蚀和防护的研究中，致力于知识的发展和传播。

2009 年经过 WCO 各成员的讨论并一致通过了在世界范围内确立每年的 4 月 24 日作为"世界腐蚀日"，其宗旨是唤醒政府、工业界以及我们每个人认识到腐蚀的存在，认识到每年由于腐蚀引起的经济损失在各国的 GDP 中平均超过 3%，同时向人们指出控制和减缓腐蚀的方法。

腐蚀是材料受环境的作用而发生的破坏或变质，材料包括各种金属和非金属材料。材料腐蚀问题涉及国民经济的各个领域，腐蚀的危害和造成的经济损失几乎遍及所有行业，包括能源（石油、天然气、煤炭、火电、水电、核电、风电等）、交通（航空、铁路、公路、船舶、航运等）、机械、冶金（火法、湿法、电冶金、化工冶金等）、化工（石油化工、煤化工、精细化工、制药工业等）、轻工、纺织、城乡建设、农业、食品、电子、信息、海洋开发及尖端科技和国防工业等。

腐蚀的危害巨大，它使材料变为废物，使生产和生活设施过早报废，并可能引起生产停顿，甚至着火爆炸，诱发多种环境灾害，危及人类的健康和安全。

2017 年 4 月 24 日，全球迎来了第九个世界腐蚀日。腐蚀已经逐渐引起了全球的关注，通过系列科普活动让全社会认识到腐蚀的危害，认识到腐蚀控制迫在眉睫。通过全体科技工作者的研究与技术应用，在世界范围内实现降低损失、降低资源消耗、降低污染 30% 的目标，同时腐蚀也可以有效利用，服务于人类。

【科学家简介】

杰出的腐蚀科学家：赫伯特·尤利格

赫伯特·尤利格（H. Uhlig，美国）博士是国际著名的美国腐蚀科学家。1907 年 3 月 3 日尤利格诞生于美国新泽西州的海里敦市。1925 年进布朗大学学习化学，1929 年毕业后取得理学学士学位，然后到麻省理工学院（MIT）进修物理化学，1932 年获得哲学博士学位。

尤利格博士于 1936 年开始金属腐蚀与防护的研究，当时被麻省理工学院聘为副研究员，负责当时新成立的腐蚀研究室，在那进行一项关于不锈钢点蚀的研究工作。1940 年尤利格博士进入美国通用电器公司在纽约州施克勒特迪市的研究所，在那里继续进行金属腐蚀的研究。1946 年他又回到麻省理工学院担任冶金系副教授并负责指导腐蚀研究室的工作。1953 年升职为教授，一直到 1972 年他作为荣誉教授退休。

1949 年联合国召开自然能源利用与保护科学会议，在会上，尤利格博士提出了"在工业社会中腐蚀造成的巨大损失"的报告。他根据自己在 1948 年进行的统计，认为美国由于腐蚀引起的直接经济损失已达每年 57 亿美元。这一数字在美国工业界引起了很大的震动。（后来美国国会责成美国国家标准局和伯托里研究所于 1957 年联合进行了规模更大、更详细的调查，据称总损失已达 700 亿美元。考虑到美国工业的发展和通货膨胀的情况，尤利格博士当年所估计的直接损失还是相当符合实际情况的。）他作报告的时候并不知道听众中有一位在腐蚀方面做出过重大贡献的电化学专家在座，尤利格博士的报告对这位科学家产生了巨大的影响，使这位科学家决心终身献身于腐蚀科学，他就是著名的比利时科学家布拜（M. Pourbaix）教授。布拜教授回国后立即创建了电化学热力学和动力学国际委员会（CIT-CE），进行腐蚀与防护的基本理论和应用方面的研究。

尤利格博士的主要研究领域是金属腐蚀、金属的表面和腐蚀电化学，特别注重在钝化、初期氧化以及耐蚀合金的化学与冶金行为这些方面的基础研究。他主编的腐蚀手册（1948年出版）曾经是腐蚀科学工作者和防蚀工程技术人员的重要工具书。他著有脍炙人口的"腐蚀和腐蚀控制"一书。此外，他和他的学生发表了 175 篇论文。

尤利格教授是一位热心和勤劳的科学家，他担任过许多社会工作，并获得许多学术上的荣誉。他是 1955～1956 年美国电化学学会的理事长，学会在他任职期内建立了该学会的腐蚀组。他于 1962 年当选为联邦德国哥廷根市的马普物理化学研究所的哥根翰研究员。他被邀请在第一、第二、第三和第七届国际金属腐蚀学术会议上做大会特约报告，也是该会上一任常务理事会主席。他于 1951 年获得美国腐蚀工程师学会的惠特尼（Whinthney）奖。1961 年他又获得美国电化学学会的钯奖章。1973 年他又被选为美国电化学学会荣誉会员。

尤利格教授于 1973 年退休后，仍积极参加各种学术活动。退休后一年他受聘为澳洲弗林德斯大学和新南威尔士大学的访问教授。1974～1976 年他被聘请为伍兹霍勒海洋学会特约研究员。1976 年荷兰安德荷工业大学请他讲学。晚年的尤利格教授每周四仍从他退休后定居的纽军普赛州驱车去麻省理工学院指导研究工作。

思考练习题

1. 导出腐蚀速率 mm/a 与 $g/(m^2 \cdot h)$ 间的一般关系式。

2. Mg 在海水中的腐蚀速率为 $1.45g/(m^2 \cdot d)$，问每年腐蚀多厚？若 Pb 也以这个速率腐蚀，其 $v_{深}$ (mm/a) 多大？已知 Mg 的密度为 $1.74g/cm^3$，Pb 的密度为 $11.35g/cm^3$。

3. 已知铁在介质中的腐蚀电流密度为 $0.1mA/cm^2$，求其腐蚀速率 $v_{深}$ 和 $v_{失}$。试问铁在此介质中是否耐蚀？

4. 已知铁的密度为 $7.87g/cm^3$，铝的密度为 $2.7g/cm^3$，当两种金属的腐蚀速率均为 $1.0g/(m^2 \cdot h)$ 时，求以腐蚀深度指标（mm/a）表示的两种金属的腐蚀速率。

第 2 章　腐蚀过程热力学

任何化学问题都需要从两方面进行研究，对于金属腐蚀问题的研究也不例外。一方面要研究腐蚀的热力学问题，即金属发生腐蚀的可能性及趋势等；另一方面要研究腐蚀的动力学过程，即金属腐蚀的速率与机理等。电化学腐蚀过程热力学主要研究腐蚀的可能性问题，掌握如何判断电化学腐蚀倾向，认识金属腐蚀发生的根本原因等；电化学腐蚀过程动力学则主要研究腐蚀进行的速率与机理问题，掌握不同腐蚀条件下的动力学规律、腐蚀速率的测量方法与计算等。

2.1　腐蚀原电池的概念

2.1.1　腐蚀电池及其工作历程

实际上自然界中的大多数腐蚀现象都是在电解质溶液中发生的。例如，各种金属在大气、海水和土壤中的腐蚀，各种化工设备在酸、碱、盐介质中的腐蚀都属于电化学腐蚀。

将一片金属锌片浸入稀硫酸水溶液中，发现锌被溶解，同时有氢气析出，这时可以认为金属锌被腐蚀了，其反应方程式为：$Zn + H_2SO_4 \Longrightarrow ZnSO_4 + H_2$。若把金属锌片上连接一块金属铜片并同时浸入稀硫酸中，则会发现锌的腐蚀速率明显加快，同时在铜表面上生成大量的氢气泡。如将锌片和铜片分别浸入同一容器的稀硫酸溶液中，并用导线通过毫安表将它们连接起来（图 2-1 所示），合上电键 K 后，发现毫安表的指针立即转动，说明有电流通过。电流的方向是由铜片经导线流向锌片，这就是原电池装置。所通过的电流是由于两种不同金属之间的电位差引起的，而且电位差越大，通过的电流越大，所以说，电位差是电池反应的推动力。

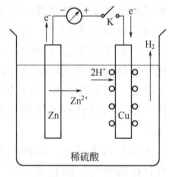

图 2-1　锌与铜在稀硫酸
溶液中构成的腐蚀电池

在此腐蚀电池中将发生如下的三个基本过程。

（1）阳极过程

金属 Zn 发生溶解，变成相应的金属离子 Zn^{2+} 进入溶液，并把相应的电子留在金属上，这个反应称为金属的阳极溶解反应。发生这类反应的区域，称为腐蚀的阳极区。

$$Zn \longrightarrow Zn^{2+} + 2e^-$$

（2）阴极过程

从阳极流过来的电子被阴极表面溶液中能够接受电子的物质所吸收，即发生阴极还原反应：

$$2H^+ + 2e^- \longrightarrow H_2$$

电解质中的溶解氧（O_2）、氢离子（H^+）或其他氧化剂（Fe^{3+}）得到来自金属阳极溶解释放出的电子，变成它们的还原产物，这个反应称为金属腐蚀过程的阴极还原反应。发生还原反应的氧化剂，称为阴极去极化剂。发生这类反应的区域，称为腐蚀的阴极区。

上列两组反应称为腐蚀的共轭反应。在发生阳极溶解处金属受到腐蚀。其腐蚀量（或金属的腐蚀速率）或阴极去极化剂的还原量（或阴极去极化剂的还原速率）与通过的电量之间符合法拉第定律。这样构成的体系就像一个原电池，因此，把这样的腐蚀原电池称为腐蚀电池。

阳极和阴极过程可以在不同区域内分别进行，即两个过程可以分别在金属和溶液的界面上不同的部位进行。阳极和阴极反应在空间上分开，从能量上看是有利的，因为阳极反应和阴极反应可以分别在它们比较容易进行的那些区域局部地进行。因此，在多数情况下，电化学腐蚀经常是以阳极和阴极过程在不同区域局部进行为特征的。这是区分腐蚀过程的电化学历程与纯化学历程的特征之一。

溶液中能在阴极上发生还原反应的氧化性物质是很多的，但在大多数情况下是溶液中的H^+或O_2。在金属腐蚀领域，习惯上把介质中接受电子而被还原的物质叫做去极化剂。之所以叫去极化剂，是因为极化程度越大，腐蚀电流越低，腐蚀程度越小。

(3) 电流的流动

电流的流动在金属中是依靠从阳极流向阴极的电子，在溶液中则是依靠迁移的离子，即阳离子从阳极区向阴极区迁移，阴离子从阴极区向阳极区迁移。在阳极和阴极区界面上则分别发生上述的氧化反应和还原反应，实现电子的传递。这样，整个电池体系便形成了一个回路。

腐蚀电池工作时所包含的上述三个基本过程既是相互独立又是彼此紧密联系的。只要其中一个过程受到阻滞，则其他两个过程也将受到阻碍而不能进行。如果没有阴极上的还原过程，就不能构成金属的电化学腐蚀。所以说，金属发生电化学腐蚀的根本原因是溶液中存在着可以使金属氧化的物质，它和金属构成热力学不稳定体系。而腐蚀电池的存在仅仅在于加速金属的腐蚀速率而已，而不是金属发生电化学腐蚀的根本原因。

金属发生电化学腐蚀时，金属本身起着将原电池的正极和负极短路的作用。因此，一个电化学腐蚀体系可以看作是短路的原电池，这一短路原电池的阳极使金属材料溶解，而不能输出电能，腐蚀体系中进行的氧化还原反应的化学能全部以热能的形式散失。所以，在腐蚀电化学中，将这种只能导致金属材料的溶解而不能对外做有用功的短路原电池定义为腐蚀电池。

由以上讨论可知，腐蚀电池的结构和作用原理与一般原电池并无本质区别，但腐蚀电池又有自己的特征，即它是一种短路的电池。金属的电化学腐蚀实质上是短路的电偶电池作用的结果。腐蚀电池工作时也产生电流，但其电能不能得到利用，而是以热的形式释放掉了。所以电化学腐蚀的历程和理论在很大程度上是以腐蚀原电池工作的一般规律的研究为基础，即电极电位和电极过程动力学的理论是研究金属电化学腐蚀的理论基础。

2.1.2 腐蚀电池的类型

根据组成腐蚀电池阴极、阳极的大小，可以把腐蚀电池分为两类：宏观腐蚀电池和微观腐蚀电池。

(1) 宏观腐蚀电池

宏观腐蚀电池是指腐蚀电池的阳极区和阳极区的尺寸较大，区分明显，多数情况下肉眼可分辨。

① **电偶电池**　两种或几种不同的金属放入相同或不同的电解质溶液中即可形成电偶电池。如丹尼尔电池是不同的金属浸入不同的电解质溶液中的例子。又如钢铁部件用铜铆钉进行组接，并一起放入电解质溶液中，就属于不同金属浸入相同的电解质溶液中的情况。

② **浓差电池**　同一种金属浸入同一种电解质溶液中，若局部的浓度不同，即可形成腐蚀电池。如果金属 Zn 试样垂直插入含 KCl 的电解质溶液中，试样的一半浸入溶液中，另一半暴露于空气中，结果发现，金属 Zn 试样从底部开始腐蚀，逐渐向上蔓延，底部腐蚀很严重，而在靠近水线的部位腐蚀很轻微。这是因为紧靠水线下面空气中的氧进入溶液后很容易扩散到金属试样的表面，这里是"富氧区"；而在溶液底部，氧扩散到金属试样表面很困难，这里是"贫氧区"。金属表面溶解氧浓度的不同便形成了氧浓差电池。金属的腐蚀破坏就是从最缺氧的底部开始的，逐步向上蔓延。"富氧区"处的金属表面主要进行 O_2 还原的阴极反应：

$$O_2 + 2H_2O + 4e^- \longrightarrow 4OH^-$$

"贫氧区"处的金属表面主要发生金属的阳极氧化溶解。

③ **温差电池**　金属两端的温度不同也会在金属两端产生电位差，使金属腐蚀，因温差产生的腐蚀叫热偶腐蚀。

④ **杂散电流腐蚀**　直流电源漏电会产生杂散电流腐蚀。

(2) 微观腐蚀电池

微观腐蚀电池也称为腐蚀微电池，是指腐蚀电池的阳极区和阴极区尺寸较小，多数情况下肉眼不可分辨。

产生微电池的原因有以下几点。

① **金属表面化学成分不均匀产生的微电池**　以碳钢为例，在外表看起来没区别的金属实际上化学成分是不均匀的，有铁素体（0.006%C），有渗碳体 Fe_3C（6.67%C）等。在电解质溶液中，渗碳体部位的电位高于金属基体，在金属表面上形成许多微阴极（渗碳体）和微阳极（铁素体）。不仅如此，许多金属是含有杂质的，如金属 Zn 中常含有杂质 Cu、Fe、Sb 等，也可以构成无数个微阴极和微阳极。无数个微阴极加快了基体金属的腐蚀。

② **金属组织结构不均匀构成的微电池**　所谓组织结构在这里是指组成合金的粒子种类、含量和它们的排列方式的统称。在同一金属或合金内部一般存在着不同组织结构区域，因而有不同的电极电位值。研究表明，金属及合金的晶粒与晶界之间、各种不同的相之间的电位是有差异的，如工业纯 Al 其晶粒内的电位为 0.585V，晶界的电位却为 0.494V，由此在电解质溶液中形成晶界为阳极的微电池，而产生局部腐蚀。不锈钢的晶间腐蚀也是由于金属组织结构不均匀构成的微电池的例子，此时，晶粒是阴极，而晶界是阳极。此外，金属及合金凝固时产生的偏析引起组织上的不均匀性也能形成腐蚀微电池。

③ **金属表面物理状态不均匀构成的微电池**　例如，当金属在机械加工过程中，由于金属各部形变的不均匀性或应力的不均匀性，都可引起局部微电池而产生腐蚀。变形较大的部分或受力较大的部分为阳极，易遭受腐蚀。例如，一般在铁管弯曲处容易发生腐蚀就是这个原因。

④ **金属表面膜不完整性构成的腐蚀微电池**　金属表面覆膜不完整，表面镀层有孔隙等缺陷，由此也易于构成微电池。此时孔隙下裸露的金属部分电位较低，是微电池的阳极。

在生产实践中，要想使整个金属表面上的物理性质和化学性质、金属各部位所接触的介质的物理性质和化学性质完全相同，使金属表面各点的电极电位完全相等是不可能的。由于种种因素使得金属表面的物理和化学性质存在差异，使金属表面各部位的电位不相等，统称为电化学不均匀性，它是形成腐蚀电池的基本原因。在一些情况下使用适当的测量金属表面电位分布的仪器，如"微区电位扫描仪"可以测得金属表面上电位高低分布不同的情况。有时也可以在介质中添加能与阳极反应产物或阴极反应产物形成有颜色物质的试剂，来证明金属表面上有这种"阳极区"和"阴极区"的存在。

区别腐蚀电池的类型对判断腐蚀的形态具有一定的意义。宏观腐蚀电池的腐蚀形态是局部腐蚀，腐蚀破坏主要集中在阳极区。微观腐蚀电池的阴、阳极位置不断变化，通常的腐蚀形态是全面腐蚀；如果阴、阳极位置固定不变，则腐蚀形态是局部腐蚀。

综上所述，在研究电化学腐蚀时，腐蚀电池是金属电化学腐蚀中十分重要的概念之一，是研究各种腐蚀类型和腐蚀破坏形态的基础。表 2-1 列出了化学腐蚀与电化学腐蚀的区别与联系。

表 2-1　化学腐蚀与电化学腐蚀的区别与联系

项　目	化　学　腐　蚀	电　化　学　腐　蚀
反应类型	氧化还原反应	氧化还原反应
腐蚀介质	干燥气体或非电解质溶液	电解质溶液
过程推动力	化学位不同的反应相相互接触	电位不同的导体物质组成电路
过程规律	多相化学反应动力学	电极过程动力学
电子传递	在同一地点直接碰撞传递电子	在金属表面不同区域间接得失电子
反应区域	反应物在碰撞点处直接碰撞完成	在相对独立的阴、阳极区域同时完成
产物及特征	腐蚀产物膜比较致密	腐蚀产物膜疏松
温度	一般在高温条件下	通常在室温，少数在高温条件下

2.1.3　电化学腐蚀的次生过程

腐蚀过程中，阳极和阴极反应的直接产物称为一次产物。由于腐蚀的不断进行，电极表面附近一次产物的浓度不断增加。腐蚀的阴、阳极一次反应的产物相向扩散，在腐蚀的阳极区和阴极区之间的电解质溶液中产生沉淀、氧化等进一步的化学反应，生成腐蚀二次产物。

阳极区产生的金属离子越来越多，阴极区由于 H^+ 放电或溶液中氧的还原导致 OH^- 浓度增加，pH 值升高。溶液中产生了浓度梯度。一次产物在浓差作用下扩散，当阴、阳极产物相遇时，可导致腐蚀次生过程的发生——即形成难溶性产物，称为二次产物或次生产物。

例如，钢铁在中性水溶液中腐蚀时，阳极区生成 Fe^{2+}，阴极区溶解氧还原生成 OH^-。这两种产物扩散相遇，当溶液中的浓度达到它们的溶度积时，可形成次生产物沉淀（如图 2-2 所示）：

$$Fe^{2+} + 2OH^- \rightleftharpoons Fe(OH)_2 \downarrow$$

由于溶液中氧的存在，$Fe(OH)_2$ 又可发生氧化，生成 $Fe(OH)_3$：

$$4Fe(OH)_2 + O_2 + 2H_2O \rightleftharpoons 4Fe(OH)_3$$

随着温度、介质成分和 pH 值以及氧含量等条件不同，可得到更复杂的腐蚀产物。例如铁锈的组成可表示如下：

$$mFe(OH)_2 + nFe(OH)_3 + pH_2O$$

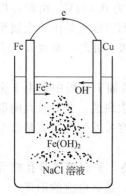

图 2-2　在 Fe-Cu 电池中 $Fe(OH)_2$ 沉淀的形成

或
$$mFeO+nFe_2O_3+pH_2O$$

这里系数 m、n、p 的数值随条件不同而不同。在上述体系中，实际的腐蚀二次产物包含有铁的含水氧化物 $Fe(OH)_2$、$Fe(OH)_3$ 和 $Fe_3O_4 \cdot nH_2O$ 等组分的混合物。

一般情况下，腐蚀次生产物并不直接在腐蚀着的阳极区表面（即金属表面）上形成，而是在溶液中阴、阳极一次产物相遇处形成。若阴、阳极直接交界，则难溶性次生腐蚀产物可在直接靠近金属表面处形成较紧密的、具有一定保护性的氢氧化物保护膜附着在金属表面上，有时可覆盖相当大部分的金属表面，从而对金属的进一步腐蚀有一定的阻滞作用。腐蚀过程的许多特点与形成的腐蚀产物膜的性质有很大关系。

应当指出，腐蚀次生过程在金属上形成的难溶性产物膜，其保护性比氧在金属表面直接发生化学作用生成的初生膜要差得多。

2.2 平衡电极电位和非平衡电极电位

2.2.1 电极电位产生的原因

为解释电极电位产生的机理，科学家提出了**双电层**（electrical double layer）理论。当金属浸入水溶液中时，一方面，金属晶体中处于热运动的金属离子在极性水分子的作用下，离开金属表面进入溶液，金属因失去离子而带负电荷，留在了金属的表面。金属性质愈活泼，这种趋势就愈大；另一方面，溶液中的金属离子由于受到金属表面电子的吸引，而在金属表面沉积，溶液中金属离子的浓度愈大，这种趋势也愈大。如果溶解趋势较大，则金属表面因自由电子过剩而带负电荷，如果金属带负电荷，则金属附近溶液中的正离子会被吸引到金属的表面附近，而负离子则受到金属的排斥；相反，沉积趋势较大时，在金属周围就聚集较多的正离子，而使金属表面带正电荷。在一定浓度的溶液中，当两者的速率相等时，金属的溶解和离子的沉积就达到了动态平衡。达到平衡后，在金属和溶液两相界面上形成了一个带相反电荷的双电层，即紧密层和扩散层，如图 2-3 所示。

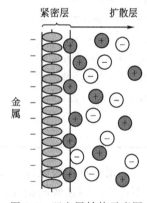

图 2-3 双电层结构示意图

双电层的厚度虽然很小（约为分子大小），但却在金属和溶液之间产生了电位差。通常就把产生在金属和电解质溶液之间的双电层间的电位差称为金属的电极电位，并以此描述电极得失电子能力的相对强弱。电极电位的大小主要取决于电极的本性，并受温度、介质和离子浓度等因素的影响。

2.2.2 平衡电极电位

对于一个电极反应：
$$M^{n+} \cdot ne^- \Longrightarrow M^{n+} + ne^-$$

当金属电极上只有一个确定的电极反应，即阳极过程和阴极过程互为逆反应，并且该反应达到了动态平衡，电极反应不仅存在电荷平衡，而且也存在物质平衡，即金属的溶解速率等于金属的沉积速率，这时在金属/溶液界面上建立起一个不变的电位差，这个电位差就是金属的**平衡电极电位**，也叫**平衡电位**（equilibrium potential）。

平衡电极电位就是可逆电极电位，该过程的物质交换和电荷交换都是可逆的。金属的平衡电极电位和溶液中金属本身离子的活度服从 Nernst 方程。

$$E_{M^{n+}/M} = E^{\ominus}_{M^{n+}/M} + \frac{RT}{nF}\ln a_{M^{n+}}$$

目前还不能从实验上测量或从理论上计算单个电极的电极电位，通常都是测量以标准氢电极（SHE）作为参考电极构成电池的电动势，定义为相应电极的电位。因此，通常的电极电位都是以标准氢电极为参考相对值。表 2-2 列出了主要金属相对于标准氢电极作为参考电极时的标准还原电位 $E^{\ominus}$（更多金属的标准电极电位参见附录 6 和附录 7）。

表 2-2　主要金属的标准还原电位 $E^{\ominus}$（25℃）　　　　单位：V(vs. SHE)

电　极　反　应	$E^{\ominus}$	电　极　反　应	$E^{\ominus}$
$Li^+ + e^- \Longrightarrow Li$	-3.05	$Fe^{2+} + 2e^- \Longrightarrow Fe$	-0.440
$K^+ + e^- \Longrightarrow K$	-2.93	$Cd^{2+} + 2e^- \Longrightarrow Cd$	-0.403
$Ca^{2+} + 2e^- \Longrightarrow Ca$	-2.87	$In^{3+} + 3e^- \Longrightarrow In$	-0.342
$Na^+ + e^- \Longrightarrow Na$	-2.71	$Tl^+ + e^- \Longrightarrow Tl$	-0.336
$Mg^{2+} + 2e^- \Longrightarrow Mg$	-2.37	$Co^{2+} + 2e^- \Longrightarrow Co$	-0.277
$Be^{2+} + 2e^- \Longrightarrow Be$	-1.85	$Ni^{2+} + 2e^- \Longrightarrow Ni$	-0.250
$U^{3+} + 3e^- \Longrightarrow U$	-1.80	$Mo^{3+} + 3e^- \Longrightarrow Mo$	-0.20
$Hf^{4+} + 4e^- \Longrightarrow Hf$	-1.70	$Sn^{2+} + 2e^- \Longrightarrow Sn$	-0.136
$Al^{3+} + 3e^- \Longrightarrow Al$	-1.66	$Pb^{2+} + 2e^- \Longrightarrow Pb$	-0.126
$Ti^{2+} + 2e^- \Longrightarrow Ti$	-1.63	$2H^+ + 2e^- \Longrightarrow H_2$	0.000
$Zr^{4+} + 4e^- \Longrightarrow Zr$	-1.53	$Cu^{2+} + 2e^- \Longrightarrow Cu$	$+0.337$
$Mn^{2+} + 2e^- \Longrightarrow Mn$	-1.180	$Hg_2^{2+} + 2e^- \Longrightarrow Hg$	$+0.789$
$Nb^{3+} + 3e^- \Longrightarrow Nb$	-1.1	$Ag^+ + e^- \Longrightarrow Ag$	$+0.800$
$Zn^{2+} + 2e^- \Longrightarrow Zn$	-0.763	$Pd^{2+} + 2e^- \Longrightarrow Pd$	$+0.987$
$Cr^{3+} + 3e^- \Longrightarrow Cr$	-0.74	$Hg^{2+} + 2e^- \Longrightarrow Hg$	$+0.854$
$Ga^{3+} + 3e^- \Longrightarrow Ga$	-0.53	$Au^{3+} + 3e^- \Longrightarrow Au$	$+1.50$

利用标准电极电位可以判断金属腐蚀的倾向。例如 Na、Mg 等电位很负，在热力学上极不稳定，腐蚀倾向很大。Pt、Au 等情况恰好相反，在大多数介质中相当稳定。但是标准电极电位是平衡电极电位，只靠它来判断腐蚀的倾向与实际有一定出入。

2.2.3　非平衡电位

非平衡电位是针对不可逆电极而言的。不可逆电极在没有电流通过时所具有的电极电位称为**非平衡电位**（non-equilibrium potential）。

实际上，金属腐蚀都是在非平衡电位下进行的。在这种情况下，同一个金属电极上失去电子是一个过程，而得到电子是另一个过程。例如，将 Fe 浸入 $FeCl_3$ 溶液中，有以下过程：

失去电子过程　　　　　　　　$Fe \longrightarrow Fe^{2+} + 2e^-$

得到电子过程　　　　　　　$2Fe^{3+} + 2e^- \longrightarrow 2Fe^{2+}$

这时 Fe 在 $FeCl_3$ 溶液中建立起来的电位是非平衡电位，非平衡电位不同于 Fe 在可逆反应 $Fe^{2+} + 2e^- \Longrightarrow Fe$ 中建立起来的平衡电位。金属在溶液中除了它自己的离子外，还有别的离子或原子也参与了电极过程，或者说，一个电极同时存在两个或两个以上不同物质参与的电化学反应，这种情况下的电极电位称为非平衡电极电位。也可以说，非平衡电极电位是一种无电流通过不可逆电池时的电极电位。在电极过程动力学中常把非平衡电极电位称为稳定电位或混合电位。因为此时电池处于一种自腐蚀的非平衡态下的稳定状态。表 2-3 列出了平衡电极电位与非平衡电极电位的区别。

表 2-3　平衡电极电位与非平衡电极电位的区别

项　　目	平衡电极电位	非平衡电极电位
电极反应	单一电极反应,电子得失在同一金属电极上可逆进行	两个或两个以上电极反应,电子得失不是同一个过程
电极状态	没有物质和电荷的积累	没有电荷积累,但有反应物生成
金属状态	纯金属	合金或表面有氧化膜
电解质溶液	该金属离子组成的不含溶解氧的电解质溶液	任何电解质溶液
数值	标准态下唯一确定的、稳定的数值	随电解质的不同而不同,有时数值可不稳定
服从的规律	服从 Nernst 方程	不服从 Nernst 方程

表 2-4 列出了常见金属与合金在流动海水中的非平衡电极电位。这种在一定介质中测得的腐蚀金属电位的排序叫电偶序，用电偶序来判断腐蚀倾向要比用标准电极电位可靠。例如，Al 的标准电极电位为 $-1.66V$，比 Zn 的标准电极电位（$-0.7628V$）要负很多，好像是 Al 比 Zn 易腐蚀。但在一些介质中，Al 的非平衡电极电位要比 Zn 的非平衡电极电位正很多，说明在这些介质中 Al 比 Zn 耐蚀，事实也是如此。

表 2-4　常见金属与合金在三种介质中的非平衡电极电位　　　　　　　　单位：V(vs. SHE)

金属	3% NaCl	0.05mol/L Na$_2$SO$_4$	0.05mol/L Na$_2$SO$_4$+H$_2$S	金属	3% NaCl	0.05mol/L Na$_2$SO$_4$	0.05mol/L Na$_2$SO$_4$+H$_2$S
Mg	-1.6	-1.36	-1.65	Sn	-0.25	-0.17	-0.14
Zn	-0.83	-0.81	-0.84	Cu	$+0.05$	$+0.24$	-0.51
Al	-0.6	-0.47	-0.23	Ni	-0.02	$+0.035$	-0.21
Cd	-0.52	—	—	Ag	$+0.20$	$+0.31$	-0.27
Fe	-0.50	-0.50	-0.50	Bi	-0.18	—	—
Pb	-0.26	-0.26	-0.29				

表 2-2 和表 2-4 中的电位值均是以标准氢电极（SHE）作为参比电极的，由于在实际测量中不用 SHE 而用其他更方便的电极系统作为参比电极，例如饱和甘汞电极（SCE）。用 SCE 测得的被测系统的电位加上 SCE 相对于 SHE 的电位（0.2438V），即为该系统对于 SHE 的电位值。

应当注意的是，非平衡电极电位不服从 Nernst 方程，只有通过实验才能确定。但由实验测得的非平衡电极电位的数值可以是稳定的，有确定的数值，也可能是不稳定的，没有确定的数值。只有当电荷从金属迁移到溶液和自溶液迁移到金属的速率相等，达到电荷平衡时，非平衡电位才是稳定的。因金属还在不断地溶解，所以，此时体系中物质是不平衡的。

金属发生电化学腐蚀所涉及的电位都属于非平衡电位，因此，在研究金属腐蚀问题时，非平衡电位具有重要的意义。

2.3 金属电化学腐蚀倾向的判断

在化学热力学中提出用体系自由能的变化 ΔG 来判断化学反应进行的方向和限度。任意的化学反应，在平衡条件下可表示如下：

$$(\Delta G)_{T,p} = \sum \nu_i \mu_i \begin{cases} <0（自发反应） \\ =0（平衡） \\ >0（非自发） \end{cases}$$

从热力学观点看，腐蚀过程是由于金属与周围介质构成了一个热力学上不稳定的体系，此体系有从不稳定趋向稳定的趋势。对于各种金属来说，这种倾向是极不相同的。这种倾向的大小可通过腐蚀反应的自由能变化 $(\Delta G)_{T,p}$ 来衡量。如果 $(\Delta G)_{T,p}<0$，腐蚀反应可能发生，而且自由能的负值越大，一般表示金属越不稳定；如果 $(\Delta G)_{T,p}>0$，腐蚀反应不可能发生，而且自由能的正值越大，表示金属越稳定。

例 2-1 在 25℃和 101325Pa 大气压下，分别将 Zn、Ni 和 Au 等金属浸入到无氧的纯 H_2SO_4 水溶液（pH＝0）中，判断何种金属在该溶液中能发生腐蚀？

$$Zn + 2H^+ \rightleftharpoons Zn^{2+} + H_2$$

$\mu/(kJ/mol)$　　　0　　0　　-147.19　0

$$(\Delta G)_{T,p} = -147.19 kJ/mol$$

$$Ni + 2H^+ \rightleftharpoons Ni^{2+} + H_2$$

$\mu/(kJ/mol)$　　　0　　0　　-48.24　0

$$(\Delta G)_{T,p} = -48.24 kJ/mol$$

$$Au + 3H^+ \rightleftharpoons Au^{3+} + 3/2H_2$$

$\mu/(kJ/mol)$　　0　　0　　433.05　　0

$$(\Delta G)_{T,p} = 433.05 kJ/mol$$

所以，25℃和 101325Pa 大气压下，在纯的 H_2SO_4 水溶液中，Zn 和 Ni 的腐蚀倾向很大，Au 在纯的 H_2SO_4 水溶液中是很稳定的，即 Au 不发生腐蚀。

由 Nernst 方程可得出电池电动势、标准电池电动势与参与电极反应物质的活度之间的关系：

$$O（氧化态）+ ne \rightleftharpoons R（还原态）$$

$$E = E^\ominus + \frac{RT}{nF} \ln \frac{a_{氧化态}}{a_{还原态}}$$

一般来说，由 $E^\ominus$ 即可确定 E 的正负，因为对数项与 $E^\ominus$ 相比很小，一般不会改变 E 的数值。所以，对一部分金属来说，用金属的标准电极电位数据粗略地判断金属的腐蚀倾向是相当方便的。

但是，用金属的标准电极电位判断金属的腐蚀倾向是非常粗略的，有时甚至会得到相反的结论，因为实际金属在腐蚀介质中的电位序不一定与标准电极电位序相同，主要原因有三点：①实际比较的金属不是纯金属，多为合金；②通常情况下，大多数金属表面上有一层氧化膜，并不是裸露的纯金属；③腐蚀介质中金属离子的浓度不是 1mol/L，与标准电极电位的条件不同。例如在热力学上 Al 比 Zn 活泼，但实际上 Al 在大气条件下因易于生成具有保护性的氧化膜而比 Zn 更稳定。所以，严格来说，不宜用金属的电极电位判断金属的腐蚀倾向，而要用金属或合金在一定条件下测得的稳定电位的相对大小——电偶序（表 2-4）判断金属的电化学腐蚀倾向。

2.4　电位-pH 图

由 Nernst 方程可知，金属的电极电位与水溶液中离子的浓度（活度）及温度有关，水溶液中除了其他离子外，总有 H^+ 和 OH^-。这两种离子的多少由溶液的 pH 值表示。所以，电极电位是离子浓度、温度及溶液 pH 的函数，即：

$$E = f(c_{离子}、T、pH)$$

如果离子浓度和温度一定，则电极电位的大小仅与溶液的 pH 有关。由此可画出一系列的等温、等浓度的电位-pH 线。电位-pH 图是以电位 E 为纵坐标、pH 为横坐标的电化学相图。图 2-4 就是常见的 $Fe-H_2O$ 体系的电位-pH 图。它是由比利时学者 M. Pourbaix（见科学家简介）首先提出的，又称为**布拜图**。布拜等科学家已将 90 多种元素与水构成的电位-pH 图汇集成册——电化学平衡谱图。也被称为理论电位-pH 图。

有了**电位-pH 图**，人们就可以通过控制溶液的 pH 使氧化还原反应为生产服务。在元素分离、湿法冶金及金属腐蚀与防护等方面得到广泛的应用。若将金属腐蚀体系的电极电位与溶液 pH 关系绘成图，就能从电位-pH 图上判断给定条件下金属发生腐蚀反应的可能性。

2.4.1　H_2O 的电位-pH 图

水本身也具有氧化还原性质，水的氧化还原性与下面两个电对的电极反应有关：

$$2H^+ + 2e^- \Longrightarrow H_2 \qquad E^\ominus = 0.00V$$
$$O_2 + 4H^+ + 4e^- \Longrightarrow 2H_2O \qquad E^\ominus = 1.23V$$

对应的 Nernst 方程分别为：

$$E_{H^+/H_2} = E^\ominus_{H^+/H_2} + \frac{RT}{2F} \ln \frac{a^2_{H^+}}{p_{H_2}/p^\ominus}$$
$$= -0.059pH - 0.0295 \lg (p_{H_2}/p^\ominus)$$
$$E_{O_2/H_2O} = E^\ominus_{O_2/H_2O} + \frac{RT}{4F} \ln \frac{p_{O_2}/p^\ominus a^4_{H^+}}{a^2_{H_2O}}$$
$$= 1.23 - 0.059pH + 0.0148 \lg p_{O_2}/p^\ominus$$

当 $p_{H_2} = p^\ominus$，$p_{O_2} = p^\ominus$ 时，可得：

$$E_{H^+/H_2} = -0.059pH$$
$$E_{O_2/H_2O} = 1.23 - 0.059pH$$

E_{H^+/H_2}、E_{O_2/H_2O} 分别表示上述析氢反应和氧还原反应在溶液中某一 pH 的平衡电位。根据上式可以画出 H_2O 的电位-pH 图（如图 2-4 所示）。

图 2-4 可以看出，E_{O_2/H_2O} 比 E_{H^+/H_2} 大 1.23V；当 pH 升高 1 个单位，则 E_{H^+/H_2}、E_{O_2/H_2O} 都减小 0.059V。因此，图 2-4 中画出两条斜率均为 0.059 的平行斜线，a 线为氢平衡线，b 线为氧平衡线。

若反应 $2H^+ + 2e^- \Longrightarrow H_2$ 的电位偏离 a 线向上移动，即电位升高，这时 H_2 的电极电位和 H_2 的分压 p_{H_2} 符合：

$$E_{H^+/H_2} = -0.059pH - 0.0295 \lg p_{H_2}/p^\ominus$$

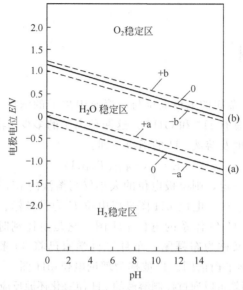

图 2-4 　H_2O 的电位-pH 图

为了达到新的平衡，可有下列两种途径：一是在一定 p_{H_2} 下，H^+ 活度 a_{H^+} 增大（pH 减小）；或在一定 H^+ 活度 a_{H^+} 下，H_2 的分压 p_{H_2} 减小。不论是 H^+ 活度还是 H_2 的分压减小，都要求电极反应 $2H^+ + 2e^- \Longleftrightarrow H_2$ 向生成 H^+ 的方向移动。所以 a 线以上的区域是氢离子稳定区。反之，如果氢的电极电位低于标准压力 $p^\ominus$（101325Pa）时的电极电位，反应向增加氢气分压 p_{H_2} 的方向进行。所以 a 线下方为 H_2 的稳定区。

b 线的情况与 a 线类似，b 线上方为 O_2 稳定区。a、b 线之间的区域为 H_2O 的稳定区。

总之，位于图中某直线上方的有关物质的氧化态较为稳定，位于直线下方的还原态较为稳定。

2.4.2　Fe 的电位-pH 图的原理

金属在溶液中的稳定性不仅与它的电极电位有关，还与水溶液的 pH 有关。根据参加电极反应的物质不同，Fe 的电位-pH 图上的曲线可分为三类。

① 电极反应只与电极电位有关，而与溶液的 pH 无关。例如：

$$Fe \Longleftrightarrow Fe^{2+} + 2e^-$$

$$Fe^{2+} \Longleftrightarrow Fe^{3+} + e^-$$

这类反应的特点是只有电子交换，而不产生 H^+ 或 OH^-。其平衡电位分别为：

$$E_{Fe^{2+}/Fe} = E^\ominus_{Fe^{2+}/Fe} + \frac{RT}{2F} \ln a_{Fe^{2+}}$$

$$E_{Fe^{3+}/Fe^{2+}} = E^\ominus_{Fe^{3+}/Fe^{2+}} + \frac{RT}{F} \ln \frac{a_{Fe^{3+}}}{a_{Fe^{2+}}}$$

当 $t = 25℃$ 时，将 R、F 等常数代入上式，则得：

$$E_{Fe^{2+}/Fe} = -0.441 + 0.0295 \lg a_{Fe^{2+}}$$

$$E_{Fe^{3+}/Fe^{2+}} = 0.771 + 0.0591 \lg \frac{a_{Fe^{3+}}}{a_{Fe^{2+}}}$$

由此可见，这类反应的电极电位与 pH 无关，只要已知反应物和生成物离子活度，即可求出反应的电位。

若以 R 表示物质的还原态，O 表示物质的氧化态，则一般反应式可写为：

$$yO + ne^- \rightleftharpoons xR$$

其平衡电位的一般表达式为：

$$E_{O/R} = E^{\ominus}_{O/R} + \frac{RT}{nF} \ln \frac{a_O^y}{a_R^x}$$

此类反应在电位-pH 图上是一条水平线。

② 电极反应与 pH 有关，而与电极电位无关。例如：

$$Fe_2O_3 + 6H^+ \rightleftharpoons 2Fe^{3+} + 3H_2O$$

上述反应只有 H^+ 而无电子参加，故构不成电极反应，而是化学反应，不能用能斯特方程式来表示电位与 pH 的关系，但可以从平衡常数得到其在电位-pH 图上的平衡线。

在一定温度下的平衡常数：

$$K_a = \frac{a_{Fe^{3+}}^2}{a_{H^+}^6}$$

取对数后得：

$$\lg K_a = 2\lg a_{Fe^{3+}} + 6pH$$

反应的 $\Delta G^{\ominus}$ 可由热力学数据求得：

$$\begin{aligned} \Delta G^{\ominus} &= 2\Delta G^{\ominus}(Fe^{3+}) + 3\Delta G^{\ominus}(H_2O) - \Delta G^{\ominus}(Fe_2O_3) \\ &= 2 \times (-10.59) + 3(-237.2) - (-741) \\ &= 8.22 kJ/mol \end{aligned}$$

由此可求出 K_a 为 0.0362，故得：

$$\lg a_{Fe^{3+}} = -0.7203 - 3pH$$

此式与电极电位 E 无关，当 $a_{Fe^{2+}}$ 有定值时，pH 也有定值，故在电位-pH 图上的平衡线是一条垂直线。

③ 反应电极既与电极电位有关，又与 pH 有关。例如：

$$2Fe^{2+} + 3H_2O \rightleftharpoons Fe_2O_3 + 6H^+ + 2e^-$$

这类反应的特点是 H^+ 或 OH^- 都参加反应，其平衡电位：

$$E_{Fe_2O_3/Fe^{2+}} = 0.728 - 0.1773pH - 0.059\lg a_{Fe^{2+}}$$

在一定温度下，反应的平衡条件既与电位有关，又与溶液的 pH 有关。它们的电位-pH 曲线是一组斜线。

2.4.3　Fe-H₂O 体系电位-pH 图的绘制

(1) 列出有关物质的各种存在状态及其标准化学位数值（25℃）（表 2-5）。

(2) 列出各类物质的相互反应，并利用表 2-5 中的数据算出其平衡关系式。

Fe-H₂O 体系中重要的化学和电化学平衡反应及其平衡关系式

① $Fe^{2+} + 2e^- \rightleftharpoons Fe$

$$E_{Fe^{2+}/Fe} = -0.440 + 0.0296\lg a_{Fe^{2+}}$$

② $Fe_2O_3 + 6H^+ + 2e^- \rightleftharpoons 2Fe^{2+} + 3H_2O$

$$E_{Fe_2O_3/Fe^{2+}} = 0.728 - 0.1773pH + 0.0591\lg a_{Fe^{2+}}$$

③ $Fe^{3+} + e^- \rightleftharpoons Fe^{2+}$

$$E_{Fe^{3+}/Fe^{2+}} = 0.771 + 0.059\lg \frac{a_{Fe^{3+}}}{a_{Fe^{2+}}}$$

表 2-5　Fe-H₂O 体系中各重要组分的 $\mu_i^\ominus$ 值　　　　　　　单位：kJ/mol

溶剂和溶解性物质	固　态	气 态 物 质
$\mu_{H_2O}^\ominus=-236.96$	$\mu_{Fe}^\ominus=0$	$\mu_{H_2}^\ominus=0$
$\mu_{H^+}^\ominus=0$	$\mu_{Fe(OH)_2}^\ominus=-483.08$	$\mu_{O_2}^\ominus=0$
$\mu_{OH^-}^\ominus=-157.15$	$\mu_{Fe_3O_4}^\ominus=-1013.23$	
$\mu_{Fe^{2+}}^\ominus=-84.8$	$\mu_{Fe(OH)_3}^\ominus=-693.88$	
$\mu_{Fe^{3+}}^\ominus=-10.57$	$\mu_{Fe_2O_3}^\ominus=-740.28$	
$\mu_{FeOH^{2+}}^\ominus=-233.7$		
$\mu_{HFeO_2^-}^\ominus=-378.82$		
$\mu_{FeO_4^{2-}}^\ominus=-466.84$		

④ $Fe_2O_3+6H^+ \Longrightarrow 2Fe^{3+}+3H_2O$

$$\lg a_{Fe^{3+}}=-0.723-3pH$$

⑤ $3Fe_2O_3+2H^++2e^- \Longrightarrow 2Fe_3O_4+H_2O$

$$E_{Fe_2O_3/Fe_3O_4}=0.221-0.0591pH$$

⑥ $Fe_3O_4+8H^++8e^- \Longrightarrow 3Fe+4H_2O$

$$E_{Fe_3O_4/Fe}=-0.085-0.0591pH$$

⑦ $Fe_3O_4+8H^++2e^- \Longrightarrow 3Fe^{2+}+4H_2O$

$$E_{Fe_3O_4/Fe^{2+}}=0.980-0.2364pH-0.0886\lg a_{Fe^{2+}}$$

⑧ $HFeO_2^-+3H^++2e^- \Longrightarrow Fe+2H_2O$

$$E_{HFeO_2^-/Fe}=0.493-0.886pH+0.0296\lg a_{HFeO_2^-}$$

⑨ $Fe_3O_4+2H_2O+2e^- \Longrightarrow 3HFeO_2^-+H^+$

$$E_{Fe_3O_4/HFeO_2^-}=-1.546-0.0885\lg a_{HFeO_2^-}+0.0295pH$$

(3) 作出各类反应的电位-pH 图线，最后汇总成综合的电位-pH 图（图 2-5）。请注意，这里所用之 E 值均指相对标准氢电极而言。

图 2-5 中直线上圆圈的号码是表 2-5 中计算平衡关系式时的编号。直线旁的数字代表可溶性离子活度的对数值。例如对于反应①来说，其平衡关系与 pH 无关，所以图 2-5 中是用一组与 pH 轴平行的直线来表示，每一条线表示一种 Fe^{2+} 的浓度。标 0 的线代表 $a_{Fe^{2+}}=10^0$，标 -2 的线代表 $a_{Fe^{2+}}=10^{-2}$，余者类推。在绘制电位-pH 图时，布拜曾提出如下假定，假定以溶液中平衡金属离子的浓度为 10^{-6}

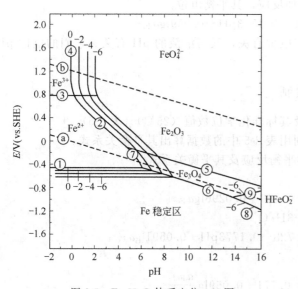

图 2-5　Fe-H₂O 体系电位-pH 图

mol/L 作为金属是否腐蚀的界限，即溶液中金属离子的浓度小于此值时即可认为金属不发生腐蚀。与此相对应的电极电位 E 可以按能斯特公式计算，并以这个电极电位作为划分腐蚀区和稳定区（非腐蚀区）的界限。

图 2-5 中还有互相平行的两条虚线，虚线 a 表示 $2H^+ + 2e^- \rightleftharpoons H_2$ $(p_{H_2} = 101325Pa)$ 的平衡关系；虚线 b 表示 $O_2 + 4H^+ + 4e^- \rightleftharpoons 2H_2O$ $(p_{O_2} = 101325Pa)$ 和 H_2O 之间的平衡。可以看出，当电位低于 a 线时，水被还原而分解出 H_2；电位高于 b 线时，水可被氧化而分解出 O_2 来。在 a、b 两线之间水不可能被分解出 H_2 和 O_2。所以该区域代表了在标准压力下水的热力学稳定区。由于我们重点是讨论金属的电化学腐蚀过程，除考虑金属的离子化反应之外，还往往同时涉及氢的析出和氧的还原反应，故这两条虚线出现在电位-pH 图中，则具有特别重要的意义。

2.4.4 Fe-H₂O 体系电位-pH 图在腐蚀控制中的应用

如果假定平衡金属离子浓度为 10^{-6} mol/L 作为金属是否腐蚀的界限，那么，对于 Fe-H_2O 体系可得到如图 2-6 所示的简化电位-pH 图。在铁的电位-pH 简图上，铁的状态可以划分为腐蚀区（图中 B、C 点）、免蚀区（稳定区）（图中 A 点）、钝化区和超钝化区 4 个区域，分别对应着热力学稳定态、腐蚀态、钝化态和超钝化态 4 种状态。以下对腐蚀区、免蚀区和钝化区加以介绍。

(1) 腐蚀区

当铁的电位处于腐蚀区和超钝化区时，金属铁处于不稳定状态，铁将发生腐蚀。在该区域内处于稳定状态的是可溶性的 Fe^{2+}、Fe^{3+}、FeO_4^{2-} 和 $HFeO_2^-$ 等离子。

(2) 免蚀区

处于免蚀区时，金属铁处于热力学稳定状态，在此区域内金属不发生腐蚀。

(3) 钝化区

在此区域内的电位和 pH 条件下，铁生成稳定的固态氧化物、氢氧化物或盐膜。因此，在此区域内金属是否遭受腐蚀，取决于所生成的固态膜是否有保护性，即看它能否进一步阻碍金属的溶解。这时铁的腐蚀虽然仍然存在，但腐蚀速率受到很大抑制。

例如，从图 2-6 中 A、B、C、D 各点对应的电位和 pH 条件，可判断铁的腐蚀情况。

A 点处于 Fe 和 H_2 的稳定区，故不会发生腐蚀。

B 点处于腐蚀区，且在氢线以下，即处于 Fe^{2+} 和 H_2 的稳定区，在该条件下，铁将发生析氢腐蚀。其化学反应如下：

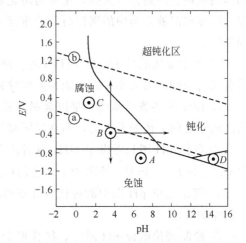

图 2-6 Fe-H₂O 体系的简化电位-pH 图

阳极反应　　　　　　$Fe \rightleftharpoons Fe^{2+} + 2e^-$

阴极反应　　　$2H^+ + 2e^- \rightleftharpoons H_2$

电池反应　　　　$Fe + 2H^+ \rightleftharpoons Fe^{2+} + H_2$

若铁处于 C 点条件下，即在腐蚀区，又在氢线以上，对于 Fe^{2+} 和 H_2O 是稳定的。铁仍会腐蚀，但不是析氢腐蚀，而是吸氧腐蚀。

阳极反应 $\qquad\qquad\qquad Fe \Longrightarrow Fe^{2+} + 2e^-$

阴极反应 $\qquad 2H^+ + 1/2O_2 + 2e^- \Longrightarrow H_2O$

D 点对应的是 Fe 被腐蚀，生成 $HFeO_2^-$ 的区域。

为了使铁免受腐蚀，可设法使其移出腐蚀区。例如，从图 2-6 中的 B 点移出腐蚀区有三种可能的途径。

① 把铁的电极电位降低至免蚀区，即对铁实施阴极保护。可用牺牲阳极法，即用电位更负的锌或镁合金与铁连接，构成腐蚀电偶，或用外加直流电源的负端与铁相连，而正端与辅助阳极连接，构成回路，都可使铁得到保护，免遭腐蚀。

② 把铁的电位升高，使之进入钝化区。这可通过阳极保护法或在溶液中添加阳极型缓蚀剂和钝化剂来实现。应指出，这种方法只适用于可钝化的金属。有时由于钝化剂加入量不足，或者阳极保护参数控制不当，金属表面保护膜不完整，反而会引起严重的局部腐蚀。溶液中有 Cl^- 存在时还需防止点蚀的出现。

③ 调整溶液的 pH 至 9～13 之间，也可以是铁进入钝化区。应注意，如果由于某种原因（如溶液中含有一定量的 Cl^-）不能生成钝化膜，铁将不钝化而继续腐蚀。

电位-pH 图的主要用途是：

① 预测反应的自发方向，从热力学上判断金属腐蚀趋势；

② 估计腐蚀产物的成分；

③ 预测减缓或防止腐蚀的环境因素，选择控制腐蚀的途径。

2.4.5 理论电位-pH 图的局限性

上面介绍的电位-pH 图都是根据热力学数据绘制的，所以也称为理论电位-pH 图。如上所述，借助这种电位-pH 图可以预测金属在给定条件下的腐蚀倾向，可为解释各种腐蚀现象和作用机理提供热力学依据，也可为防止腐蚀提供可能的途径。因此，电位-pH 图已成为研究金属在水溶液介质中的腐蚀行为的重要工具。但它的应用是有条件的，至少存在下列一些局限性。

① 由于金属的理论电位-pH 图是一种以热力学为基础的电化学平衡图，因此它只能预示金属腐蚀倾向的大小，而不能预测腐蚀速率的大小。

② 图中的各条平衡线，是以金属与其离子之间或溶液中的离子与含有该离子的腐蚀产物之间建立的平衡为条件的，但在实际腐蚀情况下，可能偏离这个平衡条件。

③ 电位-pH 图只考虑了 OH^- 这种阴离子对平衡的影响。但在实际腐蚀环境中。往往存在 Cl^-、SO_4^{2-}、PO_4^{3-} 等阴离子，它们可能因发生一些附加反应而使问题复杂化。

④ 理论电位-pH 图中的钝化区并不能反映出各种金属氧化物、氢氧化物等究竟具有多大的保护性能。

⑤ 绘制理论电位-pH 图时，往往把金属表面附近液层的成分和 pH 大小等同于整体的数值。实际腐蚀体系中，金属表面附近和局部区域内的 pH 与整体溶液的 pH 其数值往往并不相同。

因此，应用电位-pH 图时，必须针对具体情况，进行具体分析，过分夸大或低估电位-pH 图的作用都是不对的。

【科学视野】

国际腐蚀大会

　　国际腐蚀大会是由国际腐蚀理事会（ICC，International Corrosion Council）发起和组织的，国际腐蚀理事会每 3 年举办一次国际腐蚀大会（International Corrosion Congress），通过各国申办竞选投票决定每一届的承办国。国际腐蚀大会是世界腐蚀界学术水平最高、范围最广、影响最大的国际性腐蚀科学领域的系列会议，受到各国政府有关部门和学术界的高度重视。国际腐蚀大会不但是各个单位科研成果的汇总与交流，同样也是一个展示腐蚀科研成就的舞台，一个科技成果转化的窗口。

　　国际腐蚀理事会（ICC）成立于 1959 年，其立会宗旨是：①在世界范围内推广腐蚀科学和防腐蚀工程的研究成果；②促进各国腐蚀科学工作者之间的合作与联系；③为各国腐蚀科学研究人员及工程人员提供一个相互交流经验、讨论科研成果、发布新理论、新技术的场所；④减少由于缺乏认识、不控制腐蚀问题而造成自然资源和材料的浪费、设备不完全性和降低使用寿命；⑤支持各国腐蚀科学家和工程师的研究开发工作，不断提高人们对腐蚀问题的重视。

　　ICC 的组织机构是由各国推出两名代表组成理事会，理事会领导机构是由 1 名主席、2 名副主席、上任主席及秘书 5 人组成执委会。ICC 现有理事 131 人，来自世界 73 个国家和地区。中国腐蚀与防护学会是唯一代表中华人民共和国加入国际腐蚀理事会的，学会名誉理事长由北京科技大学肖纪美院士担任，中国科学院金属研究所柯伟院士现任 ICC 的理事。

　　1961 年首届国际腐蚀大会在英国伦敦召开，并决定每三年在世界各地举办一次。第 5 届国际腐蚀大会于 1972 年在日本东京举行，Go Okamoto（岗本 刚）教授任大会主席。第 13 届国际腐蚀大会于 1996 年 11 月 25～29 日在澳大利亚墨尔本举行。参会代表 455 名，发表论文 450 篇。会议论文涉及阴（阳）极保护、缓蚀剂、土壤腐蚀、海水腐蚀、防腐层等 28 个专题。

　　第 15 届国际腐蚀大会于 2002 年 9 月 22～27 日在西班牙海滨城市 Granada 举行。参加这次学术交流大会的有来自 40 多个国家和地区的 500 多名代表，腐蚀领域国际知名的 5 位专家做了大会报告，论文集共收录了 570 多篇论文。M. Morcillo 先生任大会主席，D. Landolt 教授和 H. De Wit 教授任大会副主席。中国科学技术协会、中国腐蚀与防护学会、北京科技大学、中国科学院金属研究所、北京化工大学、天津大学、厦门大学、北京航空材料研究院和中国工程物理研究院等单位的 20 余名中国代表参加了这次学术大会。

　　第 16 届国际腐蚀大会于 2005 年 9 月 19～24 日在北京国际会议中心隆重举行。本次大会是世界腐蚀界一次空前的学术交流盛会。国际腐蚀理事会主席 J. H. W. de Wit 先生以及理事会成员代表出席了会议。参会代表共 800 余人，分别来自世界 68 个国家和地区，境外代表 352 人。大会共收到会议论文摘要 913 篇，全文 722 篇。

　　来自世界各地的代表就下列问题进行了热烈的学术交流：①现代高科技工业中的腐蚀问题及对策。②先进材料的腐蚀与防护（纳米结构材料、复合材料等）。③轻合金的腐蚀与防护。④管线的完整性。⑤自然环境的腐蚀与防护（大气、自然水和海水、土壤、微生物）。⑥工业环境中的腐蚀与防护（石油、化工、能源、航空航天、建筑、交通、电力和其他工业）。⑦污染水的腐蚀与防护。⑧混凝土的腐蚀。⑨局部腐蚀（点腐蚀、缝隙腐蚀、晶间腐蚀等）。⑩氢脆和应力腐蚀开裂。⑪腐蚀疲劳。⑫腐蚀-磨蚀。⑬高温腐蚀与防护。⑭腐蚀电化学和电化学测试技术。⑮阴极保护和阳极保护。⑯新型耐蚀材料。⑰缓蚀剂。⑱表面保护技术。⑲表面分析技术。⑳工业检测和监控。㉑计算机在腐蚀与防护领域的应用。㉒腐蚀数据库和信息系统。㉓失效分析和工业服务。㉔腐蚀试验方法和标准。㉕安全评估和寿命预测。㉖腐蚀教育与培训。㉗腐蚀经济和管理。

国际腐蚀大会首次在中国北京的举行，大大推动了中国腐蚀与防护科技的发展，说明了我国腐蚀科技事业的发展和进步已经得到了世界各国的认同。同时也展示我国改革开放以来在腐蚀科技研究方面取得的长足进展和突出成果。

第17届国际腐蚀大会于2008年10月6～10日在美国拉斯维加斯举行。来自世界46个国家和地区的300多名腐蚀与防护领域的专家学者出席了会议，来自中国大陆高等院校、科研院所和企业的12位代表赴美参加了大会。第17届国际腐蚀大会的主题是"服务社会中的腐蚀控制（Corrosion Control in the Service of Society）"，宗旨是希望会议上所提交的信息和研究成果为全球社会服务，通过实施腐蚀控制措施，防止腐蚀对社会的影响，保护人类，保护资源，保护基础设施，保护环境。

在5天的会议期间，大会每天上午安排一个大会报告，英国腐蚀咨询工程师John Broomfield做了《电化学技术在具有重要历史和建筑学意义的大楼、桥梁和建筑物的保护中的应用》的报告；美国Rush大学医学中心Joshua Jacobs做了《整形外科植入物腐蚀的临床后遗症》的报告；荷兰Shell Global Solutions International，B. V. 首席科学家Sergio Kapusta博士做了《未来能源——对材料的挑战》的报告；日本东京工业大学名誉教授桥本宫二（Koji Hashimoto）做了《腐蚀防护——利用可再生能源的关键》的报告；美国Virginia Tech的Marc Edwards做了《腐蚀控制走进家庭：建筑物管道工程腐蚀的深刻蕴含》的报告。这些报告紧密围绕"腐蚀控制为社会服务"这一主题，从不同角度说明腐蚀科学与防护技术已渗透到社会乃至家庭生活的许多方面，生动地说明腐蚀控制在可持续发展战略中将起重要作用。

第18届国际腐蚀大会于2011年11月20～24日在澳大利亚西部美丽的Perth市隆重召开，来自世界60多个国家和地区，600多名腐蚀与防护学科领域的专家学者出席了会议。此次会议的主题为：腐蚀控制——为人类未来可持续发展做贡献（corrosion control, contributing to a sustainable future for all）。共收到论文500多篇，其中200多篇在会上进行演讲交流，50多篇做墙报张贴交流。

英国剑桥大学Tim Burstein教授、伯明翰大学Alison Davenport教授、曼彻斯特大学David Scantlebury教授和阿根廷普拉塔大学Hector Videla教授分别在会议主单元主会场做了演讲。另外，澳大利亚迪肯大学的Maria Forysth教授、丹麦的Mads Juhl教授、西澳博物馆Lan Maclend教授和印度Bombay研究院的Raja教授在主会场进行了重点报告。会议设了8个分会场，围绕29个专题，共进行了64场专题研讨会。

第19届国际腐蚀大会于2014年11月2～6日在韩国济州（Jeju）岛召开。会议主题为：大气腐蚀、阴极保护、涂料、缓蚀剂、防腐蚀新材料、混凝土中的腐蚀、能源工程中的腐蚀、工业环境中的腐蚀、轻质金属腐蚀、石油/管道中的腐蚀、不锈钢的腐蚀、腐蚀问题和保护方法在核电行业中的应用、腐蚀监测和检测、电化学及电化学测试方法、故障分析和工业服务、完整性和寿命预测、局部腐蚀、海洋腐蚀、钝化膜、应力腐蚀开裂及氢脆、表面保护和分析技术、水处理及废物和有污染的水中的腐蚀。

【科学家简介】

杰出的电化学家和腐蚀科学家 M. 布拜

M. 布拜（M. Pourbaix，比利时，1904—1998）是腐蚀科学和电化学领域国际知名的科学家，他在化学热力学领域的杰出工作为电化学，特别是金属腐蚀科学奠定了重要的理论基础。

M. 布拜于 1904 年生于俄国。早年在布鲁塞尔学习，1927年毕业于比利时布鲁塞尔自由大学（ULB）的应用科学系。M. 布拜一迈入学术生涯的大门，就显示出极强的创新意识。

M. 布拜最著名的研究成果是 1938 年由他一手发明的电位-pH 图，并由此使他在科学界一举成名。在第二次世界大战爆发前的 1939 年，M. 布拜完成了他的博士研究课题，同时提交了一篇名为《稀溶液的热力学：pH 和电位作用的图解表示法》的学术论文，正是在这篇论文中，他提出了至今在化学教学中重点讲授并在化学研究中广为应用的金属的电位-pH 关系图，即著名的"布拜图"。布拜图可以广泛应用于化学、电化学科学以及工业（包括地球化学、电池、电催化、电沉积及电化学精炼等）领域。

布拜的博士学位论文对腐蚀科学产生了巨大的影响。被誉为"腐蚀科学之父"的英国科学家 Ulick R. Evans 很快就发现了这篇非同寻常的博士论文的科学意义，并于 1949 年将其翻译成英语。就在同一年，布拜作为腐蚀科学和电化学界的知名人士，与另外 13 位国际知名电化学家一起创立了国际热力学和电化学会（CITCE），并出任 CITCE 主席的职务，该学会极大地促进了电化学家和热力学家的学术交流。1971 年该组织更名为现在的"国际电化学会（ISE）"，目前该学会有来自世界 59 个国家的 1100 多名会员。

M. 布拜对腐蚀科学的另一个贡献是首先提出了电极反应的过电位 η 与电极反应的电流密度 i 之间的存在的重要关系，即布拜公式：$\eta \cdot i \geq 0$。布拜公式包含了两方面的含义：①对处于平衡状态下的电极反应，$\eta = 0$，$i = 0$，即 $\eta \cdot i = 0$；②对于非平衡状态下的不可逆过程，则不管是阳极反应还是阴极反应，恒有 $\eta \cdot i > 0$。布拜公式的意义在于它指出了过电位和电流密度之间存在着因果关系，而且两者的符号相同，即 η 为负值时电流密度为负号，出现阴极电流密度；而 η 为正值时电流密度为正号，出现阳极电流密度。这就为寻找过电位 η 与电流密度的 i 之间复杂的函数关系指明了基本方向，而 η 与 i 之间的函数关系正是电极过程动力学的主要任务。

布拜毕生致力于腐蚀科学而不是电池、电沉积等方面的研究，并于 1951 年创建了比利时腐蚀研究中心（Belgian Center for Corrosion Study，简称 CEBELCOR），这是世界上第一个专门致力于腐蚀现象的理论和实验研究中心，布拜担任"腐蚀研究中心"的名誉主任和科学顾问，该研究中心为世界腐蚀科学的发展做出了巨大的贡献。

布拜不仅从事腐蚀科学的研究，同时也是腐蚀与防护科学领域一位出色的国际合作者，他的足迹遍及世界各地，不断地考察和讲学，并以出色的组织和管理能力参与到世界重要的学术机构中。为了鼓励科学家在腐蚀科学和工程领域的研究、国际合作与友谊，1952 年，布拜成立了国际纯粹和应用化学会（IUPAC）的电化学委员会，该委员会于 1953 年澄清了电化学中存在的一些有争议的问题，例如使电极电位的符号有了统一的惯例。他以极大的热情和精力创建国际腐蚀理事会（ICC），1969 年出任国际腐蚀理事会主席等职。

20 世纪 60 年代初，布拜和他的同事一起完成了所有元素的电位-pH 图，并于 1963 年和 1965 年分别以法语和英语两种文字出版了他的《电化学平衡相图》。由此确立了近代金属腐蚀科学的热力学理论基础，伊文思把布拜这一贡献比喻为微分方程的创立对数学的贡献。早在 1962 年，布拜就提出了局部腐蚀发展的保护电位的概念，这是与闭塞电化学电池中特殊电化学状态有关的一个概念。不仅如此，布拜的早期研究成果还包括由他提出的有气相存在时的化学-电化学平衡相图，后来的 Ellingham 图都是在此基础上发展建立起来的。

英国著名科学家伊文思在布拜所著《稀溶液的热力学》一书的前言中对布拜的杰出贡献作出这样的评价："在过去的 10 年中（20 世纪 40 年代），布鲁塞尔的布拜博士以通用热力学方程为基础开创并发展了图解法，解决了诸多方面的科学问题，如许多异相反应、均相反应和平衡等问题，……将热力学理论应用于一些典型的腐蚀反应是一个开拓性的进展。"

因此，布拜最卓越的学术成就是开辟了如何有效地将热力学理论应用于腐蚀科学和普通电化学中，他的 4 本重要著作阐述了这些工作，它们是《稀溶液的热力学》、《溶液电化学平衡相图（固-液平衡）》、《电化学腐蚀讲义（教材）》、及晚年完成的《气相存在下化学和电化学平衡相图（固-气平衡）》。其中 1996 年出版的《气相存在下化学和电化学平衡相图（固-气平衡）》一书是具有许多现代创新性的气体布拜图表集，它涵盖了比溶液图表集更广泛的领域。出版这部专著时布拜已达 92 岁的高龄。由此可见，布拜对科学如此酷爱，以致达到孜孜不倦的程度。

由于布拜在腐蚀科学和电化学中的杰出贡献，他获得了腐蚀科学和电化学方面几乎所有的重要国际大奖，如 Olin Palladium 奖、U. R. Evans 奖，并由此使他享誉世界。布拜曾任比利时自由大学教授、IUPAC 电化学委员会及 ICC 主席、《Electrochimica Acta》咨询委员会会员、《Corrosion Science》编委等职。除此之外，1990 年，美国腐蚀工程师学会（NACE）建立了"布拜奖学金"，1996 年，国际腐蚀理事会（ICC）建立了"国际合作布

1948 年，M. 布拜在米兰（Milano）作学术报告

拜奖"。

　　在谈论布拜对科学上的贡献滔滔不绝的同时，人们更缅怀他的人格魅力——友好与和善。在英国腐蚀科学和技术协会向布拜授予珍贵的"U. R. Evans 奖"的颁奖仪式上，Graham Wood 教授问他："你认为你一生中从事的最重要的活动是什么？"布拜毫不犹豫地回答道："……友谊与国际关系"。布拜广交世界各国友人，他的许多朋友都曾得到他友善的帮助。

　　布拜拥有一个和谐美满的家庭，他的妻子 Marcelle 是一位美丽而富有天赋的艺术家（雕刻家），用他的话说就是"最亲密的朋友和最得力的助手"。他有三个儿子：Etienne 是一位建筑师，Phillipe 是一位内科医生和艺术家，Antoine 是一位国际著名的腐蚀科学家，是腐蚀机理基础研究及工业应用研究的专家。Antoine 特别有造诣和专长的领域如：局部腐蚀机理、大气腐蚀、热稳定相图、钢筋混凝土中的腐蚀、埋地管线的腐蚀与保护、腐蚀监测、石油天然气工业的腐蚀与防护、核废料的储放等。Antoine 在金属腐蚀与防护领域工作了 42 年，布拜退休后他接任了 CEBELCOR 的主任一职。

　　1998 年 9 月 28 日，杰出的比利时电化学家和腐蚀科学家 M. 布拜永久、安祥地睡着了。

思考练习题

　　1. 什么是电化学腐蚀？简述电化学腐蚀的基本原理。

　　2. 什么是平衡电位、非平衡电位、标准电位、稳定电位？

　　3. 两块铜板用钢螺栓固定，将会出现什么问题？应采取何种措施？

　　4. 什么是化学腐蚀和电化学腐蚀？举例说明之。并说明化学腐蚀和电化学腐蚀的不同特征。

　　5. 腐蚀电池与一般的原电池有何差别？

　　6. 通过设计一个合理的化学实验，证明钢铁在有电解质存在的条件下发生的是电化学腐蚀。

　　7. 腐蚀电池导致金属材料的破坏，如果溶液中没有可接受电子的氧化剂（阴极去极化剂）存在，是否还会导致金属材料的破坏？

　　8. 腐蚀倾向的热力学判据是什么？以 Fe 为例，说明它在潮湿大气中可否自发生锈。

　　9. 如何用电化学判据说明金属电化学腐蚀的难易程度，有何局限性？

　　10. 以 Fe、Cu 及 16MnCu 钢（含 C 0.12%～0.20%，Si 0.20%～0.60%，Mn 1.20%～1.60%，Cu 0.20%～0.40%）为例说明它们在大气中的耐蚀性。

　　11. 什么是腐蚀电池？有哪些类型？举例说明可能引起的腐蚀种类。

　　12. 举例说明腐蚀电池的工作历程。

　　13. 腐蚀电池分类的依据是什么？它可分成几大类？什么是电化学不均匀性和超微观电化学不均匀性？举例说明腐蚀原理。

　　14. 已知：在 25℃和 101325Pa 大气压下，判断 Cu 在无氧的纯 HCl 中和在有氧（$p_{O_2} = 0.21 \times 101325Pa$）的 HCl 里是否发生金属腐蚀？

　　可能用到的数据如下：

物质　　　$\Delta_f G_m^{\ominus}$（kJ/mol）

Cu²⁺　　　64.98

H₂O　　　−237.19

　　15. 在 25℃和 101325Pa 大气压下，求 Fe 在下列不同腐蚀介质中是否发生腐蚀？

　　(1) 在酸性水溶液中（pH=0），

　　(2) 在同空气接触的纯水中（pH=7，$p_{O_2} = 0.21 \times 101325Pa$），

　　(3) 在同空气接触的碱性水溶液中（pH=14，$p_{O_2} = 0.21 \times 101325Pa$）。

16. 金属的电化学腐蚀是金属作原电池的阳极被氧化，在不同的 pH 条件下，原电池中的还原作用可能有下列几种。

酸性条件：$2H^+ + 2e^- = H_2(p^\ominus)$

$O_2(p^\ominus) + 4H^+ + 4e^- = 2H_2O$

碱性条件：$O_2(p^\ominus) + 2H_2O + 4e^- = 4OH^-$

金属腐蚀是指金属表面附近能形成离子的浓度至少为 1×10^{-6} mol/kg。现有如下 6 种金属：Au、Ag、Cu、Fe、Pb 和 Al，试问哪些金属在下列 pH 条件下会被腐蚀（298K）？

(1) 强酸性溶液 pH=1   (2) 强碱性溶液 pH=14

(3) 微酸性溶液 pH=6   (4) 微碱性溶液 pH=8

所需的 $E^\ominus$ 值自己查阅，设所有的活度系数为 1。

17. 根据下列数据判断在常温常压下，金属 Ag 能否被空气中的氧气氧化为氧化银（Ag_2O）？

已知：$E^\ominus_{Ag_2O/Ag,OH^-} = 0.342V$，$E^\ominus_{OH^-/H_2} = -0.828V$，$\Delta_f G^\ominus_m[H_2O(l)] = -237.13$kJ/mol。

18. 试以热力学判据说明：(1) 铜在 25℃ 无氧的硫酸铜溶液（pH=1）中是否会发生氢去极化腐蚀？(2) 铜在 25℃ 含氧的中性溶液（pH=7）中是否会发生氧去极化腐蚀？（已知 25℃ 时氢氧化铜的溶度积为 5.6×10^{-20}）

第3章 电化学腐蚀动力学

20世纪40年代末50年代初发展起来的电化学动力学是研究非平衡体系的电化学行为及动力学过程的一门科学，它的应用很广，涉及能量转换（从化学能、光能转化为电能）、金属的腐蚀与防护、电解以及电镀等领域，特别在探索具有特殊性能的新能源和新材料时更突出地显示出它的重要性，其理论研究对腐蚀电化学的发展也起着重要作用。

电化学动力学中的一些理论在金属腐蚀与防护领域中的应用就构成了电化学腐蚀动力学的研究内容，主要研究范围包括金属电化学腐蚀的电极行为与机理、金属电化学腐蚀速率及其影响因素等。例如，就化学性质而论，铝是一种非常活泼的金属，它的标准电极电位为 $-1.662V$。从热力学上分析，铝和铝合金在潮湿的空气和许多电解质溶液中，本应迅速发生腐蚀，但在实际服役环境中铝合金变得相当稳定。这不是热力学原理在金属腐蚀与防护领域的局限，而是腐蚀过程中反应的阻力显著增大，使得腐蚀速率大幅度下降所致，这些都是腐蚀动力学因素在起作用。除此之外，氢去极化腐蚀、氧去极化腐蚀、金属的钝化及电化学保护等有关内容也都是以电化学腐蚀动力学的理论为基础的。电化学腐蚀动力学在金属腐蚀与防护的研究中具有重要的意义。

3.1 电化学反应速率

3.1.1 电极过程

如果系统由两个相组成，其中一相是电子导体相（电极），另一相是离子导体相（电解质），且在"电极/电解质"互相接触的界面上有电荷在这两个相之间转移，我们就把这个系统称为电极系统。电极系统的主要特征是：伴随着电荷在两相之间的转移，同时在两相界面上发生物质的变化，即化学反应。在电极系统两相之间的电荷转移以及在两相界面上发生的化学反应称为电极反应。例如，电化学反应大多是在各种化学电池和电解池中实现的，不论是化学电池还是电解池中的电极反应，都至少包括阳极过程、阴极过程以及电解质相中的传质过程（如迁移过程和扩散过程等）。阳极过程或阴极过程伴随着"电极/电解质"界面上发生某一或某些组分的氧化或还原，而电解质相中的传质过程不会发生化学反应，只会引起体系中各组分的局部浓度变化。

实际上，任何电极系统上发生的电极反应都不是一个简单的过程，而是包含了一系列复杂的过程。以一个看似简单的电极反应 $O+ne^- \rightleftharpoons R$ 为例，电极反应进行时，这个电极反应至少包含下列三个主要的互相连续的单元步骤：

① 反应物由本体溶液向电极表面区域传递，称为电解质的液相传质步骤；

② 反应物在电极表面进行得电子或失电子的反应而生成产物的步骤，称为电子转移步骤或电化学步骤；

③ 反应产物离开电极表面区域向本体溶液扩散，或反应产物形成新相（气体或固体）的步骤，称为生成新相步骤。

其中第 2 个步骤往往是最复杂因而也是最主要的步骤。有时在第 1 和第 2 两个步骤之间还可能存在着反应物在电极表面附近的液层中进行吸附或发生化学变化——即前置表面转化步骤；或有时在第 2 和第 3 两个步骤之间发生反应产物从表面上脱附、反应产物的复合、分解、歧化或其他化学变化等——即后置表面转化步骤。图 3-1 表示了一般电极反应的途径。

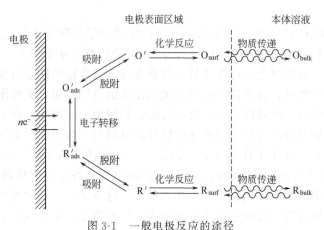

图 3-1 一般电极反应的途径

3.1.2 电极反应速率

通常用单位时间内发生反应的物质的量来定义化学反应速率，用符号 v 表示。但是电极反应是发生在电极/溶液界面上，是一种异相的界面反应。异相化学反应速率 v 常用单位面积、单位时间内发生反应的物质的量 x 来表示，即：

$$v = \frac{x}{St} \tag{3-1}$$

式中，x 为发生电极反应的物质的量，mol；S 为电极面积，m^2；t 为反应时间。若时间以 s 为单位，则 v 的 SI 单位为 $mol/(m^2 \cdot s)$。

根据法拉第定律，在电极上发生反应的物质的量 x 和通过电极的电量 Q 成正比，即：

$$x = \frac{Q}{nF} \tag{3-2}$$

式中，n 为电极反应得失电子数；F 为法拉第常数。

所以：

$$v = \frac{x}{St} = \frac{Q}{StnF} = \frac{It}{StnF} = \frac{i}{nF} \tag{3-3}$$

即：

$$i = nFv \tag{3-4}$$

即电极上的电流密度与化学反应速率成正比，在电化学中，易于由实验测定的量是电流，所以常用**电流密度** i（单位电极截面上通过的电流，SI 单位为 A/m^2）来表示电化学反应速率的大小。

3.1.3 交换电流密度

如果用 O 表示氧化性物质，用 R 表示还原性物质，则任何一个电极反应都可以写成如下的通式：

$$O + ne^- \underset{\overleftarrow{v}}{\overset{\overrightarrow{v}}{\rightleftharpoons}} R \tag{3-5}$$

当电极反应按正向（即还原方向）进行时，称这个电极反应为**阴极反应**，对应的电流密度称为**阴极电流密度**。如果阴极反应速率为 $\overrightarrow{v}$，则阴极电流密度为 $\overrightarrow{i} = nF\overrightarrow{v}$；当电极反应按逆向（即氧化方向）进行时，称这个电极反应为**阳极反应**，对应的电流密度称为**阳极电流密度**。如果阳极反应速率为 $\overleftarrow{v}$，则阳极电流密度为 $\overleftarrow{i} = nF\overleftarrow{v}$。任何一个电极反应都有它自己的阴极电流密度和阳极电流密度。

同一个电极上阴极反应和阳极反应并存，当电极处于平衡时，电极电位为平衡电位 E_e，正、逆反应速率相等，方向相反，即 $\overrightarrow{v} = \overleftarrow{v}$，尽管电极上没有净电流通过，但仍然存在阴极电流密度和阳极电流密度，而且存在如下关系：

$$\overrightarrow{i} = \overleftarrow{i} = i^0 \tag{3-6}$$

上式表明，平衡时阴极电流密度和阳极电流密度相等，净电流密度为零。电化学中将在平衡状态下，同一电极上大小相等、方向相反的电流密度称为**交换电流密度**（exchange current density），简称交换电流，以 i^0 表示。也可以说，交换电流密度是平衡时同一电极上阴极电流和阳极电流的电流密度。i^0 很大，则电极上可以通过很大的外电流，而电极电位改变很小，表明这种电极反应的可逆性大；i^0 很小，则电极上只要有少量的外电流通过，就会引起电极电位较大的改变，表明这种电极反应的可逆性小，所以，可以根据交换电流密度的大小估计某一电极的可逆性以及衡量电化学平衡到达的速率。

从宏观上看，平衡电极上似乎没有任何反应发生，但实际上，电极上的金属原子和金属离子之间发生着经常的交换（物质平衡），然而电极上不会出现宏观的物质变化，没有净反应发生，同时平衡时电极与溶液之间进行着电荷的交换（电荷平衡），但不会有净电流产生。所以，平衡的金属电极是不发生腐蚀的电极。

交换电流密度与电极的动力学行为有密切关系，它是电极过程最基本的动力学参数之一。交换电流密度 i^0 与电极材料、表面状态、溶液性质、溶液浓度和温度有关，表 3-1 列出室温下某些电极反应的交换电流密度。通常过渡族元素金属电极体系的交换电流密度比较小，不宜作为标准电极使用，一般来说，只有电极反应的交换电流密度足够大才能作标准电极。

表 3-1　室温下某些电极反应的交换电流密度

电 极 材 料	电 极 反 应	溶液组成及浓度	$i^0/(\text{A/cm}^2)$
Pt	$2H^+ + 2e^- \rightleftharpoons H_2$	$0.1\text{mol/L } H_2SO_4$	10^{-3}
Hg	$2H^+ + 2e^- \rightleftharpoons H_2$	$0.5\text{mol/L } H_2SO_4$	5×10^{-13}
Ni	$Ni^{2+} + 2e^- \rightleftharpoons Ni$	$1.0\text{mol/L } NiSO_4$	2×10^{-9}
Fe	$Fe^{2+} + 2e^- \rightleftharpoons Fe$	$1.0\text{mol/L } FeSO_4$	10^{-8}
Co	$Co^{2+} + 2e^- \rightleftharpoons Co$	$1.0\text{mol/L } CoCl_2$	8×10^{-7}
Cu	$Cu^{2+} + 2e^- \rightleftharpoons Cu$	$1.0\text{mol/L } CuSO_4$	2×10^{-5}
Zn	$Zn^{2+} + 2e^- \rightleftharpoons Zn$	$1.0\text{mol/L } ZnSO_4$	2×10^{-5}
Hg	$Hg_2Cl_2 + 2e^- \rightleftharpoons 2Hg + 2Cl^-$		

交换电流密度 i^0 和平衡电极电位 E_e 是从不同的角度描述平衡电极状态的两个参数。E_e 是从静态性质（热力学函数）得出的，而 i^0 则是体系的动态性质。i^0 无法由电流表直接

测试，但可以用各种暂态和稳态的方法间接求得。

3.2 极化作用

3.2.1 腐蚀电池的极化现象

将同样面积的 Zn 和 Cu 浸在 3% 的 NaCl 溶液中，构成腐蚀电池，Zn 为阳极，Cu 为阴极，二电极通过装有电流表 A 和开关 K 的导线连接起来，如图 3-2 所示。分别测得两电极的开路电位（稳态电位）为 $E_{0,Zn} = -0.80V$，$E_{0,Cu} = 0.05V$，测得原电池的总电阻 $R = 230\Omega$。

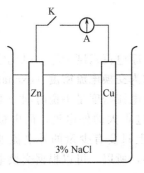

图 3-2　Cu-Zn 腐蚀电池

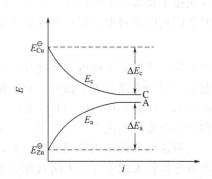

图 3-3　腐蚀电池接通后阴、
阳极电位变化示意图

开路时，由于电阻 $R \to \infty$，故 $I_0 \to 0$。

开始短路的瞬间，电极表面来不及发生变化，流过电池的电流可根据欧姆定律计算：

$$I_{始} = (E_{0,Cu} - E_{0,Zn})/R$$
$$= [0.05 - (-0.80)]/230$$
$$= 3.7 \times 10^{-3} \text{ (A)}$$

但短路后几秒到几分钟内，电流逐渐减小，最后达到一稳定值 0.2mA。此值还不到起始电流的 1/18。这是什么原因呢？根据欧姆定律，影响电池电流大小的因素有两个，一是电池的电阻，二是两电极间的电位差。在上述情况下，电池的电阻没发生多大变化，因此电流的减小必然是由于电池电位差变小的缘故。即两电极的电位发生了变化。实际测量结果也证明了这一点，如图 3-3 所示。

由图 3-3 可见，电池接通后，阴极电位 E 向负方向变化，阳极电位 E 向正方向变化。结果使腐蚀电池的电位差减小了，腐蚀电流急剧降低，这种现象称为**电池的极化**作用。

当电极上有净电流通过时，电极电位显著偏离了平衡电位，这种现象叫做**电极的极化**（polarization）。

3.2.2 极化原因及类型

电极极化的原因在于电极反应的各个步骤存在着阻力。一个最简单的电极反应至少包含几个串联的、互相连续的单元步骤：如液相传质步骤、电子转移步骤和生成新相等。如果这些串联步骤中有一个步骤所受到的阻力最大，则其速率就要比其他步骤慢得多，整个电极反应所表现的动力学特征与这个最慢步骤的动力学特征相同，这个阻力最大的、决定整个电极反应过程速率最慢的步骤就称为电极反应过程的速率控制步骤，简称**控制步骤**。电极极化原因及类型是与电极反应的控制步骤相联系的。

根据极化产生的原因，可简单地将极化分为两类：浓差极化和电化学极化。以图 3-2 中 Zn 的阳极氧化过程为例说明其原因。

(1) 浓差极化

当电流通过电极时，金属 Zn 溶解下来的 Zn^{2+} 来不及向本体溶液中扩散，Zn^{2+} 在锌电极附近的浓度将大于本体溶液中的浓度，就好像是将此电极浸入一个浓度较大的溶液中一样，而通常所说的平衡电极电位都是指相应于本体溶液的浓度而言，显然，此电极电位将高于其平衡值。这种现象称为**浓差极化**（concentration polarization）。用搅拌的方法可使浓差极化减小，但由于电极表面扩散层的存在，故不可能将其完全除去。同理，阴极表面附近液层中的离子浓度也存在类似的情况。

(2) 电化学极化

阳极过程是金属离子从金属基体转移到溶液中，并形成水化离子的过程：

$$Zn + nH_2O \longrightarrow Zn^{2+} \cdot nH_2O + 2e^-$$

由于反应需要一定的活化能，使阳极溶解反应的速率迟缓于电子移动的速率，这样金属离子进入溶液的反应速率小于电子由阳极通过导体移向阴极的速率，结果使阳极上积累过多的正电荷，阳极表面上正电荷数量的增多就相当于电极电位向正方向移动。这种由于电化学反应本身的迟缓性而引起的极化称为**电化学极化**（electrochemical polarization）。类似的情况在阴极上也同样存在。

所以，产生阴、阳极电化学极化的原因，本质上是由于电子运动速率远远大于电极反应得失电子速率而引起的。在阴极上有过多的负电荷积累，在阳极上有过多的正电荷积累，因而出现了电极的电化学极化。

还有一种原因引起的极化是由于电极反应过程中金属表面生成氧化膜，或在腐蚀过程中形成腐蚀产物膜时，金属离子通过这层膜进入溶液，或者阳极反应生成的水化离子通过膜中充满电解液的微孔时，都有很大电阻。阳极电流在此膜中产生很大的电压降（IR），从而使电位显著变正。由此引起的极化称为**电阻极化**（resistance polarization）。

综上所述，阴极极化的结果，使电极电位变得更负。同理可得，阳极极化的结果，使电极电位变得更正。

不论是阳极极化还是阴极极化，都降低了金属腐蚀的速率，阻碍了金属腐蚀的进行，所以，极化对防止金属腐蚀是有利的。例如，阴极极化表示阴极过程受到阻滞，使来自阳极的电子不能及时被吸收。如果要使电极的极化减小，必须向电解质溶液中供给容易在电极上发生反应的物质，可以使电极上的极化减小或限制在一定程度内，这种作用称为**去极化作用**（depolarization），这种降低极化的物质就叫做**去极化剂**（depolarizer）。

3.2.3　过电位

为了明确表示电极极化的程度，把某一电流密度下的电极电位 E 与其平衡电位间 E_e 之差的绝对值称为该电极反应的**过电位**（overpotential）[●]，以 η 表示。显然，η 的数值表示极

[●] 这里要注意的是，近年来 IUPAC 建议将阴极过电位 η_c 定义为负值，而阳极过电位 η_a 定义为正值。η 为负值时电流为负号，即出现阴极电流；而 η 为正值时电流为正号，即出现阳极电流。限于传统习惯，本书暂未采用此规定。

化程度的大小。

$$|\eta| = E - E_e \tag{3-7}$$

根据式(3-7)的定义，为保证过电位 η 为正值，阴极极化时，阴极过电位 $\eta_c = E_{c,e} - E_c$；阳极极化时，阳极过电位 $\eta_a = E_a - E_{a,e}$。

过电位实质上是进行净电流反应时，在一定步骤上受到阻力所引起的电极极化而使电位偏离平衡电位的结果。因此，过电位是极化电流密度的函数 $[\eta = f(i)]$，只有给出极化电流密度的数值，与之对应的过电位才有意义。另一个要注意的是，只有当电极是可逆电极时，极化的电极电位与平衡电位的差值才等于这个电极反应的过电位。

过电位是电化学动力学中一个非常重要的电化学参数，如果求得某一电极系统的过电位 η 的数值，就可以判断这个电极反应偏离平衡的大小，还可以对没达到平衡的电极反应向哪个方向进行做出肯定的判断。实际上，电极反应的过电位与电极反应的电流密度之间不仅存在着因果关系，而且还存在着复杂的函数关系，研究它们之间的关系就构成了电化学动力学及金属腐蚀电化学的核心内容。

3.3　单电极电化学极化方程式

描述电极电位或过电位与电极反应的电流密度之间的方程式称为极化方程式。讨论单一金属电极极化方程式的目的是为了更好地理解和讨论腐蚀金属电极的极化方程式。腐蚀金属电极的极化方程式是研究金属电化学腐蚀动力学和电化学测试技术的重要理论基础。

3.3.1　改变电极电位对电化学步骤活化能的影响

对于电极反应来说，其反应物或产物中总有带电粒子，而这些带电粒子的能级显然与电极表面的带电状况有关。因此，当电极电位发生变化——即电极表面带电状况发生变化时，必然要对这些带电粒子的能级产生影响，从而导致电极反应活化能的改变。

例如，对电极反应

$$O + ne^- \rightleftharpoons R$$

当其按还原方向进行时，伴随每 1mol 物质的变化总有数值为 nF 的正电荷由溶液中移到电极上（电子在电极上和氧化态物质结合生成还原态物质与正电荷由溶液中移到电极上是等效的）。若电极电位增加 ΔE，则产物（终态）的总势能必然增加 $nF\Delta E$，因此反应过程中反应体系的势能曲线就由图 3-4 中曲线 1 上升为曲线 2。因为电极上正电荷增多（相当于负电荷减少）了，所以阴极反应较难进行了，而其逆反应——阳极反应则较容易进行了。这显然是由于电极电位增加 ΔE 后，阴极反应的活化能增加了，而阳极反应的活化能减小了。由图 3-4 可以看出，阴极反应活化能增加的量和阳极反应活化能减小的量分别是 $nF\Delta E$ 的一部分。设阴极反应的活化能增加 $\alpha nF\Delta E$，则改变电极电位后阳极反应和阴极反应的活化能分别为

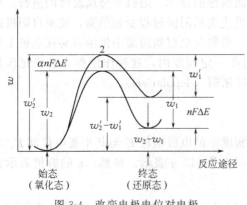

图 3-4　改变电极电位对电极
反应活化能的影响

$$w_1' = w_1 - \beta nF\Delta E \tag{3-8}$$

及
$$w'_2 = w_2 + \alpha nF\Delta E \tag{3-9}$$

式中，α、β 均为小于 1 的正值。α 表示电极电位对阴极反应活化能影响的分数，称为阴极反应的"**传递系数（transfer coefficient）**"；β 表示电极电位对阳极反应活化能影响的分数，称为阳极反应的传递系数。

可以把 α、β 看作是描述电极电位改变对反应活化能影响程度的参数。传递系数与活化粒子在双电层中的相对位置有关，也常称之为**对称系数（symmetry coefficient）**。对同一个电极反应来说，其阳极反应与阴极反应的传递系数之和等于 1，即 $\alpha + \beta = 1$。α 和 β 有时可由实验求得，有时粗略地取 $\alpha = \beta = 0.5$。

图 3-4 和式(3-8)、式(3-9) 表明，阴极反应产物的总势能增加的 $nF\Delta E$ 中的 α 部分用于阻碍阴极反应的继续进行，而剩下的（$1-\alpha$）部分则用于促进逆反应——阳极反应的进行。

3.3.2　单电极电化学极化方程式

由电化学步骤来控制电极反应过程速率的极化，称为电化学极化。电化学步骤的缓慢是因为阳极反应或阴极反应所需的活化能较高造成的。为使问题简化，通常总是在浓差极化可以忽略不计的条件下讨论电化学极化。当溶液和电极之间的相对运动比较大而使液相传质过程的速率足够快时（如搅拌溶液），基本符合这种条件。

一个电极反应可用如下的电极反应方程式表示：

$$\text{O} + ne^- \underset{\overleftarrow{k}}{\overset{\overrightarrow{k}}{\rightleftharpoons}} \text{R}$$

用 "→" 表示阴极反应方向，"←" 表示阳极反应方向，$\overrightarrow{k}$ 和 $\overleftarrow{k}$ 分别是阴极反应和阳极反应速率常数。

根据化学动力学理论，正逆反应的速率都与反应活化能有关。如果正反应（阴极反应方向）和逆反应（阳极反应方向）的活化能分别用 W_1 和 W_2 表示，则正、逆反应速率 $\overrightarrow{v}$ 和 $\overleftarrow{v}$ 分别为：

$$\overrightarrow{v} = \overrightarrow{k}c_O \tag{3-10}$$

$$\overleftarrow{v} = \overleftarrow{k}c_R \tag{3-11}$$

式中，c_O 和 c_R 分别是氧化剂和还原剂的浓度；$\overrightarrow{k} = A_1 \exp\left(-\dfrac{W_1}{RT}\right)$ 和 $\overleftarrow{k} = A_2 \exp\left(-\dfrac{W_2}{RT}\right)$ 分别为阴极反应和阳极反应的速率常数；A_1 和 A_2 分别为阴极反应和阳极反应的指前因子。

对电极反应常用电流密度表示电极反应速率，$i = nFv$，则同一电极上对应于阴极反应的电流密度 $\overrightarrow{i}$ 和阳极反应的电流密度 $\overleftarrow{i}$ 分别为：

$$\overrightarrow{i} = nF\overrightarrow{k}c_O \tag{3-12}$$

$$\overleftarrow{i} = nF\overleftarrow{k}c_R \tag{3-13}$$

式中，n 为电极反应得失的电子数；F 为法拉第常数。

需要注意的是，$\overrightarrow{i}$ 和 $\overleftarrow{i}$ 是不能通过外电路的仪器测量出来的，因此也有专著将 $\overrightarrow{i}$ 和 $\overleftarrow{i}$ 称

为阴极反应的内电流和阳极反应的内电流。不要误认为 $\overrightarrow{i}$ 和 $\overleftarrow{i}$ 是原电池或电解池"阴极上"和"阳极上"的电流，$\overrightarrow{i}$ 和 $\overleftarrow{i}$ 在同一电极上出现，不论在电化学装置中的阴极上还是阳极上，都同时存在 $\overrightarrow{i}$ 和 $\overleftarrow{i}$。

在平衡电位 E_e 下，有：

$$i^0 = \overrightarrow{i} = \overleftarrow{i} \tag{3-14}$$

即

$$i^0 = nF\overrightarrow{k}c_O = nF\overleftarrow{k}c_R$$

$$= nFc_O A_1 \exp\left(-\frac{W_{1,e}}{RT}\right) = nFc_R A_2 \exp\left(-\frac{W_{2,e}}{RT}\right) \tag{3-15}$$

根据电化学理论可知，电极电位的变化会改变电极反应的活化能。假设电极电位变化了 ΔE（$\Delta E = E - E_e$，总是定义为极化电位与平衡电位或开路电位之差），考虑到电位变化对反应活化能的影响，则阴极反应和阳极反应电流可表达如下：

$$\overrightarrow{i} = nFA_1 c_O \exp\left(-\frac{W_{1,e} + \alpha nF\Delta E}{RT}\right) \tag{3-16}$$

$$\overleftarrow{i} = nFA_2 c_R \exp\left(-\frac{W_{2,e} - \beta nF\Delta E}{RT}\right) \tag{3-17}$$

式中，$W_{1,e}$ 和 $W_{2,e}$ 分别为平衡时阴极反应和阳极反应对应的活化能。

将式（3-15）代入式（3-16）、式（3-17）中，得到：

$$\overrightarrow{i} = i^0 \exp\left(-\frac{\alpha nF}{RT}\Delta E\right) \tag{3-18}$$

$$\overleftarrow{i} = i^0 \exp\left(\frac{\beta nF}{RT}\Delta E\right) \tag{3-19}$$

式（3-18）和式（3-19）即是电化学步骤的基本动力学方程式。

由上式可见，当电极上无净电流通过时，$\Delta E = 0$，$\overrightarrow{i} = \overleftarrow{i} = i^0$。当电极上有电流通过时，电极将发生极化，必然使正、逆方向的反应速率不等，即 $\overrightarrow{i} \neq \overleftarrow{i}$。

当阴极极化时，$\Delta E_c = E_c - E_{c,e}$，等于阴极过电位的负值，即 $\Delta E_c = -\eta_c$。根据式（3-18）、式（3-19）可知，$\overrightarrow{i} > \overleftarrow{i}$。二者之差就是阴极方向的外电流密度 i_c：

$$i_c = \overrightarrow{i} - \overleftarrow{i} = i^0 \left[\exp\left(\frac{\alpha nF}{RT}\eta_c\right) - \exp\left(-\frac{\beta nF}{RT}\eta_c\right)\right] \tag{3-20}$$

外电流即极化电流，故 i_c 也称为**阴极极化电流密度**。

阳极极化时，阳极过电位 $\eta_a = \Delta E_a = E_a - E_{e,a}$ 为正值，同理根据式（3-18）、式（3-19）可知，$\overleftarrow{i} > \overrightarrow{i}$，二者之差就是阳极方向的外电流密度，也叫**阳极极化电流密度**，用 i_a 表示：

$$i_a = \overleftarrow{i} - \overrightarrow{i} = i^0 \left[\exp\left(\frac{\beta nF}{RT}\eta_a\right) - \exp\left(-\frac{\alpha nF}{RT}\eta_a\right)\right] \tag{3-21}$$

"外电流密度"即极化电流密度是可以用串接在外电路中的测量仪表直接测量的。

显然，这两个电化学反应动力学方程式分别表明了电化学阴极反应速率、阳极反应速率与过电位呈指数函数关系。这一表达式首先由 Butler 和 Volmer 在 20 世纪 30 年代初期根据电极电位对电极反应活化能的影响推出的，所以式（3-20）、式（3-21）以及相关的动力学表达式都称为 Butler-Volmer 方程（简称 B-V 方程），以纪念他们在这一领域的杰出贡献。

令
$$b_c = \frac{2.3RT}{\alpha nF} = 2.3\beta_c \tag{3-22}$$

$$b_a = \frac{2.3RT}{\beta nF} = 2.3\beta_a \tag{3-23}$$

式中，b_c 和 b_a 分别为常用对数阴极和阳极 Tafel 斜率，β_c 和 β_a 分别为自然对数阴极和阳极 Tafel 斜率。则式(3-20)、式(3-21) 可改写为：

$$i_c = i^0 \left[\exp\left(\frac{2.3\eta_c}{b_c}\right) - \exp\left(-\frac{2.3\eta_c}{b_a}\right) \right] \tag{3-24}$$

$$i_a = i^0 \left[\exp\left(\frac{2.3\eta_a}{b_a}\right) - \exp\left(-\frac{2.3\eta_a}{b_c}\right) \right] \tag{3-25}$$

或
$$i_c = i^0 \left[\exp\left(\frac{\eta_c}{\beta_c}\right) - \exp\left(-\frac{\eta_c}{\beta_a}\right) \right] \tag{3-26}$$

$$i_a = i^0 \left[\exp\left(\frac{\eta_a}{\beta_a}\right) - \exp\left(-\frac{\eta_a}{\beta_c}\right) \right] \tag{3-27}$$

式(3-24)～式(3-27) 均为 Butler-Volmer 方程。公式中的 α、β 和 i^0 是表达电极反应特征的基本动力学参数，α、β 反映了双电层中电场强度对反应速率的影响，i^0 反映了电极反应进行的难易程度。

单电极反应的过电位与极化电流密度的关系曲线如图 3-5 所示。如果传递系数 $\alpha = 0.5$，则曲线以原点对称，如果 α 偏离 0.5，就不对称。α 值一般位于 $0.3 \sim 0.7$ 之间，但大多数反应的 α 值接近 0.5。

讨论：

(1) 强极化　高过电位 $\eta > \dfrac{2.3RT}{\alpha F}$ 时 $\left(\text{如 } 25\text{℃时 } \eta > \dfrac{118}{n}\text{mV}\right)$，两式右边第二项仅是第一项的 1% 左右，故第二项可忽略，则

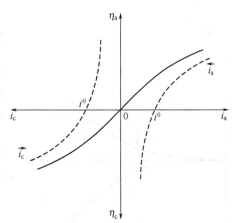

图 3-5　单电极反应的过电位与极化电流密度关系曲线

$$i_c = i^0 \exp\frac{2.3\eta_c}{b_c} \tag{3-28}$$

$$i_a = i^0 \exp\frac{2.3\eta_a}{b_a} \tag{3-29}$$

$$\eta_c = b_c \lg\frac{i_c}{i^0} \tag{3-30}$$

$$\eta_a = b_a \lg\frac{i_a}{i^0} \tag{3-31}$$

令
$$a_c = -b_c \lg i^0, \quad a_a = -b_a \lg i^0 \tag{3-32}$$

则
$$\eta_c = a_c + b_c \lg i_c \tag{3-33}$$

$$\eta_a = a_a + b_a \lg i_a \tag{3-34}$$

通式
$$\eta = a + b \lg i \tag{3-35}$$

早在 1905 年，Tafel 就根据实验结果总结出了这一关系式，所以，式(3-35) 也称为 Tafel 极化方程式。

(2) 微极化　低过电位，过电位很小，$\eta < \dfrac{50}{n} \mathrm{mV}$

把 Butler-Volmer 公式中的指数项按级数展开[1]，并保留前两项，可得近似公式如下：

$$i_c = \frac{i^0 nF}{RT} \eta_c \tag{3-36}$$

$$i_a = \frac{i^0 nF}{RT} \eta_a \tag{3-37}$$

令
$$R_F = \frac{RT}{i^0 nF} \tag{3-38}$$

所以
$$i = \frac{\eta}{R_F} \tag{3-39}$$

或
$$\eta = R_F i \tag{3-40}$$

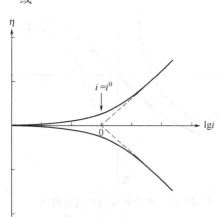

图 3-6　半对数坐标系中的过电位曲线

即在过电位 η 很小的条件下，过电位 η 与外加电流密度 i 之间呈直线关系，故微极化又称为线性极化。这就是低过电位下的电化学极化方程式，也称为线性极化方程式。

式(3-39)、式(3-40) 在形式上与欧姆定律一样，R_F 相当于电阻，可理解为电极上电荷传递过程中单位面积上的等效电阻，通常称为法拉第电阻。

(3) 弱极化　中过电位下，即 $\dfrac{50}{n} \mathrm{mV} < \eta < \dfrac{100}{n}$ mV 的范围内，$\vec{i}$ 和 $\overleftarrow{i}$ 两项均不可忽略，此时，过电位与极化电流的关系，既不是直线关系也不是对数关系，而是符合 Butler-Volmer 方程式。

半对数坐标系中的过电位曲线如图 3-6 所示。

3.4　浓差极化

3.4.1　液相传质的三种方式

电化学体系中的反应粒子可能通过对流、扩散和电迁移三种方式传输到电极表面上进行反应。传质速率一般用单位时间内所研究物质通过单位截面积的量来表示，称为该物质的流量，用符号 J 表示。

---

[1] $e^x = 1 + x + \dfrac{x^2}{2!} + \dfrac{x^3}{3!} + \cdots$；$e^{-x} = 1 - x + \dfrac{x^2}{2!} - \dfrac{x^3}{3!} + \cdots$。

（1）对流

对流是指由于流体的流动，溶质分子跟随其所在的流体体积元转移到溶液中另一部分的传质方式。引起对流的直接原因可能是液体内的不同部分存在密度差（自然对流），或者有外加的搅拌作用（强制对流），因此可认为对流的推动力是机械力。

（2）扩散

扩散是在没有电场的作用下，物质从浓度高的部分向浓度低的部分传输的传质方式。粒子可以带电，也可以不带电，扩散的推动力是"热力学力"。扩散与对流是有区别的，扩散是指粒子相对于溶剂的运动，对流指整个液体（包括溶剂与粒子）间的运动。由扩散所形成的电流就是**扩散电流**（diffusion current）。

如果在扩散过程中每一点的扩散速率都相等，因而扩散层内的浓度梯度在扩散过程中不随时间变化，这种扩散过程就称为稳态扩散过程。稳态扩散速率与浓度梯度成正比，这就是Fick 第一扩散定律（Fick's first law）的主要内容。在单位时间内通过单位截面积的扩散物质流量 J 与浓度梯度 $\left(\dfrac{\partial c}{\partial x}\right)_t$ 成正比，即：

$$J = -D\left(\frac{\partial c}{\partial x}\right)_t \tag{3-41}$$

式（3-41）称为 **Fick 第一扩散定律**。式中，J 为扩散流量，$mol/(cm^2 \cdot s)$；$\left(\dfrac{\partial c}{\partial x}\right)_t$ 为电极表面附近溶液中放电粒子的浓度梯度，$(mol/cm^3)/cm$；D 为扩散系数，cm^2/s；负号表示粒子从浓向稀的方向扩散。各种离子在无限稀释时的扩散系数见表 3-2 所列，一些气体及有机分子在稀的水溶液中的扩散系数见表 3-3 所列。

表 3-2　各种离子在无限稀释时的扩散系数（25℃）

离　子	$D/(cm^2/s)$	离　子	$D/(cm^2/s)$
H^+	9.34×10^{-5}	Cl^-	2.03×10^{-5}
Li^+	1.04×10^{-5}	NO_3^-	1.92×10^{-5}
Na^+	1.35×10^{-5}	Ac^-	1.09×10^{-5}
K^+	1.98×10^{-5}	BrO_3^-	1.44×10^{-5}
Pb^{2+}	0.98×10^{-5}	SO_4^{2-}	1.08×10^{-5}
Cd^{2+}	0.72×10^{-5}	CrO_4^{2-}	1.07×10^{-5}
Zn^{2+}	0.72×10^{-5}	$Fe(CN)_6^{3-}$	0.76×10^{-5}
Cu^{2+}	0.72×10^{-5}	$Fe(CN)_6^{4-}$	0.64×10^{-5}
Ni^{2+}	0.69×10^{-5}	$C_6H_5COO^-$	0.86×10^{-5}
OH^-	5.23×10^{-5}		

表 3-3　一些气体及有机分子在稀的水溶液中的扩散系数（20℃）

分　子	$D/(cm^2/s)$	分　子	$D/(cm^2/s)$
O_2	1.8×10^{-5}	CH_3OH	1.3×10^{-5}
H_2	4.2×10^{-5}	C_2H_5OH	1.0×10^{-5}
CO_2	1.5×10^{-5}	抗坏血酸	$5.8 \times 10^{-6}(25℃)$
Cl_2	1.2×10^{-5}	葡萄糖	$6.7 \times 10^{-6}(25℃)$
NH_3	1.8×10^{-5}	多巴胺	$6.0 \times 10^{-6}(25℃)$

(3) 电迁移

电迁移是指带电粒子在电位梯度作用下进行移动的传质方式。即在电场作用下，电解液中的每一种离子都分别向两极移动，如阳离子在电场作用下向阴极方向传输，而阴离子向阳极方向传输。这种运动叫离子迁移，它们所形成的电流就是**迁移电流**（migration current）。迁移的推动力是电场力。

在电解池中，上述三种传质过程总是同时发生的。然而，在一定条件下起主要作用的往往只有其中的一种或两种。例如，在离电极表面较远处主要是对流传质，扩散和电迁移作用可以忽略不计，但是，在电极表面附近的薄层液体中，液流速率一般很小，因而起主要作用的是扩散和电迁移过程。如果溶液中除参加电极反应的粒子外，还存在着大量不参加电极反应的"惰性电解质"，则在这种情况下，可以认为电极表面附近薄层液体中仅存在扩散传质过程。

3.4.2 理想情况的稳态扩散过程

如果电极上电子传递的速率很快，而反应物或产物的液相传质步骤缓慢，这时电极表面和溶液本体中的反应物和产物浓度将会出现差别，而这种浓度差别将对电极反应的速率产生影响，最直接的结果就是使电极产生浓差极化。

在电化学腐蚀过程中，经常遇到的就是阴极反应过程的扩散步骤成为腐蚀速率控制步骤的问题。例如，在氧去极化腐蚀过程中，氧分子向电极表面的扩散往往是决定腐蚀速率的控制步骤。如果反应物因电极反应而消失的数量正好等于由扩散带到电极表面的数量时，就建立了不随时间而变的稳定状态，即稳态扩散。我们主要讨论理想情况的稳态扩散过程。

设有一个纯粹由扩散控制的阴极反应：

$$O + ne^- \longrightarrow R$$

由 Fick 第一扩散定律可知：$J = -D\left(\dfrac{\partial c}{\partial x}\right)_t$。因扩散流量 J 是单位时间通过单位截面积的物质的流量，故扩散流量也可以用电流密度表示，即：

$$i_d = -nFJ \tag{3-42}$$

式中，i_d 表示扩散电流密度；"一"号表示反应粒子沿 x 轴自溶液内部向电极表面扩散。

将式（3-41）代入式（3-42）得：

$$i_d = nFD\left(\frac{\partial c}{\partial x}\right)_t \tag{3-43}$$

若把浓度梯度看作是均匀的，则稳态扩散过程的浓度梯度可用图 3-7 表示。

稳态扩散条件下：

$$\left(\frac{\partial c}{\partial x}\right)_t = 常数$$

则

$$i_d = nFD\,\frac{c^0 - c^s}{\delta} \tag{3-44}$$

式中，c^0 表示氧化态物质在溶液中的浓度，mol/cm^3；c^s 表示氧化态物质在电极表面的浓度，mol/cm^3；δ 表示扩散层厚度，cm；则扩散电流密度 i_d 的单位为 A/cm^2。

式（3-44）说明：在扩散控制的稳态条件下（忽略放电粒子的电迁移），整个电极反应的速率等于扩散速率。

对于阴极过程，阴极电流密度 i_c 就等于阴极去极化剂的扩散速率 i_d：

$$i_c = i_d = nFD\frac{c^0 - c^s}{\delta} \qquad (3\text{-}45)$$

在溶液本体浓度 c^0 和扩散层厚度 δ 不变的情况下，如阴极还原电流密度增大，为了保持稳态，扩散速率也要相应增大。这只有电极表面浓度 c^s 降低，而使扩散层浓度梯度增大才能实现。从式（3-45）可见，当扩散层内的浓度梯度在 $c^s = 0$ 时，还原电流密度达到最大值（如图 3-7 中的线段 2），这相当于被还原的物质一扩散到电极表面就立刻被还原掉。与 $c^s = 0$ 相应

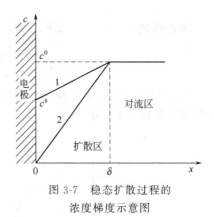

图 3-7　稳态扩散过程的
浓度梯度示意图

的电流密度称为极限扩散电流密度，以 i_L 表示。这时扩散速率达到最大值，阴极电流密度也达到极大值，即：

$$i_c = i_L \qquad (3\text{-}46)$$

所以

$$i_L = nFD\frac{c^0}{\delta} \qquad (3\text{-}47)$$

由此可见，极限扩散电流密度与放电粒子的整体浓度 c^0 成正比，与扩散层厚度 δ 成反比。在无搅拌的情况下，扩散层厚度 δ 约为 $(1\sim5)\times10^{-2}\,cm$，在搅拌情况下其厚度要薄一些，但即使在最强的搅拌下 δ 也不会小于 $10^{-4}\,cm$，仍然远远大于双电层的厚度 $10^{-7}\sim10^{-6}\,cm$。

式（3-44）、式（3-47）是研究扩散动力学的基础。为保证通过化学电池的电流完全由扩散控制，即溶液中电荷的传输完全由离子的扩散运动承担而不包含对流传质和离子迁移等因素，除了要保持溶液静止外，还要向溶液中添加大量支持电解质（也叫惰性电解质），如 KCl、KNO_3、Na_2SO_4 等。

3.4.3　浓差极化公式与极化曲线

假设电极反应 $O + ne^- \longrightarrow R$ 的产物是独立相，即产物不溶，由式（3-44）、式（3-47）可得：

$$c^s = c^0\left(1 - \frac{i_d}{i_L}\right) \qquad (3\text{-}48)$$

因扩散过程为整个电极过程的控制步骤，可以近似地认为电极反应本身仍处于可逆状态，尤其对于交换电流密度很大的电极反应，这种近似是合理的，电极电位近似符合 Nernst 方程，即：

$$\begin{aligned}
E &= E^\ominus + \frac{RT}{nF}\ln c^s \\
&= E^\ominus + \frac{RT}{nF}\ln c^0 + \frac{RT}{nF}\ln\left(1 - \frac{i_d}{i_L}\right)
\end{aligned} \qquad (3\text{-}49)$$

未发生浓差极化的平衡电位为：

$$E_e = E^\ominus + \frac{RT}{nF}\ln c^0 \qquad (3\text{-}50)$$

所以

$$E = E_e + \frac{RT}{nF}\ln\left(1 - \frac{i_d}{i_L}\right) \qquad (3\text{-}51)$$

浓差极化：
$$\Delta E_c = E_c - E_{c,e} = \frac{RT}{nF}\ln\left(1-\frac{i_d}{i_L}\right) \tag{3-52}$$

$$\Delta E_c = \frac{2.3RT}{nF}\lg\left(1-\frac{i_d}{i_L}\right) \tag{3-53}$$

式(3-52)、式(3-53) 就是产物生成独立相时的阴极浓差极化方程式。相应的阴极浓差极化曲线如图 3-8 所示。

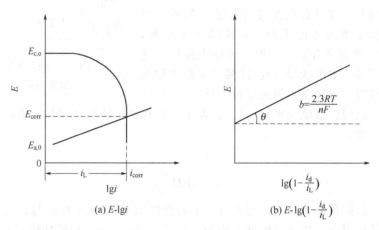

(a) $E\text{-}\lg i$ (b) $E\text{-}\lg\left(1-\frac{i_d}{i_L}\right)$

图 3-8 电极反应速率由扩散步骤控制时的阴极浓差极化曲线

3.5 电化学极化和浓差极化同时存在的极化曲线

实际上对于许多电极过程，在一般电流密度下，电化学极化和浓差极化同时存在。这是由于该条件下电子传递过程和扩散过程都能影响电极反应速率，所以称为混合控制。在电流密度小时，以电化学极化为主；电流密度大时，以浓差极化为主。例如在强阴极极化下，电极还原反应速率$\overrightarrow{i}$与放电离子的扩散速率接近相等（此时阳极反应速率$\overleftarrow{i}$很小，忽略不计），同时控制着整个阴极过程的速率i_c。在稳态下，i_c 为：

$$i_c = \overrightarrow{i} = i_d \tag{3-54}$$

由于浓差极化的影响，电极还原反应速率公式中反应物的浓度应以表面浓度 c^s 来代替整体浓度 c^0，因电极过程同时还受扩散速率控制，故式(3-48) 仍适用。由式(3-54)、式(3-18) 和式(3-48) 可得：

$$\overrightarrow{i} = nF\overrightarrow{k}\,c^s\exp\frac{\alpha nF}{RT}\eta_c = nF\overrightarrow{k}\,c^0\left(1-\frac{i_d}{i_L}\right)\exp\frac{\alpha nF}{RT}\eta_c \tag{3-55}$$

所以有：

$$i_c = \left(1-\frac{i_d}{i_L}\right)i^0\exp\frac{\alpha nF}{RT}\eta_c \tag{3-56}$$

取对数并整理可得：

$$\eta_c = \frac{RT}{\alpha nF}\ln\frac{i_c}{i^0} - \frac{RT}{\alpha nF}\ln\left(1-\frac{i_c}{i_L}\right) \tag{3-57}$$

或
$$\eta_c = \frac{RT}{\alpha nF} \ln \frac{i_c}{i^0} + \frac{RT}{\alpha nF} \ln \frac{i_L}{i_L - i_c} = \eta_{活化} + \eta_{浓差} \tag{3-58}$$

可见，这种情况下过电位由两部分组成：其一为活化过电位 $\eta_{活化}$，即式(3-58)中右边第一项，由电化学极化引起，其数值决定于比值 $\frac{i_c}{i^0}$；其二为浓差过电位 $\eta_{浓差}$，即式(3-58)中右边第二项，由浓差极化引起，其数值决定于 i_c 和 i_L 的相对大小。可以根据 i_c、i^0 和 i_L 的相对大小来分析引起过电位的主要原因。

(1) 若 $i_c \ll i^0$ 和 i_L，则不出现明显的极化，电极仍处于平衡状态附近。

(2) 若 $i^0 \ll i_c \ll i_L$，则式(3-57)右边第二项可忽略，此时过电位完全由电化学极化引起，即极化曲线的 Tafel 区。

(3) 若 $i_L \approx i_c \ll i^0$，则过电位主要由浓差极化引起，浓差极化值可由式(3-53)计算。

(4) 若 $i^0 < i_c < \approx i_L$，则式(3-58)右方两项都不能忽略，这时电化学极化与浓差极化同时存在。在 i_c 较小时，电化学极化为主；i_c 较大时，浓差极化为主。在 i_c 处于 $0.1i_L$ 和 $0.9i_L$ 范围内称为混合控制区。当 $i_c > 0.9i_L$ 时，则电流密度逐渐具有极限电流的性质，电极反应几乎完全为扩散控制。

3.6 瓦格纳混合电位理论

3.6.1 共轭体系

如果一个电极上只进行一个电极反应，例如：$Zn^{2+} + 2e^- \rightleftharpoons Zn$，则当这个电极反应处于平衡时，电极电位就是这个电极反应的平衡电位，此时电极反应按阳极反应方向进行的速率与按阴极反应方向进行的速率相等，既没有电流从外电路流入电极系统，也没有电流自电极向外电路流出。这种没有电流在外电路流通的电极叫做孤立的电极。理论上讲，一个孤立的金属电极处于平衡状态时，金属是不发生腐蚀的。

实际上，即使最简单的情况，一个孤立的金属电极也会发生腐蚀。例如，纯的金属 Zn 浸入稀 HCl 溶液中，金属 Zn 就会被溶解，同时伴随着氢气析出。电极反应如下：

$$Zn^{2+} + 2e^- \underset{\overrightarrow{i_{a,1}}}{\overset{\overrightarrow{i_{c,1}}}{\rightleftharpoons}} Zn \tag{a}$$

$$2H^+ + 2e^- \underset{\overrightarrow{i_{a,2}}}{\overset{\overrightarrow{i_{c,2}}}{\rightleftharpoons}} H_2 \tag{b}$$

这个孤立的电极上同时进行着两个电极反应，其中反应(a)主要按阳极反应方向进行，反应(b)主要按阴极反应方向进行，两者以反向、相等的速率进行。根据腐蚀热力学理论分析，金属 Zn 在盐酸中的电极电位低于稀盐酸中 H^+ 的电极电位，它们构成了热力学不稳定的腐蚀原电池体系，因而锌要不断地溶解，生成更稳定的 Zn^{2+}，H^+ 还原生成更稳定的 H_2，这样使体系的自由能得以降低。

由此可见，一种金属发生电化学腐蚀时，金属表面上至少同时发生两个或两个以上不同的电极反应：一个是金属电极发生的阳极氧化反应，导致金属本身的溶解；另一个是溶液中的去极化剂（如 H^+）在金属表面进行的阴极还原反应。这时可以把锌表面看作构成了腐蚀微电池，纯锌作阳极，锌中的杂质或其他缺陷或结构上的不均一部位作为阴极，这样构成的腐蚀微电池是一个短路的原电池。氧化-还原反应释放出来的化学能全部以热能的形式耗散，不产生有用功，即过程是以最大限度的不可逆方式进行的。

我们把一个孤立电极上同时以相等速率进行着一个阳极反应和一个阴极反应的现象，称为电极反应的耦合，而互相耦合的反应称为共轭反应。共轭反应的腐蚀体系称为共轭体系。在两个电极反应耦合成共轭反应时，平衡电位较低的电极反应按阳极反应的方向进行，平衡电位较高的电极反应按阴极反应的方向进行，它们的耦合条件是：$E_{e,H^+/H_2}-E_{e,Zn^{2+}/Zn}>0$。

3.6.2　腐蚀电位

把金属锌放入盐酸溶液中发生腐蚀时，锌的电极电位将偏离其平衡电位向较正的方向移动，而氢电极反应的电极电位将偏离其平衡电位向较负的方向移动，即锌腐蚀时测得的锌的电位既不是金属锌的平衡电位，也不是氢电极的平衡电位，而是这两个电位之间的某个值（如图 3-9 所示）。平衡电位较低的锌电极反应主要进行阳极反应，电位正移；而平衡电位较高的氢电极主要进行阴极反应，电位负移。如果内、外电路的电阻为零，则阴、阳极极化曲线必然相交于一点，图 3-9 中的 S 点，即阴、阳极反应具有共同的电位 E_c。此时意味着阳极反应放出的电子恰好全部被阴极反应所吸收，电极表面没有电荷积累，其带电状况不随时间变化，电极电位也不随时间变化，这个状态称为**稳定状态**（steady state），稳定状态所对应的电位称为**稳态电位**（stationary potential），用 E_c 表示。稳态电位既是电极反应（a）的非平衡电位，又是电极反应（b）的非平衡电位，而且其数值位于电极反应（a）和电极反应（b）的平衡电位之间，即 $E_{e,Zn^{2+}/Zn}<E_c<E_{e,H^+/H_2}$，所以稳定电位又称为**混合电位**（mixed potential）或**开路电位**（open circuit potential，OCP）。

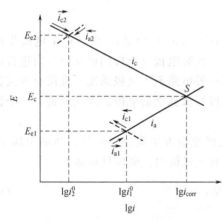

图 3-9　共轭体系及其混合电位示意图

在金属腐蚀科学中，混合电位通常称为金属的**自腐蚀电位**或**腐蚀电位**（corrosion potential），用符号 E_{corr} 表示。腐蚀电位在金属腐蚀与防护的研究中作为一个重要参数而经常用到，它可以在实验室和现场条件下用相应的电化学仪器直接测量，所以，腐蚀电位是在没有外加电流时金属达到一个稳定腐蚀状态时测得的电位，它是被自腐蚀电流所极化的阳极反应和阴极反应的混合电位，此时金属上发生的共轭反应是金属的溶解及去极化剂的还原。对应于腐蚀电位的电流密度称为**腐蚀电流密度**（corrosion current density）或**自腐蚀电流密度**，用符号 i_{corr} 表示。由于金属材料及溶液的物理和化学方面的因素都会对其数值发生影响，因此对于不同的腐蚀体系，腐蚀电位的数值也不同。

在腐蚀电化学研究中，需要经常对所研究的金属或合金在某一腐蚀介质中进行电化学测量，这时的金属电极就称为腐蚀金属电极。腐蚀金属电极作为孤立电极时本身就是一个短路的原电池，尽管没有外电流，但是电极上同时进行着阳极反应和阴极反应，且总的阳极反应电流绝对值等于总的阴极反应电流绝对值。在腐蚀电位下，腐蚀反应的阳极电流值等于在该电位下进行的去极化剂的还原电流的绝对值之和。这些电极反应除了极少数之外，都处于不可逆地向某一方向进行的状态，所以腐蚀电位不是平衡电位，也就不是热力学参数。另外腐蚀金属电极表面状态不是绝对均匀的，只能近似地把腐蚀金属电极表面看作是均匀的，认为阴、阳极电流密度相等。

应该明确指出，共轭体系的稳定状态与平衡体系的平衡状态是完全不同的概念。平衡状态是单一电极反应的物质交换和电荷交换都达到平衡因而没有物质积累和电荷积累的状态；而稳定状态则是两个（或两个以上）电极反应构成的共轭体系没有电荷积累却有产物生成和积累的非平衡状态。

混合电位 E_c 距 $E_{e,1}$ 和 $E_{e,2}$ 的距离与电极反应(a) 和电极反应(b) 的交换电流密度有关。如果反应(a) 的交换电流密度 i_1^0 大于反应(b) 的交换电流密度 i_2^0，E_c 就接近 $E_{e,1}$ 而离 $E_{e,2}$ 较远。反之亦然。这是由于交换电流密度大的电极反应的极化率小，而交换电流密度小的电极反应极化率大所致。

早在 1938 年，著名的腐蚀学家瓦格纳（C. Wagner）就正式提出了混合电位理论，对于孤立金属电极的腐蚀现象进行了较完善的解释，该理论包括如下两个基本观点。

① 任何腐蚀电化学反应都能分成两个或两个以上的氧化分反应和还原分反应。

② 电化学反应过程中不可能有净电荷积累。

第一个观点表明了腐蚀电化学反应是由同时发生的两个电极反应，即金属的氧化和去极化剂的还原过程共同决定的；第二个观点实质上就是电化学腐蚀过程中的电荷守恒定律。也就是说，一块金属浸入一种电解质溶液中时，其总的氧化反应速率必定等于总的还原反应速率，即阳极反应的电流密度一定等于阴极反应的电流密度。因此，当一种金属发生腐蚀时，金属表面至少同时发生两个不同的电极反应，即共轭的电极反应，一个是金属腐蚀的阳极反应，另一个是腐蚀介质中的去极化剂在金属表面进行的还原反应。由于两个电极反应的平衡电位不同，它们将彼此相互极化，低电位的阳极向正方向极化，高电位的阴极向负方向极化，最终达到一个共同的混合电位（稳定电位或自腐蚀电位）。由于共轭体系没有接入外电路，则认为净电流为零，因此混合电位理论结合 3.6.1 中的电极反应(a)、（b）可以推论，S 点处的金属溶解速率与 H_2 析出速率符合式(3-59)。

$$\overleftarrow{i_{a,1}} + \overleftarrow{i_{a,2}} = \overrightarrow{i_{c,1}} + \overrightarrow{i_{c,2}} \tag{3-59}$$

式(3-59)说明，在共轭体系中，总的阳极反应速率与总的阴极反应速率相等，即阳极反应释放的电子恰为阴极反应所消耗。

3.7　活化极化控制的腐蚀体系

腐蚀速率由电化学步骤控制的腐蚀体系称为活化控制的腐蚀体系。例如，金属在不含溶解氧及其他去极化剂的非氧化性酸溶液中腐蚀时，如果其表面上没有钝化膜存在，一般就属于活化控制的腐蚀体系。此时唯一的去极化剂是溶液中的 H^+，而且 H^+ 还原的阴极反应与金属溶液的阳极反应都由活化极化控制。

3.7.1　影响腐蚀速率的电化学参数

以金属 Zn 在无氧的 HCl 中的腐蚀为例，根据混合电位理论，金属 Zn 发生电化学腐蚀时，Zn 表面同时进行两对电化学反应。

阳极反应　　　　　　　　　　$Zn \Longrightarrow Zn^{2+} + 2e^-$

阴极反应 $\qquad\qquad 2H^+ + 2e^- \rightleftharpoons H_2$

Zn 在 HCl 溶液中发生电化学腐蚀时，两对反应的电极电位彼此相向移动，阳极电位正向移动，阴极电位负向移动，最后达到稳态腐蚀电位 E_{corr}，即图 3-9 中对应于交点 S 的电位。因为阳极反应和阴极反应都由电化学极化控制，根据金属单电极反应的 B-V 方程式可得锌溶解的电流密度 i_a 和伴随氢气析出的电流密度 i_c 分别为：

$$i_a = i_a^0 \left[\exp\left(\frac{2.3\eta_a}{b_a} \right) - \exp\left(-\frac{2.3\eta_a}{b_c} \right) \right] \tag{3-60}$$

$$i_c = i_c^0 \left[\exp\left(\frac{2.3\eta_c}{b_c} \right) - \exp\left(-\frac{2.3\eta_c}{b_a} \right) \right] \tag{3-61}$$

在实际遇到的腐蚀体系中，腐蚀电位 E_{corr} 与金属的平衡电位 $E_{e,1}$ 和去极化剂的平衡电位 $E_{e,2}$ 相距都较远（即过电位远大于 $2.3RT/nF$ 时），以致在腐蚀电位下，式(3-60) 和式(3-61) 中的第二项远小于第一项，故第二项可忽略不计，于是得到：

$$i_a = i_a^0 \exp\left(\frac{2.3\eta_a}{b_a} \right) = i_a^0 \exp\frac{2.3(E_{corr}-E_{a,e})}{b_a} \tag{3-62}$$

$$i_c = i_c^0 \exp\left(\frac{2.3\eta_c}{b_c} \right) = i_c^0 \exp\frac{2.3(E_{e,e}-E_{corr})}{b_c} \tag{3-63}$$

对稳态下的均匀腐蚀，有：

$$i_a = i_c = i_{corr} \tag{3-64}$$

将式(3-64) 分别代入式(3-62) 及式(3-63) 中可得：

$$\lg \frac{i_{corr}}{i_a^0} = \frac{E_{corr}-E_{a,e}}{b_a} \tag{3-65}$$

及

$$\lg \frac{i_{corr}}{i_c^0} = \frac{E_{c,e}-E_{corr}}{b_c} \tag{3-66}$$

于是得到：

$$b_a \lg \frac{i_{corr}}{i_a^0} + b_c \lg \frac{i_{corr}}{i_c^0} = E_{c,e} - E_{a,e}$$

$$\frac{b_a}{b_a+b_c} \lg \frac{i_{corr}}{i_a^0} + \frac{b_c}{b_a+b_c} \lg \frac{i_{corr}}{i_c^0} = \frac{E_{c,e}-E_{a,e}}{b_a+b_c}$$

所以有：

$$i_{corr} = i_a^0 {}^{\left(\frac{b_a}{b_a+b_c}\right)} i_c^0 {}^{\left(\frac{b_c}{b_a+b_c}\right)} \times 10^{\frac{E_{c,e}-E_{a,e}}{b_a+b_c}} \tag{3-67}$$

式(3-67) 表明，电化学极化控制的金属均匀腐蚀速率 i_{corr} 与阴、阳极反应的交换电流密度 i_c^0、i_a^0 和 Tafel 斜率 b_a 或 b_c 及阴、阳极反应的起始电位差（$E_{c,e}-E_{a,e}$）等参数有关。腐蚀速率 i_{corr} 与其内在因素有下列关系。

① 阴、阳极反应的起始电位差越大，腐蚀速率越大。$E_{c,e}$ 和 $E_{a,e}$ 虽然是热力学参数，但它们的差值与动力学有直接联系，是腐蚀过程的驱动力。所以在动力学参数相同或相近的条件下，$E_{c,e}-E_{a,e}$ 的数值越大，腐蚀速率就越大。

② 阳极反应和阴极反应的交换电流密度越大，腐蚀电流密度 i_{corr} 就越大。

③ 动力学参数 b_a 和 b_c 对 i_{corr} 的影响主要是通过 $10^{\frac{E_{c,e}-E_{a,e}}{b_a+b_c}}$ 这个因子体现的，所以 b_a 和 b_c 的数值越大，i_{corr} 就越小。

由式(3-67) 可见，金属腐蚀速率与腐蚀电位之间并无必然的关系，不能单凭腐蚀电位的数值来估计腐蚀速率的大小。

3.7.2　影响腐蚀电位的电化学参数

由混合电位理论可知，在腐蚀电位 E_{corr} 时，$i_a = i_c$，由此可得：

$$i_a^0 \exp\left[\frac{(1-\alpha_1)n_1 F}{RT}(E_{corr}-E_{e,1})\right]=i_c^0 \exp\left[\frac{\alpha_2 n_2 F}{RT}(E_{e,2}-E_{corr})\right] \tag{3-68}$$

整理后得：

$$E_{corr}=\frac{RT}{[(1-\alpha_1)+\alpha_2]nF}\ln\frac{i_c^0}{i_a^0}+\frac{(1-\alpha)E_{e,1}}{(1-\alpha_1)n_1+\alpha_2 n_2}+\frac{\alpha_2 E_{e,2}}{(1-\alpha_1)+\alpha_2} \tag{3-69}$$

设 $n_1 = n_2 = n$，$(1-\alpha_1) = \alpha_2 = 0.5$，则：

$$E_{corr}=\frac{RT}{nF}\ln\frac{i_c^0}{i_a^0}+\frac{E_{e,1}+E_{e,2}}{2} \tag{3-70}$$

由式(3-70)可见，阴、阳极反应的交换电流密度对于腐蚀电位的数值有决定性影响，当 $i_c^0 \gg i_a^0$ 时，腐蚀电位 E_{corr} 非常接近于阴极反应的平衡电位 $E_{e,2}$，而当 $i_c^0 \ll i_a^0$ 时，腐蚀电位 E_{corr} 非常接近于阳极反应的平衡电位 $E_{e,1}$。对于多数腐蚀体系而言，阴、阳极反应的交换电流密度相差不大，因此腐蚀电位多位于其阴极反应和阳极反应的平衡电位之间并与它们相距都较远。

3.8　腐蚀金属电极的极化行为

3.8.1　外加极化电流与腐蚀金属电极的极化

金属 Zn 在盐酸中的溶解发生如下的共轭反应：
阳极反应　　　　　　　　$Zn \longrightarrow Zn^{2+} + 2e^-$
阴极反应　　　　　　$2H^+ + 2e^- \longrightarrow H_2$

处于自腐蚀状态下的腐蚀金属电极虽然没有外电流通过，但由于腐蚀金属电极阳极溶解过程和去极化剂的阴极还原过程的发生而互相极化，金属作为阳极被去极化剂的还原反应产生阳极方向的极化，而去极化剂在阴极上由于金属氧化为离子而产生阴极方向的极化，直至阴、阳极极化达到一共同的电位——自腐蚀电位。

对处于自腐蚀状态的腐蚀金属电极还可以通过对其施加外部电流的方式使其发生相应的阴极极化和阳极极化，实验装置如图 3-10 所示。这样的实验体系称为三电极测量体系，即一个研究电极（也叫工作电极，working electrode，简写为 WE）、一个参比电极（reference electrode，简写为 RE）和一个辅助电极（auxiliary electrode，简写为 AE，也称作对电极 counter electrode，简写为 CE）。研究电极就是我们研究的对象，通常是按实验要求处理过的金属材料；参比电极提供一个在实验过程中固定不变的电位，在测量过程中起着双重作用，它既提供了热力学参比，又将研究电极作为研究体系加以隔离；辅助电极用于构成一个完整的回路，提供工作电极所需要的电流。通常用恒电位仪为测量体系提供工作电源。

当通过外电流时电极电位偏离腐蚀电位的现象，称为**腐蚀体系的极化**（polarization of corrosion system），相应的外电流称为**腐蚀体系的外加极化电流**（applied polarization current of corrosion system）。外加极化电流会影响电极上的电化学反应。如向腐蚀金属电

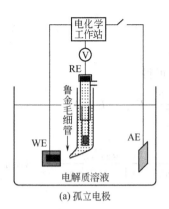 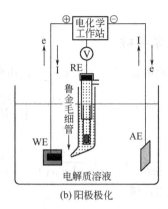 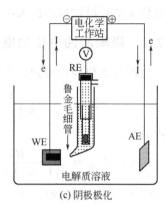

图 3-10 腐蚀金属电极的极化测量装置图

极施加外部的阳极极化电流，则腐蚀金属电极发生阳极极化 [图 3-10(b)]，这时电位正移，将使腐蚀金属电极上 Zn 的溶解速率 $i_{a,1}$ 增加，氢气析出速率 $i_{c,2}$ 减小，两者之差即为外加阳极极化电流 i_A，即：

$$i_A = i_{a,1} - i_{c,2} \tag{3-71}$$

如向腐蚀金属电极施加外部的阴极极化电流，则腐蚀金属电极发生阴极极化 [图 3-10(c)]，这时电位负移，使腐蚀金属电极上 Zn 的溶解速率 $i_{a,1}$ 减小，氢气析出速率 $i_{c,2}$ 增加，两者之差即为外加阴极极化电流 i_C，即：

$$i_C = i_{c,2} - i_{a,1} \tag{3-72}$$

对于极化的电极而言，电化学测量时可以测出两个变量：一个是外电流，也叫极化电流；另一个是极化电极的电位，也叫极化电位。但在很多场合下，通常用腐蚀金属电极的极化电位 E 与腐蚀金属电极的腐蚀电位 E_{corr} 之间的差值来表示同一个变量，这一差值叫做极化值 ΔE，即：

$$\Delta E = E - E_{corr} \tag{3-73}$$

当外电路中电流流向腐蚀金属电极时，有电流从该电极表面流向介质，我们称这种方向的极化电流叫做**阳极极化电流**（polarization current of anode）[图 3-10(b)]。相反方向的极化电流就叫做**阴极极化电流**（polarization current of cathode）[图 3-10(c)]。极化电流除以腐蚀金属电极的面积，即单位电极表面上流过的极化电流叫做极化电流密度。在腐蚀金属电极上流过阳极极化电流时，称腐蚀金属电极被阳极极化。此时，腐蚀金属电极的极化电位高于腐蚀电位，故极化值 $\Delta E > 0$。相应地，我们就取阳极极化电流的方向为正方向，阳极极化电流为正值。反之，对于流过阴极极化电流的腐蚀金属电极，称它被阴极极化。阴极极化时电位比腐蚀电位低，因此极化值 $\Delta E < 0$，为负值。相应地，我们取阴极极化电流方向为负方向，阴极极化电流为负值。

应该说明的是，一般按图 3-10 所示的测量体系对腐蚀金属电极进行极化测量总是会对腐蚀体系造成一定大小的影响和干扰。如进行阳极极化测量时，总会使腐蚀金属电极的阳极溶解速率增大；进行阴极极化测量时，总是会使靠近腐蚀金属电极表面的溶液层 pH 或其他组分有一些改变。极化的绝对值愈大，极化测量时外测电流密度愈大，极化测量过程的时间愈长，测量过程对腐蚀体系的这种影响和干扰就愈大。

3.8.2 腐蚀金属电极极化曲线方程式

由于金属的阳极溶解反应一般都是由活化极化控制，浓差极化的影响并不显著，因此可以认为，金属的阳极溶解过程总是由活化极化控制，而去极化剂的阴极还原过程既可以由活化极化控制（如氢离子的还原过程），也可以由浓差极化控制（如氧气的还原过程）。下面分别讨论阳极反应和阴极反应都由活化极化控制腐蚀的情况下以及阳极反应由活化极化控制而阴极反应由浓差极化控制的情况下腐蚀金属电极的极化行为。

腐蚀金属电极的外测电流密度与电位的关系（即表观极化曲线）是腐蚀电化学研究中最重要的问题之一。为得到最简单情况下腐蚀金属电极的表观极化曲线的数学表达式，我们做两点假设：

① 腐蚀金属电极上同时只进行着两个电极反应，即金属阳极溶解反应和去极化剂阴极还原反应，并且这两个电极反应的速率都由活化极化控制，溶液中传质过程很快，浓差极化可以忽略；

② 腐蚀电位距离这两个反应的平衡电极电位比较远，即这两个反应都处于强极化的条件下，因而这两个电极反应的逆过程可以忽略。

在这样的简化条件下，每个电极反应的动力学都可以用 B-V 方程式表示，即：

$$i_{a,1} = i_1^0 \exp \frac{2.3(E - E_{e,1})}{b_{a,1}} \tag{3-74}$$

$$i_{c,2} = i_2^0 \exp \left[-\frac{2.3(E - E_{e,2})}{b_{c,2}} \right] \tag{3-75}$$

式中，下标 1 代表金属阳极溶解的阳极方向的电极反应；下标 2 代表去极化剂阴极还原的阴极方向的电极反应；$b_{a,1} = \dfrac{2.3RT}{\beta_1 n_1 F}$；$b_{c,2} = \dfrac{2.3RT}{\alpha_2 n_2 F}$。

当腐蚀金属电极处于自腐蚀电位时，此时外测电流为零 [图 3-10(a)]，腐蚀金属电极的电位就是它的腐蚀电位 E_{corr}，这时满足式(3-76)。

$$i_{a,1} = i_{c,2} = i_{corr} \tag{3-76}$$

$$i_1^0 \exp \frac{2.3(E_{corr} - E_{1,e})}{b_{a,1}} = i_2^0 \exp \left[-\frac{2.3(E_{corr} - E_{2,e})}{b_{c,2}} \right] = i_{corr} \tag{3-77}$$

即金属电极上阳极反应的电流密度绝对值等于阴极反应的电流密度绝对值，并等于金属的平均腐蚀电流密度 i_{corr}。

将式(3-74) 和式(3-75) 代入式(3-71) 和式(3-72)，则腐蚀金属电极的外测阳极极化电流密度 i_A、外测阴极极化电流密度 i_C 与电位的关系分别为：

$$i_A = i_1^0 \exp \frac{2.3(E - E_{1,e})}{b_{a,1}} - i_2^0 \exp \left[-\frac{2.3(E - E_{e,2})}{b_{c,2}} \right] \tag{3-78}$$

$$i_C = i_2^0 \exp \left[-\frac{2.3(E - E_{2,e})}{b_{c,2}} \right] - i_1^0 \exp \frac{2.3(E - E_{1,e})}{b_{a,1}} \tag{3-79}$$

将式(3-77) 分别代入式(3-78)、式(3-79) 中得：

$$i_A = i_{corr} \left\{ \exp \frac{2.3(E - E_{corr})}{b_{a,1}} - \exp \left[-\frac{2.3(E - E_{corr})}{b_{c,2}} \right] \right\} \tag{3-80}$$

$$i_C = i_{corr} \left\{ \exp \left[-\frac{2.3(E - E_{corr})}{b_{c,2}} \right] - \exp \frac{2.3(E - E_{corr})}{b_{a,1}} \right\} \tag{3-81}$$

式中，$E - E_{corr} = \Delta E$ 称为腐蚀金属的极化值。式(3-80)、式(3-81) 即为电化学极化下阳极极化曲线与阴极极化曲线方程式，也称为金属腐蚀动力学基本方程式。

实际上，如果考虑电流正、负号的话，式(3-81) 也可以写成下面的形式，只不过此时

的极化值为负值，

$$-i_C = i_{corr} \left\{ \exp \frac{2.3(E-E_{corr})}{b_{a,1}} - \exp \left[-\frac{2.3(E-E_{corr})}{b_{c,2}} \right] \right\}$$ (3-82)

这样，电化学极化下的极化曲线方程便可以写为如下的一般形式：

$$i = i_{corr} \left[\exp \frac{2.3\Delta E}{b_a} - \exp \left(-\frac{2.3\Delta E}{b_c} \right) \right]$$ (3-83)

当极化值 $\Delta E = 0$ 时，$i = 0$，腐蚀体系处于开路状态；$\Delta E > 0$，$i > 0$，腐蚀金属电极处于阳极极化状态；$\Delta E < 0$，$i < 0$，腐蚀金属电极处于阴极极化状态。

图 3-11(a) 就是 ΔE 对 i 所作出的活化极化控制的腐蚀金属电极的极化曲线。图中的两条虚线分别表示金属阳极溶解反应和去极化剂阴极还原反应的 E-i 曲线，图 3-11(b) 是将 ΔE 对 $\lg i$ 所作出的活化极化控制的腐蚀金属电极的极化曲线，实线表示实测的极化曲线，两条虚线分别表示金属阳极溶解反应和去极化剂阴极还原反应的 E-$\lg i$ 曲线。

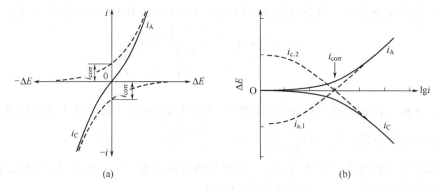

图 3-11 活化极化控制的腐蚀金属电极的极化曲线

金属腐蚀动力学基本方程式与单电极的 Butler-Volmer 方程完全相似，此处的腐蚀电位 E_{corr} 相当于 B-V 方程中的平衡电位 E_e，腐蚀电流 i_{corr} 相当于交换电流密度 i^0，其他完全相同。根据金属腐蚀动力学基本方程式可以测量金属腐蚀速率 i_{corr} 和 Tafel 常数 b_a 或 b_c。它们是电化学方法测定金属腐蚀速率的理论基础。

如果腐蚀过程的阴极反应速率不仅决定于去极化剂在金属电极表面的电化学还原步骤，而且还受溶液中去极化剂的扩散过程的影响，情况就要复杂一些，例如，当金属在含氧的中性电解质溶液中腐蚀时，去极化剂通常为氧，去极化反应为 $O_2 + 2H_2O + 4e^- \longrightarrow 4OH^-$，即属于这种情况。

在阴极还原过程有浓差极化时，阴极电流密度的绝对值与电极电位的关系为：

$$|i_C| = \left(1 - \frac{|i_C|}{i_L} \right) i_c^0 \exp \left[-\frac{2.3(E-E_{c,e})}{b_c} \right]$$ (3-84)

将 $E = E_{corr}$ 时的 $|i_c| = i_{corr}$ 关系代入式(3-84)，就得到：

$$|i_C| = \frac{i_{corr} \exp \left(-\dfrac{2.3\Delta E}{b_c} \right)}{1 - \dfrac{i_{corr}}{i_L} \left[1 - \exp \left(-\dfrac{2.3\Delta E}{b_c} \right) \right]}$$ (3-85)

从而得到腐蚀金属电极的极化曲线方程式：

$$i = i_{corr} \left\{ \exp \frac{2.3\Delta E}{b_a} - \frac{\exp\left(-\dfrac{2.3\Delta E}{b_c}\right)}{1 - \dfrac{i_{corr}}{i_L}\left[1 - \exp\left(-\dfrac{2.3\Delta E}{b_c}\right)\right]} \right\} \tag{3-86}$$

式(3-86)既考虑了腐蚀金属电极的电化学极化，也考虑了浓差极化，例如，当不考虑阴极反应的浓差极化时，即 $i_{corr} \ll i_L$ 时，$1 - \dfrac{i_{corr}}{i_L}\left[1 - \exp\left(-\dfrac{2.3\Delta E}{b_c}\right)\right] \approx 1$，便可从式(3-86)得到式(3-83)，所以式(3-86)是比式(3-83)更为普遍的方程式。

在一定条件下，若腐蚀过程的速率受阴极扩散过程控制（如图 3-12），腐蚀电流密度等于阴极反应的扩散电流密度的绝对值，即 $i_{corr} \approx i_L$，此时从式(3-86)得到：

$$i = i_{corr}\left(\exp\frac{2.3\Delta E}{b_a} - 1\right) \tag{3-87}$$

式(3-87)是浓差极化控制时腐蚀金属的极化曲线方程式，这些公式的推导是在假定溶液电阻可忽略不计，而且是均匀腐蚀的前提下，如果是局部腐蚀，则电流密度应改为电流强度。

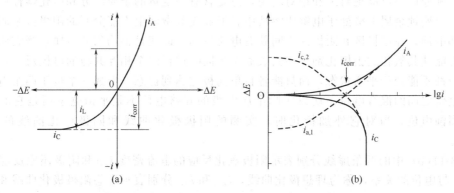

图 3-12　腐蚀速率受阴极反应扩散控制时腐蚀金属电极的极化曲线

3.9　极化曲线

在一定条件下，电极反应速率（用电流密度 i 表示）与过电位 η 间的关系服从 Butler-Volmer 方程，即符合 $i = f(\eta)$ 关系，因此通常在 η-i 坐标系或 η-$\lg i$ 半对数坐标系中将两者间的关系画成曲线，就得到这个电极反应的极化曲线，如图 3-5、图 3-6 所示。对于电极上只进行一个电极反应的情况来说，用过电位 η 作参数表示这个电极反应的动力学特征，比用电极电位 E 要方便得多，因为 η 的数值与测量所用的参比电极无关，而且 η 与 i 的符号相同，在 $\eta = 0$ 时，$i = 0$。如果用电极电位 E 作参数来表示电极反应的动力学特征，则必须说明所用的参比电极。

但是，如果一个电极上有两个或两个以上的电极反应同时进行，则用 E-i 曲线或 E-$\lg i$ 曲线表示外测电流密度与电极电位的关系更方便，这是因为：

① 所有这些电极反应都是在同样的电极电位下进行的；

② 整个腐蚀金属电极的外测电流密度 i 是电极上进行的各个反应的电流密度的代数和。

因此如果已知各个电极反应的 E-i 关系，就可以得到整个腐蚀金属电极的外测电流密度 i 与电极电位的关系，即整个腐蚀金属电极的极化曲线。

3.9.1 理想极化曲线与实测极化曲线

极化曲线（polarization curve）是一种极化电位与极化电流或极化电流密度的关系曲线。**阳极极化曲线**是阳极电位与电流密度之间的关系曲线，**阴极极化曲线**是阴极电位与电流密度之间的关系曲线。因此最简单的腐蚀金属电极的极化曲线是由一条阳极极化曲线和一条阴极极化曲线组合而成的，图 3-11（b）就是腐蚀金属电极的阳极反应、阴极反应的极化电位（E）与极化电流密度对数（$\lg i$）的关系曲线，称为腐蚀金属电极的极化曲线。图 3-10（b）中的两条实线分别表示从腐蚀电位 E_{corr} 出发对该体系进行外加极化时，阳极极化电流密度 i_A 和阴极极化电流密度 i_C 与电位 E 的关系，称为实测极化曲线，又称表观极化曲线。实测极化曲线是直接由电化学仪器通过施加外电流测得的腐蚀金属电极的极化曲线，它反映腐蚀金属电极的极化电位与极化电流密度的关系。

实测极化曲线的起始电位是腐蚀金属电极的混合电位，即腐蚀电位。这是因为实际的金属由于各种原因不可能绝对纯和绝对均匀，总是含有一定量的杂质组分和电化学性质不均匀的区域，当腐蚀金属电极处于电解质溶液中就形成无数微观上不能分开的阳极区和阴极区构成的局部电池，在阳极区和阴极区之间就有电流流动。即使是很均匀的金属，当它所处的溶液中含有能使其氧化的去极化剂，在其表面至少同时进行两个相互共轭的电极反应，并且这两个反应都不能处于平衡状态，而只能各自单向极化达到稳态，形成一个位于两个电极反应的平衡电位之间的混合电位。所以实际金属电极的开路电位不是平衡电位而是它的混合电位，即腐蚀电位。当对它外加极化时，实测的阳极极化曲线和阴极极化曲线的起点都是 E_{corr}。

图 3-11（b）中的两条虚线分别表示阳极氧化反应的电流密度 $i_{a,1}$ 和阴极还原反应的电流密度 $i_{c,2}$ 与电位的关系，称为理想极化曲线，$i_{a,1}$ 和 $i_{c,2}$ 分别表示理想阳极极化曲线和理想阴极极化曲线。理想极化曲线是指理想电极上得到的极化曲线。所谓理想电极就是指不仅处在平衡状态时电极上只发生一个电极反应，即阳极上只发生一个阳极反应，在阴极上只发生一个阴极反应，而且处在极化状态时，电极上仍然只发生原来的那个电极反应的电极。因此，对于理想电极来说，它的开路电位就是它的平衡电位，当它作为阳极时，电极上只发生它原有的阳极反应，当它作为阴极时，电极上只发生原有的阴极反应。这样当对一个理想电极进行阳极极化而对另一个理想电极进行阴极极化时，阳极极化曲线和阴极极化曲线将从各自的理想电极的平衡电位出发，沿不同的途径发展，交点 S 对应的电位就是它们的混合电位 E_c，过了交点后它们仍然按各自的方向继续延伸。图 3-11（b）反映了半对数坐标系中理想极化曲线和实测极化曲线间的关系。

实测极化曲线很容易从电化学仪器直接测试，但是理想极化曲线目前还无法由电化学仪器直接测试，只能通过间接方法测得。因为构成腐蚀过程的两个电极反应都是耦合在一起发生共轭反应的。通过上述分析可见，在小电流密度下，理想极化曲线和实测极化曲线有本质的区别，随着极化电流密度的增大，理想极化曲线和实测极化曲线都呈直线并互相重合。在金属腐蚀与防护的研究中大量应用的是实测极化曲线，而对腐蚀过程机理及其控制因素进行理论分析时，则经常用到理想极化曲线。如伊文斯腐蚀极化图就是一种简化的理想极化曲线。知道了理想极化曲线和实测极化曲线的这种关系，就可以通过测定实测极化曲线比较方便地对金属的腐蚀过程进行分析。

3.9.2　极化曲线在腐蚀研究中的重要意义

极化曲线在金属腐蚀研究中具有重要的意义。从极化曲线上可以得到金属腐蚀状况的许多重要信息，如金属腐蚀速率的确定、腐蚀机理、腐蚀控制因素的分析以及获得电化学保护的主要参数等。

极化曲线的形状及其变化规律反映了电化学腐蚀过程的动力学特征。由各不同步骤控制的电化学腐蚀过程，各有其特定的极化曲线形状和变化规律。一般金属在活化状态下，阳极极化程度不大，这时阳极极化曲线较平坦。如果金属发生钝化，则阳极极化曲线很陡，极化度很大。因此，极化曲线是研究腐蚀电化学反应机理的重要手段。

3.10　测定金属腐蚀速率的电化学方法

对于金属腐蚀问题，在实践中人们最关心的是腐蚀速率，因为只有知道准确的腐蚀速率才能选择合理的防腐蚀措施并为结构设计提供依据。

迄今为止，普遍应用的测定金属腐蚀速率的方法仍然是经典的失重法。失重法的优点是准确可靠，但实验周期长，操作麻烦，需要做多组平行实验，所以不能满足快速、简便的要求。而电化学方法测定金属腐蚀速率的优点是快速、简便并可用于现场监控，因此近年来越来越受到重视。这里只简单介绍与稳态极化曲线有关的测量腐蚀速率的电化学方法的基本原理，具体测试方法在本书的第二篇"腐蚀电化学研究方法"中做详细介绍。

3.10.1　强极化区的 Tafel 直线外推法

根据极化曲线的 Tafel 直线可以测定金属的腐蚀速率。因为当用直流电对腐蚀金属电极进行大幅度$\left(-般\ \eta \geqslant \dfrac{118}{n}\mathrm{mV}\right)$极化时，真实极化曲线呈直线并与理想极化曲线重合，可以认为腐蚀金属电极的表面上只有一个电极反应进行。若腐蚀金属电极的极化曲线方程式用式(3-83)表示，则可以证明，当极化值的绝对值

$$|\Delta E| > \frac{2b_{\mathrm{a}}b_{\mathrm{c}}}{b_{\mathrm{a}}+b_{\mathrm{c}}} \tag{3-88}$$

时，就进入了强极化区。式中，b_{a} 和 b_{c} 分别是阳极反应和阴极反应常用对数的 Tafel 斜率。

在进入强阳极极化区后，阴极反应的电流密度可以忽略不计，于是极化值（$\Delta E = E - E_{\mathrm{corr}}$）与外测阳极电流密度的关系是：

$$i_{\mathrm{A}} = i_{\mathrm{corr}}\exp\left(\frac{2.3\Delta E}{b_{\mathrm{a}}}\right) \tag{3-89a}$$

或

$$\Delta E = b_{\mathrm{a}}\lg i_{\mathrm{A}} - b_{\mathrm{a}}\lg i_{\mathrm{corr}} \tag{3-89b}$$

同理，将腐蚀金属电极极化到强阴极极化区后，腐蚀金属电极阳极溶解反应的电流密度可以忽略不计，此时，ΔE 与外测阴极电流密度绝对值的关系是：

$$i_{\mathrm{C}} = i_{\mathrm{corr}}\exp\left(-\frac{2.3\Delta E}{b_{\mathrm{c}}}\right) \tag{3-90a}$$

或

$$\Delta E = -b_{\mathrm{c}}\lg|i_{\mathrm{C}}| + b_{\mathrm{c}}\lg i_{\mathrm{corr}} \tag{3-90b}$$

式(3-89b)和式(3-90b)为极化值 ΔE 和极化电流密度之间的半对数关系。故在强极化区，

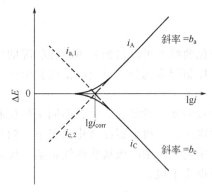

图 3-13 强极化区 Tafel 直线外推法求 i_{corr}

如果传质过程足够快，ΔE 对 $\lg i$ 作图可得直线（图 3-13 所示），此直线即称为 Tafel（塔菲尔）直线，由相应的直线的斜率可以分别求得阳极 Tafel 斜率 b_a 和阴极 Tafel 斜率 b_c。极化曲线的这一区段称为 Tafel 区，也叫强极化区。

由于在强极化区极化曲线 i_A 和 i_C 分别与 $i_{a,1}$ 和 $i_{c,2}$ 重合，因此，其 Tafel 直线延长线的交点就是反应 $i_{a,1}$ 和 $i_{c,2}$ 的交点。所以将两条 Tafel 直线延长到 $\Delta E = 0$（即 $E = E_{corr}$）处，两条 Tafel 直线的交点所对应的电流为腐蚀速率 i_{corr}（如图 3-13）。可见，测定强极化区的稳态极化曲线可求得 Tafel 斜率 b_a 和 b_c 以及腐蚀电流 i_{corr} 这三个动力学参数。

Tafel 直线外推法常用于测定酸性溶液中金属腐蚀速率及缓蚀剂的影响。因为这种情况下容易测得极化曲线的 Tafel 直线段，而且可以研究缓蚀剂对于腐蚀电位、腐蚀速率、b_a 和 b_c 等动力学参数的影响。

3.10.2 微极化区的线性极化法

根据经验，一般在 $\Delta E = \pm 10\text{mV}$（也有文献认为是 $\pm 20\text{mV}$）范围内的极化为微极化。在此条件下，腐蚀金属电极的极化曲线方程式(3-83)按 Taylor 级数展开可得（由于 ΔE 很小，级数中的高次项忽略）

$$i = i_{corr}\left(\frac{2.3\Delta E}{b_a} + \frac{2.3\Delta E}{b_c}\right) = \frac{2.3(b_a + b_c)}{b_a b_c}i_{corr}\Delta E \qquad (3-91)$$

或：

$$\Delta E = \frac{b_a b_c}{2.3(b_a + b_c)i_{corr}}i \qquad (3-92)$$

由式(3-92)可见，ΔE 与 i 成正比，即在 $\Delta E < 10\text{mV}$ 内，极化曲线为直线，直线的斜率称为**极化电阻 R_p**，即：

$$R_p = \frac{b_a b_c}{2.3(b_a + b_c)i_{corr}} \qquad (3-93)$$

极化电阻 R_p 定义为极化曲线在 $\Delta E = 0$ 处（即在腐蚀电位处）切线的斜率，即：

$$R_p = \left(\frac{d\Delta E}{di}\right)_{\Delta E \to 0} = \frac{b_a b_c}{2.3(b_a + b_c)i_{corr}} \qquad (3-94)$$

R_p 的单位是 $\Omega \cdot \text{cm}^2$，相当于腐蚀金属电极的面积为单位值时的电阻值，因此，R_p 称为腐蚀金属电极的极化电阻。

所以有：

$$i_{corr} = \frac{b_a b_c}{2.3(b_a + b_c)} \times \frac{1}{R_p} \qquad (3-95)$$

令：

$$B = \frac{b_a b_c}{2.3(b_a + b_c)} \qquad (3-96)$$

则

$$i_{corr} = \frac{B}{R_p} \qquad (3-97)$$

对于一个具体的腐蚀过程来说，B 是一个常数，所以腐蚀速率与腐蚀电位附近线性极化区极化曲线的斜率——极化阻率 R_p 成反比。如果已知 b_a 和 b_c（从实验中测得或从文献中选取）的值，或者通过失重法进行校正求得 B 的值，那么按一定时间间隔在线性极化区

（例如在 $\Delta E \leqslant 10\text{mV}$ 的范围内）测量 R_p，以 R_p 对测量时间作图，利用图解积分法求得测量时间内的 R_p 平均值，代入式（3-95）就可算出测量时间内的平均腐蚀速率。所以，式（3-93）、式（3-95）就是线性极化法测定腐蚀速率的基本公式，也称为**线性极化方程式**。

对于不同的腐蚀体系来说，B 值的变化范围并不很大，例如对于活性区的腐蚀体系，B 值的变化范围为 $17 \sim 26\text{mV}$。因此如果腐蚀体系稍有变化，例如，溶液中添加了一些缓蚀剂，或者低合金钢的成分有少许改变，可以近似地认为 B 值改变不大，而如果极化电阻 R_p 有明显变化的话，可以认为腐蚀体系的这种改变对腐蚀速率有很大的影响。因此，极化电阻 R_p 成了腐蚀电化学的另一个重要的热力学参数。

线性极化法起源于 20 世纪 50 年代末，它是在西蒙斯（Simmons）、斯科特（Skold）和拉松（Larson）等人的实验观察基础上，由斯特恩（Stern）和盖里（Geary）从理论上推导出基本方程式以后逐渐在工业上得到应用的。

Stern 和 Geary 在推导线性极化方程式时作了两点假设：

① 构成腐蚀体系的阴极反应和阳极反应皆受活化极化控制，浓差极化及电阻极化均可忽略；

② 腐蚀电位与阴极反应和阳极反应的平衡电位都相距甚远。

式（3-93）也包含了以下两种极限情况。

① 对于阳极反应受活化极化控制，而阴极反应受浓差极化控制的腐蚀体系，阴极极化曲线的塔菲尔斜率 $b_c \to \infty$，则式（3-93）成为：

$$i_{\text{corr}} = \frac{2.3}{b_a} \times \frac{1}{R_p} \tag{3-98}$$

② 对于阴极反应受活化极化控制，阳极反应受钝化状态控制的腐蚀体系，因为阳极极化曲线的塔菲尔斜率 $b_a \to \infty$，所以式（3-93）成为：

$$i_{\text{corr}} = \frac{2.3}{b_c} \times \frac{1}{R_p} \tag{3-99}$$

3.10.3 弱极化区的三点法

由于强极化对腐蚀体系扰动太大，而线性极化法的近似处理会带来一定误差，因此，20 世纪 70 年代初，巴纳特（Barnartt）等人提出了处理弱极化数据的三点法和四点法，即利用强极化区与微极化区之间的数据测定腐蚀速率。这时过电位 η 约在 $10 \sim 70\text{mV}$ 范围内，因此称为**弱极化法**。弱极化法不仅可以同时测定腐蚀电流 i_{corr} 和 Tafel 常数 b_a 和 b_c，同时避免了强极化法的缺点和线性极化法需要另外测得 b_a 和 b_c 值的麻烦，是电化学中测定金属腐蚀速率的精确方法。

三点法就是在弱极化区选定三个适当的过电位 η 值，第一点 A_1 为阳极过电位等于 η、电流为 $(i_{A,1})_\eta$ 的点；第二点 C_1 为阴极过电位等于 η、电流为 $(i_{C,1})_\eta$ 的点；第三点 C_2 为阴极过电位等于 2η、电流为 $(i_{C,2})_\eta$ 的点。根据金属腐蚀速率基本方程式（3-84）可得：

$$i_A = i_{\text{corr}} \left[\exp\frac{2.3\eta}{b_a} - \exp\left(\frac{-2.3\eta}{b_c}\right) \right] \tag{3-100}$$

$$i_{C,1} = i_{\text{corr}} \left[\exp\left(\frac{2.3\eta}{b_c}\right) - \exp\left(\frac{-2.3\eta}{b_a}\right) \right] \tag{3-101}$$

$$i_{C,2} = i_{\text{corr}} \left[\exp\left(\frac{4.6\eta}{b_c}\right) - \exp\left(\frac{-4.6\eta}{b_a}\right) \right] \tag{3-102}$$

令： $$u = \exp \frac{2.3\eta}{b_c}, \quad v = \frac{-2.3\eta}{b_a}, \quad r = \frac{(i_C)_\eta}{(i_A)_\eta}, \quad s = \frac{(i_C)_{2\eta}}{(i_C)_\eta}$$

则： $$r = \frac{i_{corr}(u - v)}{i_{corr}\left(\dfrac{1}{v} - \dfrac{1}{u}\right)} = uv \tag{3-103}$$

$$s = \frac{i_{corr}(x^2 - y^2)}{i_{corr}(u - v)} = u - v \tag{3-104}$$

由式(3-101) 和式(3-102) 可解得 u、v 及 $u-v$，得：

$$u - v = \sqrt{(u+v)^2 - 4uv} = \sqrt{s^2 - 4r} \tag{3-105}$$

$$u = \frac{1}{2}\big[(u+v) + (u-v)\big] = \frac{1}{2}\left[s + \sqrt{s^2 - 4r}\,\right] \tag{3-106}$$

$$v = \frac{1}{2}\big[(u+v) - (u-v)\big] = \frac{1}{2}\left[s - \sqrt{s^2 - 4r}\,\right] \tag{3-107}$$

因此，可由实验数据 η、i_C、r、s 算出腐蚀速率 i_{corr} 及 Tafel 斜率 b_a 和 b_c，即：

$$i_{corr} = \frac{i_C}{u - v} = \frac{i_C}{\sqrt{s^2 - 4r}} \tag{3-108}$$

$$b_c = \frac{\eta}{\lg u} = \frac{\eta}{\lg\left[s + \sqrt{s^2 - 4r}\,\right] - \lg 2} \tag{3-109}$$

$$b_a = \frac{-\eta}{\lg v} = \frac{-\eta}{\lg\left[s - \sqrt{s^2 - 4r}\,\right] - \lg 2} \tag{3-110}$$

若用作图法可得到更可靠的结果，即在弱极化区，$\eta = 10 \sim 70\,\mathrm{mV}$ 内每指定一个 η 值，可测 A_1、C_1、C_2 三点的实验数据，从而有一组 (η_1, i_C, r_1, s_1) 数据。改变 η 值可测得另一组数据等。将这一系列数据的 $\sqrt{s^2 - 4r}$ 对 i_C 作图可得图3-14 所示的一条直线。由式 (3-106) 可知，该直线斜率的倒数就是金属腐蚀速率 i_{corr}。

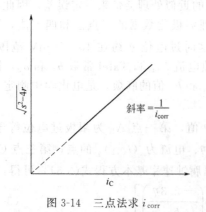

图 3-14　三点法求 i_{corr}

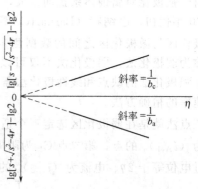

图 3-15　三点法求 b_c 和 b_a

将式(3-107) 和式(3-108) 中 $\lg\left[s + \sqrt{s^2 - 4r}\,\right] - \lg 2$ 和 $\lg\left[s - \sqrt{s^2 - 4r}\,\right] - \lg 2$ 分别对 η 作图，可得如图3-15 所示的直线。从直线的斜率可求得 b_c 和 b_a。

弱极化区三点法适用于电化学极化控制的、金属自腐蚀电位偏离其阴、阳极反应平衡电位较远的均匀腐蚀体系。

借助于计算机，用曲线拟合技术也可以利用弱极化区的数据计算 i_{corr}、b_a 和 b_c 等参数。

3.11　伊文斯腐蚀极化图及应用

3.11.1　腐蚀极化图的概念

腐蚀极化图的概念最早由英国腐蚀科学家伊文斯（Evans）提出，所以也叫**伊文斯腐蚀极化图**。在研究金属电化学腐蚀时，经常要使用腐蚀极化图来分析腐蚀过程的影响因素和腐蚀速率的相对大小。

如果忽略理想极化曲线中的电极电位随电流密度变化的细节，则可以将理想极化曲线画成直线的形式，并以电流强度而不是电流密度做横坐标，这样得到的电极电位-电流关系就是腐蚀极化图，图 3-16 就是图 3-11(b) 中的虚线（理想极化曲线）所对应的图形，即腐蚀极化图。在腐蚀极化图中，一般横坐标表示电流强度，而不是电流密度，因为一般来说，腐蚀电池的阴极和阳极的面积是不相等的，但阴极和阳极上的电流总是相等的，故在研究腐蚀问题及解释电化学腐蚀现象时，用电流强度代替电流密度十分方便。腐蚀极化图构成了电化学腐蚀的理论基础，是研究电化学腐蚀的重要工具。根据腐蚀极化图很容易确定腐蚀电位并解释各种因素对腐蚀电位的影响，所以在对腐蚀机理及其控制因素进行理论分析时，经常要用到腐蚀极化图。

图 3-16 中阴、阳极的起始电位就是阴极反应和阳极反应的平衡电位，分别用 $E_{c,e}$ 和 $E_{a,e}$ 表示。若忽略溶液的欧姆电阻，腐蚀极化图有一个交点 S，S 点对应的电位即为这一对共轭反应的腐蚀电位 E_{corr}，与此电位对应的电流即为腐蚀电流 I_{corr}。如果不能忽略金属表面膜电阻或溶液电阻，则极化曲线不能相交，对应的电流就是金属实际的腐蚀电流，它要小于没有欧姆电阻时的电流 I_{max}。

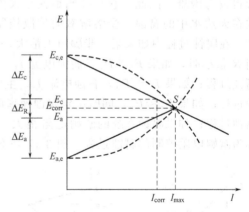

图 3-16　伊文思腐蚀极化图

由于腐蚀过程中阴极和阳极的极化性能不总是一样的，通常采用腐蚀极化图中极化曲线的斜率表示它们的极化程度，图中线 $E_{c,e}S$ 和 $E_{a,e}S$ 的斜率分别代表腐蚀电化学体系的阴极过程和阳极过程的平均极化率，分别用符号 P_c 和 P_a 表示。

阴极极化率　　　$P_c = \dfrac{\Delta E_c}{I_{corr}}$

阳极极化率　　　$P_a = \dfrac{\Delta E_a}{I_{corr}}$

例如，电极的极化率较大，则极化曲线较陡，电极反应过程的阻力也较大；而电极的极化率较小，则极化曲线较平坦，电极反应就容易进行。

因为金属电化学腐蚀推动力为 $E_{c,e} - E_{a,e}$，腐蚀的阻力为 P_c、P_a 和 R，所以腐蚀电流与它们的关系为：

$$I_{corr} = \frac{E_{c,e} - E_{a,e}}{P_c + P_a + R} \tag{3-111}$$

当体系的欧姆电阻等于零时，有：

$$I_{max} = \frac{E_{c,e} - E_{a,e}}{P_c + P_a} \tag{3-112}$$

由式（3-111）得：

$$E_{c,e} - E_{a,e} = IP_c + IP_a + IR = |\Delta E_c| + \Delta E_a + \Delta E_R \tag{3-113}$$

所以，$E_{c,e} - E_{a,e}$ 为电化学腐蚀的驱动力，P_c、P_a 和 R 分别是阴极过程阻力、阳极过程阻力和腐蚀电池的电阻。起始电位的差值等于阴、阳极的极化值和体系的欧姆极化值之和，这个电位差就用来克服体系中的这三个阻力，通常将这些阻力称为腐蚀速率的控制因素或简称腐蚀的控制因素。

3.11.2　腐蚀极化图的应用

在电化学腐蚀反应一系列中间步骤中，它们进行的难易程度各不相同。有的受扩散这种传质过程所控制，有的受电化学反应本身所控制。在腐蚀反应历程中最难进行的那个步骤，就成为决定腐蚀反应速率的**控制步骤**（controlled step），或称**定速步骤**。例如，钢铁在天然水中的腐蚀过程，包含了铁的阳极溶解和溶解氧的阴极还原这组共轭反应。每个共轭反应都由一系列中间步骤所组成。其中，溶解氧向钢铁表面扩散的传质过程进行得最为困难，因此，它是控制钢铁在天然水中腐蚀速率的"瓶颈"。所以，我们说"钢铁在天然水中的腐蚀，受溶解氧的扩散控制"。

在腐蚀过程中如果某一步骤阻力最大，则这一步骤对于腐蚀进行的速率就起主要影响。当 R 很小时，如果 $P_c \gg P_a$，腐蚀电流 I_{corr} 主要由 P_c 决定，这种腐蚀过程称为阴极控制的腐蚀过程；如果 $P_c \ll P_a$，腐蚀电流 I_{corr} 主要由 P_a 决定，这种腐蚀过程称为阳极控制的腐蚀过程；如果 $P_c \approx P_a$，同时决定腐蚀速率的大小，这种腐蚀过程称为阴、阳极混合控制的腐蚀过程；如果腐蚀系统的欧姆电阻很大，$R \gg (P_c + P_a)$，则腐蚀电流主要由电阻决定，称为欧姆电阻控制的腐蚀过程。图 3-17 是不同腐蚀控制过程的腐蚀极化图特征。

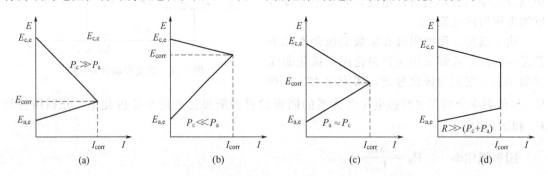

图 3-17　不同腐蚀控制过程的腐蚀极化图特征

（a）阴极控制；（b）阳极控制；（c）混合控制；（d）欧姆电阻控制

利用腐蚀极化图，不仅可以定性地说明腐蚀电流受哪一个因素所控制，而且可以定量计算各个控制因素的控制程度。如果用 C_c、C_a 和 C_R 分别表示阴极、阳极和欧姆电阻控制程度，则有以下表述。

① 阴极控制程度 C_c

$$C_c = \frac{P_c}{P_a + P_c + R} \times 100\% = \frac{\Delta E_c}{\Delta E_a + \Delta E_c + \Delta E_R} = \frac{\Delta E_c}{E_{c,e} - E_{a,e}}$$

② 阳极控制程度 C_a

$$C_a = \frac{P_a}{P_a + P_c + R} \times 100\% = \frac{\Delta E_a}{\Delta E_a + \Delta E_c + \Delta E_R} = \frac{\Delta E_a}{E_{c,e} - E_{a,e}}$$

③ 欧姆电阻控制程度 C_R

$$C_R = \frac{R}{P_a + P_c + R} \times 100\% = \frac{\Delta E_R}{\Delta E_a + \Delta E_c + \Delta E_R} = \frac{\Delta E_R}{E_{c,e} - E_{a,e}}$$

在腐蚀电化学研究中，确定某一因素的控制程度有很重要的意义。为减少腐蚀程度，最有效的办法就是采取措施影响其控制因素，其中控制程度最大的因素成为腐蚀过程的主要控制因素，它对腐蚀速率有决定性的影响。对于阴极控制的腐蚀，若改变阴极极化曲线的斜率可使腐蚀速率发生明显的变化，例如，Fe 在中性或碱性电解质溶液中的腐蚀就是氧的阴极还原过程控制，若除去溶液中的氧，可使腐蚀速率明显降低。这种情况下采用缓蚀剂的效果就不明显。对于阳极控制的腐蚀，腐蚀速率主要由阳极极化率 P_a 决定，增大阳极极化率的因素，都可以明显地阻滞腐蚀。例如，向溶液中加入少量能促使阳极钝化的缓蚀剂，可大大降低腐蚀速率。

【科学视野】

能源、材料领域的电化学研究进展

电化学既是基础学科，又是应用学科。人们正在积极开展以下工业电化学和电化学技术中的基础研究。

1. 电池和燃料电池

多孔电极是电池和燃料电池中最主要的电极结构，也是电化学反应器中重要的电极结构型式。因此，研究多孔电极传输过程的理论模型及多孔电极结构的稳定性有重大意义。目前比较流行的模型是以各传输过程的有效参数代表其实际参数，从而把在多相中进行的各复杂传输过程视为准匀相介质中的传输过程。在此物理模型基础上已提出多种数学处理方法，例如我国提出的传输特征电流概念，可简化数学处理。其他涉及电化学基础与应用研究的项目有：金属、金属氧化物及其固态放电产物的结构、电子性质和电结晶过程机理及物理化学调控；储氢材料的结构、性质及制备；活性电极钝化的机理及抑制；各类锂电池中的电极反应机理及锂电池放电性能的改进；分子氧还原和析出，碳氢化合物、再生气、甲醇和煤等氧化的电催化作用；电池和燃料电池运行过程中电极反应的原位研究技术。

2. 金属电沉积及材料的电化学表面处理

继续发展固-液界面电结晶理论及金属共沉积理论。分子水平上研究各类添加剂的吸附行为。研制耐蚀性镀层、装饰性镀层和表面处理，有特殊工艺用途的镀层，节省贵金属镀层，合金镀，功能性镀层，复合材料的共沉积层，陶瓷玻璃、导电聚合物和耐高温聚合物的电泳涂层，超薄镀层光诱导电沉积等。

3. 腐蚀的电化学控制

金属的电化学腐蚀和腐蚀的电化学控制，目前基本上还建立在唯象的理论基础上，腐蚀理论和技术上的突破将主要依赖金属等材料界面电化学分子水平的研究。当前的研究主要包括：在复杂的宏观体系中基元腐蚀过程及其相互作用的理论模型；决定体系使用寿命的参数及寿命预测；对重要技术设备腐蚀实时监控的传感器技术；应用于腐蚀保护的新电极材料；耐蚀新材料的开发；金属钝化膜的成分、晶体结构及电子性质，钝化膜局部破坏和金属局部腐蚀的理论模型、统计处理及原位微区测试技术；金属表面耐蚀处理的技术和理论；缓蚀剂电化学行为的分子水平研究。

4. 材料的电化学制备

电解工业存在的主要问题是耗能大、效率和时空产率比较低、可达到商品化的有机电合成产品品种少。需要开展下述研究：新型电极材料和电极表面修饰，电催化电极，新型溶剂和熔剂；阳极和阴极产品的同时合成；有潜在应用前景的电极反应的动力学，其中有机电合成方面应当着重开展医药、农药和香料等精细有机电合成，并且引进电催化机制；导电聚合物的电聚合机理，超导体、纳米级材料和多孔硅的电化学制备；电解工业中检测和监控用途的传感器和电分析方法。

【科学家简介】

国际著名电化学家：阿伦 . J. 巴德

1. 令人瞩目的研究业绩

阿伦 . J. 巴德（Allen J. Bard）是国际著名的电化学和电分析化学专家，得克萨斯大学教授，在电化学和电分析化学的诸多领域均有开拓性的建树，是国际电化学界权威之一。

1933 年 12 月 18 日，巴德出生于美国纽约市。早期就读于美国纽约市公立学校，1955 年获纽约大学化学学士学位，大学毕业获 Thayer 奖学金。之后他跟随哈佛大学（Harvard University）的 J. J. Lingane 导师在电分析化学方面开展研究生学习，分别在 1956 年和 1958 年获得硕士学位和博士学位。1958 年巴德进入位于 Austin 的得克萨斯大学（University of Texas）的化学学院从事教学和科学研究。期间曾担任该院 Norman Hackerman/Welch Regents 的主席一职。

巴德所研究内容的重要价值在于运用电化学方法解决一些化学难题，包括有机电化学检测、光电化学、电激发化学发光和电分析化学。在他的研究领域共计发表了 700 多篇学术论文。巴德的著作颇丰，其中具有代表性的著作有 3 部，它们是《电化学方法、原理和应用》（Electrochemical Methods，Fundamentals and Applications）、《组合化学体系》（Integrated Chemical Systems）和《化学平衡理论》（Chemical Equilibrium）。其中《电化学方法、原理和应用》一书于 1980 年一问世，就引起了全世界电化学和电分析化学界的热烈反应，人们认为这是一本非常好的教科书和参考书，我国很多大学均选用该书作为研究生教材。

巴德在电化学领域的出色工作使他获得了化学科学界的众多荣誉，成为 2002 年度美国化学会最高奖 Priestley Medal 得主。被评为美国科学院院士。曾任美国化学会志（Journal of American Chemical Society，JACS）主编 20 年。

2. 科学家名片

Allen J. Bard

Department of Chemistry & Biochemistry

University of Texas at Austin

Campus Code A5300，Welch 2.426

Austin，TX，78712，United States

Telephone：+1 512 471 3761

Fax Number：+1 512 471 0088

E-mail：ajbard@mail.utexas.edu

URL：http://www.cm.utexas.edu/bard/

思考练习题

1. 从三个不同的角度阐述交换电流密度 i^0 的物理意义并说明其数值的大小和极化的关系。对参比电极的交换电流密度大小有何要求。

2. 试比较电化学极化和浓差极化的基本特征。

3. 举例说明有哪些可能的阴极去极化剂？当有几种阴极去极化剂同时存在时，如何判断哪一种发生还原的可能性最大？自然界中最常见的阴极去极化反应是什么？

4. 试分析电化学反应与一般均相氧化-还原反应的区别。

5. 在活化极化控制下决定腐蚀速率的主要因素是什么？

6. 浓差极化控制下决定腐蚀速率的主要因素是什么？

7. 腐蚀电池的四个组成部分和三个基本过程是什么？

8. 二次反应产物对金属腐蚀有何影响？铁锈的组成是什么？

9. 试讨论电解过程中，对流过程的存在对电极反应速率可能的影响。

10. 试说明对流与扩散传质的差异。

11. 请推导净电流为阳极电流时的 Butler-Volmer（B-V）方程及 Tafel 公式。

12. 从腐蚀电池出发，分析影响电化学腐蚀速率的主要因素。

13. 混合电位理论的基本假说是什么？它在哪些方面补充、取代或发展了经典微电池腐蚀理论？

14. 什么是腐蚀电位？试用混合电位理论说明氧化剂对腐蚀电位和腐蚀速率的影响。

15. 试用混合电位理论说明锌分别在含稀酸和含氰化物稀酸中的腐蚀行为。

16. 试用混合电位理论说明铁在含三价铁离子的酸中的腐蚀行为。

17. 能否凭借腐蚀电位的高低来估计腐蚀速率的大小？为什么？

18. 什么是异金属接触电池、浓差电池和温差电池？举例说明这三类腐蚀电池的作用原理。盛水的铁桶会产生何种腐蚀？其腐蚀原理是什么？

19. 什么是金属电极的极化曲线？实测极化曲线和真实极化曲线有何区别和联系？这两种极化曲线各自在何种场合下使用？

20. 影响分散层厚度的因素有哪些？

21. 试分析极化曲线各区段电极过程的控制步骤及相应的动力学规律，如何利用极化曲线各区段测定动力学参数？

22. 在 $\eta\text{-}i$ 的同一坐标上详细画出 298K、(a)、(b)、(c) 三种条件下的极化曲线（忽略浓差极化和电阻极化）(a) $\alpha=0.5$，(b) $\alpha=0.75$，(c) $\alpha=0.25$（假设交换电流密度 i_0 一定，$n=1$）。

23. 请指出塔菲尔（Tafel）公式 $\eta=a+b\lg i$ 的适用范围、由来和主要用途，并描述式中 a 和 b 的物理意义。

24. 甲醇在 373K，1mol/dm^3 H_4SO_4 中以 200A/m^2 的电流密度发生电化学氧化时，在铂黑电极上需

要 0.44V 的超电位,在 Pt-Ru-Mo 合金催化剂上需要 0.23V 的超电位。当超电位均为 0.30V 时,在这两种催化剂上的相对反应速率是多少?(假设甲醇氧化的电流-超电位关系符合 B-V 方程描述,且 $\alpha = \beta = 0.5$)

25. 测得 25℃下 Fe 在 3%中性 NaCl 溶液中(R 可以忽略不计)的腐蚀电位 $E_{corr} = -0.544V$(vs. SCE),求阴、阳极对 Fe 的腐蚀控制程度并画出该体系的腐蚀极化图(示意)。已知 $E^{\ominus}_{Fe^{2+}/Fe} = -0.44V$(vs. SHE),$E^{\ominus}_{O_2/OH^-} = 0.401V$(vs. SHE),$E^{\ominus}_{饱和甘汞} = 0.244V$(vs. SHE),$K_{sp[Fe(OH)_2]} = 1.65 \times 10^{-15}$。

26. 实验测得酸性溶液(pH=1)中氢在铁电极上析出的极化曲线符合 Tafel 式,$a = 0.7V$,$b = 0.128V$。试求外电流为 $1mA/cm^2$ 时的电极电位 E,阴极过电位 η_c 及析氢交换电流密度 i^0。

27. 钢铁在流动海水中的腐蚀受溶解氧阴极还原的扩散控制。

(1) 写出阳极和阴极过程的反应式;

(2) 计算腐蚀速率(氧的扩散系数 $D = 1.875 \times 10^{-5} cm^2/s$,氧浓度 $c^0 = 8 \times 10^{-6} g/L$,扩散层厚度 $\delta = 0.01cm$)。

第4章 电化学腐蚀的阴极过程

金属在溶液中发生电化学腐蚀的根本原因是溶液中含有能使该种金属氧化的物质，即腐蚀过程的去极化剂，它和金属构成了不稳定的腐蚀原电池体系。所以，在金属的电化学腐蚀过程中，金属的阳极溶解过程始终伴随着共轭的阴极过程，阴极过程和阳极过程相互依存、缺一不可。若没有相应的阴极过程发生，金属就不会发生腐蚀。而且在许多情况下，阴极过程对金属的腐蚀速率起着决定作用。因此研究腐蚀电池中可能出现的各类阴极反应以及它们在腐蚀过程中起的作用，对于了解金属腐蚀过程十分重要。本章主要运用前面介绍的腐蚀热力学和腐蚀动力学的理论和概念讨论常见的电化学腐蚀阴极过程的发生条件、进行的规律及其影响因素。

4.1 阴极去极化反应的几种类型

原则上，所有能吸收金属中电子的还原反应，都可以构成金属电化学腐蚀的阴极过程。由阴极极化本质可知，凡能在阴极上吸收电子的过程（阴极还原过程）都能起去极化作用。阴极去极化反应可以有以下几类。

(1) 溶液中阳离子的还原反应

氢去极化反应 $\qquad 2H^+ + 2e^- \longrightarrow H_2$

金属离子的沉积反应 $\qquad Cu^{2+} + 2e^- \longrightarrow Cu$

金属离子的变价反应 $\qquad Fe^{3+} + e^- \longrightarrow Fe^{2+}$

(2) 溶液中阴离子的还原反应

氧化性酸的还原反应

$$NO_3^- + 2H^+ + 2e^- \longrightarrow NO_2^- + H_2O$$

$$Cr_2O_7^{2-} + 14H^+ + 6e^- \longrightarrow 2Cr^{3+} + 7H_2O$$

$$S_2O_8^{2-} + 2e^- \longrightarrow 2SO_4^{2-}$$

(3) 溶液中的中性分子还原反应

氧去极化反应 $\qquad O_2 + 2H_2O + 4e^- \longrightarrow 4OH^-$

氯的还原反应 $\qquad Cl_2 + 2e^- \longrightarrow 2Cl^-$

(4) 不溶性膜的还原反应

$$Fe(OH)_3 + e^- \longrightarrow Fe(OH)_2 + OH^-$$

$$Fe_3O_4 + H_2O + 2e^- \longrightarrow 3FeO + 2OH^-$$

(5) 某些有机化合物的还原反应

例如： $\qquad RO + 4H^+ + 4e^- \longrightarrow RH_2 + H_2O$

$$R + H^+ + e^- \longrightarrow RH$$

上述反应中，氢离子和氧分子还原反应是最为常见的两个阴极去极化过程。铁、锌、铝等金属在稀酸溶液中的腐蚀，其阴极过程就是氢离子还原反应，因反应产物有氢气析出，此种情况下引起的腐蚀称为**析氢腐蚀**，也叫**氢去极化腐蚀**。析氢腐蚀是常见的、危害性较大的一类腐蚀。而铁、锌、铜等金属在大气、海水、土壤和中性盐溶液中的腐蚀，其阴极过程是氧分子还原反应，由此引起的腐蚀，称为**吸氧腐蚀**，也叫**氧去极化腐蚀**。吸氧腐蚀是自然界普遍存在而破坏性最大的一类腐蚀。

4.2 析氢腐蚀

4.2.1 析氢腐蚀的热力学分析

以氢离子还原反应为阴极过程的腐蚀，称为析氢腐蚀。其阴极反应为：

$$2H^+ + 2e^- \longrightarrow H_2$$

当金属的电位比氢电极电位更负时，两电极间存在一定的电位差，金属就与氢电极组成腐蚀电池并开始工作。阳极反应放出的电子不断地由阳极送到阴极，结果金属发生腐蚀，氢气不断地从金属表面逸出。从热力学角度讲，只有当金属的电极电位比氢电极的电位更负时，才有可能产生析氢腐蚀。所以，发生析氢腐蚀的必要条件是：金属的电极电位 $E_{M^{n+}/M}$ 必须低于氢电极电位，即析氢电位 E_{H^+/H_2}，相应的数学表达式为：

$$E_{M^{n+}/M} < E_{H^+/H_2} \tag{4-1}$$

析氢电位等于氢的平衡电位 $E_{e,H^+/H_2}$ 与析氢过电位 η_{H_2} 之差：

$$E_{H^+/H_2} = E_{e,H^+/H_2} - \eta_{H_2} \tag{4-2}$$

氢的平衡电位 $E_{e,H^+/H_2}$ 符合 Nernst 方程，在 25℃、$p_{H_2} = p^{\ominus}$ 时：

$$E_{e,H^+/H_2} = E_{e,H^+/H_2}^{\ominus} + \frac{2.3RT}{F} \lg a_{H^+} \tag{4-3}$$

$$E_{e,H^+/H_2} = -0.059pH \tag{4-4}$$

所以发生析氢腐蚀的条件为：

$$E_{M^{n+}/M} < -(0.059pH + \eta_{H_2}) \tag{4-5}$$

由此可见，在金属材料一定的情况下，发生析氢腐蚀与溶液 pH 值及析氢过电位的大小有关。析氢过电位 η_{H_2} 与通过的阴极电流密度、阴极材料和溶液组成等因素有关。可通过实验测定，也可用 Tafel 方程式计算。

可见，一种金属在给定的腐蚀介质中是否会发生析氢腐蚀，可通过上述计算来判断。一般说来，电位较低的金属，如 Fe、Zn 等合金在不含氧的非氧化性酸中发生腐蚀，则析氢反应是唯一的阴极过程。电位很负的金属，如 Mg 及其合金不论在中性溶液还是碱性溶液中都发生析氢腐蚀。但是，对于一些强钝化性金属，如 Ti、Cr 等，从热力学计算可满足析氢腐蚀条件，但由于钝化膜在稀酸中仍很稳定，实际电位高于析氢电位，因而不发生析氢腐蚀。

4.2.2 析氢腐蚀的动力学分析

析氢腐蚀是目前腐蚀电化学中研究得比较充分的一个反应，对析氢反应机理的研究始于 20 世纪 30 年代，现已提出了不同的理论，例如迟缓放电机理和迟缓复合机理。一般认为在酸性溶液中，金属电极表面上进行的析氢反应是按如下几个基元步骤进行的。

① 氢离子 H_3O^+ 从本体溶液向电极附近扩散。

② 氢离子 H_3O^+ 从电极附近的溶液中移到电极上。

③ 氢离子 H_3O^+ 在电极上以下列机理放电。

a. H_3O^+ 在电极表面上放电而成为吸附在电极表面上的氢原子 H_{ad}〔在电化学文献中称为伏尔默（Volmer）反应〕。

$$H^+ + e^- \longrightarrow H_{ad}$$

式中，H_{ad} 表示吸附在金属表面上的氢原子。

b. H_3O^+ 和吸附在电极表面上的氢原子发生电化学反应生成氢分子。这个反应叫电化学脱附反应，在电化学文献中称为海洛夫斯基（Heyrowsky）反应。

$$H^+ + H_{ad} + e^- \longrightarrow H_2$$

④ 吸附在电极上的氢原子化合为氢分子，称为化学脱附反应，在电化学文献中也称为塔菲尔（Tafel）反应。

$$2H_{ad} \longrightarrow H_2$$

⑤ 氢分子从电极上扩散到溶液中或形成气泡从电极表面逸出。

在上述基元步骤中，已经证明步骤①和步骤⑤不会影响电极反应速率，至于步骤②、③、④三个步骤中，究竟哪一步是速率控制步骤还存在一定的争议。实验表明，对于大多数金属来说，氢离子与电子结合放电的步骤最缓慢，成为速率控制步骤，这一机理称为迟缓放电机理。但也有少数金属（如 Pt 等）上发生的析氢反应时第④步即吸附在电极上的氢原子结合为氢分子的步骤最慢，这一观点称为迟缓复合机理。也有人认为在电极上反应速率的步骤相近，电极反应属于联合控制。

在碱性溶液中，在电极还原的不是氢离子，而是水分子，电极表面上的析氢反应按下列步骤进行：

① 水分子到达电极与氢氧离子离开电极；

② 水分子电离及氢离子还原生成吸附在电极表面的氢原子；

$$H_2O \longrightarrow H^+ + OH^-$$

$$H^+ + e^- \longrightarrow H_{ad}$$

③ 吸附氢原子的复合脱附或电化学脱附；

$$H_{ad} + H_{ad} \longrightarrow H_2$$

$$H_{ad} + H^+ + e^- \longrightarrow H_2$$

④ 氢分子形成气泡从电极表面逸出。

在有些金属电极上，例如在镍电极和铁电极上，一部分吸附氢原子会向金属内部扩散，这就是金属在腐蚀过程中可能会发生氢脆的原因。

4.2.3　析氢腐蚀的阴极极化曲线与析氢过电位

由于速率控制步骤形成的阻力，在氢电极的平衡电位下不能发生析氢反应，只有克服了这个阻力才能进行析氢反应。因此氢的析出电位要比氢电极的平衡电位更负一些，在一定电流密度下，氢电极的析氢电位与平衡电位之差称为氢过电位。

图 4-1 是典型的析氢反应的阴极极化曲线，它是在电解质溶液中只有氢离子而没有溶解氧的情况下绘出的。它表明在氢的平衡电位时没有氢析出，电流为零。只有当电位比平衡电位更负时才有氢析出，而且电位越负，析出的氢越多，电流密度也越大。

由图 4-1 可见，电流密度越大，氢过电位越大。当电流密度达到一定程度时，氢过电位

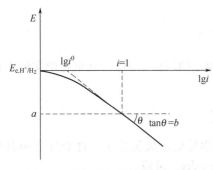

图 4-1 析氢反应的阴极极化曲线

与电流密度的对数之间呈直线关系，服从 Tafel 公式：

$$\eta = a + b\lg i \tag{4-6}$$

式中，i 是电流密度，对于给定电极，在一定的溶液组成和温度下，a 和 b 都是常数，称为 Tafel 常数。常数 a 表示单位电流密度下的过电位，它与电极材料性质、表面状态、溶液的成分及实验温度有关。a 值一般在 $0.1 \sim 1.6V$ 之间。氢过电位的大小基本上决定于 a 的数值，因此 a 值愈大，氢过电位也愈大。根据 a 值的大小，可将金属大致分成三类，可看出金属材料对析氢过电位的影响。

① 高氢过电位的金属，如 Pb、Hg、Cd、Zn、Sn 等，a 值在 $1.0 \sim 1.6V$ 之间。

② 中氢过电位的金属，如 Fe、Co、Ni、Cu、Ag 等，a 值在 $0.5 \sim 1.0V$ 之间。

③ 低氢过电位的金属，如 Pt、Pd、Au 等，a 值在 $0.1 \sim 0.5V$ 之间。

常数 b 与电极材料无关，因此对大多数金属来说 b 值相差不大，在常温下约为 $0.118V$。表 4-1 列出了 $20℃$、电流密度为 $1A/cm^2$ 时不同金属上析氢反应的 Tafel 常数 a 和 b 的值。

Tafel 常数 a 和 b 值的理论表达式（4-7）和式（4-8）可以根据电极过程动力学的有关理论推得。

$$a = -\frac{2.3RT}{\alpha F}\lg i \tag{4-7}$$

$$b = \frac{2.3RT}{\alpha F} \tag{4-8}$$

表 4-1　不同金属上析氢反应的 Tafel 常数 a 和 b 的值（$20℃$、$i = 1A/cm^2$）

金　属	溶　液	a/V	b/V	金　属	溶　液	a/V	b/V
Pb	$1mol/L\ H_2SO_4$	1.56	0.110	Ag	$1mol/L\ HCl$	0.95	0.116
Hg	$1mol/L\ H_2SO_4$	1.415	0.113	Fe	$1mol/L\ HCl$	0.70	0.125
Cd	$1.3mol/L\ H_2SO_4$	1.4	0.120	Ni	$0.11mol/L\ NaOH$	0.64	0.100
Zn	$1mol/L\ H_2SO_4$	1.24	0.118	Pd	$1.1mol/L\ KOH$	0.53	0.130
Cu	$1mol/L\ H_2SO_4$	0.8	0.115	Pt	$1mol/L\ HCl$	0.10	0.13

不同金属材料的 a 值不同，主要是因为不同金属上析氢反应的交换电流密度 i^0 不同引起的，有的则是析氢反应机理不同引起的。例如，低氢过电位的金属如 Pt、Pd 等，对氢离子放电有很大的催化活性，使析氢反应的交换电流密度很大；同时吸附氢原子的能力也很强，从而造成氢在这类金属上还原反应过程中最慢的步骤为吸附氢原子的复合脱附。高过电位金属对氢离子放电反应的催化能力很弱，因而 i^0 很小，因此这类金属上氢离子的迟缓放电构成了析氢过程的控制步骤。对于中等氢过电位的金属如 Fe、Ni、Cu 等，析氢过程中最慢的步骤可能是吸附氢的电化学脱附反应：

$$H_{ad} + H^+ + e \longrightarrow H_2$$

电极表面状态对析氢过电位也有影响。相同的金属材料，粗糙表面上的氢过电位比光滑表面上的要小，这是因为粗糙表面上的真实表面积比光滑表面上的大。

溶液组成对析氢过电位以及析氢腐蚀也有影响。如果溶液中含有铂离子，它们将在金属 Fe 上析出，形成附加阴极。氢在 Pt 上的析出过电位比在 Fe 上小得多，从而加速 Fe 在酸中的腐蚀。相反，如果溶液中含有某种表面活性剂，则表面活性剂会在金属表面上吸附并阻碍氢的析出，大大提高析氢过电位。这种表面活性剂就可以作为缓蚀剂，防止金属的腐蚀。

溶液的 pH 值和温度对析氢过电位的影响是：在酸性溶液中，氢过电位随 pH 值增加而增大；而在碱性溶液中，氢过电位随 pH 值增加而减小。溶液温度升高，氢过电位减小。一般温度每升高 1℃，氢过电位减小 2mV。

当金属中含有电位比金属电位更正的杂质时，如果杂质上的氢过电位比基体金属上的过电位低，则阴极反应过程主要在杂质表面上进行，杂质就成为阴极区，基体金属就成为阳极区，阳极过程和阴极过程主要在表面的不同区域进行。此时杂质上的氢过电位的高低对基体金属的腐蚀速率有很大的影响。析氢过电位愈大，说明阴极过程受阻滞愈严重，则腐蚀速率愈小。所以，可以根据析氢过电位的大小大致判断金属发生析氢腐蚀时的腐蚀速率，并合理地控制析氢腐蚀的进行。例如，金属或合金在酸中发生均匀腐蚀时，如果作为阴极的杂质或合金相具有较低的析氢过电位，则腐蚀速率较大；反之，若杂质或阴极相上的析氢过电位越大，则腐蚀速率越小。

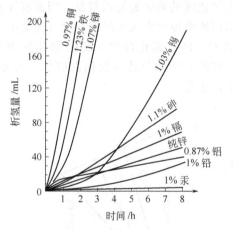

图 4-2 杂质对锌腐蚀速率影响曲线

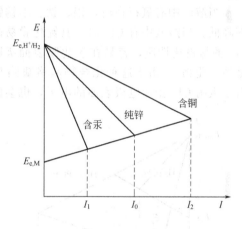

图 4-3 锌及含杂质锌在酸中的腐蚀极化图

图 4-2 是含有杂质的锌在稀硫酸中的腐蚀速率影响曲线，由图可见，金属锌中含有的阴极性杂质铅或汞不仅没有加速锌的腐蚀速率，反而使含有铅或汞的锌比纯锌的腐蚀速率还要慢，而铜作为阴极性杂质却大大加速了锌的腐蚀速率。可以用锌及含有杂质的锌在酸中的腐蚀极化图（图 4-3）解释这一现象。氢在汞上的析出过电位高，汞在锌基体中作为阴极相存在，使氢在其上不易析出，因而加大了阴极反应的极化率。腐蚀电流从纯锌的 I_0 降为 I_1，基体锌的腐蚀速率大大降低，而铜的析氢过电位比锌的析氢过电位低得多，它在锌基体中作为阴极有利于氢的析出，降低了阴极极化率，因此腐蚀电流从纯锌的 I_0 升高到 I_2，使基体锌的腐蚀速率加快。

4.2.4 析氢腐蚀的控制

析氢腐蚀速率根据阴、阳极极化性能可分为阴极控制、阳极控制和混合控制。

(1) 阴极控制

以锌在酸中的腐蚀为例，由于锌的交换电流密度较大，锌的阳极溶解反应活化极化小，而氢在 Zn 上的析出过电位却非常高，所以以锌在酸中的溶解就是阴极控制下的析氢腐蚀，腐蚀速率主要取决于析氢过电位的大小。在这种情况下，若 Zn 中含有较低氢过电位的金属杂质如 Cu、Fe 等，则阴极极化减小，锌的腐蚀速率增大。相反，如果 Zn 中加入汞，由于汞上的析氢过电位很高，可使 Zn 的腐蚀速率大大下降（如图 4-3 所示）。

铁在稀酸中的腐蚀与锌不同，氢在铁上的过电位比在锌上的过电位低得多，所以氢在铁上析出的阴极极化曲线的斜率较小。虽然铁的电极电位比锌的正，但铁在稀酸中的腐蚀速率却比锌的腐蚀速率大。

由于铁等过渡元素的交换电流密度较小，所以铁的阳极反应的活化极化较大，其阳极极化曲线的斜率较大。因此当向酸中加入相同微量的铂盐后，锌的腐蚀会被剧烈加速，而铁的腐蚀增加得要少些，如图 4-4 所示。铂盐效应是由于铂盐在锌和铁表面上被还原成铂，而铂上的氢过电位很低，使氢析出的阴极极化曲线变得较平坦所致。

（2）阳极控制

阳极控制的析氢腐蚀主要发生在铝、不锈钢等钝化金属在稀酸中的腐蚀。这种情况下，金属离子必须穿透氧化膜才能进入溶液，因此有很高的阳极极化。图 4-5 为铝在稀酸中的析氢腐蚀极化图。

当溶液中有氧存在时，铝、钛、不锈钢等金属上钝化膜的缺陷处易被修复，因而腐蚀速率降低。当溶液中有 Cl^- 时，其钝化膜易被破坏，从而使腐蚀速率大大增加。这可能是由于 Cl^- 的易极化性质，容易在氧化膜表面吸附，形成含 Cl^- 的表面化合物（氧化-氯化物而不是纯氧化物）。由于这种化合物晶格缺陷及较高的溶解度，导致氧化膜的局部破裂。另外，由于吸附 Cl^- 排斥电极表面的电子，也会促使金属的离子化。

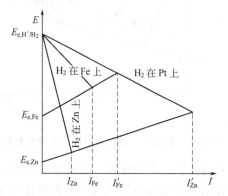

图 4-4　锌和铁在稀酸中的腐蚀及铂盐效应

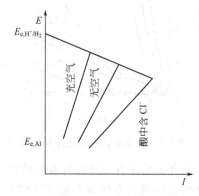

图 4-5　铝在稀酸中的析氢腐蚀极化图

（3）混合控制

因为铁溶解反应的活化极化较大，而氢在铁上析出反应的过电位又属于中等大小，所以铁及钢在稀酸中的腐蚀是混合控制的腐蚀过程。图 4-6 为铁和不同成分的碳钢的析氢腐蚀极化图。在给定电流密度下，碳钢的阳极极化和阴极极化都比纯 Fe 的低，这意味着碳钢的析氢腐蚀速率比纯 Fe 大。钢中含有杂质 S 时，可使析氢腐蚀速率增大。因为一方面可形成 Fe-FeS 局部微电池，加速腐蚀；另一方面，钢中的硫可溶于酸中，形成 S^{2-}。由于 S^{2-} 极易极化而吸附在铁表面，强烈催化电化学过程，使阴、阳极极化度都降低，从而加速腐蚀。这与少量硫化物加入酸中对钢的腐蚀起刺激作用的效果类似。

若含 S 的钢中加入 Cu 或 Mn，其作用有二：一是其本身是阴极，可加速 Fe 的溶解；另一方面却可抵消 S 的有害作用。因为溶解的 Cu^+ 又沉积在 Fe 表面，与吸附的 S^{2-} 形成 Cu_2S，在酸中不溶（溶度积为 10^{-48}）。因此可消除 S^{2-} 对电化学反应的催化作用。加入 Mn 也可抵消 S 的有害作用，因为一方面可形成低电导的 MnS，另一方面减少了铁中的含 S 量，而且 MnS 比 FeS 更易溶于酸中。

从析氢腐蚀的阴极、阳极和混合控制可看出，腐蚀速率与腐蚀电位间的变化没有简单的相关性。同样使腐蚀速率增加的情况下，阴极控制通常使腐蚀电位正移（如图 4-3），阳极控制使腐蚀电位负移（如图 4-5），混合控制下腐蚀电位可正移，亦可负移，视具体情况而定（如图 4-6）。

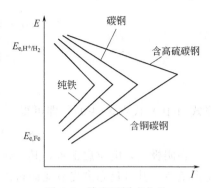

图 4-6　铁和不同成分的
碳钢的析氢腐蚀极化图

4.2.5　减小析氢腐蚀的途径

析氢腐蚀多数为阴极控制或阴、阳极混合控制的腐蚀过程，腐蚀速率主要决定于析氢过电位的大小。因此，为了减小或防止析氢腐蚀，应设法减小阴极面积，提高析氢过电位。对于阳极钝化控制的析氢腐蚀，则应加强其钝化，防止其活化。减小和防止析氢腐蚀的主要途径如下。

① 减少或消除金属中的有害杂质，特别是析氢过电位小的阴极性杂质。溶液中可能在金属上析出的贵金属离子，在金属上析出后提供了有效的阴极。如果在它上面的析氢过电位很小，会加速腐蚀，也应设法除去。

② 加入氢过电位大的成分，如 Hg、Zn、Pb 等。

③ 加入缓蚀剂，增加氢过电位。

④ 降低活性阴离子成分，如 Cl^-、S^{2-} 等。

在中性和碱性溶液中，由于 H^+ 的浓度较小，析氢反应的电位较负，一般金属腐蚀过程的阴极反应往往不是析氢反应，而是溶解在溶液中氧的还原反应。

4.3　吸氧腐蚀

以氧的还原反应为阴极过程的腐蚀，称为吸氧腐蚀或氧去极化腐蚀。不同 pH 值条件下吸氧腐蚀的阴极还原反应为：

$$O_2 + 2H_2O + 4e^- \longrightarrow 4OH^- （中性或碱性介质）$$

$$O_2 + 4H^+ + 4e^- \longrightarrow 2H_2O（酸性介质）$$

氧分子在阴极上的还原反应也称为氧的离子化过程。与氢离子还原反应相比，氧还原反应可以在正得多的电位下进行。因此，吸氧腐蚀比析氢腐蚀更为普遍。大多数金属在中性或碱性溶液中以及少数正电性金属在含有溶解氧的弱酸性溶液中的腐蚀，金属在土壤、海水、大气中的腐蚀都属于吸氧腐蚀。

4.3.1　吸氧腐蚀的必要条件与特征

(1) 必要条件

与析氢腐蚀类似，发生吸氧腐蚀的必要条件是腐蚀电池中金属阳极电位 E_a 必须低于氧的离子化电位 E_{O_2}，即：

$$E_a < E_{O_2} \tag{4-9}$$

氧离子化电位 E_{O_2} 是指：在一定电流密度下，氧平衡电位 E_{e,O_2} 和氧的离子化过电位 η_{O_2} 之差值。

$$E_{O_2} = E_{e,O_2} - \eta_{O_2}$$

$$= E_{O_2}^{\ominus} + \frac{RT}{4F} \ln \frac{p_{O_2}/p^{\ominus}}{a_{OH^-}^4} - \eta_{O_2}$$

$$= 1.227 - 0.059 pH - \eta_{O_2} \tag{4-10}$$

将式(4-10)代入式(4-9)，即可得：

$$E_a < 1.227 - (0.059pH + \eta_{O_2}) \tag{4-11}$$

在阴极上，电位愈正者，其氧化态愈先还原而析出；同理，在阳极上起氧化反应，则电位愈负者，其氧化态愈先氧化而析出。

如果把式(4-11)与式(4-5)相比较，可以看出，在同一溶液和相同条件下，氧的离子化电位比析氢的电位正1.227V。因此，溶液中只要有氧存在，首先发生的是吸氧腐蚀。

实际上金属在溶液中发生电化学腐蚀时，析氢腐蚀和吸氧腐蚀会同时存在，仅是各自占有的比例不同而已。

但也应看到，氧是不带电荷的中性分子，氧在溶液中浓度很小，一般情况下，最高浓度约为10^{-4}mol/L。所以氧在溶液中以扩散方式到达阴极。因此，氧在阴极上的还原速率与氧的扩散速率有关，并会产生氧浓差极化。所以，吸氧腐蚀是阴极控制，而且在多数情况下吸氧腐蚀受氧向阴极表面的扩散速率控制。

（2）吸氧腐蚀的特征

由以上分析可知，吸氧腐蚀的主要特征有以下三点。

① 电解质溶液中，只要有氧存在，无论在酸性、中性和碱性溶液中都有可能首先发生吸氧腐蚀。这是由于在相同条件下的溶液中，氧的平衡电位总是比氢的平衡电位正1.227V的缘故。

② 氧在稳态扩散时，其吸氧腐蚀速率将受氧浓差极化的控制。氧的离子化过电位是影响吸氧腐蚀的重要因素。

③ 氧浓度对易钝化金属或合金具有双重作用，即氧可以起加速金属腐蚀的作用，氧也具有抑制金属腐蚀的作用（详细机理见4.3.5）。

4.3.2　氧去极化过程的基本步骤

吸氧腐蚀可分为两个基本过程：氧的传输过程和氧分子在阴极上被还原的氧的离子化过程。

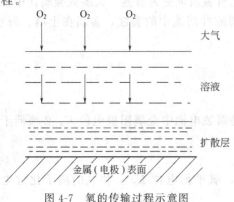

图 4-7　氧的传输过程示意图

（1）氧的传输过程

氧的传输过程包括以下几个步骤（图4-7）：

① 氧通过空气和电解液的界面进入溶液；

② 氧依靠溶液中的对流作用向阴极表面溶液扩散层迁移；

③ 氧借助扩散作用，通过阴极表面溶液扩散层，到达阴极表面，形成吸附氧。

在上述几个步骤中，哪一个分步骤进行迟缓就会引起阴极极化作用。现代理论认为，氧电极的极化主要是由氧扩散通过扩散层缓慢所造成的浓差极化，所以多数情况下步骤②为氧去极化过程的控制步骤，其次是由氧离子化反应缓慢所造成的电化学极化，在流动的腐蚀介质中通常属于这种情况。

(2) 氧离子化过程的机理

氧电极过程是个复杂的四电子反应，即：

$$O_2 + 2H_2O + 4e^- \longrightarrow 4OH^- （中性或碱性介质）$$
$$O_2 + 4H^+ + 4e^- \longrightarrow 2H_2O（酸性介质）$$

由于反应过程有不稳定的中间物出现，故使研究工作较难进行，因此对氧电极过程的认识远不如对氢电极过程的认识透彻。根据现有的实验事实，大致可将氧还原反应过程的机理分为两类：第一类反应机理和第二类反应机理。

第一类机理的中间产物为过氧化氢或二氧化一氢离子。在中性或碱性溶液中的基本步骤如下所述。

① 形成半价氧离子

$$O_2 + e^- \longrightarrow O_2^-$$

② 形成二氧化一氢离子

$$O_2^- + H_2O + e^- \longrightarrow HO_2^- + OH^-$$

③ 形成氢氧离子

$$HO_2^- + H_2O + 2e^- \longrightarrow 3OH^-$$

或

$$HO_2^- \longrightarrow \frac{1}{2}O_2 + OH^-$$

在酸性溶液中的基元步骤如下所述。

① 形成半价氧离子

$$O_2 + e^- \longrightarrow O_2^-$$

② 形成二氧化一氢

$$O_2^- + H^+ \longrightarrow HO_2$$

③ 形成二氧化一氢离子

$$HO_2 + e^- \longrightarrow HO_2^-$$

④ 形成过氧化氢

$$HO_2^- + H^+ \longrightarrow H_2O_2$$

⑤ 形成水

$$H_2O_2 + 2H^+ + 2e^- \longrightarrow 2H_2O$$

或

$$H_2O_2 \longrightarrow \frac{1}{2}O_2 + H_2O$$

在上述基元步骤中，一般倾向于认为在碱性溶液中第二个步骤是控制步骤，在酸性溶液中第一个步骤是控制步骤。总之，控制步骤是接受一个电子的还原步骤。

第二类反应机理中不生成过氧化氢或二氧化一氢离子，而是以吸附氧或表面氧化物作为中间产物。在中性或碱性溶液中的基元步骤为：

$$O_2 + 2M \longrightarrow 2M\text{—}O$$
$$M\text{—}O + 2H_2O + 2M(e^-) \longrightarrow 2HO^- + 3M$$

在酸性溶液中的基元步骤为：

$$O_2 + 2M \longrightarrow 2M\text{—}O$$
$$M\text{—}O + 2H^+ + 2M(e^-) \longrightarrow H_2O + 3M$$

在大多数金属电极上氧还原反应过程是按第一类机理进行的，实验已经证明，在这些电极上都有中间产物过氧化氢或二氧化一氢离子（过氧化氢离子）生成。在某些活性炭及少数金属氧化物电极上氧的还原反应则按第二类机理进行，但其细节尚有待进一步研究。

4.3.3 氧还原过程中阴极极化曲线

由于氧的还原反应受到氧向电极表面上的传输和氧的离子化过程两方面因素的影响，因此，氧去极化的阴极极化曲线比氢去极化的阴极极化曲线复杂得多，图 4-8 为氧还原反应总的阴极极化曲线。根据控制步骤的不同，这条极化曲线可分成四个部分。

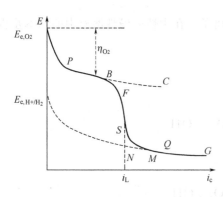

图 4-8　氧还原反应过程
阴极极化曲线图

① 当阴极极化电流密度很小时（微极化，图 4-8 中的 $E_{e,O_2}P$ 线段），阴极表面氧的供应很充足，此时，氧过电位与电流密度成直线关系，符合线性极化方程式，即：

$$\eta_{O_2} = R_F i_c \tag{4-12}$$

随着阴极极化电流密度增大，进入强极化区，氧还原反应过电位 η_{O_2} 与极化电流密度对数之间 i_c 服从 Tafel 关系式（图 4-8 中的 PBC 线段）。

$$\eta_{O_2} = a' + b' \lg i_c \tag{4-13}$$

氧离子极化曲线服从：

$$E_c = E_{e,O_2} - (a' + b' \lg i_c) \tag{4-14}$$

式中，a'、b' 为 Tafel 常数。表 4-2 列出了阴极电流密度为 $1mA/cm^2$ 时不同金属上的氧离子化过电位。大多数氧的离子化过电位在 1V 以上，说明在这一阶段中，电极过程的速率主要取决于氧在阴极上被还原的电化学极化控制（即氧离化反应控制）。极化曲线在 B 点之前都属于电化学极化控制（即氧离子化过电位控制）。

如果氧的供给始终是充足的，则阴极极化曲线将在宽广的电流密度范围内沿曲线 PBC 的走向。但实际上，当 $i_c > \dfrac{1}{2}i_d$ 时，由于浓差极化的出现，阴极极化曲线将不再沿 PBC 的走向。

表 4-2　不同金属上的氧离子化过电位（V，vs SHE）

金　属	氧过电位 η_{O_2}	金　属	氧过电位 η_{O_2}
Pt	0.70	Cr	1.20
Au	0.85	Sn	1.21
Ag	0.97	Co	1.25
Cu	1.05	Fe_3O_4	1.26
Fe	1.07	Pb	1.44
Ni	1.09	Hg	1.62
石墨	1.17	Zn	1.76
不锈钢	1.18	Mg	2.55

② 当阴极极化电流密度增大，一般大约在 $\dfrac{1}{2}i_d < i_c < i_d$ 时，由于氧浓差极化出现，阴极

过电位由氧离子化反应与氧的扩散过程混合控制（即氧离子化电化学极化和氧浓差极化混合控制）。此时，极化曲线沿 PFS 下降。在 PF 区间，过电位 η_{O_2} 与电流密度 i_c 和氧的极限扩散电流密度 i_d 之间关系为：

$$\eta_{O_2} = a' + b' \lg i_c - b' \lg \left(1 - \frac{i_c}{i_d} \right) \tag{4-15}$$

氧离子化极化曲线（PF 线段）服从式(4-16)：

$$E_c = E_{e,O_2} - (a' + b' \lg i_c) + b' \lg \left(1 - \frac{i_c}{i_d} \right) \tag{4-16}$$

如果 $i_c \ll i_d$，则式(4-16)右边最后一项趋于零，于是回到 Tafel 关系式，说明 Tafel 公式正是在忽略了浓差极化的情况下提出的。

假设 $\dfrac{i_c}{i_d} < 1$，故最后一项为负值，这说明当出现氧浓差极化时，阴极电位向负方向移动的值大于没有浓差极化的值。

③ 随着极化电流密度的继续增大，由氧扩散控制而引起的氧浓差极化不断加强，使极化曲线更陡地下降（图 4-8 中 BFS 线段所示）。此时，氧浓度过电位 η_{O_2} 与阴极电流密度 i_c 的关系服从：

$$\eta_{O_2} = -b' \lg \left(1 - \frac{i_c}{i_d} \right) \tag{4-17}$$

$$E_c = E_{e,O_2} + b' \lg \left(1 - \frac{i_c}{i_d} \right) \tag{4-18}$$

式(4-17)、式(4-18)是一个完全为氧扩散控制的氧浓差极化方程式。

④ 氧去极化过程中电位的负移不可能无限制地沿 FSN 方向进行下去。因为当阴极电位足够负时，在水溶液中可能发生氢离子还原反应，此时阴极过程将由氧去极化和氢去极化共同组成。如图 4-8 所示，阴极到达氢平衡电位 E_{e,H_2} 后，氢离子去极化过程 $E_{e,H_2}M$ 就开始与氧的去极化过程加合起来同时进行。极化曲线 SQG 线段表示电极上总的阴极电流密度 i_c 是氧去极化作用的电流密度 i_{O_2} 和氢去极化作用的电流密度 i_{H_2} 的总和，即：

$$i_c = i_{O_2} + i_{H_2} \tag{4-19}$$

总的阴极电流密度中 i_{O_2} 和 i_{H_2} 的比值取决于金属电极的性质和水溶液的 pH 值。

4.3.4　吸氧腐蚀的控制

当金属发生吸氧腐蚀时，阳极过程发生金属的活性溶解，腐蚀过程常常受氧浓度扩散控制。吸氧腐蚀速率取决于下面两个因素：一是溶解氧向阴极表面的传输速率；二是氧在阴极表面上的放电速率。根据它们的相对大小，可将吸氧腐蚀大致分为以下三种情况。

(1) 氧离子化控制的吸氧腐蚀

如果金属在溶液中的电位较正，腐蚀过程中氧的传输速率又很大，则金属腐蚀速率主要由氧在电极上的放电速率所决定。此时，金属阳极溶解的极化曲线与氧的阴极还原反应极化曲线相交于氧离子化过电位区（图 4-9 中交点 1），腐蚀速率取决于该金属材料上的氧离子化过电位，$i_c < \dfrac{1}{2} i_L$。铜在敞口容器内中性盐溶液中的腐蚀就属于这种情况。

（2）氧扩散控制的吸氧腐蚀

如果金属在溶液中的电位较负，并处于活性溶解状态，而氧的传输速率又很慢，则金属腐蚀速率将由氧的极限扩散电流密度大小所决定。此时，从腐蚀极化图可以看出，阳极极化曲线和阴极极化曲线相交在氧的扩散控制区内（图 4-9 中交点 2、3）。因此，在一定的电位范围内，腐蚀电流不受阳极极化曲线斜率和金属阳极溶解的起始平衡电位 E_{e,M_2}、E_{e,M_3} 的影响，腐蚀电流密度等于氧的极限扩散电流密度，说明吸氧腐蚀速率和金属本身的性质无关。锌、铁、普通碳钢和低合金钢浸入静止或轻微搅拌的中性盐水溶液或海水中的腐蚀速率没有明显的差别。即使通过调整合金成分或改变热处理工艺，能够增加金属表面阴极相的数量，但对氧扩散控制的金属腐蚀体系的腐蚀速率不能起多大的作用。这是因为氧向微阴极扩散的途径类似于一个圆锥体（图 4-10 所示）。不多的微阴极已利用了全部供氧的扩散通道。所以，微阴极数目再继续增加，并不能增加扩散到微阴极上的氧的总量。因此，含碳量不同的碳钢在水中或在中性盐溶液中的腐蚀速率几乎相等。

$$i_c = i_L = nFD\frac{c^0}{\delta} \tag{4-20}$$

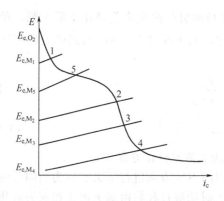

图 4-9 金属在中性溶液中吸氧
腐蚀控制示意图

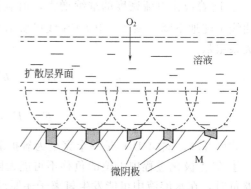

图 4-10 电解质溶液中氧
向微阴极扩散示意图

（3）氢、氧混合去极化腐蚀控制

如果金属在溶液中的电位很负，例如 Mg 和 Mg 合金等金属在中性溶液中的腐蚀。金属的阳极溶解极化曲线与去极化剂的阴极极化曲线有可能相交于氧去极化反应和氢去极化反应同时起作用的电位范围之内（图 4-9 中交点 4）。

此时，金属腐蚀速率 $i_c = i_{H_2} + i_{O_2}$，并且 $i_c > i_L$。但是，在氧、氢混合去极化情况下，过电位与电流密度之间的函数关系是复杂的，可采用图解法合成氧还原反应和氢还原反应的阴极极化曲线而获得。但是，在此情况下究竟是以吸氧腐蚀还是以析氢腐蚀为主，则不仅取决于金属的性质，还取决于溶液的 pH 值和氧的浓度。例如，铁在充气海水中的腐蚀，其总的腐蚀电流中，吸氧反应占 95%，而析氢反应只占 5%。但铁在充气的酸性溶液中的腐蚀，其情形正好相反。

除上述三种情况外，如果氧扩散速率和氧的阴极还原反应速率相差不多时，金属腐蚀速率则由氧的还原反应及氧的扩散过程混合控制。其腐蚀电流密度为 $\frac{1}{2} < i_c < i_L$（图 4-9 中交点 5）。

4.3.5　影响吸氧腐蚀的因素

大多数情况下，吸氧腐蚀速率由氧极限扩散电流密度 i_L 所决定，金属的腐蚀速率就等于氧极限扩散电流密度。根据极限扩散电流密度方程式 $i_L = nFD \dfrac{c^0}{\delta}$ 可知，增大氧的扩散系数（D）、提高溶液中溶解氧的浓度（c^0）以及减小氧的扩散层厚度（δ）等都能使吸氧腐蚀速率加快；反之，则能减小吸氧腐蚀速率。因此，凡是影响 i_L 值的因素都能影响吸氧腐蚀速率。

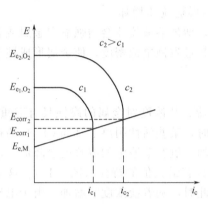

图 4-11　溶解氧浓度对非钝化金属
腐蚀速率的影响

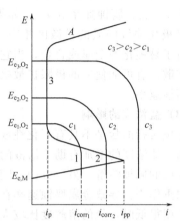

图 4-12　溶解氧浓度对钝化金属
腐蚀速率的影响

(1) 溶解氧浓度的影响

对于非钝化金属来说，溶解氧浓度增大，氧的极限扩散电流密度增大，吸氧腐蚀速率也将增大。图 4-11 表明了当氧浓度增大时（如向溶液中通入氧气），则阴极极化曲线的平衡电位将正移，氧的极限扩散电流密度也相应增大，腐蚀电位由 E_{corr_1} 提高到 E_{corr_2}，腐蚀电流密度由 i_{c1} 增大到 i_{c2}。

但是对易钝化的金属，氧浓度的作用要复杂得多。图 4-12 中曲线 A 为易钝化金属的阳极极化曲线。当氧浓度由 c_1 增大到 c_2 时，则氧平衡电位由 E_{e_1,O_2} 正移到 E_{e_2,O_2}，在液体流速等其他条件不变时，金属腐蚀速率由 i_{corr_1} 增加到 i_{corr_2}。但是当氧浓度继续增加到 c_3 时，可以看出当氧极限扩散电流密度 i_L 大于金属致钝电流密 i_{pp}，即 $i_L > i_{pp}$，使金属由活性溶解状态转入钝化状态，氧阴极极化曲线交于钝化区点 3 位置上，金属的腐蚀速率反而会下降到 i_p。这说明氧浓度对易钝化金属起着双重作用。

(2) 流速的影响

溶液流速对金属的腐蚀速率影响较大［图 4-13 (a) 所示］。在层流区，腐蚀速率随溶液流速的增

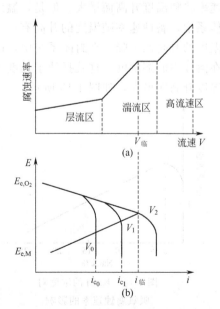

图 4-13　流速对吸氧腐蚀的影响

加而缓慢上升，这时金属发生的腐蚀是全面腐蚀；当从层流转为湍流时，腐蚀速率急剧上升，发生金属的湍流腐蚀，但当溶液流速达到一临界值时，腐蚀速率就不再随流速增加了。当流速进一步增加到很大程度时，在高速流体作用下金属或合金将发生空泡腐蚀。

这是因为在氧浓度一定的条件下，溶液流速愈大，金属界面上的扩散层厚度愈小，氧的极限扩散电流密度就愈大，腐蚀速率也就愈大。图 4-13（b）从腐蚀极化图的角度表明了不同流速的介质对吸氧腐蚀速率的影响。溶液在静止状态 $V_0 = 0$ 时，阴、阳极极化曲线相交于 V_0 点，腐蚀速率为 i_{c_0}；当溶液流速由 V_0 增加到 V_1 时，阴、阳极极化曲线相交于 V_1 点，腐蚀速率为 i_{c_1}；如果继续增大流速到 $V_{临}$，阳极极化曲线不再与吸氧腐蚀的阴极极化曲线的氧的扩散区相交，腐蚀速率就不再随流速增加。

对于易钝化的金属或合金，当它未进入钝态时，增加溶液流速会增强氧向金属或合金表面的扩散，有可能使氧的极限扩散电流密度达到或超过致钝电流密度，使金属形成钝态从而降低腐蚀速率。

（3）盐浓度的影响

这里所指的盐是不具有氧化性或其他缓蚀性的盐。盐浓度对金属的腐蚀具有双重作用。一方面，盐浓度的增加有助于溶液的电导作用，同时，某些活性阴离子（如 Cl^-）的存在会加速金属的阳极溶解。另一方面，随着盐浓度的增加，氧在溶液中的溶解度会降低。盐浓度下的双重作用会导致金属腐蚀速率在某个盐浓度下具有最大值的特征（图 4-14）。这是因为在盐浓度很低时，氧的溶解度比较大，供氧充分，此时，随着盐浓度的增加，由于电导率增加，吸氧腐蚀速率会有所上升。当盐浓度进一步增加时，会使氧的溶解度显著降低，从而吸氧腐蚀速率也随之下降。在中性溶液中，当 NaCl 含量达到 3％时（大约相当于海水中 NaCl 的含量），铁的腐蚀速率达到最大值。

（4）温度的影响

溶液温度升高能使氧的扩散速率和电极反应速率加快，因此，在一定温度范围内，腐蚀速率将随温度升高而增大。但是，温度升高会使氧在水溶液中的溶解度降低。因此，在敞开体系中，腐蚀速率随温度的升高有一个极值，铁的腐蚀速率约在 80℃ 达到最大值，然后随温度的升高而下降。在封闭系统中，由于体系温度升高，气相中氧的分压增加，从而增加氧在溶液中的溶解度，这就抵消了温度升高使氧溶解度降低的效应，因此，腐蚀速率将一直随温度升高而增大，如图 4-15 所示。

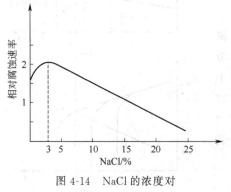

图 4-14　NaCl 的浓度对
吸氧腐蚀速率的影响

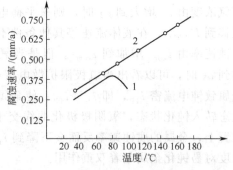

图 4-15　温度对铁在水中腐蚀速率的影响
1—敞开系统；2—封闭系统

4.3.6　析氢腐蚀与吸氧腐蚀的简单比较

通过上面的分析可以得出结论：析氢腐蚀多数为阴极控制或阴、阳极混合控制的腐蚀过程；吸氧腐蚀大多属于氧扩散控制的腐蚀过程，但也有一部分属于氧离子化反应控制（活化控制）或阳极钝化控制。下面将析氢腐蚀和吸氧腐蚀的主要特点进行简单的比较（表 4-3）。

表 4-3　析氢腐蚀和吸氧腐蚀的比较

比较项目	析　氢　腐　蚀	吸　氧　腐　蚀
去极化剂性质	H^+ 可以对流、扩散和电迁移三种方式传质,扩散系数大	中性氧分子只能以对流和扩散传质,扩散系数较小
去极化剂的浓度	在酸性溶液中 H^+ 作为去极化剂,在中性、碱性溶液中水分子作为去极化剂	浓度较小,在室温及普通大气压下,氧在中性水中,饱和浓度约为 0.0005mol/L,其溶解度随温度的升高或盐浓度增加而下降
阴极反应产物	以氢气泡逸出,使金属表面附近的溶液得到附加	水分子或产物只能靠电迁移、对流或扩散离开,没有气泡逸出,得不到附加搅拌
腐蚀控制类型	阴极、阳极、混合控制类,并以阴极控制较多,而且主要是阴极的活化极化控制	阴极控制较多,并主要是氧扩散浓差控制,少部分属于氧离子化反应控制(活化控制)或阳极钝化控制
腐蚀速率的大小	在不发生钝化现象时,因 H^+ 浓度和扩散系数都较大,所以单纯的氢去极化速率较大	在不发生钝化现象时,因氧的溶解度和扩散系数都很小,所以单纯的吸氧腐蚀速率较小
合金元素或杂质的影响	影响显著	影响较小

【科学视野】

酸雨的危害

我们日常所呼吸的大气本身含有一定量的二氧化碳，由于它溶于水后会形成碳酸，故正常大气降水本身略带酸性，pH 约为 5.6。当大气降水中含有其他酸性物质，它的 pH 会小于 5.6，我们把 pH 小于 5.6 的雨、雪、雾和雹等大气降水统称为酸雨。

酸雨问题已经成为全球性的环境问题，世界上最严重的酸雨区是西北欧和北美。1986年 5 月，在肯尼亚首都内罗毕召开的第三世界环境保护国际会议上，专家们认为，酸雨现象正在发展，它已成为严重威胁世界环境的十大问题之一。

地球的南极和北极，终年冰雪，罕见人至，但 20 世纪 80 年代，挪威科学家在北极圈内大面积地区都测到酸雨（酸雪）。哪儿来的？他们认为是苏联南部工业区排放的大气酸性物质，随气流几千公里飘移到此地。1998 年上半年，中国南极长城站八次测得南极酸性降水，其中一次 pH 为 5.46。有趣的是，当刮偏南风或偏东风时，南极大陆因为没有人为排放，大气是新鲜的，所以测得的降水接近于中性；当刮西北风时，来自南美洲和亚太地区的大气污染物将吹到中国南极站所处的南极半岛，遇到降水，形成酸雨。这些酸性降水所含的酸性物质可能来自更远的距离。看来，酸雨不但没有国界，也没有洲界。

我国酸雨污染也比较严重，我国的西南、华南地区形成了继欧洲和北美之后的世界第三大酸雨区，并有向华中、华东、华北蔓延的趋势。我国把酸雨新增为我国常发气象灾害之一。

无论是哪一种酸雨，都会对生态环境、建筑物表面、金属制品和人体健康等产生严重的不利影响。

酸雨可导致土壤酸化。土壤中的营养元素如钾、钠、钙、镁会释放出来，并被雨水淋溶流失，从而使土壤贫瘠，影响植物正常发育。

酸雨使森林衰退。比较不同年代树木年轮，可知产生酸雨前后对林木生长的影响。在我国南方森林地区，50年前树木生长较为粗壮，近年来状况不佳。酸雨可造成叶面损伤和坏死，早落叶，林木生长不良，以致单株死亡。并且酸雨可使土壤肥力降低，产量下降，造成大面积森林衰退。我国重酸雨地区四川盆地受酸雨危害的森林面积达28万公顷，占林地总面积的1/3，死亡面积1.5万公顷，占林地面积6%。同样受酸雨侵袭的贵州省，受危害的森林面积达14万公顷，为四川盆地的1/2。

一旦受到酸雨影响，河流和湖泊水体中碱性物质的含量会逐渐下降，缓冲能力降低，当超过某一临界点时便会出现急剧酸化，严重时会引起鱼虾等水生物的死亡，还会引起水体中浮游生物种类的减少。数据显示，当湖水pH低于5.0时，大多数鱼类不能生存。

酸雨能使非金属建筑材料（混凝土、砂浆和灰砂砖）表面硬化水泥溶解，出现空洞和裂缝，导致强度降低，从而使建筑物损坏。科学家曾收集许多被酸雨毁害的石灰石和大理石建筑材料，分析发现该样品的碳酸盐的颗粒中总是嵌入硫酸钙晶体，硫从哪里来？认定与酸雨有关。砂浆混凝土墙面经酸雨侵蚀后出现"白霜"，经分析此种白霜就是石膏（硫酸钙）。重庆市1956年建成的重庆体育馆水泥栏杆，由于酸雨腐蚀，石子外露，深达1cm之多，按时间估计，平均每年侵蚀0.4mm，十分惊人。

酸雨更是建筑材料和文物古迹腐蚀破坏的罪魁祸首。著名的杭州灵隐寺的"摩崖石刻"近年经酸雨侵蚀，佛像眼睛、鼻子、耳朵等剥蚀严重，面目皆非，修补后，古迹不"古"。碑林、石刻大都由石灰岩雕成，遇到酸雨立即起化学反应，酸碱中和，即被腐蚀。2007年11月12日，来乐山大佛的游客发现，这座开凿于公元713年的世界第一大佛像脸上出现了黑色条纹，鼻子已经变黑，胸部和腿部也出现好几块大"伤疤"。为此，科学家在大佛附近区域采集酸雨样本，进行了模拟酸雨试验。研究发现，大佛在最近30年中被溶蚀剥落的厚度达1.9466cm，大佛佛身及景区内块状粉砂岩，绝大部分均出现不同程度的溶蚀剥落现象，其中尤以凌云栈道及大佛旁的游道较为严重。

酸雨对金属材料及其制品均有很强的腐蚀作用。80%的金属构件在大气环境中使用。铁路、桥梁、车辆、飞机、机械设备、武器装备、电子装备及历史文物等在经常酸性的大气环境下，使得这些材料饱受酸雨浸蚀的破坏。1982年，美国自由女神铜像重80t的铜皮外衣和其内部的钢铁支架在潮湿的大气、酸雨等介质中发生了电偶腐蚀，许多铁杆锈得只剩下原来的一半。铜皮被腐蚀得比原先薄了许多。铆钉已经脱落。火炬的一部分曾落入过纽约港的海中，因此整个火炬和右臂的一部分需更换新的。

另外，酸雨还能通过污染水体间接影响人类健康。酸性气体二氧化硫和氮氧化物会刺激呼吸道，酸雾则可侵入肺的深部组织，引起呼吸道疾病。眼角膜和呼吸道黏膜对酸类十分敏感，酸雨或酸雾对这些器官有明显刺激作用，导致红眼病和支气管炎，咳嗽不止，还可诱发肺病，这是酸雨对人体健康的直接影响。

目前，可采取的全球性防治对策主要集中在调整能源战略上。一方面要做到节约能源，减少煤炭、石油的消耗量，以减少二氧化硫、氮氧化物等大气污染的排放量；另一方面则应开发新能源，尽快利用无污染或少污染的新能源，如太阳能、核能、水力发电等。

【科学家简介】

腐蚀科学的奠基人：U.R. 伊文斯

现代腐蚀科学的奠基人 U.R. 伊文斯（U.R. Evans，英国，1889—1980）1889 年 3 月 31 日生于英国一个叫温布尔顿（Wimbledon）的小镇，这是一个代表着尊贵和神圣的地方。1902～1907 年伊文斯在莫尔博勒学院（Marlborough College）接受了良好的中等基础教育，在他 18 岁时（1907 年）进入英国剑桥的国王学院（King's College，Cambridge）学习自然科学，致力于化学的研读，之后在威斯巴登（Wiesbaden）和伦敦开展电化学研究工作。遗憾的是，第一次世界大战的爆发中断了伊文斯的电化学研究，于是伊文斯 1914 年 8 月从军，并一直服役到 1919 年。战争刚一结束，伊文斯便又回到剑桥大学继续从事金属的腐蚀与氧化的研究，并取得了丰硕的研究成果。

伊文斯毕生从事金属腐蚀与防护的研究工作，对金属腐蚀与防护科学做出了重要的贡献。20 世纪 20 年代，伊文思对金属腐蚀现象进行了大量的分析，于 1923 年发表了该领域的第一篇研究论文，指出金属的腐蚀可以归结为电化学反应，并与他的学生一起建立了金属腐蚀的电化学历程，其中在腐蚀电化学中的金属腐蚀极化图理论就是伊文斯最早提出来，迄今为止，腐蚀极化图或 Evans 极化图仍是解释金属腐蚀现象的重要依据，在理论和实践上都不断有新的进展。Evans 还提出了金属腐蚀中的氧浓差电池的理论，这一研究成果对理解缝隙腐蚀的机理具有重要的价值。这些工作为金属腐蚀的电化学本质奠定了牢固的理论基础。

1923 年伊文斯首先提出了大气腐蚀理论，一方面，伊文斯阐述了电化学反应在金属大气腐蚀中的重要作用，认为金属的大气腐蚀是金属在薄层液膜下发生的电化学腐蚀；另一方面，伊文斯提出了大气腐蚀在金属表面形成锈层后的腐蚀机理，这一机理认为，大气腐蚀的铁锈层处在湿润条件下，可以作为强烈的氧化剂而作用，加速金属大气腐蚀的进行。

伊文斯不仅从事金属腐蚀与防护的研究，同时还培养了一大批金属腐蚀与防护方面的优秀人才。他的学生豪尔（T.P. Hoar）就是一位国际著名的腐蚀科学家。1969 年英国科学家 T.P. Hoar 在英国贸易和工业部（Department of Trade and Industry）支持下，进行了著名的英国腐蚀损失的调查，这就是知名的 Hoar 报告。至今仍然在国际工业界普遍使用的金属腐蚀损失调查方法（简称 Hoar 法）就是由英国腐蚀与防护科学家 Hoar 提出的的。

伊文斯著作颇丰，1913～1969 年，这位杰出的腐蚀科学家著作了 6 本书。他于 1924 年出版了该领域的第一本专著《金属的腐蚀》，又于 1960 年出版了《金属的腐蚀与氧化》（The Corrosion and Oxidation of Metals，E. Arnold）一书，该书后来由中国科学院长春应用化学研究所华宝定研究员译成中文，于 1976 由机械工业出版社出版发行。1976 年，已达 87 岁高龄的伊文斯还为他 1960 年的巨著写了长达 500 页的补篇。在以后的 50 多年里，伊文斯不仅修订了他的经典著作，而且发表了 266 篇有价值的研究论文。

正是由于伊文斯在金属腐蚀与防护领域的出色工作，他获得了许多荣誉，1932 年剑桥大学授予他科学博士学位；1947 年都柏林大学授予他科学博士荣誉学位；1961 年舍菲尔大学授予他冶金学博士荣誉学位。伊文斯是英国皇家学会会员；英国金属学会荣誉会员；英国化学学会荣誉会员；英国金属精整学会荣誉会员和金质奖章获得者；美国电化学学会钯奖章获得者；美国腐蚀工程师学会惠特尼（Whithney）奖获得者。在皇家学会会员传记上，伊文斯当之无愧地被誉为"现代金属腐蚀与防护科学之父"。

1980 年 4 月 3 日，伊文斯博士在他 91 岁寿辰后的第 3 天，在英国剑桥他的寓所里，安详地于睡眠中溘然长逝。他对腐蚀科学的创立和发展做出的重大贡献，他的杰出著作，他的人格和品质：慷慨、亲切、幽默、诚实、公正和正直都曾深深地感动所有认识他的人。

思考练习题

1. 什么是金属腐蚀的阳极过程与阴极过程？它们各有几种形式？

2. 举例说明有哪些可能的阴极去极化剂？当有几种阴极去极化剂同时存在时，如何判断哪一种发生还原的可能性最大？

3. 什么是析氢腐蚀？析氢腐蚀具有哪些特征？发生析氢腐蚀的必要条件是什么？

4. 在稀酸中，工业锌为什么比纯锌腐蚀速率快？酸中若含有 Pb^{2+}，为什么会降低锌的腐蚀速率？

5. 金属铜不论在稀硝酸和浓硝酸中均可被腐蚀，这种腐蚀是析氢腐蚀吗？

6. 氢去极化阴极极化曲线表示什么意思？$\eta_{H_2}=a+b\lg i$ 式中，a、b 值的物理意义是什么？影响氢过电位的有哪些因素？

7. 划分高、中、低氢过电位三类金属的根据是什么？用何种理论进行解释？有何规律？

8. 氢去极化腐蚀控制有几种形式？举例说明。

9. 什么是吸氧腐蚀？在什么条件下产生？具有哪些特征？

10. 在酸性、中性和碱性溶液中氧去极化的基本步骤有何不同？什么是氧去极化的主要步骤和次要步骤？基本内容是什么？

11. 阐明氧去极化阴极极化曲线中各特征线段表示的内容？进行哪种反应？各线段的动力学表达式是什么？

12. 试作出吸氧腐蚀控制的三种不同类型的腐蚀极化图，说明哪种金属，在何种介质中发生这类腐蚀？阴、阳极反应是什么？比较其腐蚀速率的大小。写出它们的动力学表达式。

13. 吸氧腐蚀控制有几种形式？举例说明。

14. 为什么可以用铁粉和食盐的混合物做食品保鲜的除氧剂，其除氧原理是什么？中性条件下，除氧剂中食盐的最佳百分含量为多少？

15. 为什么氧离子化过电位比氢过电位大？氧与金属组成的腐蚀电池的推动力比氢大，为什么一般吸氧腐蚀速率反而比氢去极化腐蚀速率小？

16. 简要比较氢去极化腐蚀和吸氧腐蚀的规律。

17. 碳钢在普通流速的海水中，其 $i_a=8.0\times10^{-6}\,A/cm^2$。试问：

(1) 若增大流速，使氧扩散层厚度减至普通流速的 1/8，此时 i_a 有何变化？

(2) 试用伊文思腐蚀极化图描述流速对碳钢腐蚀速率影响的关系（设 $S_a/S_c=1$）。

(3) 若碳钢的成分不同，当流速一定时，对腐蚀速率有何影响？说明理由。

18. 铁在 25℃无氧的盐酸中（pH=3）中的腐蚀速率 $v_{失}=30\,mg/(dm^2\cdot d)$，已知铁上氢过电位常数 $b=0.1V$，$i=10^{-6}\,A/cm^2$。计算铁在此介质中的腐蚀电位 E_{corr} 及 α、β 值（设 $S_a/S_c=1$）。

第 **5** 章　金属的钝化

铁、铝等金属在稀 HNO_3 或稀 H_2SO_4 中能很快腐蚀，但是在浓 HNO_3 或浓 H_2SO_4 中腐蚀现象几乎完全停止。1836 年斯柯比（Schobein）称金属在浓 HNO_3 或浓 H_2SO_4 中获得的耐蚀状态为钝态。从此，人们对金属的钝化进行了广泛的研究。现今钝化在控制金属腐蚀和提高金属材料的耐蚀性方面占有十分重要的地位。经钝化的铁重新放入稀 HNO_3 中也不会再溶解，因为铁处于钝态。金属或合金受一些因素影响而化学稳定性明显增强的现象，称为**金属的钝化**（passivation of metals）。

由某些钝化剂（氧化剂）所引起的金属钝化，称为化学钝化。如浓 HNO_3、浓 H_2SO_4、$HClO_3$、$K_2Cr_2O_7$、$KMnO_4$ 和 O_2 等氧化剂都可使金属钝化。此外，用电化学方法也可使金属钝化，如将铁置于 H_2SO_4 溶液中作为阳极，用外加的直流电使铁的电位升高到一定数值（即阳极极化），也能使铁的表面生成钝化膜。由阳极极化引起的金属钝化现象，叫**电化学钝化**（electrochemical passivation）或**阳极钝化**。

研究钝化现象有很大的实际意义。金属处于钝化状态能显著降低金属的自溶解和阳极溶解速率，保护金属防止腐蚀，但有时为了保证金属能正常参与反应而溶解，又必须防止钝化，如化学电源中电极的钝化常常带来有害的后果，使最大输出电流密度以及活性物质的利用率降低。所以，长期以来，对钝化现象的研究受到很大的重视。

5.1　金属的钝化现象

5.1.1　金属钝化的两种方式——化学钝化与电化学钝化

(1) 化学钝化

如果把一块铁片放在 HNO_3 中，并考察铁片的溶解速率与 HNO_3 浓度的关系（如图 5-1 所示），可以发现铁在稀硝酸中剧烈地溶解，并且铁的溶解速率随着 HNO_3 浓度的增大而迅速增大。当 HNO_3 的浓度增加到 30%～40% 时，铁的腐蚀速率达到最大值，若继续增加 HNO_3 浓度超过 40%，则铁的溶解速率就突然下降到原来的 1/4000，这一现象称为钝化。如果继续增大 HNO_3 浓度到 90% 以上，腐蚀速率又有较快的上升（在 95% HNO_3 中铁的腐蚀速率约为 90% HNO_3 中的 10 倍），这一现象称为过钝化。并且还发现经过浓 HNO_3 处理过的铁再放入稀 HNO_3（如 30% HNO_3）或稀 H_2SO_4 中也不会受到侵蚀，这是因为金属已经发生了钝化。

除浓 HNO_3、浓 H_2SO_4 外，其他强氧化剂如 KNO_3、$K_2Cr_2O_7$、$KMnO_4$、$KClO_3$、$AgNO_3$ 等都可以使金属发生钝化，甚至非氧化性试剂也能使某些金属钝化，例如 Mg 可在 HF 中钝化，Mo 和 Nb 可在盐酸中钝化，Hg 和 Ag 在 Cl^- 离子的作用下也能发生钝化。这一系列能使金属钝化的试剂，统称为钝化剂。溶液或大气中的氧也是一种钝化剂。

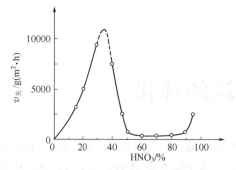

图 5-1 铁的溶解速率与 HNO_3 浓度的关系

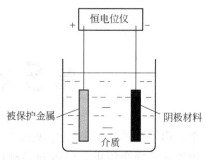

图 5-2 电化学钝化原理示意图

除 Fe 外，Cr、Ni、Ti、Co、Nb、Ta、Mo、W 等都会被一些氧化剂钝化。Fe、Cr、Ni 相比，Cr 最易钝化，其次是 Ni，最后是 Fe。所以，通常在易生锈的碳钢中加入适量的 Cr（≥12%），Cr 与 Fe 形成合金就成为"不锈钢"了。

综上所述，金属与钝化剂的化学作用而产生的钝化现象，称为"化学钝化"或"自钝化"。Cr、Al、Ti 等金属在空气中和在很多种氧化性的溶液中都易被钝化，故称之为自钝化金属。金属除了可用一些钝化剂处理之外，还可采用电化学方法使其变成钝态。

（2）电化学钝化

实验证明，在不含活性 Cl^- 的电解质溶液中，也可以由阳极极化引起金属的钝化（图 5-2 所示）。例如 18-8 型不锈钢在 30% H_2SO_4 中会剧烈溶解，但如果用外加电流使之阳极极化，并使阳极极化至 -0.1V（vs. SCE）之后，不锈钢的溶解速率将迅速下降到原来的数万分之一。并且在 -0.1~1.2V 范围内一直保持着高度的稳定性。因此采用外加阳极电流的方法，使金属由活化状态变为钝化状态，称为"电化学钝化"。如 Fe、Ni、Cr、Mo 等金属在稀 H_2SO_4 中均可发生阳极极化而引起电化学钝化。

由铁的电位-pH 图（图 2-5）可见，当电极发生阳极极化而电位正移时，金属铁由活化腐蚀区过渡到钝化稳定区，使腐蚀过程的阴极控制变为阳极控制。

实际上，化学钝化和电化学钝化之间没有本质的区别，只是采用不同措施来实现金属电极电位的极化。无论采用何种方法使金属钝化，钝化后的金属都具有如下一些共同的特征。

① 金属处于钝化状态时腐蚀速率非常低。这是由于金属在由活化状态转为钝化状态时，使溶解的金属表面发生了某种突变，在金属表面上形成了一层极薄的、能阻抑金属溶解的、具有半导体性质的薄膜，这层表面膜称为**钝化膜**（passive film）。尽管钝化膜的厚度很薄，一般在 1~10nm 之间，但膜层本身在介质中的溶解速率很小，以至于它能使金属的阳极溶解速率保持在很小的数值。一般来说，金属钝化后腐蚀速率可以减少 $10^4 \sim 10^6$ 数量级。

② 金属钝化后都伴随着电位在较大范围内的正移，其电极电位几乎接近贵金属（Au、Pt）的电位，这是金属钝化后出现的一个普遍现象。例如，Fe 在钝化前的正常电位为 -0.5~0.2V，钝化后，Fe 的电极电位升高到 0.5~1.0V；Cr 在钝化前的正常电位为 -0.6~0.4V，钝化后电位上升到 0.8~1.0V。因此，金属钝化后，由于电位的升高，钝化了的金属就会失去原有的某些特性，例如，钝化的 Fe 在铜盐中不能将 Cu 置换出来。

③ 金属钝化后耐蚀性的增加是由于金属表面的改性，属于金属的界面现象。钝化不是金属本体的热力学性质发生了某种改变，而是金属表面的阳极过程受到了很大的阻力，所以，钝化是金属的动力学行为，而不是热力学行为。从这一点来说，金属钝性的增加和电位的正移没有本质的联系，不能认为具有较正电位的金属就一定处于钝化状态。

　　至此我们可以对金属的钝化过程给出一些明确的定义：金属表面上生成完整钝化膜的过程叫做**钝化过程**。具有完整钝化膜的表面状态，叫做**钝化状态**，或简称为**钝态**。金属钝化后所获得的耐蚀性质，称为**钝性**。与钝化过程相反的过程，即钝性消失的过程，也叫**活化过程**。在金属表面没有钝化膜时的阳极溶解过程，叫做金属的**活性阳极溶解**过程，相应表面状态下的腐蚀叫做**活性腐蚀**。

　　应该说明的是，钝化膜不同于化学转化膜，金属表面上由于同介质的相互作用而形成的非电子导体膜称为化学转化膜。由于金属同介质的作用而使金属表面状态发生某种突然的变化，使金属表面形成溶解速率很小、耐蚀性很好且具有半导体性质的氧化物薄膜，称为钝化膜。

5.1.2　金属钝化的阳极极化曲线

　　金属在钝化现象出现之前，主要是阳极的电化学极化和浓差极化，钝化后主要是钝化膜电阻极化占优势。通常金属在活化状态下，阳极极化变化不大，但到达钝态时，则阳极极化很大。因此，阳极极化是金属钝态的特征之一。为了对钝化现象进行电化学研究，就必须研究金属阳极溶解时的特征极化曲线。图 5-3 是采用恒电位法测得的典型的具有钝化特性的阳极极化曲线。如 Fe、Cr、Ni 及其合金在一定的介质条件下，测得的阳极极化曲线都有类似的情况。图中的整条阳极极化曲线被四个特征电位值（金属自腐蚀电位 E_{corr}、致钝电位 E_{pp}、维钝电位 E_p 及过钝化电位 E_{tp}）分成四个区域。钝化膜发生破坏时的阳极极化曲线如图 5-4 所示。

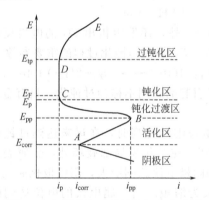

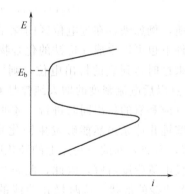

图 5-3　金属钝化过程的阳极极化曲线　　　　图 5-4　钝化膜发生破坏时的阳极极化曲线

　　$A \sim B$ 区：从 E_{corr} 至 E_{pp} 为**金属的活化区**（active zone）。金属按正常的阳极溶解规律进行，金属以低价的形式溶解为水化离子。对铁来说，即为：

$$Fe \longrightarrow Fe^{2+} + 2e^-$$

曲线从金属的腐蚀电位 E_{corr} 出发，电流随电极电位升高而增大，基本上服从 Tafel 方程式。腐蚀电位 E_{corr} 对应的金属腐蚀电流密度为 i_{corr}。

　　$B \sim C$ 区：电位从 E_{pp} 至 E_p 为活化-钝化过渡区或钝化过渡区。当电极电位达到某一临界值 E_{pp} 时，金属的表面状态发生突变，金属开始钝化，这时阳极过程按另一种规律沿着 BC 向 CD 过渡，电流密度急剧下降。在金属表面可生成 2 价到 3 价的氧化物。以铁为例，有：

$$3Fe + 4H_2O \longrightarrow Fe_3O_4 + 8H^+ + 8e^-$$

通常称 $B \sim C$ 区为活化-钝化过渡区，相应于 B 点的电位和电流密度分别称为**致钝电位** E_{pp}

和**致钝电流密度** i_{pp}。金属的阳极溶解电流密度达到最大值所对应的电位叫致钝电位 E_{pp}（passivation potential）。使金属表面从活性阳极溶解状态转变为钝化状态所需要的外加阳极电流密度，就是致钝电流密度 i_{pp}。这标志着金属钝化的开始，并具有特殊意义。从 E_{pp} 至 E_p 电位区间，有时电流密度出现剧烈振荡，表明此时的金属表面处于不稳定状态。其真正原因目前还不十分清楚。

$C \sim D$ 区：电位在 E_p 至 E_{tp} 间，金属处于稳定状态，故称为**稳定钝化区**（passive zone）。金属表面生成了一层耐蚀性好的钝化膜，如：

$$2Fe + 3H_2O \longrightarrow Fe_2O_3 + 6H^+ + 6e^-$$

对于 C 点，有一个使金属进入稳定钝态的电位，称为维钝电位 E_p，维钝电位可延伸到 E_{tp}，从而形成 $E_p \sim E_{tp}$ 的维钝电位区。它们对应有一个很小的电流密度，称为维钝电流密度 i_p。金属以 i_p 速率溶解着，i_p 值通常很小，可以认为金属不发生腐蚀，它基本上与维钝电位区的电位变化无关，不再服从金属电极动力学方程式。显然，在这里金属氧化物的化学溶解速率决定着金属的溶解速率。金属按上式反应来补充膜的溶解。故维钝电流密度是维持稳定钝态所必需的电流密度。

$D \sim E$ 区：当电位升高到 E_{tp}，金属电极的阳极极化曲线进入第四部分，这一部分称为过钝化区。在过钝化区间，金属电极上发生新的电极反应，钝化膜遭到破坏，腐蚀又重新加剧，这种现象称为**过钝化**（transpassivation）。金属钝化膜破坏的电位称为过钝化电位，以符号 E_{tp} 表示。

有些金属在这过钝化区间被氧化成高价可溶性的化合物。以 Cr_2O_3 钝化膜为例，有：

$$Cr_2O_3 + 4H_2O \longrightarrow Cr_2O_7^{2-} + 8H^+ + 6e^-$$

有些金属，例如铁，在过电位区间除了继续生成 Fe^{3+} 外，还发生析出 O_2 的电极反应。在一定条件下也可以生成 6 价铁的化合物。因此，E_p、E_{pt} 等都是钝化过程的重要参数。

如果这时达到氧的析出电位，则同时有氧析出：$4OH^- \longrightarrow O_2 + 2H_2O + 4e^-$。但是，如果 D 点以后电流密度的增大纯粹是 OH^- 放电所引起的，则不称为过钝化，只有金属的高价溶解（或和氧的析出同时进行）才叫过钝化。

有些钝化体系虽然能够发生钝化状态，但当电位继续升高时，在远未达到过钝化电位 E_{pt} 以前，金属表面的一些点上的钝化膜就局部破坏。在钝化膜局部破坏处，金属表面以很大的阳极电流密度溶解，因此，此时金属电极总的阳极电流急剧增大，阳极极化曲线具有如图 5-4 上曲线的形状。这时极化曲线的钝化区间大为缩短。当金属电极的电位达到临界值 E_b 以后电流急剧上升，金属电极的表面上出现腐蚀小孔。临界电位 E_b 就称为**小孔腐蚀电位或击穿电位**（breakdown potential），许多文献上也称为点蚀电位。

综上所述，阳极的特性曲线至少有以下两个特点。

① 整个阳极钝化曲线存在着四个特性电位（E_{corr}、E_{pp}、E_p、E_{pt}），四个特性区（活化溶解区、钝化过渡区 $E_{pp} \sim E_p$、稳定钝化区 $E_p \sim E_{pt}$、过钝化区）和两个特性电流密度（i_{pp}、i_p），它们成为研究金属或合金钝化的重要参数。

② 金属在整个阳极过程中，由于它们的电极电位所处的范围不同，其电极反应不同，腐蚀速率也各不一样。如果金属的电极电位保持在钝化区内，即可极大地降低金属腐蚀速率。如果控制在其他区域，则腐蚀速率就可能很大。

5.1.3 金属钝态的稳定性——佛莱德电位

采用外加阳极电流对非自钝化金属（如铁、钴、镍等）进行钝化使其处于钝态，如果中断外加的阳极电流，阳极金属的钝态会遭到破坏，即金属会自动活化，钝态又变回到原来的活化态。图 5-5 表示测量活化过程的阳极电位随时间变化的曲线。图中曲线表明，阳极钝化电位开始迅速从正值向负值方向变化，然后在一段时间内缓慢变化，最后电位又快速衰减到钝化金属原来的活化电位值。在电位衰减曲线中出现了一个接近于钝态起始电位致钝电位 E_{pp} 的活化电位（图 5-3 中的 E_F），即金属刚好回到活化状态之前的电位，因佛莱德（F. Flade）首先发现金属的这一现象，所以这个特征电位称为**佛莱德电位**（Flade potential），也叫活化电位，用 E_F 表示。在一些金属电极（如 Cd、Ag、Pb）上出现的佛莱德电位 E_F 数值和维钝电位 E_p 很相近（如图 5-3 所示），但并不相等，一般比维钝电位 E_p 稍正些。如果钝化膜形成过程的过电位很小和膜的化学溶解速率不大时，E_F 可能与 E_p 重合。显然，E_F 愈正表明金属丧失钝态的倾向愈大，反之，E_F 值愈负，该金属愈容易保持钝态。因此，E_F 的物理意义是衡量金属钝态稳定性的特征电位。

Flade 电位 E_F 和维钝电位 E_p 很相近这一事实表明了钝化膜的生成和消失是在接近可逆条件下进行的，并且 Flade 电位又往往与已知化合物的热力学平衡电位相近，因此，Flade 电位与溶液的 pH 值之间存在某种线性关系。

$$E_F = E_F^{\ominus} - 0.059\text{pH} \tag{5-1}$$

式中，$E_F^{\ominus}$ 为标准状态下的 Flade 电位。例如：25℃时，某些金属的 E_F(vs. SHE)

Fe：$E_F = 0.58 - 0.059\text{pH}$

Ni：$E_F = 0.48 - 0.060\text{pH}$

Cr：$E_F = -0.22 - 0.116\text{pH}$

由此可见，Flade 电位与两个因素有关：金属的性质与溶液的 pH 值。溶液的 pH 值愈大或 $E_F^{\ominus}$ 值愈低，则 E_F 电位愈负，金属愈容易进入钝态。25℃、pH=0 的标准状态下，Fe 的 $E_F^{\ominus} = 0.58\text{V}$，电位较正，表示该金属的钝化膜有明显的活化倾向。同样条件下，Cr 的 $E_F^{\ominus} = -0.22\text{V}$，电位较负，表示其钝化膜有较高的稳定性。而 Ni 的 $E_F^{\ominus} = 0.48\text{V}$，其钝化膜的稳定性介于 Fe 与 Cr 两者之间。

对于 Fe-Cr 合金，E_F 的变化范围是 $-0.22 \sim 0.63\text{V}$。随着合金中 Cr 含量的增高，E_F 的数值向负方向移动，使合金钝态稳定性增大。Fe-Cr 合金的 $E_F^{\ominus}$ 与合金中 Cr 含量的关系曲线（如图 5-6）。由此可见，在 Cr 含量为 10％～15％范围内的 Fe-Cr 合金的 $E_F^{\ominus}$ 发生明显变化，当铬含量达到 25％时，合金的 $E_F^{\ominus}$ 值下降到 -0.1V。

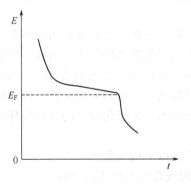

图 5-5　Flade 电位

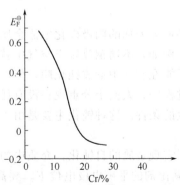

图 5-6　Fe-Cr 合金的 $E_F^{\ominus}$ 与合金中 Cr 含量的关系

根据对钝化参数和 Flade 电位的讨论，可以清楚地看出合金元素 Cr 在 Fe-Cr 合金中所起的重要作用，表 5-1 列出了合金组分和腐蚀介质对钝化参数的影响。从中可以看出，Cr、Ni 合金元素的加入使合金钢一般都具有相当宽的稳定钝化区，对 Cr-Ni 钢来说，其稳定区宽度约为 1.35V 或 1.30V，对含镍较多的高合金钢，其稳定区宽度约为 0.6V 左右。i_{pp}、i_p 较小，E_{pp}、E_p 降低。加入一定量的 Cr（一般＞12％Cr），Fe-Cr 合金只需要很小的致钝电流密度，就可以进入钝态，而钝化后易保持钝态的稳定性，这就解释了不锈钢钝态的稳定性。

表 5-1　合金组分和腐蚀介质对钝化参数的影响

金属或合金	腐蚀介质	温度/℃	E_{pp}/V	E_p/V	E_{pt}/V	i_{pp}/(mA/cm²)	i_p/(mA/cm²)	钝化区宽度/V
Fe-14％Cr	0.5mol/L	25	−0.09	+0.40	1.2	40	—	0.80
Fe-25％Cr	H₂SO₄	25	−0.18	−0.11	1.24	25.4	0.93	1.35
Fe-20％Cr		20	+0.54	+0.69	1.7	320	—	1.01
Fe-31％Cr	0.5mol/L	20	−0.19	+0.03	1.1	32	—	1.07
Fe-36％Cr	H₂SO₄	20	+0.44	+0.64	1.7	175	—	1.06
Fe-43％Cr		20	−0.29	−0.10	1.1	13.8	—	1.20
Fe-25％Cr-0.5％Ni		25	−0.18	−0.11	1.24	4.0	0.29	1.35
Fe-25％Cr-3％Ni	0.5mol/L	25	−0.11	−0.06	1.24	2.0	—	1.30
Fe-25％Cr-1％Mo	H₂SO₄	25	−0.22	−0.16	1.24	2.2	0.41	1.40
Fe-25％Cr-3％Mo		25	−0.19	−0.16	1.24	0.6	0.57	1.40
Fe-15％Cr-23％Ni-3％Mo-3％Cu		80	+0.22	+0.28	1.24	1.42	60	0.96
		100	+0.23	+0.35	1.24	4.2	80	0.89
Fe-27％Cr-23％Ni-3％Mo-3％Cu	6mol/L	80	+0.15	+0.24	1.24	0.32	＜30	1.00
	H₂SO₄	100	+0.15	+0.26	1.24	1.37	＜70	0.98
Fe-9％Cr-15％Ni-3％Mo-3％Cu		60	+0.2	+0.64	1.20	10	800	0.58
Fe-9％Cr-2％Ni-3％Mo-3％Cu		60	+0.28	+0.64	1.24	4	200	0.58

5.2　金属的自钝化

不必依靠外加的阳极极化电流金属表面就能自动进入钝化状态，这种腐蚀体系叫做自钝化体系。例如，不锈钢放置于空气中就在金属表面生成了完整的钝化膜，而普通碳钢或低合金钢则不能在空气中形成钝化膜，但这些金属材料在合适的介质中可以在表面形成钝化膜。在腐蚀过程中，人们十分重视在没有任何外加极化的情况下，金属表面上产生的自钝化现象及其发生的条件。这种钝化主要是由于腐蚀介质中氧化剂（去极化剂）的还原而促成的金属钝化。

为了实现金属的自钝化，介质中的氧化剂必须满足以下两个条件。

① 氧化剂的平衡电极电位 $E_{c,e}$ 要高于该金属的阳极维钝电位 E_p，即：

$$E_{c,e} > E_p \qquad\qquad (5-2)$$

② 氧化剂还原反应的阴极极限扩散电流密度 i_L，必须大于金属的致钝电流密度

i_{pp}，即：

$$i_L > i_{pp} \qquad (5\text{-}3)$$

这两个条件表明，金属自钝化的发生不仅与金属的本性有关，还与氧化剂的性质与浓度有关。结合金属钝化过程的阳极极化曲线不难看出，金属的维钝电位 E_p 和致钝电流密度 i_{pp} 愈低，金属愈容易进入钝化状态；金属的钝化区宽度愈大，金属的钝化态愈稳定。表 5-2 列出了一些金属在 0.5mol/L H_2SO_4 介质中的钝化参数。

利用腐蚀极化图可以方便地分析金属钝化必须要满足的条件。假设金属的阳极极化曲线是如图 5-7 所示的 $ABCDE$ 曲线，介质中的氧化剂在该金属上还原时的阴极极化曲线则随着介质的氧化性和浓度的不同而分别为Ⅰ、Ⅱ、Ⅲ和Ⅳ四种情况。

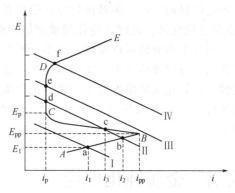

图 5-7　钝化金属在氧化能力
不同介质中的钝化行为

表 5-2　一些金属在 0.5mol/L H_2SO_4 介质中的钝化参数（25℃）

金属或合金	E_{pp} /V	E_p /V	E_{pt} /V	i_{pp} /(mA/cm²)	i_p /(mA/cm²)	钝化区宽度 /V
Fe	+0.46	+0.50	—	200	7	1.40
Cr	-0.35	-0.08	1.1	32	0.05	1.18
Ni	+0.15	+0.40	1.1	10	2.5	0.70

(1) Ⅰ代表氧化剂的氧化性很弱的情况

如较稀的 HNO_3（<20%）。阴、阳极极化曲线只相交一个 a 点，该点金属处于活化区，不能进入钝态。a 点对应着该腐蚀系统的腐蚀电位 E_1 和腐蚀电流 i_1。例如铁在稀的 HNO_3、稀 H_2SO_4 中腐蚀或钛在不含空气的稀 HCl 和稀 H_2SO_4 中的腐蚀都属于这种情况。

(2) Ⅱ代表氧化剂的氧化性较弱或氧化剂浓度不高时的情况

阴、阳级极化曲线有三个交点。b 点在活化区、c 点在钝化过渡区、d 点在钝化区。如果金属原先处于活化状态（b 点），则它在该介质中不会钝化，金属保持活化状态，以相当于 i_2 的速率进行腐蚀；如果金属原先处于钝化状态（d 点），那么它也不会活化，将以相当于维钝电流 i_p 的速率溶解；如果金属处于钝化过渡区（c 点），该点的电位是不稳定的，在开始时处于钝态的金属，一旦由于某种原因活化了，则金属在这种介质中不可能恢复钝态。例如不锈钢在不含氧的酸中，钝化膜被破坏后得不到修复，将导致金属的腐蚀。

(3) Ⅲ代表中等浓度氧化剂的情况

此时，阴、阳极极化曲线只有一个交点 e，并且处于稳定钝化区。所以，只要将金属（或合金）浸入该介质中，它将与介质自然作用而成为钝态。从材料保护的观点看，这是我们所希望的。例如铁在中等浓度的 HNO_3（40%～90%）中即属于这种情况。这种情况的发生是由于介质的氧化性强，如 NO_3^- 的阴极还原反应 $NO_3^- + 3H^+ + 2e^- \longrightarrow HNO_2 + H_2O$ 进行较为剧烈，且 NO_3^- 还原 HNO_2 的平衡电位又很高（$E^{\ominus}_{NO_3^-/HNO_2} = 0.94V$），远高于维钝电位 E_p，微电池的作用足以使阴极极化电流密度超过致钝电流密度，即 $i_3 > i_{pp}$，满足自钝化两个条件，进入钝化区，不产生析氢腐蚀。

(4) Ⅳ代表强氧化剂的情况

如钢和不锈钢在极高浓度 HNO_3（>90%）中，由于 HNO_3 浓度增加，NO_3^- 还原的平衡电位移向更正，阴极极化曲线的位置也更正，斜率更小，所以阴、阳极极化曲线相交于 f 点的过钝化区。此时，钝化膜被溶解，故碳钢、不锈钢在极浓的 HNO_3 中不能使用。

通过上面分析可以发现：①不是所有的氧化剂都是钝化剂，只有满足自钝化两个条件的氧化剂才可以做钝化剂；②用氧化剂使金属自钝化时所用氧化剂的浓度必须超过某一临界浓度值，若氧化剂的浓度低于"临界钝化浓度"，不但不能使金属发生钝化，反而加速金属的自溶解；③金属自钝化时氧化剂的浓度不能太高，否则钝化膜被破坏，发生"过钝化"现象。

5.3　金属钝化理论

金属由活化状态变为钝态是一个比较复杂的过程，直到现在还没有一个完整的理论来说明所有的金属钝化现象。但是，目前认为能比较满意地解释金属钝化现象的理论有两个：即成相膜理论和吸附理论。

5.3.1　成相膜理论

大多数学者认为：金属钝态是由于金属和介质作用时在金属表面上生成一种非常薄的、致密的、覆盖性良好的固态产物独立相（成相膜），把金属与溶液机械地隔开，使金属的溶解速率大大降低。所以，成相膜理论认为，形成钝化膜的先决条件是在金属表面形成固态产物，这种看法被称为钝化现象的"**成相膜理论**"。

最直接的实验证据是在某些金属上可以直接观察到膜的存在，并已经测定了那些具有实用价值的、稳定地处于钝态的金属表面上膜的厚度和组成。采用各种方法都支持成相膜理论，例如使用适当的溶剂（$I_2+10\%KI$ 甲醇溶液），可以单独溶去基体金属铁而分离出铁的钝化膜，以便进一步测定其厚度和组成。近年来使用比较先进的表面分析技术，可不必把膜从金属表面上取下来也能测其厚度和组成。例如运用灵敏的光学方法（椭圆偏振仪）、X 射线衍射（XRD）、X 射线光电子能谱（XPS）、电子显微镜等表面测试仪器对钝化膜的成分、结构及厚度进行了广泛的研究。根据分析结果得知，一般钝化膜的厚度在 $1\sim10nm$ 之间，与金属材料有关。如 Fe 在浓 HNO_3 中钝化膜厚度约为 $2.5\sim3.0nm$，碳钢约为 $9\sim10nm$，不锈钢约为 $2\sim5nm$。不锈钢的钝化膜最薄，但最致密、保护性最好。Al 在空气中氧化生成的钝化膜厚度约为 $2\sim3nm$，也具有良好的保护性。运用电子衍射法对钝化膜相分析的结果表明，大多数钝化膜是由金属氧化物组成的，Fe 的钝化膜是 $\gamma\text{-}Fe_2O_3$ 或 $\gamma\text{-}FeOOH$；Al 的钝化膜是无孔 $\gamma\text{-}Al_2O_3$ 或多孔 $\beta\text{-}Al_2O_3$。除此以外，在一定条件下，铬酸盐、磷酸盐、硅酸盐及难溶的硫酸盐和氯化物、氟化物也能构成钝化膜。如 Pb 在 H_2SO_4 中生成 $PbSO_4$，Mg 在氢氟酸中生成 MgF_2 膜等。

看来只有直接在金属表面上生成固相产物才能导致金属钝化，这是钝化膜形成的先决条件。这种固相产物可能是金属原子与定向吸附的水分子之间相互作用的产物，在碱性溶液中则可能是表面金属原子与吸附的 OH^- 相互作用的结果。钢铁的广泛应用使人们对钢铁的钝化行为进行了长期而广泛的研究。采用电化学方法结合表面分析技术，推导出了铁在硫酸或高氯酸溶液中不同阶段的阳极反应机理，如下所述。

（1）活性溶解区（$0<\theta_{(FeOH)ad}<1$）

$$Fe+H_2O \Longleftrightarrow (FeOH)_{ad}+H^++e^-$$

$$(FeOH)_{ad} \longrightarrow FeOH^+ + e^- \text{（慢）}$$

$$FeOH^+ + H^+ + (n-1)H_2O \rightleftharpoons Fe^{2+} \cdot nH_2O$$

(2) 过渡区 ($\theta_{[Fe(OH)_2]_{ad}} \rightarrow 1$)

$$(FeOH)_{ad} + H_2O \rightleftharpoons [Fe(OH)_2]_{ad} + H^+ + e^-$$

(3) 预钝化区 ($\theta_{[Fe(OH)_3]_{ad}} \rightarrow 1$)

$$[Fe(OH)_2]_{ad} + H_2O \rightleftharpoons [Fe(OH)_3]_{ad} + H^+ + e^-$$

(4) 形成钝化层 ($\theta_{[Fe(OH)_3]_{ad}} = 1$，转化成无孔氧化物层)

$$2[Fe(OH)_3]_{ad} \rightleftharpoons Fe_2O_3 + 3H_2O$$

$$[Fe(OH)_2]_{ad} + Fe_2O_3 \rightleftharpoons Fe_3O_4 + H_2O$$

以上过程在几百毫伏的电位范围内逐步发生，当达到完全钝化后在铁的表面上形成了一层无孔的氧化物膜，几乎完全阻止了铁基体的正常溶解过程。钝化膜的表面分析结果表明，铁表面的钝化膜是一种非晶态、非化学计量、组分变化范围很宽的高价铁的羟基氧化物，其化学组成、物理结构均随电位的改变而变化。当其厚度为 1～2 个单层时，就开始显著影响铁的阳极溶解电流密度。充分干燥后的钝化膜则有可能转化为结晶态的 γ-Fe_2O_3。铁钝化膜的研究结果对过渡金属也具有典型意义。

尽管形成钝化膜的先决条件是在金属表面形成固态产物，但并不是所有的固态产物都能形成钝化膜。例如腐蚀次生过程的腐蚀产物往往是疏松的，它若沉积在金属表面上，并不能直接导致金属的钝化，而只能阻碍金属的正常溶解。不过这种阻碍的结果可促使钝化的出现。例如铅蓄电池放电时次生过程生成的硫酸铅，只有在生成厚度达 $1\mu m$ 的盐层后才可能促使铅电极发生钝化。

应当指出，金属处于稳定钝态时，并不等于它已经完全停止溶解，而只是溶解速率大大降低而已。这一现象有人认为是因钝化膜具有微孔，钝化后金属的溶解速率是由微孔内金属的溶解速率所决定。也有人认为金属的溶解过程是透过完整膜而进行的。由于膜的溶解是一个纯粹的化学过程，其进行速率与电极电位无关，这一结论在大多数情况下和实验结果是相符的。但是，若金属表面被厚的保护层覆盖，如金属的腐蚀产物、氧化层、磷化层或涂漆层等所覆盖，则不能认为是金属薄膜钝化，只能认为是化学转化膜。

5.3.2 吸附理论

吸附理论认为：成相的反应产物膜并非出现钝化的先决条件，而只要在金属表面或部分表面上生成不足单层的吸附粒子，就可以导致钝态的出现。这种观点首先由德国学者塔曼（Tamman）提出，后为美国科学家尤利格（Uhlig）等加以发展。

吸附理论的主要实验依据是用测量界面电容的结果来揭示界面上是否存在成相膜的有效方法。若界面上生成哪怕是很薄的膜，其界面电容值也应比自由表面上双层电容的数值小得多。测量结果表明，在 Ni 和 18-8 不锈钢上相应于金属阳极溶解速率大幅度降低的那一段电位内，界面电容值的改变不大，它表示氧化膜并不存在。另外，根据测量电量的结果表明，在某些情况下为了使金属钝化，只需要在每平方厘米电极上通过十分之几毫库仑的电量，而这些电量甚至不足以生成氧的单分子吸附层，例如 0.05mol/L NaOH 用 $1 \times 10^{-5} A/cm^2$ 的电流密度极化铁电极时，只需要通过相当于 $3mC/cm^2$ 电量就能使铁电极钝化。而在 $0.01 \sim 0.03mol/L$ KOH 中用大电流密度（$>100mA/cm^2$）对 Zn 电极进行阳极极化，只需要通过不到 $0.5mC/cm^2$ 的电量，即可使 Zn 电极钝化。又如 Pt 在盐酸中，只要有 6% 的表面充氧，就可使 Pt 的溶解速率降低为原来的 1/4，若有 12％的 Pt 表面充氧，则其溶解速率会降低为原来的 1/16。

以上实验事实证明，金属表面的单分子吸附层不一定将金属表面完全覆盖，甚至可以是不连续的。因此，吸附理论认为，只要在金属表面最活泼的、最先溶解的表面区域上（例如金属晶格的顶角或边缘或者在晶格的缺陷、畸变处）吸附着氧单分子层，便能抑制阳极过程，促使金属钝化。在金属表面吸附的含氧粒子究竟是哪一种，这要由腐蚀体系中的介质条件来决定。有些人认为它可以是 OH^-，也可能是 O^-，更多的人认为可能是氧原子。关于氧吸附层的作用有几种说法。

① 氧原子和金属的最外侧的原子因化学吸附而结合，并使金属表面的化学结合力饱和，从而改变了金属/溶液界面的结构，大大提高阳极反应的活化能，故金属同腐蚀介质的化学反应将显著减少，可以认为这就是金属发生钝化的原因。这种看法特别适用于过渡金属（Fe、Ni、Cr 等），因为它们的原子都具有未充满的 d 电子层，能和未配对电子的氧形成强的化学键，导致氧的吸附。这样的氧吸附膜称为化学吸附膜。以区别低能的物理吸附膜。

② 从电化学角度出发，认为金属表面吸附氧之后改变了金属与溶液界面双电层结构，所以吸附的氧原子可能被金属上的电子诱导生成氧偶极子，使得它正的一端在金属中，负的一端在溶液中，形成了双电层，如图 5-8 所示。这样原先的金属离子平衡电位将部分地被氧吸附后的电位代替，结果使金属总的电位朝正向移动，并使金属离子化作用减小，阻滞了金属的溶解。

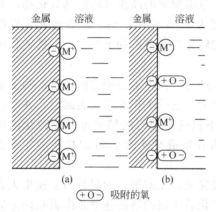

图 5-8 吸附氧前后的双电层结构示意图

（a）金属离子平衡电位差（平衡电位）；

（b）吸附氧后形成电位差（氧吸附电位）

也应该承认，某些粒子（例如体积较大、水化程度较低的含氧阴离子 SO_4^{2-}、PO_4^{3-} 等）在金属表面吸附后，确能降低交换电流密度与阻止金属的溶解。若通过足够大的阳极极化电流，可以在通过的电量少于形成反应物单层所需电量时出现电位值大幅正移。

当电位开始大幅正移时，金属表面上可能确实不存在成相的反应物膜。一旦这些粒子吸附在金属表面上，就改变了金属-溶液界面的结构，使阳极的活化能显著提高而产生钝化。与成相膜理论不同，吸附理论认为金属呈现钝化是由于金属表面本身反应能力的降低，而不是由于膜的机械隔离作用。

从吸附理论出发可以较好地解释为什么铁、铬、镍等金属及由它们所组成的合金表面上，当继续增大阳极极化电位时会出现金属溶解速率再次增大现象——过钝化现象。若根据成相膜理论，钝态金属的溶解速率决定于膜的化学溶解，那就不好解释过钝化现象的出现了。然而，根据吸附理论，增大阳极电极电位可能造成两种不同后果：一方面造成含氧粒子表面吸附作用的增大，并因而加强了阻滞阳极溶解的进行；另一方面由于电位变正还能增加界面电场对阳极反应的活化作用。这两个互相对立的作用可以在一定的电位范围内基本上互相抵消，从而使钝态金属的溶解速率几乎不随电位的改变而变化。但在过钝化的电位范围内，则主要是后一因素起作用。如果电极电位达到可能生成可溶性的高价含氧离子（如 CrO_4^{2-}），则氧的吸附不但不阻滞电极反应，反而能促使高价离子的形成。因此出现了金属溶解速率再次增大的现象。

在吸附理论中到底是哪一种含氧粒子的吸附引起金属钝化，以及含氧粒子的吸附如何改变金属表面的反应能力的作用机理等问题至今仍然不很清楚。

两种钝化理论均能较好地解释部分实验事实，但又都有成功和不足之处。金属钝化膜确具有成相膜结构，但同时也存在着单分子层的吸附性膜。目前尚不清楚在什么条件下形成成相膜，在什么条件下形成吸附膜。两种理论相互结合还缺乏直接的实验证据，因而钝化理论还有待人们深入地研究。

5.4 影响金属钝化的因素

5.4.1 合金成分的影响

不同金属具有不同的自钝化趋势。自钝化金属能在空气中或含氧的溶液中就自发钝化。Ti 是金属中最容易自钝化的金属，在空气或含氧的介质中，钛表面生成一层致密、附着力强、惰性大的氧化膜，保护了钛基体不被腐蚀。即使由于机械磨损使钝化膜受到破坏，其表面也会很快自愈或重新再生。这表明钛是具有强烈自钝化倾向的金属。因此，Ti 对空气、水和若干腐蚀介质都是稳定的，只能被氢氟酸和中等浓度的强碱溶液所侵蚀。常见金属的自钝化趋势按下列顺序依次减小：Ti、Al、Cr、Be、Mo、Mg、Ni、Co、Fe、Mn、Zn、Cd、Sn、Pb、Cu。不过自钝化倾向的次序并不表明上述金属的耐蚀性也是依次减小，仅表示决定阳极过程由于钝化所引起的阻滞腐蚀的稳定程度。

合金化是提高金属耐蚀性的有效方法。加入易钝化合金元素，如 Cr、Ni、Mo 等，可提高基体金属的耐蚀性。在钢中加入适量的 Cr，即可制得铬系不锈钢。这类不锈钢在氧化性介质中有很好的耐蚀性，但在非氧化性介质如稀硫酸和盐酸中，耐蚀性较差。这是因为非氧化性酸不易使合金生成氧化膜，同时对氧化膜还有溶解作用。铁中加入少量 Cu、P、Ni 或 Cr 可以抗大气腐蚀。一般来说，两种金属组成的耐蚀合金都是单相固溶体合金，在一定介质条件下，具有较高的化学稳定性和耐蚀性。

在一定介质条件下，合金的耐蚀性与合金元素的种类和含量有直接的影响，所加入的合金元素数量必须达到某一个临界值时，才有显著的耐蚀性。例如 Fe-Cr 合金中，只有当 Cr 的加入量不小于 12% 时才能成为不锈钢，合金才能发生自钝化，其耐蚀性才有显著的提高。图 5-9 即表示了 Fe-Cr 合金腐蚀速率与含 Cr 量的关系。而含 Cr 量低于此临界值时，它的表面难生成具有保护作用的完整钝化膜，耐蚀性也无法提高。临界组成代表了合金耐蚀性的突跃。每一种耐蚀合金都有其相应的临界组成。塔曼（Tamman）提出的一些合金系统临界组成为：14.5% Si-Fe，14% Cr-Ni，8% Cr-Co，35% Ni-Cu 以及 15% Mo-Ni 等。塔曼发现，固溶体耐蚀合金中耐蚀性组分恰好等于其原子百分数的 $n/8$ 倍数（$n = 1 \sim 7$ 的整数），合金的耐蚀性突然增高。这个由经验总结出来的规律称为 $n/8$ 定律，又称为塔曼定律。一般情况下，介质的腐蚀性愈强，临

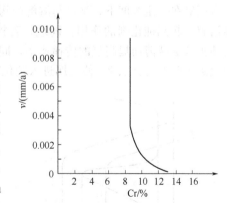

图 5-9　Fe-Cr 合金腐蚀速率与含 Cr 量的关系

界组成中要求 n 值愈大。

耐蚀合金上的钝化膜结构可用成相膜理论和吸附理论解释。成相膜理论认为，只有当耐蚀合金达到临界组成后，金属表面才能形成完整的致密钝化膜，若低于合金的临界组分，则生成的氧化膜没有保护作用。

吸附理论认为，当有水存在，并且高于合金临界组成时，氧在合金表面的化学吸附导致钝性，而低于临界组成时，氧立即反应生成无保护性的氧化物或其他形式的膜。这种现象，可应用尤利格提出的临界组成的电子排布假说进行解释。

5.4.2 钝化介质的影响

钝化剂的性质和浓度对金属钝化有很大的影响。多数钝化剂都是氧化性物质，如氧化性酸（HNO_3、浓 H_2SO_4、H_2CrO_4、$HClO_4$ 等），氧化性酸的盐（硝酸盐、亚硝酸盐、铬酸盐、重铬酸盐、高锰酸盐、钨酸盐或钒酸盐等），氧也是一种较强的钝化剂。不过钝化的发生不能简单地取决于钝化剂氧化能力的强弱，还与阴离子特性对钝化过程的影响有关。例如 $K_2Cr_2O_7$ 没有 H_2O_2、$KMnO_4$ 和 $Na_2S_2O_8$ 氧化能力强，但 $K_2Cr_2O_7$ 的钝化性能却比后者强，这是因为溶液中的 CrO_4^{2-} 在阳极上形成了吸附性的或成相的化合物，可大大促进金属的钝化。

但对某些金属来说，也可以在非氧化性介质中进行钝化，例如除了金属 Mo、Nb 在盐酸中、Mg 在氢氟酸中、Hg 和 Ag 在含 Cl^- 溶液可钝化外，Ni 也可在醋酸、草酸、柠檬酸中钝化。

钝化剂的浓度对金属的钝化也有很大的影响。在用氧化剂使金属化学钝化时，所用氧化剂的浓度必须超过某一临界浓度值，若氧化剂的浓度低于"临界钝化浓度"则不但不能使金属发生钝化，反而将加速其自溶解过程。图 5-10 表示溶解氧浓度对金属钝化的影响。当氧浓度较低时，氧还原反应的平衡电位较低，氧的极限扩散电流密度也小于致钝电流密度时，即 $i_{L,1} < i_{pp}$，因而阴、阳极极化曲线交点 1 处在活化区，金属 Fe 以 $i_{c,1}$ 速率不断溶解；若提高氧浓度，氧的平衡电位正移到 E'_{e,O_2}，氧极限扩散电流密度增大 $i_{L,2}$，并大于钝化所需要的致钝电流密度 i_{pp}，即 $i_{L,2} > i_{pp}$。此时，极化曲线交点 2 位于钝化区，使金属 Fe 进入钝化状态，并以极小的速率 i_p 进行溶解。因此，氧在介质中的浓度不同，一方面氧可做去极化剂使金属溶解；另一方面氧在一定浓度下，又可与溶解产物结合生成相应的钝化膜发生表面钝化，阻止金属进一步溶解，起到钝化剂的作用。同理，若提高介质同金属表面的相对运动速率（如增加搅拌），可使扩散层减薄而提高氧的传递速率，同样能使 $i_L > i_{pp}$（图 5-11）。此时，阴、阳极极化曲线由交点 1 改变为交点 2，使金属进入钝化状态。由此可见，溶解氧具有双重作用，对非钝化金

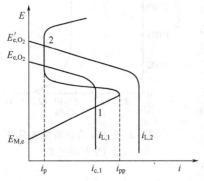

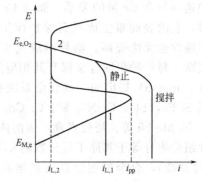

图 5-10 氧化剂浓度对金属钝化的影响　　　　图 5-11 搅拌对金属钝化的影响

属来说，除氧可减轻金属腐蚀，但对易钝化金属而言，不恰当地除氧，将使不锈钢、钛等合金钝化膜破坏后得不到及时修补，并且会增加这些耐蚀性金属的腐蚀。

钝化剂的 pH 值对金属的钝化也有影响。金属在中性溶液中比较容易钝化，而在酸性溶液中则要困难得多，这是因为溶液中的 H^+ 浓度是钝化膜是否稳定的重要因素。如果溶液中不含有配合剂或其他能和金属离子生成沉淀的阴离子，对于大多数金属来说，它们的阳极反应生成物是溶解度很小的氧化物或氢氧化物。而在强酸性溶液中则生成溶解度很大的金属盐。例如铁在亚硝酸钠溶液中生成的钝化膜的成分为 Fe_2O_3，但在酸性溶液中发生下列反应：

$$Fe_2O_3 + 6H^+ \longrightarrow Fe^{3+} + 3H_2O$$

显然，H^+ 浓度愈高，钝化膜愈容易被溶解掉。

某些金属在强碱性溶液中能生成具有一定溶解度的酸根离子，如 ZnO_2^{2-} 和 PbO_2^{2-}，因此它们在碱性溶液中也较难钝化。

5.4.3　温度的影响

介质温度对金属的钝化有很大的影响。温度愈低，金属愈易钝化；反之，升高温度，使金属难以钝化或钝化受到破坏。以金属 Al 为例，不同温度下，Al 的腐蚀速率与 HNO_3 浓度关系如图 5-12 所示。在同一 HNO_3 浓度下，温度愈高，钝化作用愈弱，铝的腐蚀速率愈大，而降低温度有利于钝化膜的形成。所以温度可以看作钝态的活化因素。

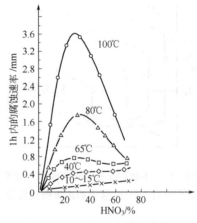

图 5-12　Al 在不同温度和不同浓度 HNO_3 中的腐蚀速率

温度的影响也可用钝化理论进行解释，化学吸附及氧化反应一般都是放热反应。因此，根据化学平衡原理，降低温度对于吸附过程及氧化反应都是有利的，因而有利于钝化。

5.5　钝化膜破坏引起的腐蚀

5.5.1　过钝化

对于某些钝化体系而言，若氧化剂的浓度低于"临界钝化浓度"，则不但不能使金属发生钝化，反而将加速其自溶解过程。但是，如果氧化剂的浓度超出一定的范围也会使钝化膜发生破坏。因氧化剂浓度过高导致金属钝化膜破坏，而大大加速它在介质中的溶解速率，金属从钝态又转变为活化态，这种现象称为金属的过钝化。

处于过钝化态的金属具有相当大的腐蚀速率，其原因在于具有多种价态的金属，当它在强氧化性介质中腐蚀时，形成了可溶性的或不稳定的高价化合物。例如低合金钢在过钝化区间除了继续生成 Fe^{3+} 外，还发生析出 O_2 的反应，在一定条件下也可以生成 6 价铁的化合物。

处于过钝化的金属表现出相当正的电极电位，例如 16% 的铬钢在 10% H_2SO_4 中，其过钝化电位 E_{pt} 为 1.2V。不锈钢在一定条件下发生过钝化的原因主要是阳极过程形成了可溶性的 6 价铬的氧化物，即：

$$2Cr^{3+} + 7H_2O \longrightarrow Cr_2O_7^{2-} + 14H^+ + 6e^-$$

添加其他氧化剂（如 $KMnO_4$ 等）到 HNO_3 等酸中也可以使许多常见的合金钢出现过钝化。此外，腐蚀速率的增加还与温度的升高、添加氧化剂的数量以及酸浓度的增加等因素有关。

过钝化与点蚀不同，由过钝化引起的腐蚀其特点表现为金属表面非常均匀。

5.5.2 活性离子对钝化膜的破坏

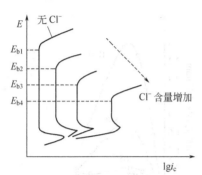

图 5-13 不锈钢在含不同浓度 Cl^- 和无 Cl^- 的 H_2SO_4 溶液中的阳极极化曲线

对钝化膜最具破坏作用的是介质中一些活性离子，如 Cl^-、Br^-、I^- 等卤素离子，其中 Cl^- 最易使钝化膜发生破坏。它们对于钝化膜的破坏与 H^+ 不同，不是使钝化膜全面溶解，而是使钝化膜局部破坏，从而引起严重的局部腐蚀。如自钝化金属铬、铝以及不锈钢等放在 Cl^- 介质中，在远未达到过钝化电位前，就出现了显著的阳极溶解电流。不锈钢在含不同含量 Cl^- 的 H_2SO_4 溶液中的阳极极化曲线，如图 5-13 所示。在含 Cl^- 的介质中，金属钝态开始提前破坏的电位称为点蚀电位 E_b，即小孔腐蚀电位。大量实验表明，此时 Cl^- 对钝化膜的破坏与前面提到过钝化对钝化膜的均匀溶解不一样，Cl^- 对钝化膜的破坏不是发生在整个金属表面，只在几个点上受到破坏，有点类似于绝缘层的电击穿那样，带有局部点状腐蚀的性质。由图 5-13 还可以看出，溶液中 Cl^- 浓度愈高，点蚀电位 E_b 愈负，金属愈容易发生点蚀。

如果将溶液中许多活化阴离子，按其活化能力的大小可排列为如下顺序：

$$Cl^->Br^->I^->ClO_4^->OH^->SO_4^{2-}$$

视条件不同，这个次序也是有变化的。

Cl^- 为什么能使钝化膜局部破坏，目前还没有最终结论。成相膜理论和吸附理论各有不同的解释。

成相膜理论认为，Cl^- 半径小，穿透能力强，比其他离子更容易在扩散或电场作用下透过薄膜中原有的小孔或缺陷，与金属作用生成可溶性化合物。同时，Cl^- 又易于分散在氧化膜中形成胶态，这种掺杂作用能显著改变氧化膜的电子和离子导电性，破坏膜的保护作用。恩格尔（Engell）和斯托利卡（Stolica）发现氯化物浓度在 $3\times10^{-4}\,mol/L$ 时，钝态铁电极上已产生点蚀。他们认为这是由于 Cl^- 穿过氧化膜与 Fe^{3+} 发生了以下反应：

$$Fe^{3+}（钝化膜中）+3Cl^- \longrightarrow FeCl_3$$

$$FeCl_3 \longrightarrow Fe^{3+}（电解质中）+3Cl^-$$

该反应诱导时间为 200min 左右，说明 Cl^- 通过钝化膜时有某种物质的迁移过程。

吸附理论认为，Cl^- 破坏钝化膜的根本原因是由于它具有很强的可被金属吸附的能力。从化学吸附具有选择性这个特点出发，对于过渡金属 Fe、Ni、Cr、Co 等，金属表面吸附 Cl^- 比氧更容易，因而 Cl^- 优先吸附，并从金属表面把氧排挤掉。现在已知，氧决定着金属的钝态，尤利格在研究铁的钝化时指出，Cl^- 和 O_2 或 CrO_4^{2-} 竞争吸附作用的结果导致金属钝态遭到局部破坏。由于氯化物和金属反应的速率大，吸附的 Cl^- 并不稳定，所以形成了可溶性物质，这种反应导致了孔蚀的加速。以上观点已通过示踪原子法实验得到证实。

Cl^- 对不同金属钝化膜的破坏作用是不同的，Cl^- 作用主要表现在 Fe、Ni、Co 和不锈钢上，对于 Ti、Ta、Mo、W 和 Zr 等金属钝化膜破坏作用很小。成相膜理论认为，Cl^- 与这些金属能形成保护性好的碱性氯化物膜。吸附理论认为，这些金属与氧的亲和能力强，Cl^- 不能排斥和取代氧。

【科学视野】

不锈钢的出现

不锈钢是一种防腐蚀和耐高温的合金，其主要成分是铁和铬，还含有为了改进性能而掺入的其他元素。包括法拉第在内的若干发明家都在 19 世纪生产出了铁铬合金，然而他们制取的合金都不是钢。英国冶金学家哈德菲尔德竟得出了这样一个错误的结论：铬实际上会降低合金的抗腐蚀性。甚至在 20 世纪初，研制出了各种不锈钢的好多科学家（其中包括法国的著名科学家吉莱和波特万）还不知道自己生产出的合金的突出性能，也就是说，不知道不锈钢能抗腐蚀，因此，不锈钢的发明史话曲折复杂。

蒙纳茨和博尔歇斯这两个德国人首先认识到不锈钢的耐蚀性。蒙纳茨于 1911 年获得了生产不锈钢的德国专利。可是英国人布里尔莱——自修成功的冶金学家，约翰·布朗钢铁公司、托马斯·弗思钢铁公司和桑斯钢铁公司联合经管的一个研究所的所长——才是不锈钢的真正发明者。布里尔莱于 1912 年发现了重要的马氏体合金，并为制造海军用的枪炮研制出了一种坚硬的、有磁性的、抗腐蚀的钢。然而军事当局却不感兴趣，于是布里尔莱提出可用它来制造刀剑。糟糕的是，他的雇主们在没有让他知道的情况下擅自用他发明的合金制造了一些刀，并宣布这些刀不能用。

布里尔莱并不气馁，他亲手制作了一些刀子，结果却出乎意料地成功。马氏体不锈钢的生产始于 1914 年。由于弗思钢铁公司认为不划算，放弃了不锈钢的研制，布里尔莱从其他方面获得了一些知识，于 1915 年获得了生产不锈钢的美国专利。1920 年，他的新雇主布朗·贝利公司大规模地引进了在马氏体合金的基础上研制成功的铁素体合金。这种合金既可以热加工，也可以冷加工，质软，特别适合用来制造建筑和汽车上的装饰物。

许多发明家对不锈钢的研制工作做出过贡献。如果认为布里尔莱是单枪匹马地进行研究，他是一个被人误解的天才，就大错特错了。美国的贝克特对研制不锈钢曾起过重要的作用；印度发明家海尼斯早在 1884 年就发明了一种生产钨铬合金钢的方法，他还是汽车工业的先驱者（他于 1893 年研制出了一种汽油发动机）。第三种不锈钢合金是奥氏体合金，耐高温，抗震，在食品工业上用得很广，通常是用来制作化学设备和燃烧室。它是吉莱和吉森研制出来的，但是这两位发明家却不了解它的防腐特性。这种不锈钢的发明主要应归功于德国克虏伯公司研究部的毛雷尔和斯特劳斯，因为他们在 1912 年首先生产出了这种不锈钢。

现在生产的不锈钢有 100 多种，从宇宙飞船到珠宝的广大范围内都有用它制作的产品。

【科学家简介】

著名材料科学家：李薰

第二次世界大战初期，法西斯德国出动了大批的飞机对英国进行狂轰滥炸，英国政府立即组织科学家研制更优良的战斗机，抗击德国法西斯的侵略。

一天，一架英国新研制的"火叉式"战斗机在试飞中发动机主轴突然断裂，飞机坠落，机毁人亡。此事震惊了英国政府，于是下令尽快调查原因，从速解决。英国科学家众说纷纭，拿不出确切的结论和解决办法。

由于德国飞机不停地轰炸，再加上牺牲的驾驶员是一位勋爵的儿子，这就使政府和科学界都感到巨大的压力。

这时，有一位英国科学家推荐正在雪菲尔德大学（Sheffield University）冶金学院攻读博士学位的中国留学生李薰来解决这个问题。

李薰是我国通过考试选拔的官派留学生，到英国后，学习刻苦勤奋，研究问题常有独特见解，且动手能力强，学习成绩一直名列前茅。这次接受任务后，他独辟蹊径，走前人未走过的路，通过夜以继日地反复探索和试验，终于抓住了造成飞机事故的罪魁祸首——钢中的氢原子。

我们知道，氢原子是所有原子中直径最小、重量最轻，性能十分活泼，在元素周期表中排名第一，它能钻入金属里晶格的间隙中存在。当氢原子数量很少时，它们分散在金属中安分守己，当数量增加到一定值时，氢原子会因为材料的振动而聚集，形成很大的压力，撑破晶界面形成细微的裂纹，最终导致材料断裂。

李薰通过试验，弄清了氢原子聚集的原因和引起裂纹的规律，提出了解决的办法，让该类型战斗机重返蓝天，给法西斯德国空军以沉重的打击。

消息传开，英国朝野轰动，一位年仅26岁的中国留学生，竟能在不到一年的时间里解决如此重大的问题，不能不令人佩服，科学界对这位青年学者给予极高的评价。事后李薰被聘主持该院研究部的工作，领导着一支优秀的科研队伍，不断地推出新的科研成果。

1951年3月，为了表彰李薰在科学上的成就，雪菲尔德大学冶金学院授予他冶金学博士（D. Met.）的称号。这是一项极高的荣誉。

我们知道，在国外攻读博士的学生，毕业后一般都被授予哲学博士的称号，即Ph·D。在英国只有在科学事业上有重大造诣、有重大发现和发明并对人类科学发展作出突出贡献的人，才被授予冶金学博士称号。

李薰是该校冶金学院建院以来授予的第二位冶金学博士，可见其学术地位和荣誉之高。

至今，国际上一直公认李薰是世界上最早解决钢中氢导致断裂的创始者，为以后许许多多金属材料断裂事故分析以及新材料的研究开发提供了科学依据。他的第一台测氢仪至今仍然陈列在该大学实验室中，他的相片将永远悬挂于实验室的墙壁上。

1951年6月，李薰应中国科学院郭沫若院长之邀，放弃了英国的优厚待遇回到新中国，选择了重工业基地沈阳。1953年4月3日，经中华人民共和国政务院批准，正式成立中国科学院金属研究所，周恩来总理亲自签署任命李薰为所长。中国科学院金属研究所为我国钢铁工业及新型材料的发展作出了重大贡献。

李薰于1956年被遴聘为中国科学院技术科学部学部委员。1961年12月23日李薰光荣地加入中国共产党。他历任中国科学院金属研究所研究员、所长、名誉所长；中国科学院沈阳分院院长兼党组副书记；中国科学院副院长、中共党组成员、主席团成员、技术科学部主任；曾任中国科学技术协会委员、中国金属学会副理事长、《金属学报》主编；选任全国人民代表大会第二、三、四、五届代表；九三学社中央委员会常务委员。在辽宁工作期间，曾任中共辽宁省委委员、辽宁省人民代表大会常务委员会副主任、辽宁省科学技术协会代理主席等职。

1983年，李薰在去考察我国新建的攀枝花钢铁基地途中，路经昆明，不幸患病与世长辞。李薰先生虽然离我们远去了，可我们将永远怀念这位德高望重的材料科学家。在怀念之余，又有许多思考……

材料科学是何等的重要，它可以使飞机重返蓝天，可以让许多科技设想变成现实，它与国民经济、国防工业、人民生活密切相关，它必将为人类进步作出重要贡献。这里有许多有趣的、重要的问题等着我们去探索、去解决。

思考练习题

1. 在下图中标明金属钝化曲线的特征电位、特征电流密度及 AB、BC、CD、DE 区域的名称。

2. 金属钝化后耐蚀性的提高与贵金属具有高的耐蚀性其本质有何不同？

3. 金属表面生成钝化膜应具备的必要条件是什么？

4. 有哪些措施可使处于活化或钝化不稳定状态的金属进入稳定的钝态？用腐蚀极化图说明。

5. 用腐蚀极化图分析氧对金属腐蚀影响的双重作用。

6. 什么是金属的过钝化？

7. 作图说明不锈钢在含不同 Cl^- 浓度的 H_2SO_4 中对阳极钝化极化曲线的影响？试用两种理论解释 Cl^- 对钝化膜的破坏作用？

8. 不搅拌的硝酸的还原极限电流密度可近似的由下式表示：$i_L = 15m^{5/3}$，式中 m 为 HNO_3 的质量摩尔浓度。如果 Ti 和 Fe 在此酸中的致钝电流密度 i_{pp} 分别为 $5A/m^2$ 和 $2000A/m^2$，求钝化这两种金属各需多大浓度的硝酸。

9. 分别计算 Fe 和 Fe-18Cr-8Ni 不锈钢在 3% Na_2SO_4 溶液中钝化所必需的氧的最低浓度（以 ml/L 为单位计）。已知 25℃时 O_2 在溶液中的扩散系数 $D = 2 \times 10^{-5} cm^2/s$，从实验测得的 Fe 和 Fe-18Cr-8Ni 不锈钢在此溶液中的阳极钝化曲线中得到的致钝电流密度 i_{pp} 分别为 $10^4 A/m^2$ 和 $10 A/m^2$。

第6章 金属的局部腐蚀

6.1 局部腐蚀概述

金属腐蚀，若按腐蚀形态可分为全面腐蚀和局部腐蚀两大类。腐蚀分布在整个金属表面上（它可以是均匀的，也可以是不均匀的）就是**全面腐蚀**。如果金属表面上各部分的腐蚀程度存在着明显的差异，这种腐蚀就是**局部腐蚀**（localized corrosion）。局部腐蚀是指金属表面上一小部分表面区域的腐蚀速率和腐蚀深度远远大于整个表面上的平均值的腐蚀情况。

从腐蚀电池角度分析，全面腐蚀的腐蚀电池的阴、阳极面积非常微小且紧密相连，以至于有时用微观方法也难以把它们分辨，或者说，大量的微阴极、微阳极在金属表面上不规则地分布着。因为整个金属表面在溶液中都处于活化状态，只是各点随时间有能量起伏，能量高处为阳极，能量低处为阴极，因而使金属表面都遭到腐蚀。例如金属的自溶解就是在整个电极表面上均匀进行的腐蚀。

局部腐蚀的阳极区和阴极区一般是截然分开的，其位置可用肉眼或微观检查方法加以区分和辨别。而且大多数都是阳极区面积很小、阴极区面积相对较大，由此导致金属表面上绝大部分处于钝性状态，腐蚀速率小到可以忽略不计，但在金属表面很小的局部区域，腐蚀速率则很高，有时它们的腐蚀速率可以相差几十万倍。例如，钝性金属表面的小孔腐蚀（孔蚀）、隙缝腐蚀等就属于这种情况，这些是最典型的局部腐蚀。

就腐蚀形态的种类而言，全面腐蚀的腐蚀形态单一，而局部腐蚀的腐蚀形态较多，而且腐蚀形态各异。局部腐蚀可分为：①异种金属接触引起的宏观腐蚀电池（电偶腐蚀），也包括阴极性镀层微孔或损伤处所引起的接触腐蚀；②同一金属上的自发微观电池，如晶间腐蚀、选择性腐蚀、孔蚀、石墨化腐蚀、剥蚀（层蚀）以及应力腐蚀断裂等；③由差异充气电池引起的局部腐蚀，如水线腐蚀、缝隙腐蚀、沉积腐蚀、盐水滴腐蚀等；④由金属离子浓差电池引起的局部腐蚀；⑤由膜-孔电池或活性-钝性电池引起的局部腐蚀；⑥由杂散电流引起的局部腐蚀等。图 6-1 表示出了局部腐蚀的各种形态。

就腐蚀的破坏程度而言，金属发生局部腐蚀的腐蚀量往往比全面腐蚀要小，甚至要小很多，但对金属强度和金属制品整体结构完整性的破坏程度却比全面腐蚀大得多。所以，全面腐蚀可以预测和预防，危害性较小，但对局部腐蚀来说，至少目前的预测和预防还很困难，以至于腐蚀破坏事故常常是在没有明显预兆下突然发生，对金属结构具有更大的破坏性。

从全面腐蚀和局部腐蚀在腐蚀破坏事例中所占的比例来看，局部腐蚀所占的比例要比全面腐蚀大得多。据粗略统计，局部腐蚀所占的比例通常高于 80%，而全面腐蚀所占的比例不超过 20%。

表 6-1 给出了全面腐蚀与局部腐蚀的比较。

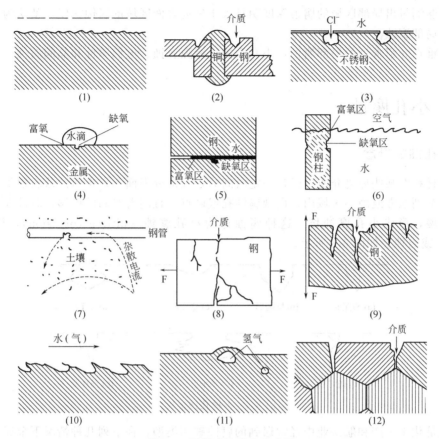

图 6-1　局部腐蚀形态示意图

（1）均匀腐蚀；（2）电偶腐蚀；（3）孔蚀；（4）氧浓差腐蚀；（5）缝隙腐蚀；

（6）水线腐蚀；（7）杂散电流腐蚀；（8）应力腐蚀；（9）腐蚀疲劳；

（10）磨损腐蚀；（11）氢脆；（12）晶间腐蚀

表 6-1　全面腐蚀与局部腐蚀的比较

项　目	全　面　腐　蚀	局　部　腐　蚀
腐蚀电池	阴、阳极在表面上变换不定；阴、阳极不可辨别	阴、阳极可以分辨
电极面积	阳极面积＝阴极面积	阳极面积≪阴极面积
腐蚀形貌	腐蚀分布在整个金属表面上	腐蚀破坏集中在一定区域，其他部分不腐蚀
电位	阳极电位＝阴极电位＝腐蚀电位	阳极电位＜阴极电位
腐蚀产物	可能对金属有保护作用	无保护作用

　　有些情况下全面腐蚀与局部腐蚀很难区分。如果整个金属表面上都发生明显的腐蚀，但是腐蚀速率在金属表面各部分分布不均匀，部分表面的腐蚀速率明显大于其余表面部分的腐蚀速率，如果这种差异比较大，以致金属表面上显现出明显的腐蚀深度的不均匀分布，我们也习惯地称为"局部腐蚀"。例如，低合金钢在海水介质中发生的坑蚀；在酸洗时发生的腐蚀孔和隙缝腐蚀等都属于这种情况。事实上，严格说来，除少数特殊的情况外，金属表面在活性腐蚀状态下的腐蚀速率很难各处完全均匀一致，因而金属表面上的腐蚀深度也很难各处均匀。通常，原先光滑的金属表面，在经过腐蚀以后总要变得粗糙一些。故在这种情况下有时很难划出一条明确的分界线来区分均匀腐蚀和不均匀腐蚀。一般情况下，如果以宏观的观

察方法能够测量出局部区域的腐蚀深度明显大于邻近表面区域的腐蚀深度，就认为是不均匀的腐蚀或局部腐蚀。

本章重点介绍常见的局部腐蚀：小孔腐蚀、缝隙腐蚀、电偶腐蚀和晶间腐蚀。

6.2　小孔腐蚀

6.2.1　孔蚀的概念

金属材料在某些环境介质中经过一定时间后，大部分表面不发生腐蚀或腐蚀很轻微，但在表面上个别地方或微小区域内，出现腐蚀孔或麻点，且随着时间的推移，腐蚀孔不断向纵深方向发展，形成小孔腐蚀坑，这种腐蚀称为**小孔腐蚀**（pitting corrosion），简称**孔蚀**（pitting）或点蚀，如图 6-2 所示。

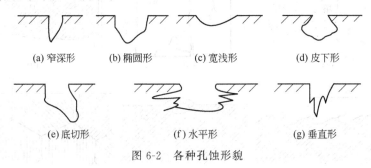

(a) 窄深形　　(b) 椭圆形　　(c) 宽浅形　　(d) 皮下形

(e) 底切形　　　　(f) 水平形　　　　(g) 垂直形

图 6-2　各种孔蚀形貌

孔蚀是化工生产和航海业中经常遇到的腐蚀破坏类型，在下列几种情况下金属容易发生孔蚀。

① 孔蚀多发生在易钝化金属或合金表面上，同时在腐蚀性介质中存在浸蚀性的阴离子及氧化剂。例如不锈钢、铝合金等在含有卤素离子的腐蚀性介质中易于发生孔蚀。其原因是钝化金属表面的钝化膜并不是均匀的，如果钝性金属的组织中含有非金属夹杂物（如硫化物等），则金属表面在夹杂物处的钝化膜比较薄弱，或者钝性金属表面上的钝化膜被外力划伤，在活性阴离子的作用下，腐蚀小孔就优先在这些局部表面形成。既有钝化剂同时又有活化剂的腐蚀环境是易钝化金属发生孔蚀的必要条件。

② 如果金属基体上镀一些阴极性镀层（如钢上镀 Cr、Ni、Cu 等），在镀层的孔隙处或缺陷处也容易发生孔蚀。这是因为镀层缺陷处的金属与镀层完好处的金属形成电偶腐蚀电池，镀层缺陷处为阳极，镀层完好处为阴极，由于阴极面积远大于阳极面积，使小孔腐蚀向深处发展，以致形成腐蚀小孔。

③ 当阳极性缓蚀剂用量不足时，也会引起孔蚀。

孔蚀通常具有如下几个特征。

从腐蚀形貌上看，多数蚀孔小而深 ［图 6-2(a)］，孔径一般小于 2mm，孔深常大于孔径，甚至穿透金属板，也有的蚀孔为碟形浅孔等 ［图 6-2(c)］。蚀孔分散或密集分布在金属表面上。孔口多数被腐蚀产物所覆盖，少数呈开放式(无腐蚀产物覆盖)。所以，孔蚀是一种外观隐蔽而破坏性很大的局部腐蚀。

从腐蚀电池的结构上看，孔蚀是金属表面保护膜上某点发生破坏，使膜下的金属基体呈活化状态，而保护膜仍呈钝化状态，便形成了活化-钝化腐蚀电池。钝化表面为阴极，其表面积比活化区大得多，所以，孔蚀是一种大阴极小阳极腐蚀电池引起的阳极区高度集中的局部腐蚀形式。

蚀孔通常沿着重力方向或横向发展，例如，一块平放在介质中的金属，蚀孔多在朝上的表面出现，很少在朝下的表面出现。蚀孔一旦形成，孔蚀即向深处自动加速进行。

孔蚀的破坏性和隐患性很大，不但容易引起设备穿孔破坏，而且会使晶间腐蚀、剥蚀、应力腐蚀、腐蚀疲劳等易于发生。在很多情况下孔蚀是引起这类局部腐蚀的起源。为此，了解孔蚀发生的规律、特征及防护措施是相当重要的。

6.2.2　孔蚀发生的机理

孔蚀的发生可以分为两个阶段，即孔蚀的萌生和孔蚀的发展。

(1) 孔蚀的萌生——活性离子选择性的吸附

多数情况下，钝化金属发生孔蚀的重要条件是在溶液中存在活性阴离子（如 Cl^-）以及溶解氧或氧化剂。活性阴离子在钝性金属表面上发生选择吸附，这种吸附不是活性阴离子均匀地吸附在整个金属表面，而是很少一些点上，很可能是在钝化膜上有缺陷的位置上优先吸附。其次，吸附的活性离子改变了吸附所在位置的钝化膜的成分和性质，使该处钝化膜的溶解速率远大于没有活性离子吸附的表面，从而形成小孔腐蚀活性点，即**孔蚀核**。

氧化剂的作用主要是使金属的腐蚀电位升高，达到或超过某一临界电位，这个临界电位称为**孔蚀电位**或**击穿电位**，用符号 E_b 表示。图 6-3 是动电位法测得的可钝化金属（不锈钢）在 NaCl 溶液中的阳极极化曲线。图中电流密度急剧增加时对应的电位就是孔蚀电位 E_b。

当 $E < E_b$ 时，孔蚀不可能发生，只有 $E > E_b$ 时，孔蚀才能发生。这时，溶液中的 Cl^- 就很容易吸附在钝化膜的缺陷处，并和钝化膜中的阳离子结合成可溶性氯化物，这样就在钝化膜上生成了活性的溶解点，该溶解点称为孔蚀核。钝化膜上形成的孔蚀核从外观上看，是与钝化膜颜色有差异的腐蚀斑，但还远没有形成真正的腐蚀孔（钝化膜还没有穿孔），阳极电流密度也没有明显的增加。孔蚀核生长到 $20 \sim 30\mu m$，即宏观上可看见小孔时才称为蚀孔。

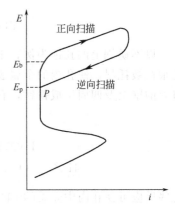

图 6-3　不锈钢在 NaCl 溶液中的环形阳极极化曲线

除了氧化剂以外，使用外加的阳极极化方式也可以使电位达到或超过孔蚀电位，导致孔蚀的发生。

用动电位法测量极化曲线时，在极化电流密度达到某个设定值后，立即自动回扫，可得到环形阳极极化曲线，这时正、反阳极极化曲线相交于 P 点，又达到钝态电流密度所对应的电位 E_p，E_p 称为"**再钝化电位**"或"**孔蚀保护电位**"。

一般认为，在原先无孔蚀的金属表面上，只有当金属表面局部区域电位高于 E_b 时，孔蚀才能萌生和发展；当电位处于 E_p 和 E_b 之间，不会萌生新的孔蚀，但原先的蚀孔将继续发展，此电位区间称为不完全钝化区；当电位低于 E_p 时，既不会萌生新的蚀孔，原先的蚀孔也停止发展，此电位区间称为完全钝化区。所以，E_b 值越高，表征材料耐孔蚀性能越好，E_b 与 E_p 越接近，说明钝化膜修复能力越强。

当金属表面局部区域的电位高于孔蚀电位时，须经过一段时间后阳极电流才急剧上升，这段时间称为小孔腐蚀的诱导期，用 τ 表示。诱导期长短不一，有的需要几个月，有的需要一两年，τ 值取决于金属电位及活性阴离子浓度。在诱导期，金属表面上从宏观上还看不出有腐蚀孔生成，但在金属的一些局部表面上已有 Cl^- 吸附斑。所以，孔蚀的发生与腐蚀介质中活性阴离子（尤其是 Cl^-）的存在密切相关。

(2) 孔蚀的发展——闭塞腐蚀电池的自催化作用

钝性金属表面上孔蚀诱导期形成的孔蚀核，如不能再钝化消失，小孔腐蚀将进入发展阶段。孔蚀核继续生长，最后发展成为宏观可见的腐蚀孔。腐蚀孔一旦形成，蚀孔内金属表面处于活性溶解状态，蚀孔外金属处于钝化状态，蚀孔内外构成了活化-钝化局部腐蚀电池，这样的腐蚀电池具有大阴极、小阳极的特点（图 6-4 所示）。同时，孔内的溶液发生很大的变化，主要的变化是孔内溶液 pH 值的降低和活性阴离子的富集。

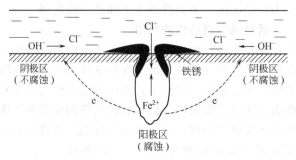

图 6-4　钝化金属孔蚀的闭塞电池示意图

以不锈钢上的孔蚀为例，不锈钢上形成小孔后，小孔内介质中的溶解氧因得不到及时补充很快被耗尽，使孔内的金属表面上只发生铁的阳极溶解，阳极溶解产物经水解，在小孔开口处的壁上及四周生成铁锈，孔内发生如下反应：

$$Fe \longrightarrow Fe^{2+} + 2e^-$$
$$Fe^{2+} + 2H_2O \longrightarrow Fe(OH)_2 \downarrow + 2H^+$$
$$4Fe^{2+} + O_2 + 10H_2O \longrightarrow 4Fe(OH)_3 \downarrow + 8H^+$$

这些反应可使孔内中介质的 pH 下降，成为酸性很强的溶液。同时，生成的腐蚀产物聚集在孔口处，使溶液处于滞留状态，内外的物质传递过程受到很大的阻碍，因而构成了浓差腐蚀电池和活化-钝化腐蚀电池，这样构成的腐蚀电池也称为**闭塞腐蚀电池**（occluded corrosion cell，简称为 OCC）。

为了维持闭塞电池内溶液的电中性，闭塞电池外部本体溶液中的阴离子就要向小孔内迁移。当溶液中的阴离子为 Cl^- 时，Cl^- 扩散至闭塞电池内部，造成孔内部溶液的化学及电化学状态与外部本体溶液的有很大差异。

小孔内溶液 pH 的降低和活性阴离子浓度的增加导致蚀孔内金属腐蚀速率进一步增加，生成更多的金属离子，然后再发生水解，使小孔内的酸度明显增加，表 6-2 给出了铁和某些钢的闭塞蚀孔内的电位和 pH。这种由闭塞电池引起的蚀孔内溶液酸化，从而加速金属腐蚀的作用称为**自催化作用**，也称为**自动加速作用**。目前孔蚀过程的自催化机理已得到科学界的公认。

随着孔蚀反应的继续进行，溶解的金属离子不断增加，相应的水解作用也将继续，直到溶液被这种金属的一种溶解度较小的盐所饱和为止。由于酸化自催化作用，再加上受到向下的重力的影响，使蚀孔不断沿着重力方向发展。

表 6-2　铁和某些钢的闭塞蚀孔内的电位和 pH

材　料	蚀孔类型	电位/V (vs. SHE)	pH
Fe	模拟小孔或缝隙	$-0.35\sim-0.45$	$2.7\sim4.7$
Fe	模拟 OCC	-0.322	3.8
Fe,钢	应力腐蚀裂纹	$-0.32\sim-0.39$	$3.5\sim4.0$
Fe-Cr(1%~100%)	缝隙		$1.8\sim4.7$
Fe	小孔		4.71
304L,316L,18Cr-16Ni-5Mo	小孔	$0.07\sim-0.01$	$-0.3\sim0.80$
AISI 304	缝隙		$1.2\sim2.0$
18Cr-12Ni-2Mo-Ti	小孔		$\leqslant1.3$

6.2.3　孔蚀的影响因素

孔蚀与金属的本性、合金的成分、组织、表面状态、介质成分、性质、pH、温度和流速等因素有关。

(1) 金属本性的影响

金属本性对孔蚀有重要影响,不同的金属在电解液中具有不同的孔蚀电位。表 6-3 列出了某些金属在 0.1mol/L NaCl 溶液中的孔蚀电位。很显然,孔蚀电位愈正则耐孔蚀的能力愈强(准确地说,E_b 愈正,$E_b\sim E_p$ 差愈小,耐孔蚀能力愈强)。在 0.1mol/L NaCl 溶液中,Al 耐孔蚀性最差;Ti 耐孔蚀性最强。然而,如果介质不同,同一种金属的耐孔蚀性也不同。例如 Ti 在一般含卤素离子的溶液中不发生孔蚀,但在高浓度氯化物的沸腾溶液中和一些非水溶液中却遭受孔蚀。具有自钝化特性的金属或合金对孔蚀的敏感性较高,并且钝化能力愈强,则敏感性愈高。

表 6-3　某些金属在 0.1mol/L NaCl 溶液中的孔蚀电位（25℃）

金　属	E_b/V (vs. SHE)	金　属	E_b/V (vs. SHE)
Al	-0.45	30%Cr-Fe	$+0.62$
Fe	$+0.23$[①]	Zr	$+0.46$
Ni	$+0.28$	Cr	$+1.0$
18-8 不锈钢	$+0.26$	Ti	$+12.0$
12%Cr-Fe	$+0.20$		

① 在 0.01mol/L NaCl 测得的数据。

(2) 合金元素的影响

不锈钢中 Cr 是最有效的提高耐孔蚀性能的元素。随着含 Cr 量增加,孔蚀电位向正方向移动。12%Cr-Fe 合金的 $E_b=+0.20$V,而 30%Cr-Fe 合金,E_b 值升高到 $+0.62$V。在一定含量下增加含 Ni 量,也能起到减轻孔蚀的作用,而加入 2%~5% 的 Mo 能显著提高不锈钢耐孔蚀性能。因此,多年来对合金元素对不锈钢孔蚀的影响进行大量研究的结果表明,Cr、Ni、Mo、N 元素都能提高不锈钢抗孔蚀能力,而 S、C 等会降低不锈钢抗孔蚀能力。用电子束重熔炼的超低 C 和 N 的 25%Cr-1%Mo 不锈钢具有很高的耐孔蚀性能。

(3) 溶液组成及浓度的影响

一般来说,在含有卤素阴离子的溶液中,金属最易发生孔蚀。由于卤素离子能优先地被吸附在钝化膜上,把氧原子排挤掉,然后和钝化膜中的阳离子结合生成可溶性卤化物,产生小孔,导致膜的不均匀破坏。其作用顺序是:$Cl^->Br^->I^-$。F^- 只能加速金属表面的均匀溶解而不会引起孔蚀。因此,Cl^- 又可称为孔蚀的"激发剂"。随着介质中 Cl^- 浓度增加,孔蚀电位下降，使孔蚀容易发生，而后又加速孔蚀的进行。

尤利格（Uhlig）等人确定了孔蚀电位与 Cl^- 活度间的关系：

18-8 不锈钢　　　　　　　$E_b = -0.008 lg a_{Cl^-} + 0.168$（V）

金属 Al　　　　　　　　$E_b = -0.124 lg a_{Cl^-} + 0.0504$（V）

在氯化物中，含有氧化性金属阳离子的氯化物，如 $FeCl_3$、$CuCl_2$、$HgCl_2$ 等属于强烈的孔蚀激发剂。由于 Fe^{3+}、Cu^{2+}、Hg^{2+} 的还原电位较高，即使在缺氧条件下也能在阴极上进行还原，从而加速蚀孔内金属的溶解。

但是，一些含氧的非侵蚀性阴离子，如 OH^-、NO_3^-、CrO_4^{2-}、SO_4^{2-}、ClO_4^- 等具有抑制孔蚀的作用。

（4）溶液温度的影响

随着溶液温度的升高，Cl^- 反应能力增大，同时膜的溶解速率也提高，因而使膜中的薄弱点增多。所以，温度升高促使孔蚀电位向负方向移动，从而使孔蚀加重。

（5）表面状态的影响

一般来说，随着金属表面光洁度的提高，其耐孔蚀能力增强，而冷加工使金属表面产生冷变硬化时，会导致耐孔蚀能力下降。如果不锈钢预先在添加有 $K_2Cr_2O_7$ 的 HNO_3 溶液中进行表面钝化处理，可提高耐孔蚀性能。

（6）溶液流速的影响

通常，在静止的溶液中易形成孔蚀，因为此时不利于阴、阳极间的溶液交换。若增加流速则使孔蚀速率减小，这是因为介质的流速对孔蚀的减缓起双重作用。加大流速（但仍处于层流状态），一方面有利于溶解氧向金属表面的输送，使钝化膜容易形成；另一方面可以减少金属表面的沉积物，消除闭塞电池的自催化作用。例如，不锈钢制造的海水泵在运转过程中不易产生孔蚀，而在静止的海水中便会产生孔蚀。但把流速增加到湍流时，钝化膜经不起冲刷而被破坏，便会引起另一类型的腐蚀，即磨损腐蚀。

（7）热处理温度的影响

对于不锈钢和铝合金来说，在某些温度下进行回火或退火等热处理，能够生成沉淀相，从而增加孔蚀的倾向，不锈钢焊缝处容易发生孔蚀与此有关。但是奥氏体不锈钢，经固熔处理具有最佳的耐孔蚀性能。冷加工对孔蚀电位影响不大，但发现蚀孔的数量增多，尺寸减小。

6.2.4　孔蚀的防护措施

防止孔蚀的措施可以从两方面考虑，首先从材料本身的角度考虑，即选择耐孔蚀的材料，其次是改善材料服役的环境或采用电化学保护等，例如向腐蚀性介质中加入合适的缓蚀剂。此外，可采取提高溶液的流动速率及降低介质温度，以防止局部浓缩；还可以采用阴极保护措施，使金属的电位低于临界孔蚀电位。

（1）添加耐孔蚀的合金元素

加入合适的耐孔蚀的合金元素，降低有害杂质。例如，添加抗孔蚀的合金元素 Cr、Mo、Ni 和 N，降低有害元素和杂质 C、S 等，会明显提高不锈钢在含 Cl^- 溶液中耐孔蚀的性能。除了提高不锈钢中的含 Cr 量外，Mo 也是抗孔蚀重要的合金元素。目前耐孔蚀较好的材料有铁素体-奥氏体双相不锈钢（如 00Cr25NiMo3N）。在海洋工程中，双相不锈钢作为耐孔蚀以及由此而引起的应力腐蚀裂开和腐蚀疲劳的耐海水腐蚀材料，得到了广泛的应用。

(2) 合理选择材料

避免在 Cl⁻ 浓度超过拟选用的合金材料临界 Cl⁻ 浓度值的环境条件中使用这种合金材料。在海水环境中，不宜使用 18-8 型的 Cr-Ni 不锈钢制造的管道、泵和阀等。例如，原设计寿命要求达 10 年以上的大型海水泵，由于选用了这类 Cr-Ni 不锈钢制造的泵轴，结果仅使用了半年就断裂报废。这是由于在海水中 Cl⁻ 浓度已超过了这种材料不发生孔蚀的临界 Cl⁻ 浓度值，这类 Cr-Ni 不锈钢在海水中极易诱发孔蚀，最后导致材料的早期腐蚀疲劳断裂。可见，不仅孔蚀本身对工程机构有极大的破坏性，而且，它往往还是诱发和萌生应力腐蚀裂开和腐蚀疲劳断裂等低应力脆性断裂裂纹的起始点。

(3) 添加合适的缓蚀剂

耐孔蚀的缓蚀剂有无机缓蚀剂和有机缓蚀剂。例如早期使用的无机缓蚀剂有铬酸盐、重铬酸盐、硝酸盐等，目前多使用钼酸盐、钨酸盐和硼酸盐等作为孔蚀的缓蚀剂，不仅对碳钢和低合金钢有效，与有机膦复配时，对不锈钢的作用也很明显。有机缓蚀剂包括有机胺、有机膦酸及其盐、脂肪族与芳香族的羧酸盐等有机物对铁的孔蚀一定的缓蚀作用，尤以琥珀酸盐为佳。但是如果缓蚀剂用量不足，反而加速孔蚀。缓蚀剂的详细介绍及其作用机理见本书第 11 章的有关内容。

(4) 电化学保护

使用外加的阴极电流将金属阴极极化，使电极电位控制在孔蚀保护电位 E_p 以下，也可以有效地控制孔蚀的萌生和发展。电化学保护的详细介绍和机理参见本书第 12 章的有关内容。

6.3　缝隙腐蚀

6.3.1　缝隙腐蚀的概念

缝隙腐蚀是一种常见的局部腐蚀。金属材料或制品在介质中，由于金属与金属或金属与非金属之间形成特别小的缝隙（一般在 0.025～0.1mm 范围内），使缝隙内介质处于滞留状态，引起缝隙内金属的加速腐蚀，这种局部腐蚀称为**缝隙腐蚀**（crevice corrosion）。如图6-5所示。

可能构成缝隙腐蚀的缝隙包括：金属结构的衔接、焊接、螺纹连接等处构成的缝隙；金属与非金属的连接处，如金属与塑料、橡胶、石墨等处构成的缝隙；金属表面的沉积物、附着物，如灰尘、沙粒、腐蚀产物、细菌菌落或海洋污损生物等与金属表面形成的狭小缝隙等；此外，许多金属构件由于设计上的不合理或由于加工过程等关系也会形成缝

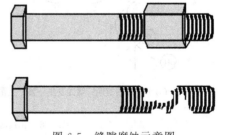

图 6-5　缝隙腐蚀示意图

隙，这些缝隙是发生隙缝腐蚀的理想场所。多数情况下的缝隙在工程结构中是不可避免，所以缝隙腐蚀也是不可完全避免的。

缝隙腐蚀具有如下的基本特征。

① 几乎所有的金属和合金都有可能引起缝隙腐蚀。从正电性的 Au 或 Ag 到负电性的 Al 或 Ti；从普通的不锈钢到特种不锈钢，都会产生缝隙腐蚀。但它们对缝隙腐蚀的敏感性

有所不同，具有自钝化特性的金属或合金对缝隙腐蚀的敏感性较高，不具有自钝化能力的金属和合金，如碳钢等对缝隙腐蚀的敏感性较低。例如 0Cr18Ni8Mo3 这种奥氏体不锈钢，是一种能耐多种苛刻介质腐蚀的优良合金，也会产生缝隙腐蚀。

②几乎所有的腐蚀性介质都有可能引起金属的缝隙腐蚀。介质可以是酸性、中性或碱性的溶液，但一般以充气的、含活性阴离子（如 Cl^- 等）的中性介质最易引起缝隙腐蚀。

③遭受缝隙腐蚀的金属，在缝隙内呈现深浅不一的蚀坑或深孔。缝隙口常有腐蚀产物覆盖，即形成闭塞电池。因此缝隙腐蚀具有一定的隐蔽性，容易造成金属结构的突然失效，具有相当大的危害性。

④与孔蚀相比，同一金属或合金在相同介质中更易发生缝隙腐蚀。对孔蚀而言，原有的蚀孔可以发展，但不产生新的蚀孔，而在发生缝隙腐蚀电位区间内，缝隙腐蚀既能发展，又能产生新的蚀坑，原有的蚀坑也能发展，所以，缝隙腐蚀是一种比孔蚀更为普遍的局部腐蚀。虽然对于缝隙腐蚀的研究愈来愈受到重视，但研究的广度和深度都比不上孔蚀。

6.3.2　缝隙腐蚀机理

关于缝隙腐蚀的机理，过去都用氧浓差电池的模型来解释。随着电化学测试技术的发展，特别是通过人工模拟缝隙的实验发现，许多缝隙腐蚀现象难以用氧浓差电池模型作出圆满的解释。美国科学家 Fontana 和 Greene 在上述研究基础上，提出了缝隙腐蚀的闭塞电池模型来阐述金属的缝隙腐蚀。

金属的缝隙腐蚀可以看作是先后形成氧浓差电池和闭塞电池作用的结果。下面结合图6-6 碳钢在中性海水中发生的缝隙腐蚀阐述缝隙腐蚀机理。

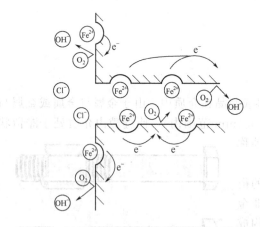 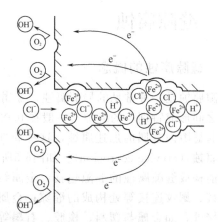

(a) 缝隙腐蚀初期：腐蚀发生在整个金属表面　　(b) 缝隙腐蚀后期：腐蚀仅在缝隙内发生，缝隙内 H^+ 和 Cl^- 浓度增加，具有自催化效应

图 6-6　Fontana 和 Greene 的缝隙腐蚀机理

缝隙腐蚀刚开始，氧去极化腐蚀在缝隙内、外的整个金属表面上同时进行。

阳极溶解反应　　　　　　　　$Fe \longrightarrow Fe^{2+} + 2e^-$

阴极还原反应　　　　　　　　$O_2 + 2H_2O + 4e^- \longrightarrow 4OH^-$

经过较短时间的阴、阳极反应，缝隙内的 O_2 逐渐消耗殆尽，形成缝隙内、外的氧浓差电池。缺氧的区域（缝隙内）电位较低为阳极区，氧易于到达的区域（缝隙外）电位较高为阴极区。腐蚀电池具有大阴极、小阳极的特点，腐蚀电流较大，结果缝隙内金属溶解，金属阳离子 Fe^{2+} 不断增多。

同时二次腐蚀产物 $Fe(OH)_2\downarrow$ 或 $Fe(OH)_3\downarrow$ 在缝隙口形成，致使缝隙外的氧扩散到缝隙内很困难，从而中止了缝隙内氧的阴极还原反应，使缝隙内金属表面和缝隙外自由暴露表面之间组成宏观腐蚀电池——闭塞电池。

闭塞电池的形成标志着缝隙腐蚀进入了发展阶段。此时缝隙内介质处于滞流状态，金属阳离子 Fe^{2+} 难以向外扩散，随着金属离子的积累，造成缝隙内正电荷过剩，促使缝隙外 Cl^- 向缝隙内迁移以保持电荷平衡，并在缝隙内形成金属氯化物。

缝隙内金属离子发生如下的水解反应：

$$FeCl_2+2H_2O\longrightarrow M(OH)_2\downarrow+2HCl$$

水解反应使缝隙内的介质酸化，缝隙内介质的 pH 可降低至 $2\sim3$ 左右，这样缝隙内 Cl^- 的富集和生成的高浓度 H^+ 的协同作用加速了缝隙内金属的进一步腐蚀。

由于缝隙内金属溶解速率的增加又促使缝隙内金属离子进一步过剩，Cl^- 继续向缝隙内迁移，形成的金属盐类进一步的水解、酸化，更加速了金属的溶解……，构成了缝隙腐蚀发展的自催化效应。如果缝隙腐蚀不能得到有效的抑制，往往会导致金属腐蚀穿孔。

如果缝隙宽度大于 0.1mm，缝隙内介质不会形成滞留，也就不会产生缝隙腐蚀。

综上所述，氧浓差电池的形成，对缝隙腐蚀的初期起促进作用。但蚀坑的深化和扩展是从形成闭塞电池开始的，所以闭塞电池的自催化作用是造成缝隙腐蚀加速进行的根本原因。换言之，光有氧浓差作用而没有自催化作用，不至于构成严重的缝隙腐蚀。

不锈钢对缝隙腐蚀的敏感性比碳钢高，它在海水中更容易引起缝隙腐蚀，其腐蚀机理与碳钢大同小异。

目前对于缝隙腐蚀机理仍未得到完全统一的认识。

6.3.3　缝隙腐蚀与孔蚀的比较

缝隙腐蚀和孔蚀有许多相似的地方，尤其在腐蚀发展阶段上更为相似。于是有人曾把孔蚀看作是一种以蚀孔作为缝隙的缝隙腐蚀，但只要把两种腐蚀加以分析和比较，就可以看出两者有本质上的区别。

从腐蚀发生的条件来看，孔蚀起源于金属表面的孔蚀核，缝隙腐蚀起源于金属表面的特小缝隙。孔蚀必须在含活性阴离子的介质中才会发生，而后者即使在不含活性阴离子的介质中也能发生。

从腐蚀过程来看，孔蚀是通过逐渐形成闭塞电池，然后才加速腐蚀的，而缝隙腐蚀由于事先已有缝隙，腐蚀刚开始很快便形成闭塞电池而加速腐蚀。孔蚀闭塞程度较大，缝隙腐蚀闭塞程度较小。

从环形阳极极化曲线上的特征电位来看，同一不锈钢试样在同一实验条件下，孔蚀的 E_b 值高于缝隙腐蚀的 E_b 值，这说明缝隙腐蚀比孔蚀更容易发生。在 $E_b\sim E_p$ 区间，对孔蚀来说，原有的蚀孔可以发展，新的蚀孔不会产生。对缝隙腐蚀，除已形成的蚀坑可以扩展外，新的蚀坑仍会发生。

从腐蚀形态看，孔蚀的蚀孔窄而深，缝隙腐蚀的蚀坑相对广而浅。

6.3.4　缝隙腐蚀的影响因素

金属发生缝隙腐蚀的难易程度与许多因素有关，主要有材料因素、几何因素和环境因素。

(1) 材料因素

不同的金属材料耐缝隙腐蚀的性能不同。不锈钢随着 Cr、Mo、Ni 元素含量的增高，其耐缝隙腐蚀性能有所提高。如 Inconel625（Ni58Cr22Mo9Nb4）合金在海水中具有很强的耐缝隙腐蚀性能，304 不锈钢（1Cr19Ni10）耐缝隙腐蚀性能则较差。又如金属 Ti 在高温和含较浓的 Cl^-、Br^-、I^- 及 SO_4^{2-} 等离子的溶液中，就容易产生缝隙腐蚀，但若在 Ti 中加入 Pd 进行合金化，这种合金则具有极强的耐缝隙腐蚀性能。

(2) 几何因素

影响缝隙腐蚀的重要几何因素包括缝隙宽度和深度以及缝隙内、外面积比等。一般发生缝隙腐蚀的缝宽为 0.025～0.1mm 的范围，最敏感的缝宽为 0.05～0.1mm，超过 0.1mm 就不会发生缝隙腐蚀，而是倾向于发生均匀腐蚀。在一定限度内缝隙愈窄，腐蚀速率愈大。由于缝隙内为阳极区，缝隙外为阴极区，所以缝隙外部面积愈大，缝隙内腐蚀速率愈大。

(3) 环境因素

溶液中氧的含量、Cl^- 的含量、溶液 pH 等对缝隙腐蚀速率都有影响。不锈钢的缝隙腐蚀大多数是在充气中性氯化物介质中发生（如海水）。通常介质中的 Cl^- 浓度愈高，发生缝隙腐蚀的可能性愈大，当 Cl^- 浓度超过 0.1% 时，便有缝隙腐蚀的可能。Br^- 也会引起缝隙腐蚀，但次于 Cl^-，I^- 又次之。溶解氧的浓度若大于 0.5mg/L 时，便会引起缝隙腐蚀。

环境因素对不锈钢缝隙腐蚀的影响列于表 6-4 中。

表 6-4 环境因素对不锈钢缝隙腐蚀的影响

环境因素		缝 隙 内		缝 隙 外	缝隙腐蚀速率
		萌生缝隙腐蚀敏感性	发展 阳极反应速率 $Fe \longrightarrow Fe^{2+}+2e^-$ $Cr \longrightarrow Cr^{3+}+3e^-$	萌生、发展 阴极反应速率 $O_2+H_2O+4e^- \longrightarrow 4OH^-$ $2H^++2e^- \longrightarrow H_2$	
溶解 O_2 增加		～	～	+	+
H^+ 浓度增加		+	+	+	+
Cl^- 浓度增加		+	～	～	+
流速增加		～	～	+	+
温度上升	敞开系统	+	+	－	80℃极大值
	密闭系统	+	+	+	+

注：+表示加速腐蚀；－表示腐蚀减少；～表示无影响。

6.3.5 缝隙腐蚀的防护措施

① 合理设计与施工。多数情况下，钢铁设备或制品都会有缝隙，因此须用合理的设计尽量避免缝隙。例如，施工时要尽量采用焊接，而不采用铆接或螺钉连接。对焊优于搭焊。焊接时要焊透，避免产生焊孔和缝隙。搭接焊的缝隙要用连续焊、钎焊或捻缝的方法将其封塞。如果必须采用螺钉连接则应使用绝缘的垫片，如低硫橡胶垫片、聚四氟乙烯垫片，或在接合面上涂以环氧、聚氨酯或硅橡胶密封膏，或涂有缓蚀剂的油漆，如对钢可用加有 $PbCrO_4$ 的油漆，对铝可用加有 $ZnCrO_4$ 的油漆，以保护连接处。垫片不宜采用石棉、纸质等吸湿性材料，也不宜采用石墨等导电性材料。热交换器的花板与热交换管束之间，用焊接代替胀管。对于几何形状复杂的海洋平台节点处，采用涂料局部保护，避免在长期的预制过程中由于沉积物的附着而形成缝隙。

　　若在结构设计上不可能采用无缝隙方案，亦要避免金属制品的积水处，使液体能完全排净。要便于清理和去除污垢，避免锐角和静滞区（死角），以便出现沉积物时能及时清除。对于在海水介质中使用的不锈钢设备，可采用 Pb-Sn 合金填充缝隙，同时它还可以起牺牲阳极的作用。

　　② 如果缝隙难以避免时，可采用阴极保护，如在海水中采用锌或镁的牺牲阳极法。

　　③ 如果缝隙实在难以避免，则改用耐缝隙腐蚀的材料。选用在低氧酸性介质中不活化并具有尽可能低的钝化电流和较高的活化电位的材料。一般 Cr、Mo 含量高的合金，其抗缝隙腐蚀性较好。如含 Mo、含 Ti 的不锈钢、超纯铁素体不锈钢、铁素体-奥氏体双相不锈钢以及钛合金等。Cu-Ni、Cu-Sn、Cu-Zn 等铜基合金也有较好的耐缝隙腐蚀性能。

　　④ 带缝隙的结构若采用缓蚀剂法防止缝隙腐蚀，一定要采用高浓度的缓蚀剂才行。由于缓蚀剂进入缝隙时常受到阻滞，其消耗量大，如果用量不当，反而会加速腐蚀。

6.4　电偶腐蚀

6.4.1　电偶腐蚀的概念

　　当两种不同的金属或合金接触并放入电解质溶液中或在自然环境中，由于两种金属的自腐蚀电位不等，原自腐蚀电位较负的金属（电偶对阳极）腐蚀速率增加，而电位较正的金属腐蚀速率反而减小，这就是**电偶腐蚀**（galvanic corrosion）。电偶腐蚀也称为**双金属腐蚀**（bimetallic corrosion），或**接触腐蚀**。电偶腐蚀实际上就是在第 2 章提及的宏观原电池腐蚀。

　　电偶腐蚀存在于众多的工业装置和工程结构中，它是一种最普遍的局部腐蚀类型。纽约著名的自由女神铜像内部的钢铁支架发生的严重腐蚀就是因为发生了电偶腐蚀，许多钢铁支架锈蚀得只剩下原来的一半，铆钉也已脱落；同时在潮湿空气、酸雨等作用下，铜皮外衣也被腐蚀得比原先薄了许多。

　　轮船、飞机、汽车等许多交通工具都存在着异种金属的相互接触，都会引起程度不同的电偶腐蚀。电偶腐蚀甚至存在于电子和微电子装备中，它们在临界湿度以上及腐蚀性大气环境下工作时，许多铜导线、镀金、镀银件与焊锡相接触而产生严重的电偶腐蚀。据报道，各军兵种的军事装备由于电偶腐蚀，破坏了它们的可靠性，导致电子装备的早期失效，直接影响乃至丧失它们的作战能力。

　　有时，两种不同的金属虽然没有直接接触，在意识不到的情况下也有引起电偶腐蚀的可能。例如循环冷却系统中的铜零件，由于腐蚀下来的铜离子可通过扩散在碳钢设备表面上沉积，沉积下的疏松的铜粒子与碳钢之间便形成了微电偶腐蚀电池，结果引起了碳钢设备严重的局部腐蚀。这种现象起因于构成了间接的电偶腐蚀，可以说是一种特殊条件下的电偶腐蚀。

6.4.2　电偶腐蚀的原理

　　异种金属在同一介质中接触，为什么会导致腐蚀电位较低的金属的加速腐蚀，这在第 2 章 2.1 节中已有论述，这里借助图 6-7 加以进一步的说明。

　　设有两块表面积相等的金属 M_1 和 M_2，把它们分别放入含去极化剂为 H^+ 的同一介质中，则两块金属便各自发生析氢腐蚀。金属 M_1 上发生的共轭反应是：

$$M_1 \rightleftharpoons M_1^{2+} + 2e^- \qquad \text{腐蚀电位 } E_{corr,1}$$
$$2H^+ + 2e^- \rightleftharpoons H_2$$

金属 M_2 上发生的共轭反应是：

$$M_2 \rightleftharpoons M_2^{2+} + 2e^- \qquad \text{腐蚀电位 } E_{corr,2}$$
$$2H^+ + 2e^- \rightleftharpoons H_2$$

M_1 的腐蚀电位是 $E_{corr,1}$，M_2 的腐蚀电位是 $E_{corr,2}$，设 $E_{corr,1} < E_{corr,2}$，其对应的腐蚀电流分别是 $i_{c,1}$ 和 $i_{c,2}$（如图 6-7）。反应处于活化极化控制，即服从 Tafel 关系。

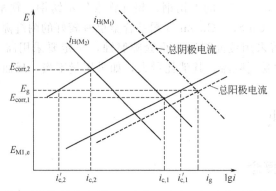

图 6-7 表面积相等的金属 M_1 和 M_2 组成电偶电池后的极化曲线

当两块金属在介质中直接接触（短路），便构成一个宏观电偶腐蚀电池，M_1 是宏观腐蚀电池的阳极，M_2 是宏观腐蚀电池的阴极。偶合电极阴、阳极之间的短路电流就是电偶电流。设此时两电极间溶液的 IR 降可忽略，由于有电偶电流从 M_2 流向 M_1，两电极便向相反方向极化（图 6-7 虚线所示）：M_1 发生阳极极化，M_2 发生阴极极化，当极化达到稳态时，两条极化曲线的交点所对应的电位是偶对的混合电位 E_g，E_g 位于 $E_{corr,1}$ 和 $E_{corr,2}$ 之间，对应的电流就是电偶电流 i_g。此时，M_1 的溶解电流便从 $i_{c,1}$ 增加到 $i'_{c,1}$，这说明偶合后 M_1 的溶解速率比单独存在时增加了；M_2 则相反，它的溶解电流从 $i_{c,2}$ 下降到 $i'_{c,2}$，说明 M_2 偶合后的溶解速率比单独存在时下降了。

在电偶腐蚀中为了更好地表示两种金属偶接后阳极金属溶解速率增加的倍数，引入了电偶腐蚀效应的概念，用 γ 表示。M_1 和 M_2 两种金属偶接后，阳极金属 M_1 的腐蚀电流 $i'_{c,1}$ 与未偶接时该金属的自腐蚀电流 $i_{c,1}$ 之比，称为**电偶腐蚀效应系数**。

$$\gamma = \frac{i'_{c,1}}{i_{c,1}} \approx \frac{i_g}{i_{c,1}} \tag{6-1}$$

式中，$i_{c,1}$ 表示 M_1 未与 M_2 偶接时的自腐蚀电流；$i'_{c,1}$ 表示 M_1 与 M_2 偶接时的自腐蚀电流；i_g 表示电偶电流。该公式表示，偶接后阳极金属 M_1 溶解速率比金属单独存在时的腐蚀速率增加的倍数。γ 愈大，则电偶腐蚀愈严重。

由以上分析表明，在电偶腐蚀电池中，腐蚀电位较低的金属由于和腐蚀电位较高的金属接触而产生阳极极化，其结果是溶解速率增加；而电位较高的金属，由于和电位较低的金属接触而产生阴极极化，结果是溶解速率下降，金属受到了阴极保护，这就是电偶腐蚀的原理。在电偶腐蚀电池中，阳极金属溶解速率增加的效应，称为**接触腐蚀效应**；阴极金属溶解速率减小的效应，称为阴极保护效应。这两种效应同时存在，互为因果。

利用电偶腐蚀原理，可以用牺牲阳极体的金属来保护阴极体的金属，这种防腐方法称为牺牲阳极的阴极保护法。这部分内容在第 12 章中有详细的论述。

6.4.3　差数效应

电位较负的金属 M_1 和电位较正的金属 M_2 形成电偶后，受到了金属 M_2 对它的阳极极化作用，金属 M_1 通过了一个大小为 i_g 的净的电偶电流，打破了它没有与 M_2 偶接时的自腐蚀状态，同时在自腐蚀电位下建立的电荷平衡被打破。所以，M_1 未形成电偶对时的自腐蚀速率与形成电偶后的腐蚀速率存在着差异。一个腐蚀着的金属，由于外加阳极极化引起其内部腐蚀微电池电流的改变，这种现象称为差数效应。如果外加阳极极化引起内部腐蚀微电池电流的减少，称为**正差数效应**；相反，引起腐蚀微电池电流增加则称为**负差数效应**。

可以通过 Zn 在稀酸中和 Pt 接触的实验来验证正差数效应现象（如图 6-8 所示）。首先打开开关 K，测得 Zn 上的析氢速率为 v_0，它相当于 Zn 单独存在时微电池作用下的腐蚀速率。然后合上 K，使 Zn 和 Pt 接触，测得 Zn 的析氢速率为 v_1，Pt 上的析氢速率为 v_2。v_1 相当于 Zn 受到阳极极化后微电池作用的腐蚀速率，v_2 相当于 Zn 和 Pt 接触后的腐蚀速率。显然，v_2 是外加阳极极化而引起的腐蚀速率，因此，Zn 和 Pt 接触后的总腐蚀速率应等于（v_1+v_2）之和。虽然（v_1+v_2）的值比 v_0 大，但 v_1 却比 v_0 小，这说明 Zn 受到阳极极化后，它的内部腐蚀微电池电流减少了。所以（v_0-v_1）的差值便是正差数效应，即 $\Delta v=v_0-v_1$。差数效应实质上是宏观腐蚀电池和金属内部微观腐蚀电池相互作用的结果。而宏观电池的工作引起徽电池工作的削弱正是正差数效应的现象。如果用 Al 来代替 Zn 重复上述实验，发现不仅 Al 的总腐蚀速率增加，而且 Al 的微电池腐蚀速率也增加，这就是负差数效应的现象。差数效应并非只在析氢腐蚀体系中才会发生，在吸氧腐蚀体系中也会发生，只是对于后者验证较为困难。正差数效应的现象

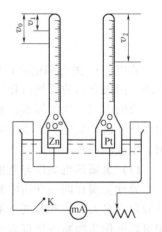

图 6-8　Zn 在稀酸中正差数效应的测定

比较普遍，负差数效应的现象比较少见。镁及镁合金在海水中和碳钢接触时表现出负差数效应。

差数效应现象，可用多电极电池体系的图解方法进一步解释，并可以进行定量的计算。以上述实验为例，将腐蚀着的金属 Zn 看成双电极腐蚀电池。当 Zn 和 Pt 接触，等于接入一个更强的阴极组成一个三电极腐蚀电池。如图 6-9(a) 所示，假定电极的面积比以及它们的阴、阳极极化曲线可以确定的话，便可给出体系的差数效应的腐蚀极化图，如图 6-9(b)。在这个三电极体系中，Pt 可看作不腐蚀电极，对 Zn 而言，除了未与 Pt 接触时由于腐蚀微电池作用而发生自溶解外，还因外加阳极电流而产生了阳极溶解，所以 Zn 的总腐蚀速率增加了。当 Zn 单独处于腐蚀介质中时，自腐蚀电位和自腐蚀电流分别是 E_{corr} 和 I_{corr}。当 Zn 与 Pt 组成电偶对后，由于 Pt 的电位较正，析氢反应主要在 Pt 上发生，这时析氢反应总的极化曲线是 Zn 表面析氢的极化曲线和 Pt 上析氢极化曲线的加和，即阳极极化曲线与它的交点从 S 点变为 S' 点，Zn 腐蚀的总电流也变为 I'_{corr}，此时 Zn 上腐蚀微电池的电流变为 I_1，小于原来的 I'_{corr}，表现为正差数效应。

6.4.4　电偶腐蚀的影响因素

电偶腐蚀速率与电偶电流成正比，其大小可用式(6-2) 表示：

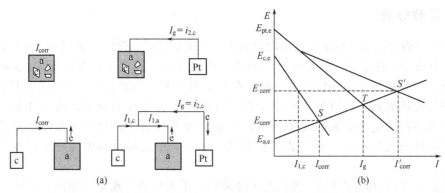

图 6-9 正差数效应的三电极模型（a）和正差数效应的腐蚀极化图（b）

$$I_g = \frac{E_c - E_a}{\dfrac{P_c}{S_c} + \dfrac{P_a}{S_a} + R} \tag{6-2}$$

式中，I_g 为电偶电流；E_c、E_a 分别为阴、阳极金属偶接前的稳态电位；P_c、P_a 分别为阴、阳极金属的平均极化率；S_c、S_a 分别为阴、阳极金属的面积；R 为欧姆电阻。

影响电偶腐蚀的因素较复杂。除了与接触金属材料的本性有关外，还受其他因素，如面积效应、极化效应、溶液电阻等因素有关。其中比较重要的因素是偶接金属材料的性质与阴、阳极的面积比。

（1）金属的电偶序与电偶腐蚀倾向

异种金属在同一介质中相接触，哪种金属为阳极，哪种金属做阴极，阳极金属的电偶腐蚀倾向有多大，这些原则上都可以用热力学理论进行判断。但能否用它们的标准电极电位的相对高低作为判断的依据呢？现以 Al 和 Zn 在海水中的接触为例。若从它们的标准电极电位来看，Al 的标准电极电位是 -1.66V，Zn 的是 -0.762V，二者组成偶对，Al 为阳极，Zn 为阴极，所以，Al 应受到腐蚀，Zn 应得到保护。但事实则刚好相反，Zn 受到腐蚀，Al 得到保护。判断结果与实际情况不符，原因是确定某金属的标准电极电位的条件与海水中的条件相差很大。如 Al 在 3% NaCl 溶液中测得的腐蚀电位是 -0.60V，Zn 的腐蚀电位是 -0.83V。所以二者在海水中接触，Zn 是阳极受到腐蚀，Al 是阴极得到保护。由此可见，当我们对金属在偶对中的极性作出判断时，不能以它们的标准电极电位作为判据，而应该以它们的腐蚀电位作为判据，否则有时会得出错误的结论。具体来说，可查用金属（或合金）的电偶序来作出热力学上的判断。所谓电偶序，就是根据金属（或合金）在一定条件下测得的稳态电位的相对大小排列而成的表。表 6-5 为一些金属或合金在海水中的电偶序。

在电偶序中，通常只列出金属稳态电位的相对关系，而不是把每种金属的稳态电位值列出，其主要原因是海洋环境变化甚大，海水的温度、pH 值、成分及流速都很不稳定，所测得的电位值也在很大的范围内波动，即数据的重现性差。加上测试方法不同，所以数据相差较大，一般所测得的大多数值属于经验性数据，缺乏准确的定量关系，所以列出金属稳态电位的真实值意义就不大。但表中的上下关系可以定性地比较出金属电偶腐蚀的倾向，这对我们从热力学上判断金属在偶对中的极性和电偶腐蚀倾向有参考价值。

由表中上下位置相隔较远的两种金属，在海水中组成偶对时，阳极受到的腐蚀较严重，因为从热力学上来说，二者的开路电位差较大，腐蚀推动力亦大。反之，由上下位置相隔较

表 6-5　一些金属或合金在海水中的电偶序（常温）

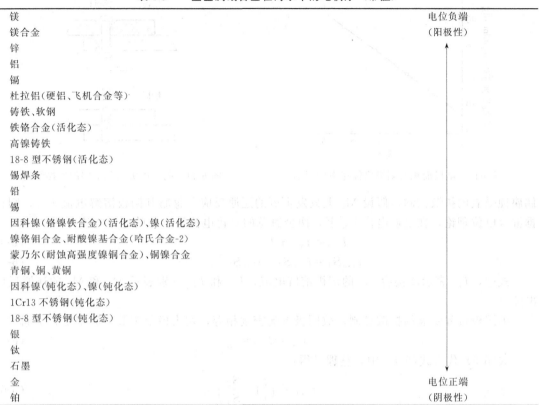

镁
镁合金
锌
铝
镉
杜拉铝（硬铝、飞机合金等）
铸铁、软钢
铁铬合金（活化态）
高镍铸铁
18-8 型不锈钢（活化态）
锡焊条
铅
锡
因科镍（铬镍铁合金）（活化态）、镍（活化态）
镍铬钼合金、耐酸镍基合金（哈氏合金-2）
蒙乃尔（耐蚀高强度镍铜合金）、铜镍合金
青铜、铜、黄铜
因科镍（钝化态）、镍（钝化态）
1Cr13 不锈钢（钝化态）
18-8 型不锈钢（钝化态）
银
钛
石墨
金
铂

电位负端
（阳极性）

电位正端
（阴极性）

近的两种金属偶合时，则阳极受到的腐蚀较轻。

位于表中同一横行的金属，又称为同组金属，表示它们之间的电位相差很小（一般电位差＜50mV），当它们在海水中组成偶对时，它们的腐蚀倾向小至可以忽略的程度。如铸铁-软钢、黄铜-青铜等，它们在海水中使用不必担心会引起严重的电偶腐蚀。

必须指出，凭借腐蚀电偶序仅能估计体系发生电偶腐蚀趋势的大小，而电偶腐蚀的速率，不仅取决于这一电偶在所在介质中电位差的大小，还取决于这一腐蚀电偶回路的电阻值、组成电偶的两个电极极化所达到的程度和正负极材料的面积比、腐蚀产物的性质等因素。只有把热力学因素和动力学因素结合起来研究才能得出全面的结论。

(2) 阴、阳极面积比

偶对中的阴、阳极面积的相对大小，对电偶腐蚀速率影响很大。从图 6-10 中可以看到，某一偶对中，随着阴极对阳极面积的比值（即 S_c/S_a）的增加，偶对的阳极腐蚀速率也增加。

阴、阳极面积比对阳极腐蚀速率的影响可以这样来解释：在氢去极化腐蚀时，腐蚀电流密度为阴极极化控制的条件下，阴极面积相对愈大，阴极电流密度愈小，阴极上的氢过电位就愈小，氢去极化速率亦愈大，结果阳极的溶解速率增加。在氧去极化腐蚀时，其腐蚀电流密度为氧扩散控制的条件下，若阴极面积相对加大，则溶解氧可更大量地抵达阴极表面进行还原反应，因而扩散电流增加，导致阳极的加速溶解。

根据混合电位理论可以定量解释阴、阳极面积比对电偶腐蚀的影响。电位较负的金属 M_1（面积 S_1）和电位较正的金属 M_2（面积 S_2）组成偶对，浸入含氧的中性电解液中，电

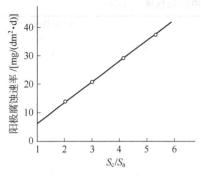

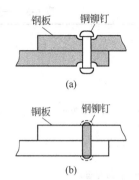

图 6-10　电极面积对阳极腐蚀速率的影响　　图 6-11　阴、阳极面积不同的连接结构

偶腐蚀受氧的扩散控制。假设 M_2 上只发生氧的还原反应，忽略其阳极溶解电流 $I_{2,a}$，则根据混合电位理论，在电偶电位 E_g 下，两金属总的氧化电流等于总的还原电流，即：

$$I_{1,a}=I_{1,c}+I_{2,c} \tag{6-3}$$
$$i_{1,a}S_1=i_{1,c}S_1+i_{2,c}S_2 \tag{6-4}$$

式中，$I_{1,a}$ 表示偶接后 M_1 的阳极溶解电流；$I_{1,c}$ 和 $I_{2,c}$ 分别表示 M_1 和 M_2 的还原反应电流。

因阴极过程受氧的扩散控制，故阴极电流密度相等，均为极限扩散电流密度 i_L，即：

$$i_{1,c}=i_{2,c}=i_L \tag{6-5}$$

式（6-5）代入式（6-4）中，整理可得：

$$i_{1,a}=i_L\left(1+\frac{S_2}{S_1}\right) \tag{6-6}$$

电偶电流：
$$I_g=I_{1,a}-I_{1,c}=I_{2,c} \tag{6-7}$$
即：
$$i_gS_1=i_{2,c}S_2=i_LS_2 \tag{6-8}$$

$$i_g=i_L\frac{S_2}{S_1} \tag{6-9}$$

由此可见，电偶电流与阴、阳极面积成正比关系，阴、阳极面积比越大，电偶腐蚀越严重。

从生产实例来看，不同金属偶合的结构在不同的电极面积比下，对阳极的腐蚀速率就有不同的加速作用。图 6-11(a) 表示钢板用铜铆钉铆接，图 6-11(b) 表示铜板用钢铆钉铆接。前者属于大阳极-小阴极的结构，后者属于大阴极-小阳极结构。从材料保护的角度考虑，大阴极-小阳极的连接结构是危险的，因为它可使阳极腐蚀电流急剧增加，连接结构很快受到破坏。而大阳极-小阴极的结构则相对较为安全。因为阳极面积大，阳极溶解速率相对减小，不至于短期内引起连接结构的破坏。

(3) 极化作用

根据式（6-2）可知，不论阳极极化率增大还是阴极极化率增大，都可使电偶腐蚀速率降低。例如，在海水中不锈钢与碳钢的阴极反应都受氧的扩散控制，当这两种金属偶接后，介质的钝化作用使不锈钢的极化率比碳钢高很多，所以，偶接后不锈钢能强烈地加速碳钢的腐蚀。

顺便提及，电偶作用有时也会促进阴极的破坏，如等面积的铝（阴极）和镁（阳极）在海水中，电偶作用将加速镁阳极的腐蚀，而在充气条件下阴极表面上的主要产物 OH^- 也会同时促进铝的破坏，所以电偶中的两极最终都会加剧腐蚀。

6.4.5　控制电偶腐蚀的措施

前面已提及，两种金属或合金的电位差是电偶效应的推动力，是产生电偶腐蚀的必要条件。因此在实际结构设计中应尽可能使接触金属间的电位差降到最小值。除规定接触电位差小于一定值外，还应采用消除电偶效应的措施，如采用适当的表面处理、油漆层、环氧树脂及其他绝缘衬垫材料，都能预防或减轻金属的电偶腐蚀。

电偶腐蚀的主要防止措施有：①结构设计中避免采用不同金属间的电接触，例如，易发生电偶腐蚀的管段之间，采用绝缘法兰，如果必须选用不同的金属连接结构，也要选择在工作环境下不同金属的电极电位尽量接近（最好不超过 50mV）的金属作为相接触的电偶对，根除或降低发生电偶腐蚀的必要条件；②减小较正电极电位金属的面积，尽量使电极电位较负的金属表面积增大，选择防护方法时应考虑面积因素的影响以及腐蚀产物的影响；③尽量使相接触的金属电绝缘，并使介质电阻增大；④充分利用防护层或设法外加保护电位。

电偶腐蚀不仅会造成腐蚀破坏，也可以利用电偶腐蚀，以达到保护主体结构的目的。例如，镀锌钢铁制品表面一旦受到损伤时，就能利用镀锌层的溶解，保护钢铁基体；采用铝基、锌基或镁系牺牲阳极，保护与它们连接的海工结构、埋地管线、油轮的储油舱/压水舱或油罐等。

6.5　晶间腐蚀

6.5.1　晶间腐蚀的形态及产生条件

常用金属材料，特别是结构材料，属多晶结构的材料，因此存在着晶界。晶间腐蚀是金属的晶界受到的腐蚀破坏现象。**晶间腐蚀**是一种由微电池作用引起的局部破坏现象，是金属材料在特定的腐蚀介质中沿着材料的晶界产生的腐蚀。这种腐蚀主要是从表面开始，沿着晶界向内部发展，直至成为溃疡性腐蚀，整个金属强度几乎完全丧失。图 6-12 是晶间腐蚀的示意图。晶间腐蚀常在不锈钢、镍合金和铝-铜合金上发生，主要是在焊接接头或经一定温度、时间加热后的构件上发生。它曾经是 20 世纪 30～50 年代奥氏体不锈钢最为常见的腐蚀破坏形式。

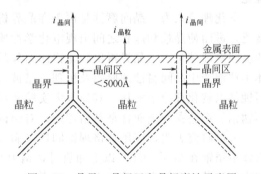

图 6-12　晶界、晶间区和晶间腐蚀示意图

晶间腐蚀的特征是：从宏观角度来看，金属材料表面似乎没有发生什么变化，但在腐蚀严重的情况下，晶粒之间已丧失了结合力，表现为轻轻敲击遭受晶间腐蚀的金属，已经发不出清脆的金属声，再用力敲击时金属材料会碎成小块，甚至形成粉状，因此，它是一种危害性很大的局部腐蚀。从微观角度看，腐蚀始发于表面，沿着晶界向内部发展，腐蚀形貌是沿着晶界形成许多不规则的多边形腐蚀裂纹。

晶间腐蚀的产生必须具备两个条件：一是晶界物质的物理化学状态与晶粒本身不同；二是特定的环境因素，如潮湿大气、电解质溶液、过热水蒸气、高温水或熔融金属等。

6.5.2 晶间腐蚀机理

在腐蚀介质中，金属及合金的晶粒与晶界显示出明显的电化学不均一性，这种变化或是由金属或合金在不正确的热处理时产生的金相组织变化引起的，或是由晶界区存在的杂质或沉淀相引起的。下面从晶界结构分别列举出几种金属材料的晶间腐蚀原因。

(1) 奥氏体不锈钢的晶间腐蚀

固溶处理的奥氏体不锈钢若在 450～850℃ 温度范围内保温或缓慢冷却，然后在一定腐蚀介质中暴露一定时间，就会产生晶间腐蚀。若奥氏体不锈钢在 650～750℃ 范围内加热一定时间（一种人为敏化处理的方法），则这类钢的晶间腐蚀就更为敏感。这就是说，利用这种方法很容易使奥氏体不锈钢（如 18-8 钢）产生晶间腐蚀。为什么在上述情况下易产生晶间腐蚀倾向呢？

含碳量高于 0.02% 的奥氏体不锈钢中，碳与铬能生成碳化物（$Cr_{23}C_6$）。这些碳化物高温淬火时成固溶态溶于奥氏体中，铬呈均匀分布，使合金各部分铬含量均在钝化所需值，即 12%Cr 以上。合金具有良好的耐蚀性。这种过饱和固溶体在室温下虽然暂时保持这种状态，但它是不稳定的。如果加热到敏化温度范围内，碳化物就会沿晶界析出，铬便从晶粒边界的固溶体中分离出来。由于铬的扩散速率缓慢，远低于碳的扩散速率，铬不能从晶粒内固溶体中扩散补充到边界，因而只能消耗晶界附近的铬，造成晶粒边界贫铬区。采用显微照相技术和 ^{14}C 这种放射性同位素作为标记原子，证明了经敏化后的奥氏体不锈钢，铬的碳化物 $Cr_{23}{}^{14}C_6$ 沿着敏化了的不锈钢晶界分布和在晶界上生成贫铬区，使得贫铬区内铬的含量低于耐晶间腐蚀所必需的 12% 的铬，因而敏化了的不锈钢就会在特定的介质中发生晶间腐蚀。

贫铬区的含铬量远低于钝化所需的极限值，其电位比晶粒内部的电位低，更低于碳化物的电位。贫铬区和碳化物紧密相连，当遇到一定腐蚀介质时就会发生短路电池效应。该情况下碳化铬和晶粒呈阴极，贫铬区呈阳极，迅速被侵蚀。这一解释晶间腐蚀的理论称为**贫化理论**。

贫化理论认为，晶间腐蚀是由于在晶界析出新相，造成在晶界的合金成分中某一种成分贫乏，进而使晶粒和晶界之间出现电化学性质的不均匀，晶界遭受严重腐蚀。奥氏体不锈钢的晶间腐蚀就是由于晶界析出碳化铬而引起晶界附近铬的贫化。贫化理论较早地阐述了奥氏体不锈钢产生晶间腐蚀的原因及机理，已被科学界所公认。奥氏体不锈钢在多种介质中晶间腐蚀都以贫化理论来解释。其他很多实验和观点也支持了这一理论。贫化理论是个总称，对不锈钢的钼铬镍合金而言是贫铬理论，对铝铜合金而言是贫铜理论。

大量研究表明，应用贫铬理论同样可满意地解释铁素体不锈钢的晶间腐蚀现象。高铬铁素体不锈钢在 900～950℃ 以上加热时，钢中 C、N 固溶于钢的基体中。由于钢中 Cr 在铁素体内的扩散速率约为奥氏体中的 100 倍，而 C、N 在铁素体内不仅扩散速率快（在 600℃，C 在铁素体中的扩散速率约为奥氏体中的 600 倍），而且溶解度也低（在含 Cr 量 26% 的铁素体钢中，1093℃ 时，C 的溶解度为 0.04%，而在 927℃ 仅为 0.004%，温度再低，还要降至 0.004% 以下；N 的溶解度在 927℃ 以上为 0.023%，而在 593℃ 仅为 0.006%），因而高温加热后，在随后的冷却过程中，即使快冷也常常难以防止高铬的碳、氮化物沿晶界析出和贫铬区的形成。而在 750～870℃ 处理，可降低或消除铁素体不锈钢的晶间腐蚀倾向。但是，在 500～700℃ 范围内，钢中铬的扩散速率减小，短期内无法使贫铬区消失，故先经高温加热，而在冷却过程中又通过 500～700℃ 温度区的铁素体不锈钢，由于晶界有贫铬区的存在，在腐蚀介质作用下就会产生晶间腐蚀现象。研究表明，含 Cr 量 20% 的铁素体不锈钢，其贫铬区的含 Cr 量可小于 5％，甚至可为 0。

（2）晶界 σ 相析出引起的晶间腐蚀

在不锈钢的应用中发现，含碳量很低的高铬、高钼不锈钢在一定敏化温度下（通常 650～850℃）加热或热处理时，能够在强氧化性介质（如沸腾的 65％ HNO₃）中发生晶间腐蚀。研究发现，这是由于在敏化温度下晶界析出了 σ 相的缘故。σ 相是 FeCr 的金属间化合物，18-8 铬镍奥氏体不锈钢若在产生 σ 相的区间长时间加热、冷加工变形后在产生 σ 相的温度区间加热，或在钢中添加 Mo、Ti、Nb 等合金元素，也可能出现 σ 相。只有在很强的氧化性介质中，不锈钢的电位处于过钝化区时，σ 相才能发生选择性溶解。图 6-13 是不锈钢中 γ 相及 σ 相的阳极极化曲线。

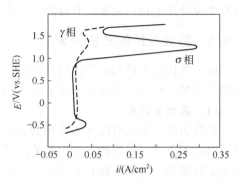

图 6-13　不锈钢中 γ 相及 σ 相的阳极极化曲线

从奥氏体 γ 相和 σ 相的阳极极化曲线可看出，在过钝化电位下，σ 相发生了严重的晶间腐蚀，其阳极溶解电流急剧上升，这可能是沿晶界分布的相自身的选择性溶解的缘故。这一解释不锈钢晶间腐蚀的理论称为 σ 相选择溶解理论。

上述两种晶间腐蚀理论各自适用一定的合金组织状态和介质条件。贫化理论适用于氧化性或弱氧化性介质，σ 相选择溶解理论适用于强氧化性介质，金相中有 σ 相的高铬、高钼不锈钢。

（3）腐蚀电化学理论

腐蚀电化学理论认为，晶间腐蚀是一个电化学过程。由于一定温度下碳化物（Cr₂₃C₆）从奥氏体中析出而消耗晶界附近大量的铬，结果晶界附近的含铬量低于钝化必需的限量（即 Cr 12％），形成贫铬区，使不锈钢的钝态受到破坏，晶界附近区域电位下降，而晶粒本身仍维持钝态，电位较高，这样便形成了晶粒为阴极、晶界为阳极活化-钝化短路电偶腐蚀电池，该电池具有大阴极（富铬的晶粒）-小阳极（贫铬的晶界）的面积比，晶界活性溶解的电流密度很大，晶界处材料在电解液中发生严重的阳极溶解（如图 6-14 所示）。结果就在贫铬的晶界区发生晶间腐蚀。

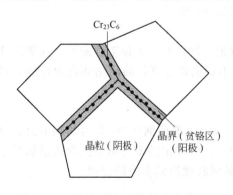

图 6-14　不锈钢晶间腐蚀的电化学机理

从腐蚀电化学的观点看，贫化理论和 σ 相选择溶解理论所讨论的均属于引起晶间腐蚀的深层次细节问题。就性质和特征来看，晶间腐蚀应属局部腐蚀并和多电极系统在腐蚀介质中各相的电化学行为有密切关系。例如，如果不锈钢中含铬量不均，出现高铬区和低铬区，那么这些含铬量不同的区域就相当于不同的相而表现出不同的电化学行为（如图 6-13）。既然有 Cr₂₃C₆ 相出现，人们就自然要研究 Cr₂₃C₆ 的电化学行为。最简单和直观的验证方法是，将 Cr₂₃C₆ 与退火的 18-Cr-8Ni 不锈钢以接触方式全浸于介质（如 HNO₃ 等）中做偶合腐蚀试验。一般由这种试验可以得知受腐蚀的电极是 18Cr-8Ni 钢，即 Cr₂₃C₆ 为阴极。但是，由这样的实验证据不应当就得出下述的断言，即在晶界存在有 Cr₂₃C₆ 的情况下，晶间腐蚀都是由于其邻近贫铬区腐蚀的结果。

如果能了解晶间区微观的成分和结构，以及各个相的电化学行为，便有可能更深入地发展晶间腐蚀理论。从腐蚀电化学的测试技术来看，当前还办不到能将一个相或贫化区从整块金属表面上划隔开来。即使是可以通过电解分离技术将一些相电解分离出来，或者应用模拟制取办法制得某种相，但是，并不能保证它们与存在于整块金属中时的状态完全一致而没有差异，所以使用它们来进行电化学行为研究，其结果不见得就能代表真实情况。晶间腐蚀的电化学理论还不是很完善，有待进一步发展。

6.5.3 晶间腐蚀的防护措施

由于奥氏体不锈钢的晶间腐蚀是晶界产生贫铬引起的，所以，控制晶间腐蚀就要控制碳化铬在晶界的析出。具体可采用如下几种方法。

(1) 降低含碳量

实践表明，如果奥氏体不锈钢的含碳量低于 0.03％时，即使钢在 700℃长期退火，对晶间腐蚀也不会产生敏感性。含碳量的降低可以减少碳化铬的形成和沿晶界的析出，从根本上防止晶间腐蚀。含碳量在 0.05％～0.02％的钢称为超低碳不锈钢。但这种钢冶炼困难，成本较高。

(2) 稳定化处理

为了防止不锈钢的晶间腐蚀，冶炼钢材时加入一定量与碳的亲和力较大的 Ti、Nb 等元素，这时，碳优先与 Ti、Nb 生成碳化钛 TiC 和碳化铌 NbC，这些碳化物相当稳定，经过敏化温度，$Cr_{23}C_6$ 也不至于在晶界上大量析出，在很大程度上消除了奥氏体不锈钢产生晶间腐蚀的倾向。Ti 和 Nb 的加入量一般控制在含碳量的 5～10 倍。为了使钢达到最大的稳定度，还需要进行稳定化处理。所谓稳定化处理就是把含 Ti、Nb 的钢加热至 900℃，保温数小时，使碳和 Ti、Nb 充分生成稳定的碳化物，于是 $Cr_{23}C_6$ 就没有在晶间上析出的可能。

但是，含稳定化元素 Ti、Nb，特别是含 Ti 的不锈钢有许多缺点。例如，Ti 的加入使钢的黏度增加，流动性降低，给不锈钢的连续浇注工艺带来了困难；Ti 的加入使钢锭、钢坯表面质量变坏等。由于含 Ti 不锈钢的上述缺点，在不锈钢产量最大的日本、美国，含 Ti 的 18Cr-8Ni 不锈钢的产量仅占 Cr-Ni 不锈钢产量的 1％～2％。

(3) 采用双相不锈钢

奥氏体不锈钢韧性好，但耐蚀性差，铁素体不锈钢耐蚀性好，但加工性能差。在奥氏体钢中含 10％～20％的 δ-铁素体的奥氏体-铁素体双相不锈钢具有更强的耐晶间腐蚀性能，是目前耐晶间腐蚀的优良钢种。

(4) 采用超低碳不锈钢

实践证明，如果奥氏体不锈钢中的含碳量低于 0.03％，即使钢在 700℃时长期退火，对晶间腐蚀也不会产生敏感性。生产上使用电子轰击炉，使生产出的不锈钢中的含碳量到低于 0.03％，这样就可限制 $Cr_{23}C_6$ 在晶界析出，从而使晶间腐蚀得到有效的控制。

【科学视野】

拯救自由女神像

作为美国象征的自由女神像（全称为"自由女神铜像国家纪念碑"），位于美国东北部的纽约哈得逊河口的自由岛上，是法国政府庆祝美国建国 100 周年而赠送给美国政府的礼物，也是自由的象征。身着罗马式长袍的"女神"，右手高擎着火炬，左臂抱着一本象征美国《独立宣言》的书板，上面刻着"July 4，1776"——《独立宣言》发表的日期。女神脚下散落着被挣断的锁链。1884 年 7 月 6 日，自由女神像正式赠送给美国。高举火炬的自由女神屹立在美国国门已有 100 多年了（如图 6-15）。

图 6-15　自由女神铜像及 1986 年被修复时的情形

1885 年 6 月，整个塑像被分成 200 多块装箱，用拖轮从法国运到了纽约。1886 年 10 月中旬，75 名工人在脚手架上将 30 万只铆钉和约 100 块零件组合一处。女神像高 46m，连同底座总高约 100m。腰宽 10.6m，高擎火炬的右臂长 12.8m。雕像仅食指就有 2.5m 长，1m 宽，指甲则有 75cm 厚。整座铜像以 120t 的钢铁为骨架，80t 铜片为外皮，以 30 万只铆钉装配固定在支架上，总重量达 225t。它由固定在铁架上的铜片拼成，由于做工精细，整个雕像看上去是一个完美的整体。自由女神像内有 22 层楼梯，电梯可以开到第 10 层，再沿旋梯爬 12 层，就可到达女神像顶端的皇冠处的观景台。由于自由岛地势平坦，扼纽约港咽喉。高大而沉重的女神像雄踞于此，不仅要稳，而且要经得住强劲的海风。曾设计巴黎铁塔的著名工程师埃菲尔为此设计了一种有四只脚支立的铁塔型内部支撑结构，塔脚嵌入台基约 8m 深，使这座全世界独一无双的巨像得以稳如泰山般屹立在海滨小岛上。

1942 年美国政府做出决定，将自由女神像列为美国国家级文物。1984 年联合国教科文组织将自由女神像作为文化遗产，列入《世界遗产名录》。

她经历了飓风、洪水和战火而依然耸立，在庆祝她 120 岁诞辰时却急需人们的帮助，从 1886 年诞生到现在，自由女神第一次需要人们的帮助……

1982 年，美国国家园林局的工程师向里根总统报警，自由女神铜像内部的钢铁支架发生严重的腐蚀。她的体内由 2000 个支撑铁杆加固组合，由于长期的腐蚀，许多铁杆锈得只剩下原来的一半。她那重 80t 的铜皮外衣和其内部的钢铁支架在潮湿的大气、酸雨等介质中发生了电偶腐蚀，铜皮被腐蚀得比原先薄了许多。部分铆钉已经脱落。火炬的一部分曾落入过纽约港的海中，因此整个火炬和右臂的一部分将更换新的。

时任美国总统里根动员全体美国人来拯救这座雕像，以体现自由女神像所代表的那种精神。总统知道，这座雕像并非由法国政府建造，而是由一个叫作"法美协会"的民间组织发起，集资 200 万法朗（相当于当时 40 万美元），由雕塑家弗雷德里克·奥古斯特花了 9 年时间才制作完成。如今，一个与当时在法国集资建像相似的募捐运动在美国兴起。

在官方尚未发起这场募捐运动前，美国人就已开始慷慨解囊了。1982年9月初，康涅狄格州的布列波特市有一个专为贫苦儿童服务的玩具中心被火烧毁，富有同情心的美国人从各地捐赠了一笔足够的钱，使这个中心在圣诞节前又重新开放。这个市的市民并为此而发出数以千计的感谢信。他们认为，为修整自由女神像出力是对国家和人民最好的报答。他们又开展了募捐活动，仅小学生捐的10美分和5美分的硬币就达3600美元。

在纽约的一个退伍军人组织举办了一场游乐晚会，募集到1100美元。泽西市的一个妇女俱乐部提出了一个颇为有趣的口号："您捐赠的铜币将用来修补自由女神的铜袍"。

为了使自由女神能在自由岛上长久屹立不摇，美国在1986年自由女神的100周年庆时，耗费近7千万元美金为其修复并重新揭幕。金属腐蚀使"自由女神"受到了严重的破坏，美国为此付出了较大的修复代价。

【科学家简介】

腐蚀专家 M. G. 方坦纳

1910年4月16日，方坦纳（M. G. Fontana 美国，1910—1988）出生于美国密歇根州铁山市（Iron Mountain）。1931年于密歇根大学获化学工程学学士学位，1932年和1935年又分别获密歇根大学的冶金工程学硕士学位及博士学位。方坦纳是国际著名的教育家和腐蚀工程师，在传授腐蚀科学知识的同时，也提出了一些对腐蚀科学颇有影响的基本理论和基本概念，如重新定义了"腐蚀"的概念；提出了缝隙腐蚀的一元化机理。因此他被认为是腐蚀科学领域基础知识的开拓者之一。除了他在腐蚀工程方面的成就外，方坦纳还是一位出色的管理者和循循善诱的教师。

1929年到1934年之间，方坦纳任密歇根大学工程系的研究助手，主要工作是开展钢铁锻造温度的测量工作、开发和使用钢中气体真空熔化分析装置、金属和合金的高温、蠕变等，这些都是炼钢热力学的基础性工作。

1934年到1945年期间，方坦纳在位于美国特拉华州威尔明顿市的杜邦公司任冶金工程师及研究组的管理者。此时，他花费大部分时间和精力用于工厂的技术革新，少部分时间用于科学研究，例如他组织技术人员开发各个杜邦公司产品部的建筑材料及开发酸性环境服役下的材料。他最先将尼龙和聚四氟乙烯材料用于工业领域，在杜邦公司任职期间取得了4个有关金属腐蚀方面的专利。

方坦纳早期在工厂期间积累的实际经验为他日后的科学研究、著书及教学提供了极大的帮助。离开公司后，方坦纳在俄亥俄州立大学（The Ohio State University）从事了30年的专业教学和研究工作，1945年担任冶金工程系的教授及系主任，1948年任美国大学里腐蚀研究工作做得最好的腐蚀中心的主任。1967年和1975年分别被聘为俄亥俄州立大学的摄政董事教授和名誉主席。

方坦纳不仅是一位出色的教师和研究工作者，同时也是一位卓越的领导者。他在俄亥俄州立大学工作期间，十分重视新的实验大楼的建设，招聘和培养了杰出青年教师，参与俄亥俄州立大学和冶金工程系的管理。在他任职时间，为冶金工程学科购进了价值300万美元的教学、科研新设备，并能按合同规定一年增加1百万美元的研究经费。方坦纳曾担任多个教师委员会，包括校长和学校董事会下属的教授咨询委员会、工程实验站的教授理事会和咨询理事会、工程学院的执委会等工作。

纵观方坦纳的整个学术生涯人们可以发现，他擅长把科学和技术有机地结合起来，阐述腐蚀环境中工程材料的腐蚀机理，同时开发及应用缓蚀剂、涂层、电化学法等其他方法进行金属材料的保护。McGraw Hill 图书公司已于 1967 出版了方坦纳在金属腐蚀领域的长期卓越的研究成果《Corrosion Engineering》，该书于 1978 年和 1982 年由化学工业出版社两次出版发行中译本。Hollenback 出版社曾于 1957 年还出版发行了他的专著《Corrosion：A Compilation》一书，此外，方坦纳共计发表腐蚀防护领域的研究论文 200 多篇。

1967 年，方坦纳当选为美国工程院的院士，接着担任美国海洋工程研究协会委员；1969 年担任美国金属协会的名誉会员，1971 年担任美国矿业协会冶金分会会员、冶金工程学会和石油工程学会会员；1972 年任美国化学工程学会会员；1952 年担任美国腐蚀工程协会的主席；1948 年到 1949 年担任电化学会腐蚀分会的主席；1948 年任美国金属协会哥伦比亚分会主席。

1962 年到 1974 年，方坦纳担任由 NACE 主办的《Corrosion》期刊的编辑。1962～1963 年期间，他是一个美国和苏联腐蚀交流计划的 6 人小组成员。1972～1975 年，他任美国交通部技术管线安全标准委员会知名成员。在 1963 年举办的第 2 届世界腐蚀大会上做了大会报告；1970 年出席美国金属学会主办的 Edward DeMille Campbell 报告。方坦纳一生拥有 8 项专利技术，如在多种腐蚀性环境中都可使用的一种标准合金——FA-20 合金；他发明的 DC4MCu 合金取得了俄亥俄州立大学专利权；此外他还发明了用于肯尼迪航天中心大楼阴极保护中的硅铁阳极材料。

1988 年 2 月 29 日，世界著名的腐蚀学家和教育家 M. G. 方坦纳不幸病逝。

思考练习题

1. 全面腐蚀和局部腐蚀有哪些主要区别？

2. 什么叫电偶腐蚀？用混合电位理论阐述其腐蚀原理。

3. 孔蚀发生的条件和诱发因素是什么？衡量材料耐孔蚀性能好坏的电化学指标是什么？

4. 阐述缝隙腐蚀的作用机理及影响因素。比较缝隙腐蚀和孔蚀有何相同点和不同点？

5. 两块铜板用钢螺栓固定，将会出现什么问题？应采取何种措施？

6. 为什么不锈钢部件经焊接后会产生晶间腐蚀倾向？产生晶间腐蚀倾向的部位在何处？这种部件是否在任何环境中使用都会发生晶间腐蚀？如何解决这一腐蚀问题？

7. 5 个铁铆钉，每个暴露面积为 $3.2cm^2$，插在一块暴露面积为 $1m^2$ 的铜板上，将铜板浸泡在一种充气的中性溶液中。

(1) 铆钉的腐蚀速率是多少 mm/a?

(2) 如果在铁板上装 5 个铜铆钉，尺寸同上，铁的腐蚀速率为多少 mm/a?

8. 阳极性金属 M_2（面积 S_2）与阴极性金属 M_1（面积 S_1）组成一个电偶腐蚀电池，为活化极化控制腐蚀体系。当 M_1 和 M_2 面积相等（即 $S_1=S_2$）时，M_2 的电偶腐蚀电流密度为 $i_g(M_2)$。计算当 M_1 的面积增大到原来的 10 倍（即 $S_1=10S_2$）时，M_2 的腐蚀电流密度 $i'_g(M_2)$ 为多少。

[已知 M_2 的阳极反应 Tafel 斜率 $b_a(M_2)=0.04V$，在 M_1 上阴极反应 Tafel 斜率 $b_c(M_1)=0.12V$]。

9. 在阴极反应受氧扩散控制的情况下，面积为 S_2 的阳极性金属 M_2 与面积为 S_1 的阴极性金属 M_1 组成电偶对。M_2 的电位由 $E_{corr}(M_2)$ 正移到 E_g。推导 M_2 的电位变化 $\Delta E = E_g - E_{corr}(M_2)$ 的表示式。

10. 18-8 型不锈钢和铝的击穿电位 E_b 与氯离子活度 a_{Cl^-} 的关系为：

18-8 型不锈钢　　$E_b = -0.088 lg a_{Cl^-} + 0.168$ （V）

铝　　　　　　　　$E_b = -0.124 lg a_{Cl^-} - 0.504$ （V）

计算它们在 0.1mol/L NaCl 溶液中的击穿电位 E_b，并比较它们的耐孔蚀性能。

11. 临界孔蚀温度 CPT 和临界缝隙腐蚀温度 CCT 指不发生孔蚀和缝隙腐蚀的最高温度。18-8 型奥氏体不锈钢的 CPT 和 CCT 与 Mo 含量的关系（试验溶液为 6% $FeCl_3$）如下

$$CPT(℃)=5+7Mo$$

$$CCT(℃)=-45+11Mo$$

式中，Mo 表示不锈钢的含钼量（%），比如含钼量为 1%，即 Mo=1。

(1) 为了使 18-8 型不锈钢在 40℃不发生孔蚀和缝隙腐蚀，应分别加入多少 Mo？

(2) 当加入 4% Mo 时，在常温下（取 30℃）会不会发生孔蚀？会不会发生缝隙腐蚀？

12. 金属在酸溶液中发生的缝隙腐蚀可以用氢离子浓差电池来说明。设将 Fe 试样浸泡于 pH=0 的酸溶液中（25℃），缝内氢离子消耗难以补充，使 pH 值上升到 3。

(1) 缝内 Fe 表面和缝外 Fe 表面哪个是阴极，哪个是阳极？

(2) 求缝内 Fe 表面阳极溶解电流密度 i_{a1} 和缝外 Fe 表面阳极溶解电流密度 i_{a2} 的比值。

（说明：假定溶液欧姆电阻可以忽略，又假定 OH^- 参加阳极反应的级数等于 1。）

第7章　金属在自然环境中的腐蚀

导致金属腐蚀的环境有两类：一类是自然环境，如大气、海水与土壤等，金属在自然环境中的腐蚀称为"环境腐蚀"；另一类是工业环境，如酸、碱、盐等溶液，金属在工业环境中的腐蚀称为"工矿腐蚀"。

现已发现，几乎所有材料在自然环境作用下都存在着电化学腐蚀问题。其特点是：自然环境腐蚀是一个渐进的过程，一些腐蚀是在不知不觉中发生的，易为人所忽视；同时自然环境条件各不相同，差别很大。例如，我国有8个气候带，7类大气环境（农村、城市、工业、海洋、高原、沙漠、热带雨林），5大水系（黄河、长江、松花江、淮河和珠江），4个海域（渤海、黄海、东海和南海），40多种土壤材料在不同自然环境中的腐蚀速率可以相差数倍至几十倍，因此，材料在不同自然环境条件下的腐蚀规律各不相同；另外，材料自然环境腐蚀情况十分复杂，影响因素很多，难以在实验室内进行模拟，经常要通过现场试验才能获得符合实际的数据和规律。

鉴于绝大部分材料都在自然环境中使用，因此，研究掌握各类材料在典型自然环境中的腐蚀规律和特点，对于控制材料的自然环境腐蚀，减少经济损失，为国家重大工程建设，尤其是国防建设中的合理选材、科学用材、采用相应的防护措施，并为保证工程质量和可靠性提供科学依据。

7.1　大气腐蚀

金属或合金与所处的大气环境之间的化学作用或电化学作用引起的破坏，称为**大气腐蚀**（atmospheric corrosion）。

大气是金属最常暴露的环境，据统计，80%的金属构件在大气环境中使用。铁路、桥梁、车辆、飞机、机械设备、武器装备、电子装备及历史文物等经常处于腐蚀性的大气环境下。尤其是近年来世界性酸雨范围的不断增加，使得这些材料饱受大气腐蚀的破坏。准确的数据表明，材料的大气腐蚀所造成的损失约占全部腐蚀的一半。因此，金属与合金的大气腐蚀与防护，在国民经济、国防建设和历史文化遗产保护中占有极其重要的地位。

一般情况下，大气的主要腐蚀成分是水汽和氧气，大气中氧气的浓度是固定的［23%（质量）］，而水汽的含量（湿度）则是变化的。空气中含有水蒸气的程度叫做湿度，通常以$1m^3$空气中所含的水蒸气的质量（g）来表示潮湿程度，称为绝对湿度。在一定温度下，空气中能包含的水蒸气量不高于其饱和蒸气压。温度愈高，空气中达到饱和的水蒸气量就愈多。所以习惯用某一温度下空气中实际水汽含量（绝对湿度）与同温度下的饱和水汽含量的百分比值定义相对湿度，用符号RH表示。即：

$$RH=\frac{空气中实际水汽含量}{同温度下饱和水汽含量}\times100\%$$

如果水汽量达到了空气能够容纳水汽的限度，这时的空气就达到了饱和状态，相对湿度为 100%。在饱和状态下，水分不再蒸发。相对湿度的大小不仅与大气中水汽含量有关，而且还随气温升高而降低。

尽管对金属大气腐蚀研究的历史很悠久，然而，由于大气腐蚀的影响因素较多，腐蚀反应的动力学因素复杂，人们至今对金属大气腐蚀仍有许多不十分清楚的问题。限于篇幅，这部分主要介绍大气腐蚀的基本原理及防护措施。

7.1.1 大气腐蚀的分类及特点

根据大气中水汽的含量把大气分为三种类型："干的"、"潮的"和"湿的"，有时为了方便，笼统地把金属在大气中的腐蚀分为"干大气腐蚀"、"潮大气腐蚀"和"湿大气腐蚀"。

按大气的温度和湿度的不同组合又可以进一步分为"高温高湿"、"低温高湿"和"高温低湿"等类型；而按不同气候又可按地区划分为"热带"、"亚热带"、"温带"、"寒冷带"等区域；而由于大气中所含成分不同又可分为乡村大气、海洋大气和工业大气等类型。在这些不同类型的环境中金属腐蚀的原理和状况也各不相同。

大气腐蚀速率，不仅随着大气条件变化，而且大气腐蚀过程的特征与主要控制因素的比例也在相当大的程度上随腐蚀条件而变化。表面的潮湿程度通常是决定大气中腐蚀速率的主要因素。所以，可把大气腐蚀速率按照金属表面的潮湿程度分成下列几个类型。

(1) 干大气腐蚀

大气在非常干燥的情况下，金属表面完全没有水膜层时的大气腐蚀。在清洁干燥的大气中，空气中的氧与金属表面发生氧化作用，而使金属失去光泽形成 $1\sim4nm$ 的氧化物膜：$M+O_2\longrightarrow MO_2$。金属表面上氧化物膜的生长符合对数规律。

大部分金属在相对湿度较低时，腐蚀速率非常缓慢，而湿度达到某一临界值时，腐蚀速率突然加大，腐蚀速率突然增大的湿度称为临界相对湿度。在有微量腐蚀性气体（如 SO_2）的条件下，只要大气湿度不超过临界湿度，钢和铁表面可以一直保持光亮；但铜、银等某些非铁金属，即使在常温下也会生成一层可见的氧化物膜或硫化物膜。

干大气腐蚀比较简单，破坏性也小得多，主要是纯化学作用引起的，故不属于本书讨论的主要内容。

(2) 潮大气腐蚀

当金属在水汽相对湿度小于 100% 而大于临界湿度时发生的大气腐蚀称为潮大气腐蚀。此时，金属表面常有看不出来的一层水膜存在。这层水膜是由于毛细管作用、吸附作用或化学凝聚作用而在金属表面形成的。钢铁在不直接被雨淋时发生的锈蚀就是这种腐蚀的例子。这时，由于金属表面上有一层连续的、约为几十到几百个水分子厚度的电解液成相膜，在这种情况下，腐蚀速率急剧增加。

金属表面上存在的电解质液膜及阴极去极化剂如氧气等是影响金属潮大气腐蚀的重要因素。此外，空气中腐蚀性气体的污染以及空气中所含的大气尘埃等也影响着钢铁的锈蚀。

(3) 湿大气腐蚀

在这种情况下，水分在金属表面上已成液滴凝聚，金属表面上存在着肉眼可见的约 $1\mu m\sim1mm$ 的水膜。当空气中的相对湿度在 100% 左右或者当雨水直接落在金属表面上时，就发生这类腐蚀。由于大气中的一些气体（如 O_2、CO_2）及污染物（SO_2 等）会溶解于水膜中，所以，金属的湿大气腐蚀机理与金属在电解质溶液中的腐蚀机理类似。

大气湿度对金属的大气腐蚀速率影响很大，如图 7-1 所示。图中区域Ⅰ对应于干大气腐蚀，金属表面上形成的水膜约几个分子层厚，腐蚀速率很小，属于由化学作用引起的腐蚀。区域Ⅱ对应潮大气腐蚀，水膜厚度约几十到几百个分子层厚，金属表面形成了不可见的薄液膜，腐蚀速率随膜的增厚而增大，腐蚀过程是薄液膜下的电化学腐蚀。在区域Ⅲ，随着液膜的继续增厚，水膜变为可见的，此时，氧通过水膜变得困难，因此，腐蚀速率也逐渐下降，此时对应湿大气腐蚀。区域Ⅳ相当金属完全浸入电解质溶液中，腐蚀速率稍稍下降。大气腐蚀一般都是在区域Ⅱ和区域Ⅲ中进行的。

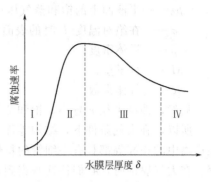

图 7-1　大气腐蚀速率与金属表面水膜厚度的关系

7.1.2　大气腐蚀机理

大气腐蚀除干的大气腐蚀外，其他两类均是在金属表面上的一层很薄的水膜中进行的。要了解大气腐蚀的机理，就要了解金属表面液膜的形成过程和金属的表面状态。

（1）金属表面上液膜的形成

大气中含有水蒸气，在一定温度下，水蒸气有一定的饱和含量，如果超过此含量，水蒸气就从大气中凝结出来，慢慢地沉积在金属的表面上，形成水膜。温度越低，空气中饱和水蒸气的含量也越低。若将没有饱和的空气冷却到一定的温度，水蒸气就会达到饱和而冷凝出来。晚上气温下降时出现露水就是这个缘故。

空气的相对湿度达到 100% 时形成的水膜，其厚度一般在 $20\sim300\mu m$，肉眼可以看见。雨水或水沫直接落在金属表面上形成的水膜就更厚，可达 1mm 以上。

当金属表面粗糙或者金属表面上有灰尘、炭粒或腐蚀产物时，即使空气的相对湿度低于 100%，温度高于露点时，水蒸气也会凝聚在低凹的地方或固体颗粒之间的缝隙处，形成很薄的、肉眼看不见的水膜，其厚度小于 $1\mu m$。

为什么相对湿度低于 100% 时，在腐蚀金属的表面上也能形成水膜呢？其原因如下。

① **毛细凝聚**　由图 7-2 及表面物理化学知识可知，气相中的饱和蒸汽的压力，同与此蒸气压相平衡的弯液面的曲率半径

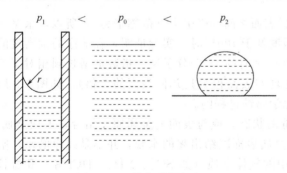

图 7-2　三种典型的弯液面

r 有关。在凹的弯液面上的平衡饱和蒸气压力比平液面上的要小，因此当平液面上水蒸气还未达饱和（相对湿度小于 100%）时，而在很细的毛细管中，水蒸气优先凝聚是可能的。其定量关系由毛细凝聚的方程式来描述：

$$p = p_0 e^{\frac{-2\sigma M}{\rho R T r}}$$

式中　p——半径为 r 的凹弯液面上的饱和蒸气压；

p_0——平液面上的饱和蒸气压;

σ——在绝对温度 T 时的表面张力;

ρ——液体密度;

M——分子量;

R——气体常数。

显然,曲率半径 r 越小,饱和蒸气压就越小,水蒸气越易凝聚。

所以,在大气条件下,结构零件之间的间隙(狭缝),金属表面上的灰尘、氧化膜或腐蚀产物中的小孔等都具有毛细管的特性,它们都能促使水分在相对湿度低于100%时发生凝聚。在大气腐蚀时,我们往往观察到在隙缝中,在有灰尘或有锈层的金属表面上,其锈蚀过程特别快,这都是由于毛细凝聚作用的结果。

② **化学凝聚** 腐蚀金属表面上若存在着能同水结合的盐类(如 $NaCl$、$ZnCl_2$、NH_4NO_3 等)或可溶的腐蚀产物,将会引起水分在相对湿度远远小于100%时的化学凝聚。由于盐溶液上的蒸气压力低于纯溶剂上的蒸气压力,盐溶液在金属表面上存在,会使水汽的凝聚变得更加容易。

表 7-1 列出了20℃时与某些盐的饱和水溶液平衡的空气中的相对湿度。

表 7-1　20℃时与某些盐的饱和水溶液平衡的空气中的相对湿度

溶液中的盐	相对湿度/%	溶液中的盐	相对湿度/%
硫酸铜 $CuSO_4 \cdot 5H_2O$	98	氯化钠 $NaCl$	76
硫酸钾 K_2SO_4	98	氯化亚铜 $CuCl_2 \cdot 2H_2O$	68
硫酸钠 Na_2SO_4	93	氯化亚铁 $FeCl_2$	56
碳酸钠 $Na_2CO_3 \cdot 10H_2O$	92	氯化镍 $NiCl_2$	54
硫酸亚铁 $FeSO_4 \cdot 7H_2O$	92	碳酸钾 $K_2CO_3 \cdot 2H_2O$	44
硫酸锌 $ZnSO_4 \cdot 7H_2O$	90	氯化镁 $MgCl_2 \cdot 6H_2O$	34
硫酸镉 $3CdSO_4 \cdot 8H_2O$	89	氯化钙 $CaCl_2 \cdot 6H_2O$	32
氯化钾 KCl	86	氯化锌 $ZnCl_2 \cdot xH_2O$	10
硫酸铵 $(NH_4)_2SO_4$	81	氯化铵 NH_4Cl	79

③ **吸附凝聚** 由于水分子与邻接的金属表面之间的吸引力(范德华力),所以,水蒸气凝聚的可能性增加了,且可以发生在相对湿度低于100%时。实验证明,在洁净的细磨过的铁表面上吸附的水层,其厚度从相对湿度为55%时的15个分子层,指数地增长到相对湿度约100%时的90～100个分子层(假定铁的真实表面积为其几何表面的2倍),如图7-3所示。据研究,认为这样的膜是能够维持电化学腐蚀过程的。

在金属表面凝结出来的水分子或处于游离状态,或与表面的金属原子结合,形成金属-氧或金属-羟基键(如图7-4所示)。另外,金属表面凝结出来的水膜,并不是纯净的水,空气中的气体(N_2、O_2、CO_2)及工业大气中的气体杂质(如 SO_2、NH_3、HCl 等)和盐粒等,都会溶解在金属表面的水膜中,使之成为大气腐蚀发生的电化学反应介质。

(2) 大气腐蚀的电化学过程

金属表面在潮湿的大气中会吸附一层很薄的水膜,当这层水膜达到20～30个分子层厚时,就变成电化学腐蚀所必需的电解液膜。所以在潮的和湿的大气条件下,金属的大气腐蚀过程具有电化学腐蚀的本质。由于这种电化学腐蚀过程只在极薄的液膜下进行的,所以它是一种薄液膜下的电化学腐蚀,是电化学腐蚀的一种特殊形式,属于电化学腐蚀,但与金属在电解质溶液中的腐蚀相比有它的特殊性和复杂性。所以讨论金属的大气腐蚀,既要应用电化学腐蚀的一般规律，又要注意大气腐蚀电极过程的特点。

① 大气腐蚀初期的腐蚀机理　当金属表面形成连续的电解液薄膜时，就开始了电化学腐蚀过程。

阴极过程：主要是依靠氧的去极化作用，通常的反应为 $O_2 + 2H_2O + 4e^- \longrightarrow 4OH^-$。

即使是电位较负的金属，如镁及其合金，阴极过程也是以氧去极化为主。因为在薄的液膜条件下，氧的扩散很容易。

阳极过程：在薄液膜条件下，大气腐蚀的阳极过程会受到很大阻力，阳极钝化以及金属离子水化过程的困难是造成阳极极化的主要原因。

随着金属表面电解液膜变薄，大气腐蚀的阴极过程通常更容易进行，而阳极过程则阻力变大。由此可见，对于潮大气腐蚀，腐蚀过程主要是阳极过程控制；对于湿大气腐蚀，腐蚀过程主要受阴极控制。

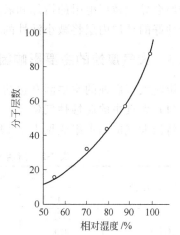

图 7-3　洁净的细磨过的铁表面上吸附的水分子层数与相对湿度间的关系

所以，随着水膜层厚度的变化，不仅金属表面的潮湿程度不同，而且彼此的电极过程控制特征也不同。

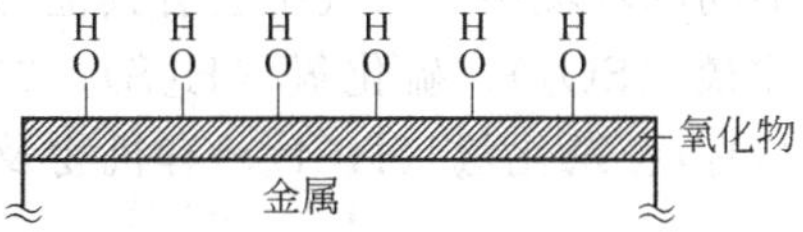

② 大气腐蚀后期的腐蚀机理　在一定条件下，腐蚀产物会影响大气腐蚀的电极反应。Evans（伊文斯）对钢铁的大气腐蚀进行了详细的研究，大气腐蚀的铁锈层处在湿润条件下，可以作为氧化剂发生去极化反应。在锈层内，Evans 模型如图 7-5 所示。

图 7-4　金属氧化物表面上羟基基团形成

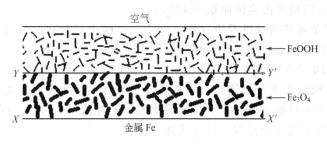

图 7-5　Evans 模型

阳极反应发生在金属/Fe_3O_4 界面上：

$$Fe \longrightarrow Fe^{2+} + 2e^-$$

阴极反应发生在 Fe_3O_4/$FeOOH$ 界面上：

$$6FeOOH + 2e^- \longrightarrow 2Fe_3O_4 + 2H_2O + 2OH^-$$

即锈层内发生了 $Fe^{3+} \longrightarrow Fe^{2+}$ 的还原反应，可见锈层参与了阴极过程。

当锈层干燥时，即外部气体相对湿度下降时，锈层和底部基体钢的局部腐蚀电池成为开路，在大气中氧的作用下锈层重新氧化成为 Fe^{3+} 的氧化物。可见在干湿交替的条件下，带有锈层的钢能加速腐蚀的进行。

但是一般来说，在大气中长期暴露的钢，其腐蚀速率还是逐渐减慢的。原因之一是锈层的增厚会导致锈层电阻的增加和氧渗入的困难，这就使锈层的阴极去极化作用减弱；其二是附着性好的锈层内层将减小活性的阳极面积，增大了阳极极化，使大气腐蚀速率减慢。

7.1.3　大气腐蚀的主要影响因素

影响大气腐蚀的主要因素包括：气候条件、大气中的腐蚀性气体及金属表面状态等。

（1）大气中的腐蚀性气体

清洁大气的基本组成见表 7-2 所列。

表 7-2　清洁大气的基本组成（10℃，100kPa 压力下）

组成成分	含量		组成成分	含量	
	/(g/m³)	/%（质量）		/(mg/m³)	/×10^{-6}
空气	1172	100	氖气(Ne)	14	12
氮气(N_2)	879	75	氪气(Kr)	4	3
氧气(O_2)	269	23	氦气(He)	0.8	0.7
氩气(Ar)	15	1.26	氙气(Xe)	0.5	0.4
水蒸气(H_2O)	8	0.70	氢气(H_2)	0.05	0.04
二氧化碳(CO_2)	0.5	0.04			

全球范围内大气中的主要成分一般几乎不变，但在不同的环境中，大气中会有其他污染物，其中对金属大气腐蚀有影响的腐蚀性气体有：二氧化硫（SO_2）、硫化氢（H_2S）、二氧化氮（NO_2）、氨气（NH_3）、二氧化碳（CO_2）、臭氧（O_3）、氯化氢（HCl）、有机物及沉粒等。

①　二氧化硫（SO_2）　在大气污染物质中，SO_2 对金属腐蚀的影响最大，含硫的化石燃料燃烧（如大型发电厂）、金属的冶炼过程都会产生和释放 SO_2。目前已有 62.3% 的城市 SO_2 年平均浓度超过国家 2 级标准（$0.06mg/m^3$）或 3 级标准（$0.25mg/m^3$）。目前，年均降水 pH 值低于 5.6 的地区占全国面积的 40%。

大气中 SO_2 对金属的腐蚀机理研究得比较多，目前主要存在两种说法。一种是"酸的再生循环"作用，另一种是"电化学循环"过程。

以铁为例，"酸的再生循环机理"认为，SO_2 首先被吸附在钢铁表面上，大气中的 SO_2 与 Fe 和 O_2 作用形成硫酸亚铁。然后，硫酸亚铁水解形成氧化物和游离的硫酸。硫酸又加速腐蚀铁，所得的新鲜硫酸亚铁再水解生成游离酸，如此反复循环。此时大气中 SO_2 对 Fe 的加速腐蚀是一个自催化反应过程，反应式如下：

$$Fe + SO_2 + O_2 \Longleftrightarrow FeSO_4$$
$$4FeSO_4 + O_2 + 6H_2O \Longleftrightarrow 4FeOOH + 4H_2SO_4$$
$$2H_2SO_4 + 2Fe + O_2 \Longleftrightarrow 2FeSO_4 + 2H_2O$$

这样，一个分子的 SO_2 能生成许多分子的铁锈。当把硫酸亚铁除去，这种循环也就停止了，腐蚀也大为减轻。

"电化学循环机理"认为，一旦钢铁表面有锈和硫酸亚铁存在，电化学的循环过程要比酸的再生循环快得多。阳极位于 Fe/Fe_3O_4 的界面 XX' 处（图 7-5 所示），发生阳极氧化：

$$Fe \Longrightarrow Fe^{2+} + 2e^-$$

阴极位于 $Fe_3O_4/FeOOH$ 的界面 YY' 上。此时 FeOOH 还原成 Fe_3O_4，并迅速转化成 FeOOH。

$$8FeOOH + Fe^{2+} + 2e^- \rightleftharpoons 3Fe_3O_4 + 4H_2O \text{（阴极反应）}$$

$$3Fe_3O_4 + 0.75O_2 + 4.5H_2O \rightleftharpoons 9FeOOH \text{（化学的再氧化）}$$

由大气暴露试验结果表明，铜、铁、锌等金属的大气腐蚀速率与空气中所含的 SO_2 量近似地成正比，耐稀硫酸的金属如铅、铝、不锈钢等在工业大气中腐蚀比较慢，而铁、锌、镉等金属则较快。

在 SO_2 含量高时，锌的腐蚀产物没有保护性，腐蚀速率几乎不变，剧烈时可达到 $5 \sim 10\mu m/a$，所以镀锌层不宜用在 SO_2 较高的工业区。

大气中 SO_2 含量对铝的影响比较特殊，在干的大气中影响很小，而在湿度高时（如98%），只要有微量（0.01%）SO_2 存在，其腐蚀速率就剧烈上升，而当 SO_2 增加到 0.1% 时腐蚀速率会成倍地增长，而当 SO_2 再增多（到 1%）时腐蚀速率的增加趋势又变缓慢，但仍比 0.1% 大 $2 \sim 4$ 倍。可以看出，在含 SO_2 的工业大气中湿度较高时，铝的耐蚀性并不强。SO_2 大气腐蚀的影响还会由于空气中沉降的固体颗粒而加强。

② 硫化氢（H_2S）　在污染的干燥空气中，痕量硫化氢的存在会引起银、铜、黄铜等变色，即生成硫化物膜，其中铜、黄铜、银、铁变色最为明显。而在潮湿空气中会加速铁、锌、黄铜，特别是铁和锌的腐蚀。H_2S 对不锈钢的腐蚀性不大，但在 H_2S 的作用下，有产生点蚀和裂纹的危险性，如在饱和 H_2S 的 0.5% NaCl 溶液中经 500h 左右，一般即出现点蚀。

H_2S 的影响主要是由于其溶于水中会形成酸性水膜，增加水膜的导电性，阳极去钝化作用变得容易，阴极氢去极化的成分上升。

③ 氨气（NH_3）　由于 NH_3 极易溶于水，所以当空气中含有 NH_3 时会使潮湿处的 pH 值迅速变化。液膜中含 NH_3 0.5% 时，pH 值即上升到 8，NH_3 浓度达到 13% $\sim$ 25% 时，pH 值增到 $9 \sim 10$。在这种碱性液膜中铁能得到缓蚀，而对有色金属的腐蚀加快，其中对铜的影响特别大，NH_3 能剧烈地腐蚀铜、锌、镉等金属，并生成络合物。

④ 二氧化碳（CO_2）　关于 CO_2 对金属大气腐蚀的影响，说法尚不一致。有的认为，CO_2 溶解于薄液膜后生成 H_2CO_3，促进了金属的腐蚀；而有的曾证明，有 CO_2 存在时，铁和铜的腐蚀都略有下降，认为这是由于锈蚀产物膜呈胶状结构而阻止了进一步腐蚀的缘故。

尽管全球大气中 CO_2 的平均浓度以每年 0.5% 的速率递增，但 CO_2 对金属大气腐蚀的影响不是很大，因为碳酸是很弱的酸，往往它的影响被大气中其他强腐蚀性组分的影响所掩盖。

⑤ 有机气氛　有机气氛腐蚀即为有机挥发物所引起的金属腐蚀。最典型的是木材及其他材料挥发出来的有机酸（特别是甲酸和乙酸）、酚、膦等的腐蚀作用。航空产品和电工仪表等设备中往往组合有橡胶、塑料、油漆、木材等非金属材料，在金属构件间也常使用胶黏剂、密封胶等，有机挥发物即由这些非金属材料分解挥发而逸出，如果无法散逸，在相对湿度较大时就会引起腐蚀。目前较突出的锌、镉长"白霜"等现象，其主要原因就是有机气氛腐蚀。不同的非金属材料对有机气氛腐蚀影响也不同。例如，锌、镉等金属接触到干性油、硝基漆等散发的气氛就容易引起腐蚀，而对环氧漆、丙烯酸漆等则不明显。

⑥ 固体颗粒物　城市大气中大约含 $2mg/m^3$ 的固体颗粒物，而工业大气中固体颗粒物含量可达 $1000mg/m^3$，估计每月每平方公里的降尘量大于 100t。工业大气中固体颗粒物的组成多种多样，有碳化物、金属氧化物、硫酸盐、氯化物等，这些固体颗粒落在金属表面上，与潮气组成原电池或差异充气电池而造成金属腐蚀。固体颗粒物与金属表面接触处会形

成毛细管，大气中水分易于在此凝聚。如果固体颗粒物是吸潮性强的盐类，则更有助于金属表面上形成电解质溶液，尤其是空气中各种灰尘与二氧化硫、水共同作用时，腐蚀会大大加剧，在固体颗粒下的金属表面常易发生点蚀。

⑦ 海洋大气环境 在海洋大气环境中，海风吹起海水形成细雾，由于海水的主要成分是氯化物盐类，这种含盐的细雾称为盐雾。当夹带着海盐粒子盐雾沉降在暴露的金属表面上时，由于海盐（特别是 $NaCl$ 和 $MgCl_2$）很容易吸水潮解，所以趋向于在金属表面形成一层薄薄的液膜，促进了碳钢的腐蚀。在 Cl^- 作用下，金属钝化膜遭到破坏丧失保护性，使碳钢在液膜作用下一层一层地剥落。

常用的结构钢和合金，大多数均受海水和多雾的海洋大气腐蚀。在海洋大气区，影响侵蚀强度的主要因素是积聚在金属表面的盐粒或盐雾的数量。盐的沉积量与海洋气候环境、距离海面的高度和远近及暴露时间有关。表 7-3 表明了离海岸不同距离空气中 Cl^- 和 Na^+ 的含量。海盐中，特别是氯化钙和氯化镁是吸湿的，易在金属表面形成液膜，加速金属的腐蚀。随着离海洋距离的增加，氯化物浓度逐渐减少，腐蚀速率也随之降低。

表 7-3 离海岸不同距离处空气中 Cl^- 和 Na^+ 的含量

离海岸的距离/km	离子含量/(mg/L)		离海岸的距离/km	离子含量/(mg/L)	
	Cl^-	Na^+		Cl^-	Na^+
0.4	16	8	48.0	4	2
2.3	9	4	86.0	3	—
5.6	7	3			

一般来说，热带海洋环境的腐蚀性较强，温带次之，北极最小，但由于地区位置不同而有很大差别。

(2) 气候条件

大气湿度、气温及润湿时间、日光照射、风向及风速等是影响大气腐蚀的气候条件。

① 大气湿度 潮湿大气腐蚀是金属在大气中锈蚀的主要类型。在干大气腐蚀中，常温下几乎所有的金属都会产生一层不可见的氧化膜，而这层氧化膜往往对金属起着保护作用，所以腐蚀速率非常缓慢。随着空气中相对湿度的不断增大或经受雨露，金属的腐蚀速率也加快，而到达临界相对湿度则腐蚀速率突然加大。

潮湿大气腐蚀并不是单纯水汽或雨水所造成的腐蚀，而同时存在着温度和大气中所含有害气体的综合影响。图 7-6 表示在纯净的和含 0.01% SO_2 的空气中，金属铁的腐蚀增重随相对湿度变化的关系。由图可知，在非常纯净的空气中，湿度对金属锈蚀的影响并不严重，相对湿度由零逐渐增大时，腐蚀增重是很小的，也无腐蚀速率突变的现象，而大气中含有 SO_2 等腐蚀性气体时，情况就不同了。在相对湿度由零增加到 75% 前，腐蚀增重同样增加缓慢，与纯净空气差不多，当相对湿度达到 75% 左右时，腐蚀增重突然上升，并随相对湿度增加。75% 就是铁腐蚀的临界相对湿度，出现临界相对湿度，标志着金属表面产生了一层吸附的电解液膜，这层膜的存在使金属从化学腐蚀变成了电化学腐蚀，使腐蚀的性质发生了突变，腐蚀速率大大增加。

临界相对湿度随金属的种类、金属表面状态以及环境气氛的不同而有所不同，大多数金属和合金存在着两个临界相对湿度（如图 7-7 所示）。第一临界湿度的出现，主要是因为金属表面上出现了腐蚀产物，而这一临界湿度值取决于大气中水分含量和 SO_2 的比例。第二临界湿度取决于腐蚀产物吸收和保持水分的性能。污染物的存在主要是破坏金属表面上腐蚀

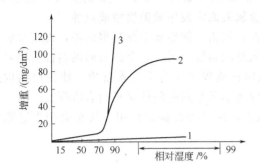

图 7-6　铁的大气腐蚀与空气相对湿度和
SO₂ 杂质的关系

1—纯净空气；2—含 0.01% SO₂ 的空气；
3—含 0.01% SO₂ 和碳粒的空气

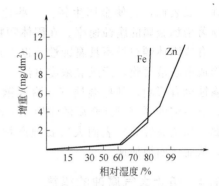

图 7-7　铁和锌存在两个临界相对湿度
（含 0.01% SO₂ 的空气）

产物膜的保护性能，造成出现临界相对湿度的条件。

临界相对湿度对于评定大气腐蚀活性和确定长期封存法有重要意义。一方面，当大气相对湿度超过临界相对湿度时，金属就容易生锈；因此，在气候潮湿的地区或季节，应当采取可靠的保护方法。另一方面，若保持空气相对湿度低于存放金属的临界相对湿度时，即能有效地防止腐蚀的发生；在这种条件下，即使金属表面上已经有锈，也不会继续发展。在临界相对湿度以下，污染物如 SO₂ 和固体颗粒物等的影响也很轻微。所谓"干燥空气封存法"即基于这一理论。

② 气温和温差的影响　空气的温度和温度差对金属大气腐蚀速率有一定的影响。尤其是温度差比温度的影响还大，因为它不但影响着水汽的凝聚，而且还影响着凝聚水膜中气体和盐类的溶解度。对于温度很高的雨季或湿热带，温度会起较大作用，一般随着温度的升高，腐蚀速率加快。

在一些大陆性气候的地区，日夜温差很大，造成相对湿度的急剧变化，使空气中的水分在金属表面或包装好的机件上凝露，引起锈蚀。或由于白天供暖气而晚上停止供暖的仓库和工厂；或在冬天将钢铁零件从室外搬到室内时，由于室内温度较高，冷的钢铁表面上就会凝结一层水珠；或在潮湿的环境中用汽油洗涤金属零件时，洗后由于金属零件上的汽油迅速挥发，使零件变冷，也会凝聚出一层水膜。这些因素都会促使金属锈蚀。

③ 总润湿时间　金属在潮湿的大气中，表面能够形成水膜，构成电解液，使金属发生腐蚀。总润湿时间是指金属表面被水膜层覆盖的时间。在实际的大气环境中，受空气的相对湿度、雨、雾、露等天气条件的持续时间及频率，以及金属的表面温度、风速、光照时间等多种因素影响，使金属表面发生电化学腐蚀的水膜层并不能长期存在，因此金属表面的大气腐蚀过程不是一个连续的过程，而是一个干/湿交替的循环过程。大气腐蚀实际上是各个独立的润湿时间内腐蚀的积累。现已发现，一定条件下的金属大气腐蚀速率与润湿时间符合指数关系。可见，总润湿时间越长，金属大气腐蚀也越严重。

（3）金属表面状态

金属的表面状态对大气中水汽的吸附凝聚有较大的影响。光亮纯净的金属表面可以提高金属的耐蚀性，而新鲜的加工粗糙的表面（如喷砂处理）腐蚀活性最强。

金属表面存在污染物质或吸附有害杂质，会进一步促进腐蚀过程。如空气中的固体颗粒落在金属表面，会使金属生锈。一些比表面大的颗粒（如活性炭）可吸附大气中的 SO_2，会显著增加金属的腐蚀速率。在固体颗粒下的金属表面常发生缝隙腐蚀或点蚀。

有些固体颗粒虽不具腐蚀性，也不具吸附性，但由于能造成毛细凝聚缝隙，促使金属表面形成电解液薄膜，形成氧浓度电池，也会导致缝隙腐蚀。另外，金属表面的腐蚀产物对大气腐蚀也有影响。某些金属（如耐候钢）的腐蚀产物膜由于合金元素富集，使锈层结构致密，有一定的隔离腐蚀介质的作用，因而使腐蚀速率随暴露时间的延长而有所降低。但一些金属（如金属锌等）表面大气腐蚀产物比较疏松，使其丧失保护作用，甚至会产生缝隙腐蚀，从而使腐蚀加速。

7.1.4　防止大气腐蚀的措施

防止金属大气腐蚀的方法很多，可以根据金属制品所处环境及对防腐蚀的要求，选择合适的防护措施。

（1）合理选材

耐大气腐蚀的金属材料，一般有耐候钢、不锈钢、铝、铁及铁合金等。其中工程结构材料多采用耐候钢。

未加保护的钢铁在大气中易生锈。在普通碳钢中加入适当比例的 Cu、P、Cr、Ni 及稀土等合金元素，可以使普通碳钢合金化，这种合金化处理得到的低合金钢耐蚀性能明显优于普通碳钢。这种具有耐大气腐蚀性能的低合金钢称为耐候钢。关于耐候钢中合金元素的耐蚀作用机理还不十分清楚，人们只找到了一些直接的原因。比较一致的看法是，钢在大气腐蚀过程中逐渐生成致密的腐蚀产物膜，从而改变锈层结构，促进钢表层生成具有保护性的锈层［非晶态羟基氧化铁 $FeO_x(OH)_{3-2x}$ 或 $\alpha\text{-}FeOOH$］。

耐候钢最早是在美国被进行系统研究的，其主要成果是 20 世纪 30 年代初出现的美国钢铁公司的 Cor-Ten 钢（A 型，10CuPCrNi 钢）。后来，欧洲各国和日本都有所仿制。Cor-Ten A 钢，含 $\leqslant 0.12\%$ C，$0.25\% \sim 0.55\%$ Cu，$0.07\% \sim 0.15\%$ P，$0.30\% \sim 1.25\%$ Cr，$\leqslant 0.65\%$ Ni，$0.25\% \sim 0.75\%$ Si，$0.20\% \sim 0.50\%$ Mn，$\leqslant 0.05\%$ S。在美国进行的 15 年大气暴露试验结果，腐蚀速率仅为 $0.0025mm/a$，而低碳钢为 $0.050mm/a$；在英国进行的大气暴露试验结果，头 5 年腐蚀速率，Cor-Ten 钢为 $0.027mm/a$，碳钢为 $0.135mm/a$，后 9 年 Cor-Ten 钢为 $0.023mm/a$，碳钢为 $0.125mm/a$。Cor-Ten 钢的耐蚀性为碳钢的 $3 \sim 6$ 倍，可以不加保护层，裸露使用。目前国外已有 Cu、Cu-P-Cr-Ni、Cu-Cr 和 Cr-Al 等系列多种牌号的耐候钢。

我国耐候钢发展较晚，但逐渐走出了自己的道路。一般不含 Cr、Ni，充分发挥了我国矿产资源的特点。根据我国特点，我国发展了 Cu 系、P-V 系、P-Re 系及 P-Nb-Re 系等钢种。如 16MnCu 钢、09MnCuPTi 钢、15MnVCu 钢、10PCuRe 钢等。16MnCu 钢 8 年暴露试验平均腐蚀速率在 $0.004 \sim 0.016mm/a$ 范围内，其中在工业大气中为 $0.008mm/a$。

不锈钢有较好的耐大气腐蚀性能，如耐蒸汽、潮湿大气性好。但由于价格较贵，除关键性产品外，一般尽量少用或不用。铝的耐大气腐蚀性能也较高。铝在空气中很容易生成一层致密的氧化铝薄膜（厚度约 $1 \sim 10nm$），可有效地防止铝继续氧化和腐蚀，具有优异的抗蚀性。但其强度较低，一般将 Si、Cu、Mg、Zn、Ni、Mn、Fe、Re 等加入铝中生成铝合金，以提高其力学性能。铝和铝合金制成的零件使用前，应进行阳极氧化处理。

钛及钛合金是一类新型结构材料，不仅具有优良的耐蚀性，而且比强度大，耐热性好。某些钛合金还具有良好的耐低温性能。这是由于钛的钝化能力强，在常温下极易形成一层致密的与基体金属结合紧密的钝化膜，这层薄膜在大气及腐蚀介质中非常稳定，具有良好的抗蚀性。从比强度方面，钛合金可替代不锈钢和合金钢；从抗蚀剂耐热性方面可以取代铝合金和镁合金。目前各种高强度钛合金、耐蚀性钛合金和功能钛合金在宇航、航空、海洋、化学工业等领域都已得到了开发和应用。

（2）表面覆盖层保护

包括临时性保护覆盖层和永久性保护覆盖层两种。临时性保护是指不改变金属表面性质的暂时性保护方法，包括防锈水、防锈油脂、气相缓蚀剂、可剥性塑料包装用纸类（涂蜡纸、气相防锈纸等），临时性保护主要用于材料储存，金属构件使用前需去除覆盖层。永久性保护层主要有各类镀层、涂料、热喷涂、热浸镀、渗金属、钝化等手段生成的覆盖层，金属构件工作时无需去除。

镀层是大气腐蚀保护用得较多的措施，如单金属和合金电镀、复合镀、喷镀、化学镀、离子镀、气相镀、包镀、渗镀；非金属镀层包括有机涂层、橡胶、电泳涂层、塑料、油漆复层等；无机涂层如搪瓷、陶瓷等。这些方法都是通过使被保护金属与外界介质隔离来防止金属腐蚀。

（3）控制环境条件

局部环境气氛控制：如在封闭的环境中，采用气相缓蚀剂或油溶性缓蚀剂，有关缓蚀剂的知识参考第 11 章的有关内容。

一般相对湿度低于 35% 时金属不易生锈，低于 60%～70% 金属锈蚀较慢。所以可以采用降低环境的相对湿度来降低大气腐蚀。如在包装封存过程中充惰性气体（如 N_2），采用干燥空气封存，或用吸氧剂除氧封存方法，均可达到降低大气腐蚀的目的。表 7-4 对三种封装方法进行了比较。

表 7-4　三种封装方法的比较

封装方法	封装原理和方法	特　点	适用对象
干燥空气封存	在密闭性良好的包装内充溢干燥空气或用干燥剂控制相对湿度小于 35%	工艺简单，便于检查，防锈期较长，不能防止金属的化学氧化，但可防霉	多种金属和非金属
充惰性气体封存	将产品密封在金属或非金属容器内，经抽真空后充入干燥的 N_2，并利用干燥剂保持内部相对湿度在 40% 以下	工艺复杂，防锈期长，可同时防止金属的化学氧化和电化学腐蚀	多种金属和非金属的产品、精密仪器、忌油产品
吸氧剂封存	控制密封容器内的湿度和露点，除去空气中的氧。常用 Na_2SO_3 做吸氧剂，它在催化剂 $CoCl_2$ 和微量水的作用下，吸收氧变成 Na_2SO_4	工艺简单，防锈期较长，可同时防止金属的化学氧化和电化学腐蚀	多种金属和非金属

7.2　海水腐蚀

金属结构在海洋环境中发生的腐蚀称为**海水腐蚀**（sea-water corrosion）。海水是自然界中含量大并且是最具腐蚀性的天然电解质溶液。我国海域辽阔，大陆海岸线长 18000km，6500 多个岛屿的海岸线长 14000km，拥有近 300 万平方公里的海域。近年来海洋开发受到普遍重视，港口的钢桩、栈桥、跨海大桥、海上采油平台、海滨电站、海上舰船以及在海上和海水中作业的各种机械，无不遇到海水腐蚀问题。从事海洋事业的科技工作者喜欢说：未来的世界是海洋的世界。这话有一定道理，但这也意味着未来的世界会遇到更多海水腐蚀的问题。因此，研究海水腐蚀规律，探讨防腐蚀措施，就具有十分重要的意义。

7.2.1　海水腐蚀区域的划分

为便于学习和研究海水腐蚀，从海洋腐蚀的角度出发，以接触海水从下至上将海洋环境划分为 3 个不同特性的腐蚀区带，即全浸带、潮差带和飞溅带。不管潮起潮落，全浸带的金属构件部分总是浸没在海水中。潮差带的金属构件部分是在涨潮时淹没在海水中，落潮时则暴露在空气中。紧接着潮差带的上面是飞溅带，处于飞溅带的金属构件即使涨潮时也不会淹没在海水中，但却不断地经受着浪花飞溅。这些区段的金属构件的腐蚀都属于海水腐蚀的范畴。在飞溅带上面的金属构件的腐蚀实质上属于海洋大气腐蚀的范畴了（如图 7-8 所示）。

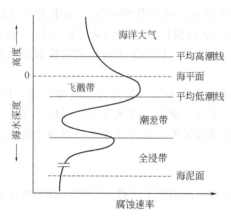

图 7-8　海洋区域分布和腐蚀速率的关系

初看起来，似乎海水到处都差不多，对于金属材料的腐蚀性应当也都差不多。其实不然。海洋环境复杂，不同的海洋区域或同一海洋区域的不同区带，金属的腐蚀行为有较大的差别。

在**飞溅带**，碳钢腐蚀最严重。由于碳钢表面经常与充气良好的海水接触，使紧贴金属构件表面上的液膜长期保存。这层液膜薄而供氧充分，氧浓差极化很小，形成了发生氧去极化腐蚀的有利条件。而且在飞溅带没有生物污染，金属表面保护漆膜容易老化变质，涂层在风浪作用下容易剥落。因此在飞溅带的腐蚀速率在所有海洋区域中是最大的，达到 0.4mm/a，约为全浸条件下腐蚀速率的 3～4 倍。

在**潮差带**，金属的表面不断间隔地浸泡在海水中和暴露在空气中。当落潮时处于潮差带的金属表面虽然暴露在空气中，而不是浸在海水中，但金属的表面仍然是湿的，而且同浸在海水中相比，氧更容易到达金属表面，所以一般的规律是：金属处于潮差带的腐蚀速率比处于全浸带的腐蚀速率高。但我国长期的海水腐蚀挂片试验发现，处于潮差带的钢材的腐蚀速率随时间下降的趋势较处于全浸带的钢材明显，以致挂片试验长达 4 年以后，钢材在这两个海水腐蚀带的腐蚀速率大小的次序发生逆转，即全浸带的腐蚀速率反而比潮差带的大。这可能同钢材在这两个海水腐蚀带所生成的腐蚀产物在钢表面的覆盖情况有关，在全浸带的钢的表面不容易形成对腐蚀过程有明显抑制作用的腐蚀产物层。

潮差带和飞溅带相似，碳钢构件的表面每天有部分时间与充气良好的海水接触，促进了氧去极化腐蚀。而且，较大的潮汐运动会导致碳钢腐蚀速率进一步增大。与飞溅带不同的是，海洋生物会在潮差带的金属表面上寄生。寄生的结果有时能使钢的表面得到部分的保护，对不锈钢则会加速局部腐蚀。

对于连续暴露于潮差带与全浸带的碳钢结构（如一根整体钢桩或长试片）来说，由于潮差带的供氧情况比全浸带好，在它们之间将形成氧浓差电池，在潮差带的部分成为电池的阴极而得到保护，腐蚀速率有所下降。而对于孤立的碳钢试片来说，其腐蚀速率则接近飞溅带的腐蚀速率。还要指出，碳钢的最深点蚀往往发生在潮差带。

根据海水的深度不同，全浸带又可分为浅海区、大陆架和深海区。由于风浪和海水流动起着搅拌作用，在浅海区表层含氧量一般达到饱和浓度。浅海区表层的水温也比中部或深处高得多。因此，浅海区中碳钢的腐蚀速率随着深度增大而逐渐减小。

在**全浸带**金属表面上常有海洋生物附着，阻碍氧向金属表面扩散。但对于与潮沙区连续的海洋结构，海洋生物附着会使氧浓度电池效应增大，反而加快了全浸带金属的腐蚀速率。在腐蚀过程中阴极区有时能生成碳酸钙型矿质水垢，对金属起到一定的保护作用。

随着海水深度增加，含氧量和水温降低，海洋生物附着也减少。在许多地区，$18 \sim 30m$深处海水流速已很缓慢。所以深海区碳钢的腐蚀速率一般是很低的。

钢和铁在全浸带的腐蚀特点是开始时腐蚀非常快，但几个月后就逐渐减慢，最终趋向于一个稳定的速率。腐蚀也比较均匀，平均速率为 $0.10mm/a$。风浪大及海水剧烈运动时腐蚀速率增加。

海底泥浆区域对金属的供氧量极小，所以腐蚀速率极低。对于部分埋在海底、部分裸露在海水中的金属结构，由于氧浓差电池作用，加快了埋在海底中那部分金属的腐蚀。在泥浆区有时还存在硫酸盐还原菌之类的细菌，形成生物腐蚀，结果使碳钢结构发生局部腐蚀。

7.2.2　海水的性质及对金属腐蚀的影响

海水是含盐量高达 3.5% 并有溶解氧的强腐蚀性电解液，所有的海水对金属都有较强的腐蚀性。但各个海域的海水性质（如含盐量、含氧量、温度、pH、流速、海洋生物等）可以差别很大，同时，波、浪、潮等在海洋设施和海工结构上产生低频往复应力和飞溅带浪花与飞沫的持续冲击；海洋微生物、附着生物和它们新陈代谢的产物（如硫化氢、氨基酸等）对腐蚀过程产生直接与间接的加速作用。加之，海洋设施和海工结构种类、用途以及工况条件上有很大差别，因此它们发生的腐蚀类型和严重程度也各不相同。金属的腐蚀行为与这些因素的综合作用有关。

(1) 含盐量

海水作为腐蚀性介质，其特性首先在于它的含盐量相当大。世界性的大洋中，水的成分和总盐度是颇为恒定的。内海里的含盐量则差别较大，因地区条件的不同而异，如地中海的总盐度高达 $3.7\% \sim 3.9\%$，而里海则低至 $1.0\% \sim 1.5\%$，且所含的 SO_4^{2-} 高。表 7-5 给出了海水中主要盐类的含量。

表 7-5　海水中主要盐类的含量

成　　分	100g 海水中含盐量/g	占总盐度的百分数/%
NaCl	2.7213	77.8
MgCl$_2$	0.3807	10.9
MgSO$_4$	0.1658	4.7
CaSO$_4$	0.1260	3.6
K$_2$SO$_4$	0.0863	2.5
CaCO$_3$	0.0123	0.3
MgBr$_2$	0.0076	0.2
合　　计	3.5	100

海水中含量最多的盐类是氯化物，其次是硫酸盐。氯离子的含量约占总离子数的 55%。除了这些主要成分之外，海水中还有含量小的其他成分，如臭氧、游离的碘和溴也是强烈的阴极去极化剂和腐蚀促进剂。此外，海水中还含有少量的、对腐蚀不产生重大影响的许多其他元素。总之，海水中含有少量的周期表中几乎所有的元素。

由于海水中含有的大量可离解的盐，使海水成为一种导电性很强的电解质溶液，因此使海水对大多数的金属结构具有较高的腐蚀活性，如对于铁、铸铁、低合金钢和中合金钢来说，在海水中建立钝态是不可能的。甚至对于含高铬的合金钢来说，在海水中的钝态也不完全稳定，可能出现小孔腐蚀。由于盐浓度增大，海水中溶解氧量下降，故盐浓度超过一定值后，金属腐蚀速率下降。

（2）含氧量

海水中的含氧量是海水腐蚀的主要因素。海水表面与空气的接触面积相当大，海水还不断受到海浪的搅拌作用并有强烈的自然对流，所以通常海水中含氧量较高。除特殊情况外，可以认为海水表面层被氧饱和。

表 7-6 列出了海水中氧的溶解度和盐浓度、温度之间的关系。盐的浓度和温度越高，氧的溶解度越低。海水含氧量与海水深度有关。美国西海岸的太平洋海域，自海平面至水深 700m 处，含氧量随海水深度增加而下降，表层海水含氧量最高，为 5.8mL/L，水下 700m 处，海水含氧量最低，为 0.3mL/L，水深 700m 以下，氧含量又随海水深度的增加有所回升。随着纬度的不同，表层海水的含氧量也不同，高纬度区，常年温度和盐度都较低，所以含氧量高，如南极洲个别地区，含氧量高达 8.2mL/L，而低纬度地区正好相反，如赤道附近，表层海水含氧量只有 4.0～4.8mL/L。

表 7-6 氧在不同盐浓度海水中的溶解度 单位：mL/L

温度/℃	盐 的 浓 度/%					
	0.0	1.0	2.0	3.0	3.5	4.0
0	10.30	9.65	9.00	8.36	8.04	6.72
10	8.02	7.56	7.09	6.63	6.41	6.18
20	6.57	6.22	5.88	5.52	5.35	5.17
30	5.57	5.27	4.95	4.65	4.50	4.34

大多数金属在海水中发生的是氧去极化腐蚀。海水中含氧量增加，可使金属腐蚀速率增加。

（3）pH

通常海水是中性溶液，pH 介于 7.2～8.6 之间，因植物的光合作用，表层海水的 pH 略高，通常介于 8.1～8.3 之间，对金属腐蚀的影响不显著。由于海洋有机物和海洋动物尸体分解时消耗 O_2 并产生 H_2S 和 CO_2，深海区的 pH 略有降低，在距海平面 700m 左右深度处，pH 最低。

（4）温度

海水的温度随地理位置和季节的不同在一个较大的范围变化。从两极高纬度到赤道低纬度海域，表层海水的温度可由 0℃ 增加到 35℃。海水深度增加，水温下降，海底的水温接近 0℃。

海水温度升高，腐蚀速率加快。一般认为，海水温度每升高 10℃，金属腐蚀速率将增大 1 倍。但是温度升高后，氧在海水中的溶解度下降，金属腐蚀速率减小。在炎热的季节或环境中，海水腐蚀速率较大。

（5）流速

海水流速也是表征海水性质的一个重要参数。海水的流速增大，将使金属腐蚀速率增大。海水流速对铁、铜等常用金属的腐蚀速率的影响存在一个临界值 V_c，超过此流速，金属的腐蚀速率显著增加。以碳钢为例（图 7-9 所示），在海水流速较低的第Ⅰ、第Ⅱ阶段，金属的腐蚀属于典型的电化学腐蚀，其中第Ⅰ阶段腐蚀过程受氧的扩散控制，随流速增加，氧的扩散加快，因此腐蚀速率也增大；第Ⅱ阶段海水流速增加，供氧充分，氧阴极还原的电化学反应成为腐蚀过程的主要速率控制步骤，因此流速对腐蚀速率的影响较小。而在第Ⅲ阶段，当海水流速很高时，金属腐蚀急剧加速。这是由于流速超过 V_c 时，金属表面的腐蚀产物膜被冲刷掉，金属基体也受到机械性损伤，此时金属腐蚀发生了质的改变，出现了冲刷腐蚀，甚至空泡腐蚀，在腐蚀和机械力的作用下，金属的腐

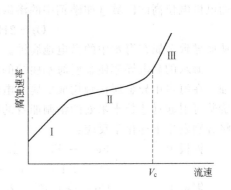

图 7-9　海水的流动速率对低碳钢腐蚀速率的影响

蚀速率急剧增加。但对在海水中能钝化的金属则不然，有一定的流速可以促进钛、镍合金和高铬不锈钢的钝化，提高其耐蚀性。

（6）海洋生物

影响金属材料海水腐蚀的海洋生物有两类。一类是微生物。欧洲在海水腐蚀试验中曾经发现一个现象：一般的金属浸泡在海水中腐蚀电位是随着时间逐渐向低的方向变化的，但不锈钢浸泡在海水中以后，腐蚀电位则是逐渐向高的方向变化的。在第 5 章中我们知道，有钝化膜的金属如不锈钢在含 Cl^- 的溶液中，当电位升高到"击穿电位"亦即小孔腐蚀电位时，钝化的金属表面上就会发生小孔腐蚀。因此，如果不锈钢的小孔腐蚀电位不够高，当浸泡在海水中的不锈钢的腐蚀电位向高的方向移动到小孔腐蚀电位时，就开始小孔腐蚀。据研究，浸泡在海水中的不锈钢的腐蚀电位之所以会逐渐升高，是因为在钢的表面上逐渐生成了一层微生物膜。这种看法还不是定论，需要进一步研究，但目前除此以外，也找不出其他的原因来解释浸泡在海水中的不锈钢的腐蚀电位逐渐升高的现象。另一类是附着在钢材表面上生长的藤壶、牡蛎等海生物，对于钢材受海水腐蚀的情况究竟会产生什么影响，也是比较复杂的问题。一种情况是引起局部腐蚀，这大致是由于它们的附着，使得钢材的局部表面所接触的介质成分发生了改变，以及形成充气不匀腐蚀电池。但人们也发现另一种相反的情况：浸泡在海水中的钢材的表面上附着的海生物形成一层紧密的覆盖层，就像一个保护层那样保护了下面的钢材。究竟会发生哪一种情况，要通过实地的试验才能知道，因为各个海域的温度和海生物繁殖情况可以差别很大。

另外，微生物的生理作用会产生 NH_3、CO_2 和 H_2S 等腐蚀性物质，硫酸盐还原菌的作用则产生 O_2，这些都能加快金属的海水腐蚀。

7.2.3　海水腐蚀的电化学特征

海水作为中性含氧电解液的性质决定了海水中金属腐蚀的电化学特性。电化学腐蚀的基本规律都适用于海水腐蚀。但基于海水本身的特点，海水腐蚀的电化学过程又具有自己的特征。

① 与一般介质不同，海水电导率高，金属构件在其海水中既存在活性很大的微观腐蚀电池，也存在活性很大的宏观腐蚀电池。电极电位低的区域（如碳钢中的铁素体基体）是阳极区，发生铁的氧化溶解反应：

$$Fe \longrightarrow Fe^{2+} + 2e^-$$

而电极电位高的区域（如碳钢中的渗碳体相）是阴极区，发生氧的还原反应：

$$O_2+2H_2O+4e^- \longrightarrow 4OH^-$$

从而导致金属在海水中的微电池腐蚀。

海水的高电导率使金属海水腐蚀的电阻极化很小，异种金属的接触能造成显著的电偶腐蚀。在海水中异金属接触构成的腐蚀电池，其作用更强烈，影响范围更远，如海船的青铜螺旋桨可引起远达数十米处的钢制船身的腐蚀。如铁板和铜板同时浸入海水中，这两种金属上将分别发生下述化学反应：

铁板上　　　　　　$Fe \longrightarrow Fe^{2+}+2e^-$

　　　　　　　　$O_2+2H_2O+4e^- \longrightarrow 4OH^-$

铜板上　　　　　　$Cu \longrightarrow Cu^{2+}+2e^-$

　　　　　　　　$O_2+2H_2O+4e^- \longrightarrow 4OH^-$

铁在海水中的自然腐蚀电位约为$-0.45V$（vs. SCE），铜的自然腐蚀电位约为$-0.32V$（vs. SCE）。当把两种金属用导线连接起来，或让两者接触，则电流将由电位较高的铜板流向电位较低的铁板，在海水中由铁板流向铜板，结果铁板腐蚀加快，而铜板受到保护。此即为海水中的电偶腐蚀（宏电池腐蚀）现象。

即使两种金属相距数十米，只要存在足够的电位差并实现稳定的电连接，就可以发生电偶腐蚀。所以在海水中，必须对异种金属的连接予以重视，以避免可能出现的电偶腐蚀。例如，铜与不锈钢连接是有害的，因为不锈钢只有在氧气充足的情况下，才能维持钝态，在海水条件下，不锈钢的钝态是不稳定的。当大面积的铜或铜合金与较小面积的不锈钢相接触时，不锈钢就存在着较大的电偶腐蚀危险。因为Cl^-可能使不锈钢活化，相对于铜，不锈钢变成了阳极。反之，当大面积的不锈钢与较小面积的铜或铜合金相接触时，铜或铜合也是危险的，因为不锈钢一旦处于钝态，小面积的铜则作为阳极发生电偶腐蚀，腐蚀电流密度将会很大。

② 对大多数金属，它们的阴极过程是氧去极化作用，只有少数负电性很强的金属如镁及其合金，海水腐蚀时发生阴极的氢去极化作用。腐蚀速率受限于氧的扩散速率。尽管表层海水被氧所饱和，但氧通过扩散到达金属表面的速率却是有限的，也小于氧还原的阴极反应速率。在静止状态或海水流速不大时，金属腐蚀的阴极过程一般受氧到达金属表面的速率控制。所以钢铁等在海水中的腐蚀几乎完全决定于阴极去极化反应。减小扩散层厚度，增加流速，都会促进氧的阴极极化反应，促进钢的腐蚀。如对于普通碳钢、低合金钢、铸铁，海水环境因素对腐蚀速率的影响远大于钢本身成分和组分的影响。

③ 海水腐蚀的阳极极化阻滞对于大多数金属（如铁、钢、铸铁、锌、镉等）都很小，因而腐蚀速率相当大。基于这一原因，在海水中若采用提高阳极性阻滞的方法来防止铁基合金腐蚀的可能性是有限的。由于Cl^-破坏钝化膜，不锈钢在海水中也会遭到严重的腐蚀。只有极少数易钝化金属，如钛、锆、钽、铌等才能在海水中保持钝态，具有显著的阳极阻滞。

在海水中由于钝化膜的局部破坏，很容易发生点蚀和缝隙腐蚀等局部腐蚀，在高流速的海水中，易产生冲刷腐蚀和空蚀。

7.2.4　海水腐蚀的防护措施

(1) 正确选材、合理设计

大量的海洋工程构件仍然使用普通碳钢或低合金钢，但需采取一定的保护措施。从海水腐蚀挂片试验来看，普通碳钢与低合金钢腐蚀失重相差不大，但腐蚀破坏的情况不同。一般说来，普通碳钢的腐蚀破坏比较均匀，而低合金钢的局部腐蚀破坏比碳钢严重。

以铬为主要合金元素的低合金钢的海水腐蚀行为很特殊。我国和国外的海水腐蚀挂片试验都证明，在挂片时间不超过 5 年的时期内，含铬的低合金钢的海水腐蚀行为比普通碳钢好，但当挂片试验时间超过 5 年后，含铬的低合金钢的腐蚀行为反而不如普通碳钢。所以普通碳钢和低合金钢可以用于海洋工程，但必须加以切实的保护措施。

不锈钢在海洋环境中的应用是有限的。除了价格较贵的原因之外，不锈钢在海水流速小和有海洋生物附着的情况下，由于供氧不足，在 Cl^- 作用下钝态容易遭到破坏，促使点蚀发生。另外，不锈钢在海水中还可能出现应力腐蚀破裂。在不锈钢中添加合金元素铝可以提高不锈钢耐小孔腐蚀的性能，所以一些适用于海水介质的不锈钢都是含铝的不锈钢。

铜和铜合金在海水中有较高的耐蚀性，尤其在流速不大的海水中是相当稳定的。但当黄铜中铜含量较低时（如含铜 60%，含锌 40%），则产生脱锌腐蚀。磷青铜是含少量磷的铜锡合金，在海水中非常稳定，并耐冲击腐蚀，可用来制造泵的叶轮。铝青铜也比较耐海水腐蚀。白铜（铜-镍合金）能在流速较大的海水中应用，在污染海水中也不易产生点蚀，且耐应力腐蚀、冲刷腐蚀的性能都较好。由于铜合金传热性能好，成本也比镍基合金低得多，所以一些以海水为冷却剂的管子如海滨电厂的凝气管或海轮上的冷却管用的就是白铜管。

铝和铝合金由于表面能生成一层保护性能好的钝化膜，所以耐蚀性很好。但其缺点是在海水中易产生点蚀、缝隙腐蚀和应力腐蚀断裂。高强度铝合金如 Al-Cu、Al-Zn-Mg 合金耐海水腐蚀性差，如在海洋环境中使用必须采取一定的保护措施。

镍有助于改进金属的耐海水腐蚀性能。所以一些耐海水腐蚀的金属材料如蒙乃尔（Monel，一种镍基的镍铜合金）、哈氏合金（Hastelloy，含镍量不低于 60% 的镍基合金）、因康镍合金（Incanel，一种含镍量达 80% 的合金）等都是镍基合金。

最耐海水腐蚀的金属材料就是钛或钛合金了。其原因就在于钛的表面生成一层薄的氧化物膜，起到了完全的保护作用，在海水中几乎不发生腐蚀。同时钛及钛合金还具有很高的抗磨蚀、空穴腐蚀和腐蚀疲劳的能力。钛及其合金还能抗污染海水、淡海水和含有气体（如 Cl_2、NH_3、H_2S 或高浓度的 CO_2）的海水腐蚀。使用钛合金制造的舰船蒙皮在海水中是极其稳定的，基本上可以认为船体是不会被腐蚀的，这样既可以减少维护的费用，也可以减轻船体的重量。

海洋设施中大量使用的还是钢铁材料，牌号很多，应根据具体要求合理选择和匹配。同时也可根据我国资源情况发展耐海水腐蚀新材料。例如，能用于海洋环境的高铬、高镍不锈钢或奥氏体-铁素体双相不锈钢等。

在海水中使用的金属构件十分忌讳不同电子导体接触而形成的电偶腐蚀。当两种在海水中的腐蚀电位不同金属材料彼此直接接触时，腐蚀电位低的金属材料就因电偶腐蚀而破坏。在考虑海水中金属构件的电偶腐蚀问题时，不仅不允许腐蚀电位高低差别较大的金属材料直接接触，而且还要注意到会不会发生腐蚀电位高的金属离子在腐蚀电位低的金属材料表面上沉积成金属。例如，如果在海轮上有铝合金构件，也有铜合金构件，虽然从结构上看这两种金属构件没有直接接触，但如果铜合金腐蚀所形成的铜离子能随水流到达铝合金构件的表面，铜离子就能在铝合金构件的表面上沉积成金属铜，从而引起铝合金构件的快速腐蚀破坏。

（2）涂层保护

这是防止金属材料海水腐蚀普遍采取的方法，除了应用防锈油漆外，有时还采用防生物污染的防污漆。对于处在潮差带和飞溅带的某些固定结构物，可以使用蒙乃尔合金包覆。

海洋工程用钢的主要保护措施是在钢的表面施加涂层。但是，任何一种有机涂层长时间浸泡在水溶液中，水分子都会渗过涂层到达金属表面，在涂层下发生电化学腐蚀过程。严重的问题在于：一旦涂层下的金属表面发生腐蚀过程，阴极反应所生成的 OH^- 会使涂层失去与金属表面的附着力而剥离，另外整个腐蚀过程所产生的固相腐蚀产物也会将涂层挤得鼓起来，所以光用简单的油漆涂层不能起很好的保护作用。

为达到更好的保护效果，通常采用涂料和阴极保护相结合的办法，这是保护海底管线和海工结构水下部分的首选措施。已有的研究结果表明，对钢质海洋平台的水下部分，不采用涂料，只采用阴极保护同样能得到良好的保护效果。而海工结构在飞溅带的防护措施通常包括：采用厚浆型重防腐涂料、采用耐蚀材料包套和留有足够的腐蚀裕量。例如，钢质海洋平台飞溅带桩腿设计的腐蚀裕量一般采取 13~16mm。

施加涂层，一般还不是简单地直接在钢材表面涂一层有机涂层，而是先在钢材表面涂一层底漆，再涂上油漆层。

（3）电化学保护

电化学保护是防止海水腐蚀常用的方法之一，但只在全浸带才有效。电化学保护又分为外加电流法和牺牲阳极法。外加电流阴极保护便于调节，而牺牲阳极法则简单易行。海水中常用的牺牲阳极有锌合金、镁合金和铝合金。从密度、输出电量、电流效率等方面综合考虑，用铝合金牺牲阳极较为经济，如 Al-Zn-Sn 和 Al-Zn-In 多元合金。

（4）使用缓蚀剂

海水冷却器的凝汽黄铜管可采用定期添加硫酸亚铁，预先生成保护膜的办法，防止凝汽黄铜管发生局部腐蚀；防护涂料底层中添加缓蚀剂，也能取得良好的保护效果。

7.3 土壤腐蚀

金属或合金在土壤中发生的腐蚀称为**土壤腐蚀**（soil corrosion）。埋入地下的水管、蒸汽管、石油输送管、钢筋混凝土设施及电缆等，由于土壤中存在的水分、气体、杂散电流和微生物的作用，都会遭受腐蚀，以致管线穿孔而漏油、漏气、漏水，或使电讯发生故障。而且这些地下设施的检修和维护都很困难，给生产造成很大的损失和危害。

由于土壤组成和性质的复杂性，金属的土壤腐蚀差别很大。埋在某些土壤中的古代铁器可以经历千百年而没有多大锈蚀，可是有些地下管道却只用了一两年就腐蚀穿孔。同一根输油管在某一地段腐蚀很严重，而在另一地段却完好无损。因此研究金属材料的土壤腐蚀行为和规律，为地下工程选材与防护设计提供科学依据，具有重大意义。

7.3.1 土壤的组成和性质

（1）土壤的一般性质

① 土壤的组成 土壤是由各种颗粒状的矿物质、有机物质及水分、空气和微生物等组成的多相的并且具有生物学活性和离子导电性的多孔的毛细管胶体体系。它含有固体颗粒如砂、灰、泥渣和腐殖土，在这个体系中有许多弯弯曲曲的微孔（毛细管），水分和空气可以通过这些微孔到达土壤深处。

② 土壤中的水分 土壤中的水分有些与土壤的组分结合在一起，有些紧紧黏附在固体

颗粒的周围，有些可以在微孔中流动。盐类溶解在这些水中，土壤就成了电解质。土壤的导电性与土壤的孔隙度、土壤的含水量及含盐量等各种因素有关。土壤越干燥，含盐量越少，其电阻越大；土壤越潮湿，含盐量越多，电阻就越小。干燥而少盐的土壤电阻率可高达 $10000\Omega\cdot cm$，而潮湿多盐的土壤电阻率可低于 $500\Omega\cdot cm$。一般来说，土壤的电阻率可以比较综合地反映某一地区的土壤特点。土壤电阻率越小，土壤腐蚀越严重。表 7-7 列出了土壤的电阻率与土壤腐蚀性等级的关系（以钢的腐蚀为例）。

表 7-7　土壤的电阻率与土壤腐蚀性的关系

土壤的电阻率/Ω·cm	钢在土壤中的腐蚀速率/(mm/a)	土壤的腐蚀性等级
0~500	>1.00	很高
500~2000	0.20~1.00	高
2000~10000	0.05~0.20	中等
>10000	<0.05	低

因此，可以把土壤电阻率作为土壤腐蚀性的评估依据之一。但应该指出，这种估计有时并不符合所有情况，因此土壤电阻率并不能作为评估土壤腐蚀的唯一依据。

③ 土壤含氧量　土壤中的氧气，部分存在于土壤的孔隙与毛细管中，部分溶解在水里。土壤中的含氧量与土壤的湿度和结构有密切关系，在干燥的砂土中含氧量较高；在潮湿的砂土中，含氧量较少；而在潮湿密实的黏土中，含氧量最少。由于湿度和结构的不同，土壤中含氧量可相差达几万倍，这种充气的极不均匀，正是造成氧浓差电池腐蚀的原因。

④ 土壤的酸碱性　大多数的土壤是中性的，pH 位于 6.0~7.5 之间；有的土壤是碱性的，如碱性的砂质黏土和盐碱土，其 pH 位于 7.5~9.5 之间；也有一些土壤是酸性的，如腐殖土和沼泽土，pH 在 3~6 之间。

⑤ 土壤中的微生物　有人曾在电子显微镜下观察土壤中的微生物，发现有种细菌，其形状为略带弯曲的圆柱体，并长有一根鞭毛。细菌依靠鞭毛的伸曲，使其躯体向前移动。由于它依赖于硫酸盐还原反应而生存的，所以人们称它为硫酸盐还原菌（SRB）。土壤中的微生物主要有厌氧的硫酸盐还原菌、硫杆菌和好氧的铁杆菌。在许多环境条件下，往往会有两种以上的微生物共存。在有更多种微生物滋生繁殖时，将会对腐蚀产生更为复杂的影响。

腐蚀性细菌一般分为嗜氧菌和厌氧菌两大类。增氧性菌必须在有游离氧的环境中生存，如嗜氧性氧化铁杆菌，它依靠金属腐蚀过程中所产生的 Fe 氧化成 Fe^{3+} 时所释放的能量来维持其新陈代谢，它存在于中性含有有机物和可溶性铁盐的水、土壤及锈层中，其生长温度为 $20\sim25\,^{\circ}\mathrm{C}$，pH 在 7~7.4 之间。又如嗜氧性排硫杆菌，能将土壤中的污物发酵所产生的硫代硫酸盐还原为硫元素；而喜氧性氧化硫杆菌又可把元素硫氧化为硫酸，从而加快金属的腐蚀。这类细菌常存在于土壤、污水及泥水中，其生长温度为 $28\sim30\,^{\circ}\mathrm{C}$，pH 在 2.5~3.5 之间。

(2) 中国土壤分布规律

我国土壤类型有 40 多种，土壤性质差别较大。根据《中国土壤系统分类（修订方案）》确定土壤水分，在没有直接的土壤水分观测资料情况下，以 Penman 经验公式计算得到的年干燥度作为划分土壤水分状况的定量指标，并规定年干燥度大于 3.5 者相当于干旱土壤水分状况，年干燥度在 1~3.5 之间者相当于半干润土壤水分状况，年干燥度小于 1 者相当于湿润土壤水分状况。

① 土壤水平性分布　东部属湿润、半湿润地区，表现为自南向北随着气温带而变化的规律，大体上说热带为砖红壤，南亚热带为赤红壤，中亚热带为红壤和黄壤，北亚热带为黄棕壤和黄褐土，暖温带为棕壤和褐土，温带为暗棕壤，寒温带为漂灰土，其分布与纬度基本一致。在北部干旱半干旱区域，表现为随着干燥度而变化的规律，东北的东部干燥度小于1，新疆的干燥度大于4，自东向西依次为暗棕壤、黑土、灰黑土、黑钙土、栗钙土、灰钙土、灰漠土、灰棕漠土，其分布与经度基本一致。这种变化主要与距离海洋的远近有关。距离海洋越远，受潮湿季风的影响越小，气候越干燥；距离海洋越近，受潮湿季风的影响越大，气候越湿润。由于气候条件不同，生物因素的特点也不同，对土壤的形成和分布必然带来重大的影响。

② 土壤垂直性分布　我国的土壤由南到北、由西向东虽然具有水平地带性分布规律，但是北方的土壤类型在南方山地却往往也会出现。这种现象的原因是，随着海拔增高，山地气温就会不断降低，一般每升高 100m，气温要降低 0.6℃；自然植被随之变化，土壤分布也发生相应的变化。土壤随海拔高度增加而变化的规律，叫做土壤的垂直地带性分布规律。例如，喜马拉雅山由山麓的红黄壤起，经过黄棕壤、山地灰棕壤、山地飘灰土、亚高山草甸土、高山草甸土、高山寒漠土，直至雪线。喜马拉雅山具有最完整的土壤垂直带谱，为世界所罕见。

7.3.2　土壤腐蚀的电化学特征

金属在土壤中的腐蚀与在电解质溶液中的腐蚀本质是一样的，发生电化学腐蚀。大多数金属在土壤中的腐蚀属于氧去极化腐蚀，只有在少数情况下（如在强酸性土壤中），才发生氢去极化腐蚀。

(1) 阳极过程

金属在阳极区失去电子被氧化。以钢铁为例，反应式如下：

$$Fe \longrightarrow Fe^{2+} + 2e^-$$

在酸性土壤中，铁以水合离子的状态溶解在土壤水分中：

$$Fe^{2+} + nH_2O \longrightarrow Fe^{2+} \cdot nH_2O$$

在中性或碱性土壤中，Fe^{2+} 与 OH^- 进一步生成白色的 $Fe(OH)_2$。

$$Fe^{2+} + 2OH^- \longrightarrow Fe(OH)_2$$

$Fe(OH)_2$ 在 O_2 和 H_2O 的作用下，生成难溶的 $Fe(OH)_3$。

$$4Fe(OH)_2 + O_2 + 2H_2O \longrightarrow 4Fe(OH)_3$$

$Fe(OH)_3$ 不稳定，会接着发生以下的转化反应：

$$Fe(OH)_3 \longrightarrow FeOOH + H_2O$$

$$Fe(OH)_3 \longrightarrow Fe_2O_3 \cdot 3H_2O \longrightarrow Fe_2O_3 + 3H_2O$$

钢铁在土壤中生成的不溶性腐蚀产物与基体结合不牢固，对钢铁的保护性差，但由于紧靠着电极的土壤介质缺乏机械搅动，不溶性腐蚀产物和细小土粒黏结在一起，形成一种紧密层，因此随着时间的增长，将使阳极过程受到阻碍，导致阳极极化增大，腐蚀速率减小。尤其当土壤中存在 Ca^{2+} 时，Ca^{2+} 与 CO_3^{2-} 结合生成的 $CaCO_3$ 与铁的腐蚀产物黏结在一起，对阳极过程的阻碍作用更大。

钢铁的阳极极化过程与土壤的湿度关系密切。在潮湿土壤中，铁的阳极溶解过程与在水溶液中的相似，不存在明显阻碍。在比较干燥的土壤中，因湿度小，空气易透进，如果土壤中没有 Cl⁻ 的存在，则铁容易钝化，从而使腐蚀过程变慢；如果土壤相当干燥，含水分极少，则阳极过程更不易进行。

（2）阴极过程

土壤腐蚀的阴极过程比较复杂。大多数情况下，土壤腐蚀的阴极过程是氧的去极化过程：

$$O_2 + 2H_2O + 4e^- \longrightarrow 4OH^-$$

只有在酸性很强的土壤中，才会发生析氢反应。

处于缺氧性土壤中，在硫酸盐还原菌的作用下，SO_4^{2-} 的去极化也可以作为金属土壤腐蚀的阴极过程：

$$SO_4^{2-} + 4H_2O + 8e^- \longrightarrow S^{2-} + 8OH^-$$

与海水等液体中不同，土壤腐蚀电池的阴极过程较复杂，而且不同的土壤条件，腐蚀的阴极过程控制特征也不同（如图 7-10 所示）。在潮湿的黏性土壤中，氧的渗透和流动比较小，腐蚀过程主要受阴极过程控制；在干燥、疏松的土壤中，氧的扩散比较容易，金属的腐蚀为金属阳极控制；对于长距离宏观腐蚀电池作用下的土壤腐蚀，如处于黏土中的地下管道和处于砂土中的地下管道的环境不同，形成氧浓度腐蚀电池，土壤的电阻极化和氧阴极去极化共同成为土壤腐蚀的控制因素。

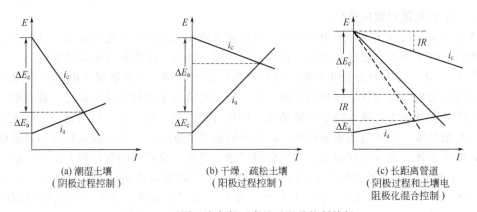

(a) 潮湿土壤　　　　　　(b) 干燥、疏松土壤　　　　　(c) 长距离管道
（阴极过程控制）　　　　（阳极过程控制）　　　　　（阴极过程和土壤电
　　　　　　　　　　　　　　　　　　　　　　　　　阻极化混合控制）

图 7-10　不同土壤条件下腐蚀过程的控制特征
ΔE_a—阳极极化过电位；ΔE_c—阴极极化过电位；IR—土壤中的欧姆压降

7.3.3　土壤腐蚀常见的几种形式

（1）差异充气引起的腐蚀

由于氧气分布不均匀而引起的金属腐蚀，称为**差异充气腐蚀**。土壤的固体颗粒含有砂子、灰、泥渣和植物腐烂后形成的腐殖土。在土壤的颗粒间又有许多弯曲的微孔（或称毛细管），土壤中的水分和空气可通过这些微孔而深入到土壤内部，土壤中的水分除了部分与土壤的组分结合在一起，部分黏附在土壤的颗粒表面，还有一部分可在土壤的微孔中流动。于是，土壤的盐类就溶解在这些水中，成为电解质溶液，因此，土壤湿度越大，含盐量越多，土壤的导电性就越强。此外，土壤中的氧气部分溶解在水中，部分停留在土壤的缝隙内，土壤中的含氧量也与土壤的湿度、结构有密切关系，在干燥的砂土中，氧气容易通过，含氧量较高；在潮湿的砂土中，氧气难以通过，含氧量较低；在潮湿而又致密的黏土中，氧气的通

过就更加困难，故含氧量最低。埋在地下的各种金属管道，如果通过结构和干湿程度不同的土壤将会引起差异充气腐蚀（如图 7-11 所示）。铁管的一部分埋在砂土中，另一部分埋在黏土中，因砂土中氧的浓度大于黏土中氧的浓度，则在砂土中更容易进行还原反应，即在砂土中铁的电极电位高于在黏土中铁的电极电位，于是黏土中铁管便成了差异充气电池的阳极而遭到腐蚀。同理，埋在地下的金属构件，由于埋设的深度不同，也会造成差异充气腐蚀，其腐蚀往往发生在埋得深层的部位，因深层部位氧气难以到达，便成为差异充气电池的阳极，那些水平放置而直径较大的金属管，受腐蚀之处亦往往是管子的下部，这也是由差异充气所引起的腐蚀。

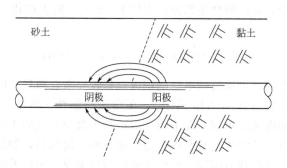

图 7-11 管道通过不同土壤时，构成氧浓度腐蚀电池

（2）杂散电流引起的腐蚀

杂散电流是指在土壤介质中存在的、从正常电路漏失而流入他处的电流，其大小、方向都不固定，它主要来自于电气火车、直流电焊、地下铁道及电解槽等电源的漏电。

图 7-12 是土壤中因杂散电流而引起管道腐蚀的示意图。正常情况下电流自电源的正极经架空线电力机车再沿铁轨回到电源的负极。但当路轨与土壤间绝缘不良时，就会把一部分电流从路轨漏到地下，进入地下管道某处，再从管道的另一处流出，回到路轨。电流离开管线进入大地处成为腐蚀电池的阳极区，该区金属遭到腐蚀破坏。腐蚀破坏程度与杂散电流的电流强度成正比，电流强度愈大，腐蚀就愈严重。杂散电流造成的腐蚀损失相当严重。计算表明：1A 电流经过 1 年就相当于 9kg 的铁发生电化学溶解而被腐蚀掉。杂散电流干扰比较严重的区域，8～9mm 厚的钢管，只要 2～3 个月就会腐蚀穿孔。杂散电流还能引起电缆铅皮的晶间腐蚀。

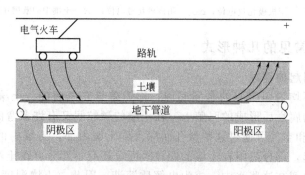

图 7-12 杂散电流引起的腐蚀电池

杂散电流腐蚀是外电流引起的宏观腐蚀电池，这种局部腐蚀可集中于阳极区的外绝缘涂层破损处。

交流杂散电流也会引起腐蚀，主要来源于交流电气化铁道和高压输电线路等。这种土壤杂散电流腐蚀破坏作用较小。如频率为 50Hz 的交流电，其作用约为直流电的 1%。

(3) 微生物引起的腐蚀

如果土壤中严重缺氧，又无其他杂散电流，按理是较难进行电化学腐蚀的，可是埋在地下的金属构件照样遭到严重的破坏，这是由土壤中的微生物引起的腐蚀。硫酸盐还原菌对金属腐蚀作用的解释，最先由屈菲（Von Wolzogen Kühr）提出，在缺氧条件下，金属虽然难以发生吸氧腐蚀，但可进行析氢腐蚀（电化学腐蚀中，有氢气放出）。只是因阴极上产生的原子态的氢未能及时变为氢气析出，而被吸附在阴极表面上，直接阻碍电极反应的进行，使腐蚀速率逐渐减慢。可是，多数的土壤中都含有硫酸盐。如果有硫酸盐还原菌存在，它将产生生物催化作用，使 SO_4^{2-} 氧化被吸附的氢，从而促使析氢腐蚀顺利进行。其腐蚀特征是造成金属构件的局部损坏，并生成黑色而带有难闻气味的硫化物。硫酸盐还原菌便是依靠上述化学反应所释放出的能量进行繁殖的。

据研究，能参与金属腐蚀过程的细菌不止一种，它们并非本身使金属腐蚀，而是细菌生命活动的结果间接地对金属电化学腐蚀过程产生的影响。例如，有的细菌新陈代谢能产生某些具有腐蚀性的物质（如硫酸、有机酸和硫化氢等），从而改变了土壤中金属构件的环境；有的细菌能催化腐蚀产物离开电极的化学反应，致使腐蚀速率加快。此外，许多细菌还能分泌黏液，这些黏液与土壤中的土粒、矿物质、死亡细菌、藻类以及金属腐蚀产物等粘合并形成黏泥，覆盖在金属构件的表面，因局部缺氧成为差异充气电池的阳极，从而遭到严重的孔腐蚀。

厌氧性菌必须在缺乏游离氧的条件下才能生存，如硫酸盐还原菌是种常见的厌氧性菌。它是地球上最古老的微生物之一，其种类繁多，广泛存在于中性的土壤、河水、海水、油井、港湾及锈层中，它们的共同特点是把硫酸盐还原为硫化物，生长适宜温度为 30℃，pH 在 7.2～7.5 之间。

嗜氧性菌和厌氧性菌虽然生存条件截然不同，但往往在嗜氧性菌腐蚀产物所造成的局部缺氧的环境中，厌氧性菌亦可以得到繁殖的机会，这种不同性质细菌的联合腐蚀常发生于水管内壁，在那里，首先是嗜氧性铁杆菌将水管腐蚀溶解，并形成 $Fe(OH)_3$ 沉淀，其沉淀附着在水管内壁生成硬壳状的锈瘤。瘤下的金属表面缺氧，恰好为硫酸盐还原菌提供生存与繁殖的场所。这样，两类细菌相辅相成，更加快了瘤下金属的溶解。有人取下锈瘤，经分析发现其中的腐蚀产物含有 1.5%～2.5% 的硫化物，每克腐蚀产物中约含有 1000 条硫酸盐还原菌。

此外，还有一些腐蚀性细菌不论有氧或无氧的环境中均能生存，如硝酸盐还原菌，能把土壤中的硝酸盐还原为亚硝酸盐和氨。它的生长温度为 27℃，pH 为 5.5～8.5。

现已发现，由微生物引起的腐蚀广泛地存在于地下管道、矿井、海港、水坝以及循环冷却系统的金属构件和设备中，给冶金、电力、航海、石油及化工等行业带来极大的损失。因此，近十多年来，对如何控制**微生物腐蚀**的研究日益引起有关部门的高度重视，越来越多的人从事这方面的考察与研究，已取得了可喜的进展。

(4) 短距离浓差腐蚀电池

大口径的水平埋地管线，由于管上部和管下部供氧水平上的差异，会形成近距离浓差腐蚀电池。供氧充分的管上部，成为氧浓差腐蚀电池的阴极区，发生氧的阴极还原；供氧不足的管下部，成为氧浓差腐蚀电池的阳极区，发生金属的阳极溶解（腐蚀）。

（5）长距离浓差腐蚀电池

地下长输管线、电缆等长距离金属结构，腐蚀破坏主要取决于长距离金属结构物穿越不同类型的土壤时，形成的长距离浓差腐蚀电池。例如，处于透气不良因而供氧不足的黏土中的管段，成为氧浓差腐蚀电池的阳极区，发生金属的阳极溶解（腐蚀），而在透气良好因而供氧充分的砂土中的管段，成为氧浓差腐蚀电池的阴极区，发生氧的阴极还原。

当长距离金属构筑物穿越 pH 值较低的淤泥、水田土、高含盐的土壤、或不同管段的应力水平或温度有显著差别时，也能由于形成不同性质的宏观腐蚀电池而发生局部腐蚀。

7.3.4 土壤腐蚀的防护技术

（1）涂层保护 埋地钢管用保护涂层的选用应从涂层的绝缘性、稳定性、耐阴极剥离强度、机械强度、黏结性、耐植物根刺、耐微生物腐蚀以及易于施工和现场补口等方面综合考虑。

目前国内外常用的管道防腐层主要有环氧粉末、环氧煤沥青、石油沥青、煤焦油磁漆、聚乙烯胶带、环氧粉末聚乙烯复合结构等。各种管道外防腐层的性能对比见表 7-8 所列。

表 7-8 各种管道外防腐层的性能对比

防腐层名称	主 要 优 点	主 要 缺 点	适 用 性
环氧煤沥青	耐土壤应力较好、耐微生物及植物根茎侵蚀	抗冲击性差，固化时间长，使用过程中（尤其热管道）绝缘性能下降很快	可用于管径较小的管道工程，穿越套管及金属构件的防腐
石油沥青	价格便宜，来源广泛，漏点及损伤容易修复	吸水率高，使用过程中容易损坏和老化，耐土壤应力差，对环境有一定污染	对覆盖层性能要求不高、地下水位较低的一般土壤，如砂土、壤土
煤焦油瓷漆	耐水性好，耐微生物侵蚀，化学稳定性好，使用寿命长	机械强度较低，低温下较脆，对环境污染较重	大部分的土壤环境
聚乙烯胶带	绝缘性能好，吸水率低，抗透湿性强，施工简单	黏结力较差，搭接部位难以保证密封，与焊接较高的钢管结合较差	适用于施工不便的地方及地下水位不高的地段
环氧粉末	黏结力强，适用温度范围广，耐化学介质侵蚀	抗冲击性较差，耐光老化性能较差	大部分土壤环境，特别适用于定向穿越段的黏质土壤
环氧粉末聚乙烯复合结构	集环氧粉末和聚乙烯的优点于一体，综合性能优异	造价高，施工工艺复杂，且当聚乙烯防腐层失去黏结性时，有可能造成阴保屏蔽	各类环境，特别适用于对防腐层各项性能要求较高的苛刻条件

环氧粉末是最常用的管道的外防腐涂料。该涂层具有黏结力强、耐土壤应力和耐化学介质侵蚀等性能，在欧美等国家的许多输气管线已被广泛采用。这种涂层价格适中，材料来源比较稳定。该种涂层的现场补口可采用现场涂覆或热收缩套的方式，操作比较简单，技术成熟，易于实施。

在穿越河流时，环境的腐蚀性很强，若防腐层遭到破坏，将引起管道的腐蚀。因此在穿越河流、公路以及途经石土、石方较多的地段时，管道防腐层将选用环氧粉末聚乙烯复合结构，以提高防腐层的抗冲击性能，若聚乙烯外层局部破损后，内层的环氧粉末覆盖层仍可以起到防腐的作用，可降低这些管道的维护和修理费用。

虽然聚乙烯胶带具有绝缘性能好、机械强度高、抗渗透性强等特点，而且国外采用聚乙烯胶带作为防腐层也有多年的历史，但是该产品在国内应用时，由于产品质量等诸多原因，使得该产品的黏结力较差，尤其与焊缝较多的钢管结合较差，胶带搭接部位的密封难以保证，而且失去黏结后的胶带易造成阴保屏蔽。

（2）阴极保护

阴极保护法有外加电流和牺牲阳极两种保护方法。根据经验，对于大口径长距离管道，采用外加电流保护法是最经济、合理的技术方案。

通常，埋地管道都采取适当的外涂层和阴极保护相结合的联合保护措施。这样，既可弥补保护层损伤造成的保护不足，又可减少阴极保护电能的消耗，延长阴极保护的保护距离，达到技术-经济最佳的组合。

地下钢结构的电位通常保持在 $-0.85V$（vs. $Cu/CuSO_4$），或将钢结构的电位保持在比钢在土壤中的腐蚀电位还负 $300mV$ 的状态，就能得到充分的保护。而对铅包电缆的阴极保护，应将其保护电位控制在 $-0.7V$（vs. $Cu/CuSO_4$）左右为宜。

单独建设的阴极保护站附近有外部电源时，设备供电将采用外部电源；无外部电源时采用太阳能、风力发电机或其他供电方式供电。

（3）改善埋地钢结构周围的局部环境，降低局部土壤环境的腐蚀性

例如，在酸性较高的土壤中，可在地下结构周围回填石灰石碎块；在地下结构周围回填黄沙或侵蚀性小的土壤；回填土尽可能细密均匀；地下结构物周围，加强排水，降低水位等，都会降低地下结构物的土壤腐蚀。

7.4　钢筋混凝土腐蚀

钢筋混凝土可以看作是一种复合材料，它是构成处于自然环境中的建筑物的主要材料，广泛地用于桥梁、建筑物、高架公路、堤坝、海底隧道和大型海洋平台等建设。随着混凝土在自然环境中使用时间的延长，混凝土中的钢筋会与周围的环境介质相互作用而遭受破坏，严重影响甚至危及建筑、桥梁以及生产装置的安全。2007 年 8 月 1 日，美国明尼苏达州发生公路桥坍塌事故，造成 13 人死亡、上百人受伤。据分析，事故可能是由用于除冰的化学物质腐蚀桥梁引起。

钢筋混凝土中的钢筋腐蚀问题，实际上也是自然环境腐蚀中的一个重要问题。据我国钢筋混凝土结构规范组 1978 年的一项调查表明，在一般环境下有 40% 的工业、民用建筑中的混凝土结构中已碳化到钢筋表面，而在较潮湿的环境下，90% 的构件已经锈蚀。钢筋混凝土结构的建筑其设计寿命一般要求为 40~50 年，有的为上百年。而处在腐蚀环境中的建筑的实际寿命远达不到设计寿命要求。有的建筑使用 15~20 年就出现钢筋锈蚀破坏，有的甚至不足 5 年就需要进行修复，此方面的维修花费是惊人的。所以，一些工业先进的国家对于已有的、旧的钢筋混凝土建筑中的钢筋腐蚀情况非常重视，花很大力量研究如何估计它们的剩余寿命。目前，钢筋混凝土结构的腐蚀与防护对策已成为国际上普遍关注和集中研究的问题。

7.4.1　钢筋混凝土腐蚀机理

混凝土中钢筋的腐蚀是由于表面钝化膜局部去钝化而形成许多微电池、宏观电池而引起的电化学腐蚀。常见的腐蚀类型有均匀腐蚀、点蚀、缝隙腐蚀。

当混凝土中存在缺陷（如蜂窝麻面裂缝等）时，钢筋接触水和其他有害成分的机会增多，促其锈蚀，锈蚀后钢筋断面受损，降低钢筋自身的力学性能，同时钢筋锈蚀后体积膨胀，导致混凝土层开裂或剥落，握裹力下降甚至丧失，最终导致钢筋混凝土结构破坏。

钢筋钝化膜破坏机理主要有两种，即混凝土的碳化和氯化物的侵入。

（1）混凝土的碳化

混凝土的碳化，是指大气中的 CO_2 与混凝土中的 $Ca(OH)_2$ 起化学反应，生成碳酸盐的过程：

$$Ca(OH)_2 + CO_2 \Longrightarrow CaCO_3 + H_2O$$
$$Ca(OH)_2 + CO_2 + H_2O \Longrightarrow CaCO_3 + 2H_2O$$

水中溶解的 CO_2 气体，可使水的 pH＝5.9。混凝土中钢筋保持钝化状态的最低（临界）碱度是 pH＝11.5，而碳化的结果可使 pH 低于 9。此时，钢筋锈蚀就是不可避免的了。

$Ca(OH)_2$ 是混凝土高碱度的主要提供和保证者（对保护钢筋特别重要），它又是混凝土中最不稳定的成分之一，很容易与环境中的酸性介质发生中和反应，使混凝土中性化。混凝土的碳化只是中性化的类型之一，也是现实中较为普遍存在的问题。大气中一般含有 0.03% 体积的 CO_2，而工业区则要高得多乃至为一般状况的数百倍，因此碳化对工业区的建筑物影响更显著。

在其他条件不变的情况下，环境中 CO_2 的浓度越高，则在确定使用期内碳化深度越大。

混凝土在较干燥的条件下比潮湿条件下碳化速率更快，这是由于在干燥条件下，CO_2 的扩散更容易进行。在空气相对湿度大于 90% 后，混凝土孔隙可能含有水，CO_2 的扩散要慢很多。在相对湿度为 50%～80% 的条件下，最有利于促进混凝土的碳化。

（2）二氧化硫（SO_2）与酸雨对混凝土的破坏

SO_2 和进一步氧化成的 SO_3 可使混凝土中性化和酸化：

$$Ca(OH)_2 + SO_2 \Longrightarrow CaSO_3 + H_2O$$
$$Ca(OH)_2 + [SO_2 + H_2O] \Longrightarrow CaSO_3 + 2H_2O$$
$$Ca(OH)_2 + SO_3 \Longrightarrow CaSO_4 + H_2O$$
$$Ca(OH)_2 + [SO_3 + H_2O] \Longrightarrow CaSO_4 + 2H_2O$$

SO_2、SO_3 中和混凝土中的 $Ca(OH)_2$，使钢筋丧失碱性保护而发生腐蚀，这是与碳化作用原理相同的。然而，很大的不同在于它们还要继续起破坏作用：一方面 SO_2、SO_3 溶于水（或形成酸雨）所包含的 SO_3^{2-}、SO_4^{2-}，可直接促进钢筋的电化学腐蚀过程（类似 Cl^- 的作用），由于 SO_4^{2-} 的去钝化作用致使混凝土中的钢筋发生强烈腐蚀；另一方面，所生成的硫酸盐对混凝土进一步发生膨胀侵蚀作用，反应生成体积较大的硫铝酸钙，可使混凝土胀裂、酥化。混凝土自身遭破坏，自然会降低或丧失对其内钢筋的保护能力。

实际上，工业大气对混凝土的中性化作用远大于碳化作用，尤其是污染严重的工业区。目前我国存在大面积"酸雨区"，主要是工业、汽车排放出的大量 SO_2、NO_2、NO 等酸性气体造成的。此外，工业污水、跑冒滴漏中的酸液、酸气，可直接中和混凝土中的碱，并同时破坏水泥石的其他组分，使破坏更为迅速和严重。

（3）卤化物的侵入

环境介质或混凝土中含有 Cl^-、Br^-、I^- 是钢筋钝化膜的特殊破坏者，即使在碱度较高的环境中，也可以破坏钢筋的钝化膜，使腐蚀过程得以进行。Cl^- 的钻透能力很强，可很快到达混凝土中的钢筋表面，并使钢筋形成点状锈蚀，即使是具有良好碱性的混凝土也无法阻止这一侵蚀的进程，这种侵蚀比碳化造成的侵蚀要严重得多。

当混凝土中 Cl^- 含量达 0.9～1.0kg/m³ 时，钢筋锈蚀足以使混凝土保护层发生顺筋开裂，并将此列为判别混凝土开裂的 Cl^- 含量界限值。

我国北方地区采用撒氯盐化冰雪的方法。氯盐渗透到混凝土中，提高了氢氧化钙的溶解度，增加了对混凝土的"溶解"侵蚀，同时促进混凝土的冻融破坏，有时还产生结晶腐蚀。但是，氯盐最主要的破坏作用还是对钢筋的腐蚀。当 Cl^- 到达钢筋表面并超过一定量（临界值）时，原处于钝化状态的钢筋，就会活化、腐蚀。锈蚀产物的发展与体积膨胀（2～6倍），使混凝土保护层发生顺钢筋开裂、脱落，构件或结构承载力下降或丧失。因此，防冰盐已成为影响钢筋混凝土结构物耐久性的一个大敌。

混凝土中的微生物对混凝土和钢筋造成的腐蚀破坏，有时是相当严重的。某些微生物的腐蚀，本质上是"酸化"作用。典型的是"硫酸盐菌"，在其生命过程中，能将环境中的硫元素（S）转化成硫酸。这样就能使混凝土"中性化"和酸化，进而引起硫酸盐"膨胀"腐蚀和钢筋锈蚀（类似 SO_2 和 SO_4^{2-} 的作用）。城市地下混凝土结构、污水管道系统和土壤中含有能起"酸化"作用的微生物地区，均能造成钢筋混凝土结构、混凝土管道等的破坏。

此外，应力的作用及杂散电流也是发生钢筋混凝土构件遭受电化学腐蚀的原因之一。

7.4.2　钢筋混凝土结构的腐蚀防护

防止钢筋腐蚀的基本措施在于提高混凝土自身对钢筋的保护能力，这是最重要、最根本的防护原则。除此以外，目前用于控制钢筋腐蚀的措施主要有：应用耐蚀性的钢筋，钢筋表面施加覆盖层，对钢筋实施电化学阴极保护，在混凝土中添加缓蚀剂，涂覆混凝土表面等。这些方法有各自的特点和极限性，应根据具体情况选择应用。其中钢筋阻锈剂、环氧涂层钢筋和阴极保护是长期有效的防钢筋锈蚀的措施。

（1）一般措施

防止钢筋混凝土腐蚀的一般措施主要有：保持钢筋混凝土的高碱性；选用高标号、密实性好的混凝土材料；适当增加保护层厚度，减少混凝土裂纹和延缓有害离子向钢筋表面扩散，同时延长了碳化时间，从而提高对钢筋的保护能力；加入减水剂、密实剂等外加剂，提高混凝土的密实性和强度；在混凝土表面涂以砂浆和绝缘土层（如沥青类、煤焦油类及环氧类涂料）等。

（2）特殊措施

防止钢筋混凝土腐蚀的特殊措施主要有：选用镀锌钢筋、包铜钢筋、合金钢钢筋、不锈钢钢筋及环氧树脂涂层钢筋；在钢筋表面喷涂环氧粉末涂料，其出发点是隔离环境、弥补混凝土多孔性的缺陷。采用耐酸、耐碱混凝土、有机物改性或浸渍混凝土、聚合物混凝土等特种混凝土。对整个混凝土进行阴极保护等。

（3）采用钢筋阻锈剂

钢筋阻锈剂实质上是一种缓蚀剂，它是一种有效防止钢筋锈蚀的方法。加入钢筋阻锈剂能起到两方面的作用：一方面推迟了钢筋开始生锈的时间，另一方面，减缓了钢筋腐蚀发展的速率。在最近 15 年，钢筋阻锈剂应用日趋普遍，它能长期保护钢筋混凝土、预应力钢筋混凝土结构，如公路桥及其他混凝土结构等。

通常按使用方式和应用对象将钢筋阻锈剂分为"掺入型"和"迁移型"，掺入型是掺加到混凝土中，主要用于新建工程，也可用于修复工程；迁移型是涂到混凝土表面，渗透到混凝土内并到达钢筋周围，主要用于老工程的修复。

按作用机理可分为阳极型、阴极型和综合型。

① 阳极型钢筋阻锈剂　阳极型阻锈剂作用于钢筋混凝土结构的"阳极区"，促使其生成保护膜，通过阻止或减缓阳极过程达到钢筋阻锈的目的。典型的物质有亚硝酸盐、铬酸盐、硼酸盐等，一般大都有氧化作用。

较常用的缓蚀剂有铬酸钠、亚硝酸钠、亚硝酸钙等。其中，亚硝酸钙是目前世界上使用最广的缓蚀剂。有关多种缓蚀剂及防腐措施的研究结果表明，亚硝酸钙是唯一一种符合防腐蚀措施有关标准的缓蚀剂。现在大都用亚硝酸钙作为阳极型阻锈成分。

亚硝酸盐阻绣剂的作用机理如下：

$$Fe^{2+} + OH^- + NO_2^- \longrightarrow NO + \gamma\text{-}FeOOH$$

亚硝酸根（NO_2^-）促使铁离子（Fe^{2+}）生成具有保护作用的钝化膜（$\gamma\text{-}FeOOH$）。当有氯盐存在时，氯盐离子（Cl^-）的破坏作用与亚硝酸根的成膜修补作用竞争进行，当"修补"作用大于"破坏"作用时，钢筋锈蚀便会停止。因此，亚硝酸根必须有足够的量（如 $NO_2^-/Cl^- \geqslant 1$），否则能刺激局部腐蚀（深孔腐蚀），这种局部腐蚀类型，有可能对钢筋力学性能造成更大的影响。这正是阳极型钢筋阻锈剂的缺点与不足之处。因此，阳极型又称作"危险性"阻锈剂，单纯使用亚硝酸盐容易引发上述问题，于是要与能减少这种副作用的其他化学物质合并使用。

② 阴极型钢筋阻锈剂　该类钢筋阻锈剂能在"阴极区"形成膜或吸附于阴极表面，从而阻止或减缓电化学反应的阴极过程（如氧的去极化过程）。这类化学物质大都为表面活性剂，如高级脂肪酸的铵盐、磷酸酯类等。

阴极型钢筋阻锈剂比较安全，但其有效性不易达到很高的水平，价格也相对高些。可单独使用，更好的用法是与其他类型相搭配。

③ 综合型钢筋阻锈剂　有些化学物质，对于阴极、阳极反应都有抑制作用，甚至还能提高阴、阳极之间的电阻。但实际中的综合型钢筋阻锈剂，多半是各种功能的化学物质的合理搭配。更确切应该称作"复合型钢筋阻锈剂"。复合型钢筋阻锈剂兼有单一型的优点，克服其不足，是目前国内外发展的方向。国外不少新品种的钢筋阻锈剂均为"复合型"（"单一型"是早年的产品，现在已很少单独使用）。

钢筋阻锈剂的实际功能，不是阻止环境中有害离子进入混凝土中，而是当有害离子不可避免地进入混凝土内之后，由于钢筋阻锈剂的存在，使有害离子丧失侵害能力。实际是钢筋阻锈剂抑制、阻止、延缓了钢筋腐蚀的电化学过程，从而达到延长结构物使用寿命的目的。

【科学视野】

中国工业与自然环境腐蚀调查[❶]

腐蚀问题遍及所有行业。由于腐蚀和为了预防与减轻腐蚀的危害，不得不付出相当沉重的代价，这种代价在国际上称为 cost of corrosion，在中国通称为腐蚀损失。腐蚀造成的经济损失可分为直接损失和间接损失。直接损失包括：更换设备和构件费、修理费和防蚀费等；间接损失包括：停产损失、事故赔偿、腐蚀泄漏引起产品的流失、腐蚀产物积累或腐蚀破损引起的效能降低以及腐蚀产物导致成品质量下降等所造成的损失。间接损失远较直接损失为大，且难以估计。为此，1999年4月中国工程院化工、冶金与材料学部常委扩大会议，决定启动"中国工业与自然环境腐蚀问题调查与对策"咨询项目。任务是：搞清我国腐蚀状

---

❶ 摘自中国科学院金属研究所中国工程院院士柯伟研究员的项目报告，有删节。

况，尽可能对经济损失做出较准确的估算，对存在的主要腐蚀问题及采取的防护措施提出中肯的和可行的建议。本次调查历时 3 年，于 2001 年底基本完成。虽然调查结果还不够完整，但全部资料来自基层，结论较为可靠。

1. 国内腐蚀调查的历史和概况

在 1980 年 7 月，由国家科委腐蚀学科组向化工、石油、冶金、纺织、轻工、二机和建材 7 个部门发了《腐蚀管理与腐蚀损失调查表》，并进行了走访。调查结果见表 7-9 所列。由于缺乏统计数据，以及调查内容和调查方法不完善，表上所列数据实际上只反映了几个部门企业的腐蚀损失。此后个别行业也进行过腐蚀损失调查。

表 7-9　我国几个工业部分企业的腐蚀损失调查

部　　门	可供统计的企业数	腐蚀损失/万元	占总产值/%
化学工业	10	7972.9	3.97
炼油工业	13	750.0	0.08
冶金工业	30	678.0	2.4
化纤工业	17	3300.0	1.5

1986 年，由武汉材料保护研究所负责调查了 1986 年我国机械工业的腐蚀损失。腐蚀损失值达到 116 亿元。

1999 年，潘连生（原化工部副部长，中国化工防腐蚀技术协会理事长）在 "99 中国国际腐蚀控制大会" 的报告中指出："据统计中国化工腐蚀损失约占总腐蚀损失的 11%，去年（1998 年）我国因腐蚀造成的损失已达到 2800 亿元，腐蚀严重的石油和化学工业的损失已达到 400 亿元左右，化工生产中因腐蚀造成的事故约占总事故的 31%"。

2. 本次腐蚀调查所得到的我国腐蚀损失的统计结果和典型事例

根据对重点行业：能源、交通、建筑、机械、化工等行业重点企业腐蚀情况的调查，可以从统计数字和典型事例两个方面来认识我国腐蚀造成的经济损失状况。

结合我国具体条件，在本次调查中我们采用发送腐蚀状况调查表，向专家咨询和文献调研的方法，并分别用 Uhlig 方法和 Hoar 方法对我国腐蚀损失进行了估算。

2.1　Uhilg 方法计算结果

Uhilg 方法计算的结果见表 7-10 所列。

表 7-10　从生产、制造方面计算的防蚀费

防　蚀　方　法	防蚀费/亿元	防蚀费的比例/%
表面涂装	1559.86	76.15
金属表面处理	234.16	11.43
耐蚀材料	250.25	12.2
防锈油	2	0.10
缓蚀剂	1	0.05
电化学保护	1～2	0.07
腐蚀研究费	—	
腐蚀调查费	—	
合计	2048.27	

由表 7-10 可以看出，我国的防蚀费有 76% 用在涂装上，在其他方面的防蚀费则很少，而日本的涂装费占总防蚀费的 60%。这说明我国与日本有很大差距，许多先进的防蚀技术

在我国尚未普遍应用。应该说明，在计算时，没有包含其他的表面处理费，在耐蚀材料费中，没有包含进口设备用的不锈钢，没有包含普通钢本身腐蚀更新的费用，没有包含铜、镍等金属材料和使用有机材料、无机材料的费用，没有包含表面处理和耐蚀材料制作的设备的施工费等。

2.2　Hoar 方法计算的结果

采用咨询调查表，专家咨询和文献调研的方法对一些重点行业：能源、交通、建筑、机械和化工等行业的重点企业的腐蚀情况进行了调查，并根据已有的数据，用 Hoar 方法计算，结果见表 7-11 所列。对氯碱、染料、石油化工、炼油等工业的调查只了解到腐蚀状况，而没得到定量的腐蚀损失数据，本报告根据已有的数据对我国腐蚀损失进行了估算。

表 7-11　Hoar 方法计算结果

部　　门	腐蚀损失/亿元
化学工业	300
能源部门(电力、石油、煤)	172.1
交通部门(火车、汽车)	303.9
建筑部门(公路、桥梁、建筑)	1000
机械工业	512.43
合计	2288.43

用 Uhlig 方法与 Hoar 方法腐蚀损失调查结果比较相近，分别为 2048.27 亿元和 2288.43 亿元如按国民经济投入/产出表的方法来分析总损失每年可达 4979.2 亿元。

3. 自然环境腐蚀的危害与影响

自然环境（大气、水、土壤）对材料与制品的腐蚀，由于其腐蚀速率比较缓慢，往往被人们所忽视。从这次调查的结果看：自然环境腐蚀对国家建设的危害与影响是严重的。它具有下列特点：一是自然环境腐蚀（相对于工业环境腐蚀）量大面广，十分普遍，建筑、交通、机械、军事系统主要是自然环境腐蚀，能源与化工系统的设备、装置、管道的外腐蚀属于自然环境腐蚀，内腐蚀属于工业环境腐蚀，国民经济的所有部门都存在自然环境腐蚀，人们的生活也受到自然环境腐蚀的影响；二是自然环境腐蚀的损失在总损失中所占的比例最大，据统计大气中使用的钢材约占生产总量的 60%，材料大气环境腐蚀损失占总损失的 50% 以上，土壤约占 20%，水环境腐蚀占 10% 以上，因此材料的自然环境腐蚀占总损失 80% 以上；三是不同自然环境的腐蚀差别很大，普碳钢 Q235 在海洋大气（湛江）中的腐蚀率是高原大气（拉萨）的 30 倍，镀锌层在长江三角洲（宝钢炼铁厂棚下环境）海洋工业大气环境中的腐蚀率是北京的 147 倍，南海海域海水中两栖装甲钢板的腐蚀率比淡水大 10 倍，新疆盐渍土中碳钢的腐蚀率（最大孔蚀速率）比大庆苏打盐土大 9 倍，比成都草甸土大 5 倍；电缆的裸铝护套材料在新疆土壤中心站 1 年就腐蚀穿孔；四是目前我国乡镇企业发展快，能源结构中绝大多数企业以煤为主要能源，致使大气环境中硫氧化物的浓度升高，酸沉降物大量增加，造成酸雨污染，目前除我国西南地区老的酸雨区外，现已扩大到乡镇企业发展较快的省、市（浙江省酸雨区已达 60% 以上，江苏南部也已成为酸雨区）。酸雨污染区材料的腐蚀率迅速增大，酸雨区（重庆）碳钢 Q235 的腐蚀率是北京的 2.4 倍、纯锌的腐蚀率是北京的 2 倍、黄铜是北京的 4 倍、高强铝合金（LY12）是北京的 20 倍。建筑材料（混凝土、大理石）在酸雨区的腐蚀率增加了 1.5 倍，涂（镀）层在酸雨区的使用寿命降低，它只有北京的 1/10～1/6，环境污染不仅使材料的环境适应性大大降低，而且直接影响设备、装备与建筑物的使用寿命，甚至酿成腐蚀事故；五是自然环境腐蚀影响因素多，相互作用复杂，造成腐蚀破坏事故大多是自然环境中化学、物理、微生物等多种因素综合作用的结果，目前已成为国际腐蚀与防护领域专家关注的热点与难点问题。

【科学家简介】

当代金属腐蚀与防护专家：柯伟院士

　　柯伟，1932 年 12 月生，原籍浙江黄岩。中国工程院院士，中国科学院金属研究所研究员、博士生导师、所学术咨询评议委员会主任。曾任中国科学院金属腐蚀与防护研究所所长、学术委员会主任、中国腐蚀与防护学会理事长。

　　柯伟院士 1957 年毕业于北京钢铁学院金相热处理专业。20 世纪 60～70 年代在中科院金属所参加中国第一代铁基高温合金及镍基铸造空冷叶片的研制，主持相关高温疲劳及使用性能的研究。70 年代末，根据中国科学院和英国皇家学会的协议到英国国家物理实验室从事访问研究，发表了"疲劳预形变诱发蠕变空穴的首次实验观察结果"和"蠕变-疲劳交互作用理论"，受到国际上的好评。1982 年柯伟归国，任金属研究所断裂研究室主任。1983 年以后，在他的主持下先后成功地组建了中国科学院金属腐蚀与防护研究所、腐蚀与防护国家重点实验室和国家腐蚀控制工程技术研究中心。他集中于材料在腐蚀环境中的化学-力学交互作用机制的研究，分别在裂纹内部溶液电化学环境的变化、腐蚀疲劳寿命预测、耐蚀金属、新型涂料开发、多相流冲刷腐蚀以及工业装备环境断裂失效分析方面取得了较为系统的结果。他发表论文 150 多篇，是国家重点基础研究 973 项目"材料的环境行为和失效机理"的建议人和专家组成员。他曾多次担任国际合作项目的中方负责人，是国际期刊《Materials Sciences and Technology》及国内期刊《金属学报》、《中国腐蚀与防护学报》的编委。他曾多次获得国家及部、院级以上科技进步奖和自然科学奖。

思考练习题

1. 农村大气、工业大气和海洋大气的主要组成有何区别？对大气腐蚀有何影响？

2. 大气腐蚀有几种类型？其腐蚀机理各有何特点？

3. 什么叫相对湿度？在相对湿度小于 100% 时，金属表面上为什么会形成水膜？

4. 作出在大气腐蚀条件下，金属表面水膜厚度与金属腐蚀速率的关系曲线，阐明大气腐蚀的三种腐蚀机理。

5. 影响大气腐蚀的主要因素有哪些？SO_2 和固体尘粒为什么会加速大气腐蚀？

6. 以普通钢、铜和铝在大气中形成腐蚀产物膜为例，说明它们在大气中各自的耐蚀性？

7. 解释下列现象

（1）在古代遗迹中发现了堆积如山的铁钉，铁钉堆周围的铁钉几乎完全腐蚀了，但堆中部的大量铁钉却完好无损。

（2）出土的带有金饰的铁剑比无金饰的铁剑腐蚀严重得多。

8. 防止大气腐蚀的主要措施有哪些？

9. 海水腐蚀的主要特征是什么？与海水的组成和性质有何关系？

10. 海洋中哪个区带导致金属的腐蚀最严重，为什么？

11. 土壤腐蚀有哪些类型？说明引起各种土壤腐蚀的原因。

12. 阐述土壤腐蚀的特点及电极过程控制因素。

13. 阐述土壤腐蚀的主要影响因素和防止方法。

14. 土壤中细菌和杂散电流为什么会引起土壤中金属的腐蚀？如何抑制这两种腐蚀？

15. 有 0.7A 的杂散电流从埋在地下的直径 50mm、长 0.6m 的钢管部分流出，问由此电流引起的初始腐蚀速率有多大（以 mm/a 为单位计）？

16. 10A 的直流电进入和离开外径为 50mm、壁厚为 6mm 的钢水管，管内有电阻为 $10^4\Omega \cdot cm$ 的水，假定管子的电阻为 $10^{-5}\Omega \cdot cm$，计算由钢管和水携带的电流大小。如果管子中流过的是电阻为 $20\Omega \cdot cm$ 的海水，计算相应的电流值。

17. 钢铁在流动海水中腐蚀受溶解氧阴极还原的扩散控制。

（1）写出阳极和阴极过程的反应式；

（2）计算腐蚀速率（氧的扩散系数 $D=1.875\times10^{-5}\,cm^2/s$，氧浓度 $c=8\times10^{-6}\,g/L$，扩散层厚度 $\delta=0.10cm$）。

第二篇 腐蚀电化学测试方法

第 8 章　腐蚀电化学测量基础

金属腐蚀与防护的研究离不开腐蚀试验，腐蚀试验的目的是多方面的，如腐蚀规律和腐蚀机理的研究、金属材料的筛选和材质检查、使用寿命的估算和设计参数、腐蚀事故原因的分析和防蚀效果的验证等。金属腐蚀与防护研究方法众多，有传统的失重法、表面分析方法和电化学方法。其中电化学方法是研究金属腐蚀过程的一种最重要的方法，这是因为绝大多数的金属腐蚀过程是电化学过程，需用电化学方法研究。

由于电化学腐蚀过程的本质是电化学反应，在腐蚀机理研究、腐蚀规律探索以及工业腐蚀监控等方面都广泛应用金属/电解质界面（双电层）的电化学性质，所以电化学测量技术已成为重要的腐蚀研究方法。但是由于实际腐蚀体系是千变万化和十分复杂的，因此当把实验室的电化学测量结果推广到实际应用时，往往需要借助于其他定性或定量的试验方法（如失重法、显微分析技术、表面分析技术等）综合分析评定和鉴证。本书主要介绍腐蚀电化学研究方法。

8.1　腐蚀电化学测量概述

8.1.1　腐蚀电化学测量的特点

与一般的电化学测试方法相同，腐蚀电化学测试方法主要测定的参数之一是电极电位，它表明金属-电解液界面结构和特性；之二是表明金属表面单位面积电化学反应速率的参量——电流密度。大部分电化学测试都属于极化测量范畴，即测定电极电位与外加电流之间的关系。

金属的电化学腐蚀符合电化学的一般规律，与其他电化学过程（如化学电源、电镀、电解等）相比，又有其独有的特点，因此腐蚀电化学研究方法也有着不同于电化学其他领域的特色。对金属腐蚀过程进行电化学研究和测量时，其具体的对象是腐蚀金属电极，它具有如下特点。

① 金属腐蚀过程电极表面存在着多个电极反应，整个电极系统是两个或多个电极反应的耦合系统，这些电极反应以最大程度的不可逆方式相互耦合，形成一个复杂的动力学过程。因此在腐蚀电化学实验结果的分析与处理上，与单个电极反应的电极系统相比，存在着区别。

② 电极系统中的主要电极反应之一即为腐蚀金属电极本身参加的反应——电极材料的阳极溶解反应。在腐蚀过程中，电极表面状况不断地随时间变化，电极表面附近溶液的 pH 值、参加腐蚀反应的反应物及产物的离子浓度以及电极表面阴、阳极面积比也在不断地发生变化，特别是在一些局部腐蚀的过程中，因此需要发展各种快速测量手段，以追踪不同瞬间的电极表面状况下腐蚀金属电极的电化学行为。

③ 腐蚀金属电极表面在一般情况下是不均匀的，而且电极表面呈现多层结构，在腐蚀金属电极上存在着表面膜、腐蚀产物锈层以及一些腐蚀孔等，使得电极表面不光滑。有时电极表面的不均匀性起着重要的影响，形成不同类型的局部腐蚀。因此不能仅仅研究整个电极表面总的电化学行为，而要发展能用于各种局部腐蚀反映其电极表面不均匀性的研究手段，如微区电化学测量技术。

④ 与其他电化学过程相比，腐蚀金属电极反应的速率相对比较低。通常自腐蚀电流密度在 $1nA/cm^2 \sim 1mA/cm^2$ 之间，因此要求相应的测试方法，特别是极低腐蚀速率的测试方法。

⑤ 由于许多工业用的耐蚀合金表面存在钝化膜，膜的形成与破坏过程对于金属的腐蚀行为往往有着决定性的影响，使金属钝性与钝化膜稳定性的研究成为腐蚀电化学的一个特有的研究领域，发展了一些用于金属钝性研究的特殊的电化学测试方法。

⑥ 力学因素对腐蚀金属电极电化学行为也有影响，如金属的应力状态和应变过程对电化学行为的影响。因此针对这些情况的电化学研究和所发展的相应测试技术也是其他电化学领域所没有的。

腐蚀电化学研究方法作为电化学测试方法的一种，与其他物理或化学的研究方法相比测试速率较快，是一类快速测量方法；测试的灵敏度也较高，当使用精密的检测仪器时，可测出 μA 甚至 nA 数量级的电流变化。再者电化学方法测定的都是瞬时的腐蚀状况，能够测出腐蚀金属电极在外界条件影响下瞬时的变化情况，并且电化学测试方法能连续地测定金属电极表面腐蚀状况的连续变化。此外，它是一种"原位"（*in situ.*）的测量技术，能体现金属电极表面的实际腐蚀情况。

8.1.2 腐蚀电化学研究方法的类型

根据腐蚀金属电极的特点，可以将腐蚀电化学研究方法分为下面几类。

① 电化学动力学研究方法。通过电极电位、极化电流的控制测量腐蚀体系的热力学参数。这里主要借鉴和利用电化学中的理论和测量技术，根据腐蚀金属电极的特点和特殊要求，并加以改造和发展，现已成为腐蚀电化学的重要研究手段。

② 根据金属电化学腐蚀的特殊性而建立的特有的电化学研究和测量方法。如测定小孔腐蚀特征电位的电化学测量方法、各种微区电化学测试技术等。这一类方法可称为"专用的腐蚀电化学研究和测量方法"。

③ 利用模拟装置研究特殊腐蚀形态的电化学研究和测量方法。如用闭塞电池方法模拟研究缝隙腐蚀、大气腐蚀研究的模拟电池装置、应力腐蚀开裂裂纹尖端的模拟装置等。

④ 电化学方法是与近代物理表面分析技术相结合的测试方法。这种方法可实现"原位"测量，研究金属腐蚀过程表面状态的变化。如电化学石英晶体微天平（EQCM）测试技术，在获得腐蚀电极电化学信息的同时，又可以得到金属质量变化的信息，可用于金属大气腐蚀的研究。电化学和分子光谱、光声谱以及表面增强 Raman 光谱等"原位"测量技术的联用，在获取腐蚀金属电极电化学信息的同时，还可以得到金属表面成相膜的变化和某些腐蚀电极反应产物等。以达到对金属电极表面进行多方面的"原位"研究。

在上述各类腐蚀电化学研究方法中，最基本的是电化学动力学研究方法。

8.1.3 腐蚀电化学研究方法发展

随着电化学理论的不断完善和发展，腐蚀电化学研究方法也得到相应的发展。在金属腐蚀的电化学测量中，做出了重要贡献的是 Stern 和他的同事。他们在 1957 年提出了线性极化的重要概念，虽然线性极化技术有一定的局限性，但它还是实验室和现场快速测定腐蚀速率的一种简单而可行的方法。此后许多腐蚀工作者又做了大量工作，完善和发展了极化电阻技术。Pourbaix 和他的同事在研究腐蚀热力学的基础上绘制了大多数金属-H_2O 系统的电位-pH 图，并且用热力学和动力学结合的研究方法，发展了一个预示金属所处腐蚀状态的方法。通过实际腐蚀体系电位-pH 图的测定与绘制，可以确定均匀腐蚀、孔蚀、钝化或不腐蚀等各种状态。

随着电子技术的迅速发展，促进了电化学测试仪器的进展，能用于腐蚀电化学测试的新仪器不断出现，从而推动了腐蚀电化学研究方法的发展。

恒电位仪的出现为电化学测试开拓了新的篇章，运算放大器在电化学测试仪器中的应用更新了电偶腐蚀测试和应用各种方法的腐蚀速率测试的仪器。由于现代电子技术的应用和用于暂态测量的测试仪器的出现，一些快速测量方法和暂态响应分析方法也得以发展。

现代电子技术促进腐蚀仪器发展的一个最明显的例子便是交流阻抗技术。最初测量电化学阻抗采用交流电桥和李沙育方法等。这些方法既费时间又较繁琐，干扰影响也大。随着电子技术的发展，利用锁相技术等相关技术的仪器（如频率响应分析仪、锁相放大器等）用于交流阻抗测试，它们的灵敏度高，测试方便，而且很容易应用扫频信号实现频域阻抗图的自动测量，但它仍是频率域的测试方法。当测试需要频率范围比较宽时，完成整个频谱图的测量需要时间较长，腐蚀金属电极表面可能已发生变化，引起实验结果分析处理的困难。现代技术科学的发展，可以利用时-频变换技术从暂态响应曲线得到电极系统的阻抗频谱，从而可以实现在线实时测量，追踪电极表面状况的变化。

电子计算机在腐蚀科学中的应用，腐蚀电化学微计算机在线测量的实现，使常规的腐蚀电化学测试出现了崭新的面貌。控制讯号可由计算机软件产生，极化进行的控制、数据的采集和处理都可由计算机自动完成，使得腐蚀电化学的各种稳态和暂态测试技术得到进一步的发展。

8.2 电极电位的测量

8.2.1 电位测量技术

电极电位是在金属/溶液界面处的电化学双电层的电位差，这个单电极的绝对电位值是无法测量的。通常只能测量由两个电极组成一个原电池，测量原电池的电动势，即两电极的电位差。若其中一个电极的电位值已知，则另一电极的电位值即可被确定。那个已知电位值的电极称为参比电极，参比电极的电位值是与标准氢电极组成原电池测量得到的。测量电极电位是测量它相对于参比电极的电位差，是一个相对的电位。在提到电极电位值时必须指明参比电极是哪种，如没有指明则认为是相对于标准氢电极的电位差。

电极电位的测量一般分两类：①测量在无外加电流作用下的开路电位或自腐蚀电位的测量，或电位随时间的变化规律；②测量在外电流作用下的极化电位及其随电流或随时间的变化。

电极电位测量比较简单，但技巧性强。除了研究电极外，还需要一个参比电极和一个电位测量仪器，以及一个装有试验电解质溶液的电解池。可以采用各种形状和尺寸的研究电极，这对电位测量结果几乎没有什么影响。但试样的表面状态（如洁净度、膜状态）对电位测量则有显著影响，应按研究目的和试验设计考虑。

测量电极电位时必须保证由研究电极和参比电极组成的测量回路中无电流流过，或流过的电流小到可以忽略的程度，否则将由于电极本身的极化和溶液内阻上产生的欧姆电压降而引起测量误差。因此，电位测量仪器应具有很高的输入阻抗，以保证电位测量精度。实际选用时，对于固体参比电极或同种材料参比电极，可用输入阻抗较低的测量仪器；而对于琼脂盐桥或旋塞隔开的参比电极系统，或者在电导率很低的介质中，则要用高输入阻抗的仪表，即测量体系应与选用仪表的阻抗相匹配。

选用一个稳定可靠的合适的参比电极是保证准确测量电极电位的一个重要条件。由于静电场感应产生的干扰信号容易经过内阻较大的参比电极而产生感应电位，从而增加电位测量的误差，因此，与高输入阻抗仪表相接的参比电极必须使用屏蔽线。

参比电极与研究电极之间的溶液电阻上产生的欧姆电压降必定会给电位测量带来误差，在高电阻率溶液或有较大电流通过的情况下，这种误差更为显著。由于参比电极相对研究电极的位置不确定性，体系中流过的电流经常变化，将使欧姆降对电位测量产生不确定的误差。为消除欧姆降的影响，一般可采用下列方法之一：①使鲁金毛细管尽量接近研究电极表面；②调节鲁金毛细管相对研究电极于不同距离处测量电极电位，然后外推到距离为零，即为消除欧姆降影响的电位值；③用高频电导仪预先测定鲁金毛细管与研究电极之间的溶液电阻，然后按外加电流计算修正欧姆降影响；④用断电流法消除欧姆降，在电流测量回路与电位测量回路之间装设一个电子通断开关，使测量电极电位时电流回路断开，从而消除欧姆降影响；⑤用桥式电路测量电极电位，以消除欧姆降影响；⑥采用背侧鲁金毛细管；⑦采用可自动补偿欧姆降的电子电路。

8.2.2 腐蚀电化学测量系统的组成

腐蚀电化学测量往往要使用三电极体系，即由研究电极、参比电极和辅助电极（也叫对电极）组成的电极体系。这是因为在电解液中只插入一根电极的电化学体系叫做半电池［图 8-1(a)］。该体系无法知道电极的电位，也无法通电使体系进行电化学反应。如果向两个半电池的组合体系施加电压可有电流通过（电解），也可得知两电极之间的电位差，但还无法知道电极在怎样的电位下发生怎样的反应［图 8-1(b)］。

图 8-1(c) 是在双电极的基础上加上一个参比电极，以参比电极为基准可以测量研究电极的电位，但是研究电极的电位一般随着电解的进行而发生变化，难以保证恒定。

仅仅使用三电极体系还不够，随着电化学反应的进行，研究电极表面的反应物质的浓度不断减少，电极电位也发生或正或负的变化，即随着电化学反应的进行，研究电极的电位会发生变化。为了使电极电位保持稳定，通常使用恒电位仪将研究电极对参比电极的电位保持在设定的电位上［图 8-1(d)］。这样使用了恒电位仪的三电极测量体系可以为我们提供用以解释腐蚀电化学反应的电流-电位关系。电流-电位曲线可以通过电子计算机处理。

电化学反应系统中测定的电流和电位与通常电学中的回路中观察到的电流和电压有以下几种区别。

① 在电化学测定中，一般情况下，电流与电位之间的欧姆定律不成立。

② 电极的特性难以用单纯的电阻或者阻抗来说明。

③ 在回路电流不为零的测定中，伴随着化学反应及电化学反应的发生。所以，尽管测定条件（如电位）保持一定，但测量数据（如电流）仍随着时间而变化，难以一直保持稳定

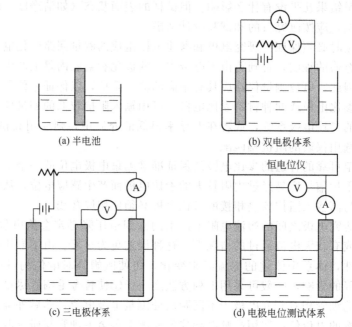

图 8-1 电解池系统示意图

状态。

④ 电极反应与电极测定前的表面状态紧密相关。为了保持较好的重现性，一定要详细记录各种实验条件。

8.3 电极系统

电极（electrode）是与电解质溶液或电解质接触的电子导体或半导体，为多相体系。腐蚀电化学测量是通过电解池和电解池中的电极实现的，它们是整个电化学测量回路中的重要组成部分。电极和电解池的结构设计及组装对测量结果有重要影响。腐蚀电化学测量中的三电极系统通常是**研究电极**（也叫**工作电极** working electrode，简称 WE）、**参比电极**（reference electrode，简称 RE）和**辅助电极**（也叫**对电极** counter electrode，简称 CE 或 AE）。下面分别介绍它们在电化学测量中的作用。

8.3.1 研究电极及其制备

研究电极是指所研究的反应在该电极上发生。在电化学测量中，有许多种类的研究电极。如汞电极、常规固体电极、超微电极以及单晶电极等。常规固体电极包括金属电极、碳电极等。但在腐蚀电化学测量中，经常使用的是金属电极，研究金属电极表面上所发生的电化学反应及测定金属的腐蚀速率等。至于选用何种金属做研究电极要由研究目的及性质所决定。如果研究钢铁的电化学腐蚀，就要选择钢铁材料做研究电极。

金属材料种类、绝缘封装方法、电极表面状态等对于电极上发生的腐蚀电化学反应及测量的重现性影响很大。对研究电极的基本要求如下所述。

① 有确定的暴露表面积，以便于准确计算电流密度。

为了使研究电极表面具有确定的暴露表面积，并且为了使试样的非工作表面与电解质溶液隔离，要进行封样。除研究电极的规定暴露面积外，不允许有其他任何金属暴露于电解质溶液中。常用的封样方法有涂料封闭试样、热塑性或热固性塑料镶嵌（或浇注）试样，环氧树脂封样等。究竟电极采用哪种绝缘封装技术，主要取决于电极材料及所进行研究的目的。对于一般的对比实验或不太复杂的实验研究电极用清漆、纯石蜡或树脂进行涂封是可以的，当要求高精度、高重现性的阳极极化测量时，则须用压缩封装方法环氧树脂封装。

封样操作应避免产生缝隙，否则将严重干扰实验结果。例如，金属电极封样时经常使用环氧树脂加固化剂，由于凝固后的环氧树脂脆性较大，树脂和电极试样之间容易出现肉眼难以觉察的微缝隙，在浸入溶液中后，尤其在阳极极化后，会发生缝隙腐蚀，使缝隙变宽，从而带来实验误差。这时可以将金属试样压入内径略小于试样外径的聚四氟乙烯（PTFE）套管中，加热使聚四氟乙烯管收缩，紧紧裹住电极试样，如图 8-2（b）所示。这样封装的试样不易发生缝隙腐蚀，但电极工作面较难与辅助电极平行。

举例如下：将金属材料加工成 $\phi10mm\times10mm$ 圆柱体，再在背面焊上有绝缘层的铜丝作导线，非工作表面用环氧树脂绝缘［图 8-2（a）］。那种不加绝缘只把金属试样用电线悬挂在溶液中的办法是不行的。因为这样不能保证电流在整个电极上均匀分布。且电极的性质和面积都不好确定，甚至有引起双金属腐蚀的可能性。因此，非工作面包括引出导线都要绝缘好。用清漆等涂料保护时，其中的可溶性组分可能引起电解液的污染，并可能吸附在电极表面上，覆盖了电极表面。当保护膜高出金属表面时，特别是在气体析出的过程中常发生边缘效应。有时电解液会渗到保护层下面，使"被保护的"表面上也发生反应，这时电极面积就不准了。

② 为保证实验结果的重现性和可比性，研究电极的工作表面应光洁，无污垢，无氧化膜，最好无棱角。

为使平行实验的试样处理和表面状态均匀一致，腐蚀电化学实验前要在金相试样磨光机上，使用耐水砂纸按照由粗到细依次对封装好的金属电极进行打磨至所要求的粗糙度。然后放入纯水中进行超声波清洗，以清除电极表面的有机、无机吸附物质，用冷风吹干，得到清洁、新鲜的金属表面。

易钝化的金属试样在空气中放置也会生成氧化膜，对电化学测量也有影响。这种膜可在电化学测量之前用阴极还原法除去，即将电极阴极极化到刚有氢气析出，持续几分钟或更长的时间即可除去氧化膜。对较软的金属如铝、镁、铅、锡等金属，在打磨时要防止磨料的颗粒嵌入金属表面上。磨光后的电极还要进行除油和清洗才能进行实验。

③ 研究电极的形状及在电解池中的配置，应使电极表面电力线分布均匀。

④ 便于与支架连接，并与外导线有良好的接触。

⑤ 电极安装时无意外机械应力和热应力。

研究电极的形状可以各种各样。图 8-2 示出了几种简单的固体金属电极。制备电极时，应使电极具有确定的易于计算的表面积。非工作面必须

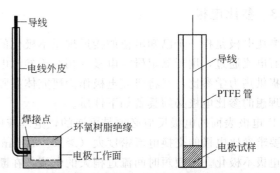

(a) 环氧树脂封装的金属电极　(b) 聚四氟乙烯套管封装的金属电极

图 8-2　腐蚀电化学测量中常用的金属电极

绝缘好。

8.3.2 辅助电极及其作用

辅助电极的作用是在电化学测量中与研究电极构成一个串联极化回路，使得研究电极上电流通畅，以保证所研究的反应在研究电极上发生。研究电极的反向电流能畅通要通过辅助电极来实现。

随实验要求和目的的不同，可以设置不同材料、不同形状和配置的辅助电极。对辅助电极的基本要求如下所述。

① 辅助电极不能与电解质溶液发生反应，以保证电解质溶液组分稳定。因此辅助电极须由惰性材料制成，往往采用铂电极或石墨电极。有时也可用镍电极或铅电极，因为它们在某些电解质溶液中形成的反应产物是稳定的。常采用镀铂黑的铂片作辅助电极。

② 辅助电极应由不极化或难极化材料制成。辅助电极极化将会导致槽电压波动，以致对研究电极的电流控制或电位控制产生困难。所以往往采用氢超电压很低的铂电极。一般要求辅助电极的暴露面积比研究电极的大得多，这样既可以降低辅助电极的电流密度，减少极化率，又可以使电力线分布尽可能地均匀。必要时应对辅助电极封闭水线，以保证有固定的暴露面积。不用恒电位仪的测量实验中，希望辅助电极的面积比研究电极的面积大 100 倍以上，使得外部所加的极化主要作用于研究电极上。

辅助电极的形状和配置应使电解池中的电力线分布均匀。可使用铂片或铂网，或呈环形、筒形、或同时设置数个辅助电极。

腐蚀电化学测量中经常要制作铂辅助电极。对于铂丝电极［图 8-3(a)］，可将 $\phi 0.5mm$ 左右的铂丝在酒精喷灯上直接封入玻璃管中。对于铂片电极［图 8-3(b)］，可取 $10mm \times 10mm$ 的铂片及一小段铂丝在酒精喷灯上烧红，用钳子使劲夹住，或在铁砧上用小铁锤轻敲，使两者焊牢。

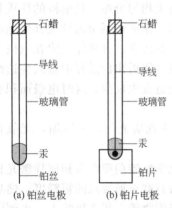

图 8-3 腐蚀电化学测量
常用的辅助电极

(a) 铂丝电极　(b) 铂片电极

然后将铂丝的另一端在喷灯上封入玻璃管中。为了导电，在玻璃管中放入少许汞，再插入铜导线。玻璃管口用石蜡封死。以免不小心将汞倾出。铂电极可放在热稀 NaOH 酒精溶液中，浸几分钟进行除油，然后在热浓硝酸中浸洗，再用蒸馏水充分冲洗即可得到清洁的铂电极。

8.3.3 参比电极

参比电极是指一个已知电位的接近理想不极化的电极。在电化学测量中，参比电极上基本没有电流通过，用于测定研究电极（相对于参比电极）的电极电位。实际上，参比电极起着既提供热力学参比，又将研究电极作为研究体系隔离的双重作用。

理想的参比电极必须具备如下性质。

① 电极表面的电极反应必须是可逆的，电解液中的某化学物质必须服从能斯特方程式。这就要求参比电极的交换电流密度大（$>10^{-5} A/cm^2$）。当电极流过的电流小于 $10^{-7} A/cm^2$ 时，电极不极化。即使短时间流过稍大的电流，在断电后电位能很快恢复到原来的数值。

② 电极电位随时间的漂移小，电位稳定，参比电极制备后，静置数天以后其电位应稳定不变。

③ 电位的重现性好。不同的人或每次制作的同种参比电极，其电位应相同，其差值应小于 1mV。

④ 对 Ag/AgCl 那样的电极，要求固相不溶于电解液，电极不与溶液反应。

⑤ 当温度发生变化时，一定的温度能相应有一定的电位，温度系数小，当温度回到原先的温度后电位应迅速回到原电位值上，不产生滞后现象。

⑥ 电极结构坚固，材料稳定，抗介质腐蚀也不污染介质。参比电极插入介质不会扰乱腐蚀体系。

⑦ 电极的制造、保养和使用简便。

常用的参比电极有氢电极、甘汞电极、硫酸汞电极、氧化汞电极、氯化银电极等（见表 8-1）。参比电极类型很多，有轻巧而准确的实验室类型，也有坚固可靠、但精度要求不甚高的现场应用类型；有标准的商品型号，也有自制自用的非标准类型。使用时应尽量选择与腐蚀体系溶液相适应的参比电极，如在含 Cl^- 溶液中可选择甘汞电极或氯化银电极。在某些场合下也常使用固体参比电极；有时也选用与研究电极同种材料的金属作参比电极。

表 8-1　常用参比电极的电位值和使用介质（25℃）

电 极 名 称	电 极 结 构	电极电位/V(vs. SHE)	使用介质
标准氢电极	$Pt, H_2(10^5 Pa) \mid H^+ (a=1)$	0.000	酸性
饱和甘汞电极	$Hg, Hg_2Cl_2 \mid$ 饱和 KCl	0.244	中性
1mol/L 甘汞电极	$Hg, Hg_2Cl_2 \mid 1mol/L$ KCl	0.280	中性
0.1mol/L 甘汞电极	$Hg, Hg_2Cl_2 \mid 0.1mol/L$ KCl	0.333	中性
标准甘汞电极	$Hg, Hg_2Cl_2 \mid Cl^- (a=1)$	0.2676	中性
海水甘汞电极	$Hg, Hg_2Cl_2 \mid$ 海水	0.296	海水
饱和氯化银电极	$Ag, AgCl \mid$ 饱和 KCl	0.196	中性
1mol/L 氯化银电极	$Ag, AgCl \mid 1mol/L$ KCl	0.2344	中性
0.1mol/L 氯化银电极	$Ag, AgCl \mid 0.1mol/L$ KCl	0.288	中性
标准氯化银电极	$Ag, AgCl \mid Cl^- (a=1)$	0.2223	中性
海水氯化银电极	$Ag, AgCl \mid$ 海水	0.2503	海水
1mol/L 氧化汞电极	$Hg, HgO \mid 1mol/L$ KOH	0.114	碱性
0.1mol/L 氧化汞电极	$Hg, HgO \mid 0.1mol/L$ KOH	0.169	碱性
标准氧化汞电极	$Hg, HgO \mid OH^- (a=1)$	0.098	碱性
饱和硫酸亚汞电极	$Hg, Hg_2SO_4 \mid$ 饱和硫酸	0.658	酸性
1mol/L 硫酸亚汞电极	$Hg, Hg_2SO_4 \mid 1mol/L$ 硫酸	0.6758	酸性
0.1mol/L 硫酸亚汞电极	$Hg, Hg_2SO_4 \mid 0.1mol/L$ 硫酸	0.682	酸性
标准硫酸亚汞电极	$Hg, Hg_2SO_4 \mid SO_4^{2-} (a=1)$	0.615	酸性
饱和硫酸铜电极	$Cu \mid$ 饱和 $CuSO_4$	0.316	土壤
标准硫酸铜电极	$Cu \mid SO_4^{2-} (a=1)$	0.342	土壤
0.1mol/L 硫酸铅电极	$Pb, PbSO_4 \mid 0.05mol/L$ 硫酸	1.565	酸性

甘汞电极（calomel electrode）是实验室中最常用的参比电极之一。其最突出的特征是处理容易。甘汞电极的电极反应是：

$$Hg_2Cl_2 + 2e^- \Longrightarrow 2Hg + 2Cl^-$$

其电位与 Cl^- 的浓度有关。通常 Cl^- 浓度为饱和、1mol/L 和 0.1mol/L 等三种浓度。当 KCl 达饱和浓度时，叫做饱和甘汞电极。甘汞电极具有各种形状，举其中的两种为例，如图 8-4 所示。图 8-4(a) 中的甘汞电极是在 pH 测定中经常作为玻璃电极的参比电极使用的，基本上同图 8-4(b) 是一样的。各种甘汞电极电位与温度具有如下的关系：

$$E(饱和)＝0.2412－6.61×10^{-4}(t-25)$$
$$-1.75×10^{-6}(t-25)^2-9×10^{-10}(t-25)^3 \qquad (8\text{-}1)$$
$$E(0.1mol/L)＝0.3365-0.5×10^{-4}(t-25) \qquad (8\text{-}2)$$
$$E(1mol/L)＝0.2828-2.4×10^{-4}(t-25) \qquad (8\text{-}3)$$

所以，精密测量时要将甘汞电极置于恒温水槽中进行，以保持温度的恒定。刚刚做成或者很久没有使用的参比电极，再次使用时往往担心该参比电极的电位是否准确可靠，这时最好用另一个可靠的参比电极确认它的电极电位，用输入阻抗大的电位计进行测定。同样的参比电极，电位差一般不超过±1mV。

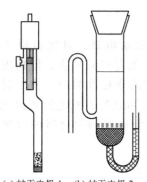

(a) 甘汞电极1　(b) 甘汞电极2

图 8-4　甘汞电极几种结构示意图

甘汞电极不仅常用于电解质水溶液中，也广泛用于非水溶剂中。但不宜用在强酸性或强碱性溶液中，因为此时的液体接界电位较大，而且甘汞可能被氧化。如果被测溶液中不允许含有 Cl$^-$，应避免直接插入甘汞电极。若非用不可，可用盐桥和中间容器隔开。应注意甘汞电极的清洁，不得使灰尘或局外离子进入该电极内部。对图 8-4(a) 这种电极，在使用时，可将橡皮塞打开，使其中的 KCl 溶液缓缓外流；而外部溶液不易流入电极内。当电极内溶液太少时应及时补充。

银-氯化银电极也是实验室中常用的参比电极。因为银-氯化银电极具有容易处理、电位重现性好等特性，所以也是常用的参比电极之一。其电极反应式如下：

$$AgCl+e^- \longrightarrow Ag+Cl^-$$

$$E=E^\ominus-\frac{RT}{F}\ln a_{Cl^-}$$

式中，$E^\ominus$ 为氯化银电极的标准电位。不同温度下氯化银电极的标准电位列于表 8-2 中。

表 8-2　不同温度下氯化银电极的标准电位 $E^\ominus$

温度/℃	$E^\ominus$/V	温度/℃	$E^\ominus$/V	温度/℃	$E^\ominus$/V
0	0.2363	25	0.2224	50	0.2044
5	0.2339	30	0.2191	55	0.2004
10	0.2313	35	0.2156	60	0.1982
15	0.2285	40	0.2120		
20	0.2255	45	0.2082		

银-氯化银电极也可以在许多有机物体系中使用，但要防止电极直接接触被测的有机体系，否则电位不稳定。

8.3.4　Ag/AgCl 微参比电极

金属局部腐蚀研究中经常采用微区电化学测试技术，主要用于微区电位测量。微区电位测量的关键是选用或制作微参比电极，其形状结构、尺寸和各项性能对微区电位测量精度有很大影响。

用于腐蚀研究的微参比电极有两类：一类是金属微电极，如 Pt、Sn、W、Sb 等；另一类是非极化微参比电极，如甘汞电极、氯化银电极等，它们大多以玻璃毛细管作为盐桥。

对微参比电极的基本要求是：微毛细管的外径为 1～30μm，内径为 0.2～8μm。应具有一定的机械强度；阻抗尽可能小；电化学性能（极化性和稳定性）良好；电极内溶液扩散小等。图 8-5 为 Ag/AgCl 微参比电极结构示意图。

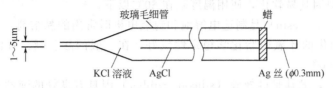

图 8-5　Ag/AgCl 微参比电极

　　为了测定金属表面微区自腐蚀电位及电位和电流密度的分布状况，可采用扫描微电极法或计算机控制、采样、数据处理的全自动系统。微电极测量技术可用于应力腐蚀、缝隙腐蚀等局部腐蚀微区电化学研究，为此尚需制作相应的模拟测试装置。

　　大部分微参比电极的内阻甚高，可达数十千欧到兆欧数量级，因此用于微区电化学测量的电位测量仪器须有高输入阻抗。

8.4　电解池及其应用

　　电化学测量用的电解池又称极化池或试验池。电解池的结构和安装对电化学测量影响较大，尤其在恒电位极化中，电解池构成了恒电位仪中运算放大器的反馈回路。因此，正确设计和安装电解池体系是十分重要的。这里讨论的电解池是指在实验室中进行电化学测量时使用的小型电解池。

8.4.1　电解池材料

　　电解池的各个部件需要由具有各种不同性能的材料制成，对于材料的选择要依据具体的使用环境。特别重要的性质是电解池材料的稳定性，要避免使用时材料分解产生杂质，干扰被测的电极过程。

　　最常用的电解池材料是玻璃，一般采用硬质玻璃。玻璃具有很宽的使用温度范围，能在火焰中加工成各种形状。玻璃在有机溶液中十分稳定，在大多数无机溶液中也很稳定。但在 HF 溶液、浓碱及碱性熔盐中不稳定。

　　聚四氟乙烯（polytetrafluorethylene，PTFE），也称特氟纶（teflon），具有极佳的化学稳定性，在王水、浓碱中均不发生变化，也不溶于任何有机溶剂。PTFE 具有较宽的使用温度范围，为 -195～250℃。PTFE 是较软的固体，在压力下容易发生变形，因此适合于封装固体电极，而且 PTFE 具有强烈的憎水性，电解液不易渗入 PTFE 和电极之间，因而具有良好的密封性。PTFE 也可用作电解池各部件之间的密封材料。

　　聚三氟氯乙烯的化学稳定性较 PTFE 稍差，在高温下可与发烟硫酸、NaOH 等作用。使用温度为 -200～200℃。聚三氟氯乙烯的硬度比 PTFE 高，便于精密的机械加工，因此常作为电解池的容器外壳和电极的封装材料。

　　有机玻璃，化学名为聚甲基丙烯酸甲酯（polymethylmethacrylate，PMMA）。PMMA 具有良好的透光性，易于机械加工。在稀溶液中稳定，浓氧化性酸和浓碱中不稳定，在丙酮、氯仿、二氯乙烷、乙醚、四氯化碳、醋酸乙酯及醋酸等很多有机溶剂中可溶。作为电解池材料，PMMA 只能用于低于 70℃ 的场合。

聚乙烯（polyethylene，PE）能耐一般的酸、碱，但浓硫酸和高氯酸可与之发生作用，它可溶于四氢呋喃中。聚乙烯具有良好的热塑性，可将聚乙烯管一端加热软化后拉细做成 Luggin 毛细管。但因其易软化，使用温度须在 60℃ 以下。

环氧树脂（epoxy resin）是制造电解池和封装电极时常用的黏结剂。由多元胺（如二乙烯三胺等）交联固化的环氧树脂化学稳定性较好，在一般的酸、碱、有机溶液中均保持稳定。耐热性可达 200℃。

橡胶（rubber），尤其是硅橡胶（silicone rubber）因具有良好的弹性和稳定性，常用作电解池和电极管的塞子和密封圈，起到密封的作用。

其他常用的电解池材料还有尼龙（nylon）、聚苯乙烯（polystyrene）等。

8.4.2　电解池的设计与应用

电解池是安装电极、电解质溶液及辅助设备的电化学研究体系，正确设计和安装电解池应考虑到：研究电极是固定的还是旋转式的；参比电极的大小如何；有没有必要除去溶解氧；溶液是否进行搅拌；温度是否必须保持恒定；使用什么研究电极材料；是否导入光或者磁场等外部能量等因素。即电解池的设计要注意以下事项。

（1）电解池的体积要适当

根据研究电极面积的大小以及电极面积与溶液体积之比，设计出合适的电解池体积。在多数的电化学测量中，需要保证溶液本体浓度不随反应的进行而改变，这时就要尽可能地采用小的研究电极和溶液体积之比。

（2）隔膜

为了防止辅助电极上发生氧化（或还原）反应的产物对研究电极有影响，可以采用以下方法分隔研究电极和辅助电极：玻璃滤板隔膜；盐桥；离子交换膜。起传导电流作用的离子可以透过隔膜（diaphragm）。离子交换膜分阴离子交换膜和阳离子交换膜两种，市场都有销售。可按需要大小剪下，如图 8-6 所示那样固定后使用。

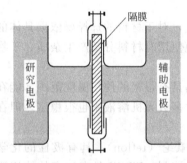

图 8-6　电解池中的离子交换隔膜示意图

玻璃滤板隔膜按其细孔的大小可分为 No.1～No.5。孔太大时，两电解液不能很好地隔开，孔太小时，则溶液不能流动，电阻变大。需要把玻璃隔膜固定在电解池上时，若隔膜的孔径太小时，玻璃工容易用火把膜孔烧结，应加以注意。

盐桥也是一种连接辅助室与研究室常用的方法。但是，当体系不希望因盐桥而混入其他离子（如 Cl⁻ 等）时，应改用其他方法。另外，盐桥不适于长时间使用。盐桥有两个作用：一是减小液接电位；二是防止或减少两种溶液的相互污染。

简单而容易制备的盐桥是用玻璃管弯成虹吸管，灌上溶液后，两端用卷紧的滤纸塞上制成。这种盐桥滤纸必须被溶液润湿，否则电路不通。另外滤纸尽量不要露在外面，避免吸收空气中的污染物。

在许多情况下，用带琼脂凝胶的盐桥是很方便的。即将饱和 KCl 溶液中加入 2%～3% 琼脂，将其加热熔化后吸入盐桥管中，冷却后即形成不流动的凝胶。但这种盐桥不能用于对琼脂发生作用的溶液中（如强酸、强碱或有机电解质溶液中），由于琼脂微溶于水，也不能用于吸附研究中。

(3) 进气口和出气口　如果需要在一定的气氛中进行测量，电解池必须有进气口和出气口。进气口应在电解池下部，常接有烧结玻璃板，使通入的气体易于分散并在溶液中饱和。出气口应有水封，防止空气进入。为了使电极和电解液能方便地加入或除去，又能保持电解池的密封，电解池应有带水封的有一定锥度的磨口玻璃盖。

(4) 鲁金毛细管

鲁金 (Luggin) 毛细管就是盐桥靠近研究电极的尖嘴部分，它可用玻璃或塑料制成。因为用参比电极和盐桥测量金属的电极电位时，由于金属表面溶液中流过电流而产生欧姆电压降，给实测电位带来测量误差。为减少这种误差，措施之一是改进盐桥接近研究金属表面的毛细管的形状和位置。通过尽量接近金属表面，减少毛细管端部与金属表面之间溶液电阻而降低欧姆电压降对电位测量的误差。但是，毛细管过于接近金属表面，又会屏蔽电力线，扰乱研究电极表面的电场分布；而且还会改变金属表面溶液的流动状况。为减少对电场的屏蔽作用和对液流状态的干扰，常用毛细管内径为 $0.25\sim1\mathrm{mm}$。毛细管与金属表面的距离通常为毛细管外径的 2 倍。

鲁金毛细管的放置位置也很重要，对于平板电极应放在电极的中央部分，因为边缘部分的电力线分布不均匀。对于球形电极（如汞滴），毛细管口应放在球形电极的侧上方，以减少对电流分布不均匀的影响。

(5) 电位分布均匀一致　保证研究电极表面上的电流密度分布均匀，从而使电力线分布均匀，即电位分布均匀一致。为此要根据电极的形状和安装方式正确选择辅助电极的位置。如果研究电极是平面电极时，辅助电极也应做成平面电极，而且使两电极的工作面相对而平行，电极背面绝缘。如果研究电极两面都工作，则应在其两侧各放一辅助电极；如果研究电极为丝状或滴状电极时，辅助电极应做成长圆筒形，其直径要比研究电极的直径大得多，而且研究电极要放在圆筒形辅助电极的中心。

(6) 溶解氧的去除

当气体和液体相接触时，一部分气体将溶进溶液。溶进气体的量与该气体的压力、溶液的温度和种类有关。因此，电解液（包括非水溶剂）都程度不一地溶有一定量的空气。因为氮气是电化学惰性物质，所以溶进更多的氮气也不影响电化学反应。但是，氧气具有很强的电化学反应活性，即其本身容易被电解还原生成过氧化物或者水。氧气易被还原这一性质现在已被利用于燃料电池和锌空气电池之中。

通常进行电化学研究时，由于溶解氧将使得电位窗口变小，所以一定要设法把溶解氧从电解液中除去。

除去溶解氧的方法有两种。

① 用氮气或者氩气等电化学惰性气体往电解液中鼓泡。

② 电解液在低温下减压排气，把电解池接在真空系统中反复排气数次。

方法①是一般常用的方法。方法②主要用于非水溶剂中的有机电化学反应体系。

一般使用高纯度的干燥氮气作为鼓泡的气体。但是，尽管是高纯度的干燥氮气也难免含有微量的氧气。因此，使用前先通过活化铜柱除去氧气。活化铜柱应事先预热到 $1000\,^{\circ}\mathrm{C}$。铜与氮气中的微量氧气反应生成氧化铜而改变颜色。因此一旦发现铜柱变色时，就必须进行从氧化铜到铜的再生处理。处理方法是，让氢气在高温下通过该铜柱，即 $\mathrm{CuO+H_2 \longrightarrow Cu+H_2O}$。

(7) 搅拌

电解液需要搅拌时通常用磁力搅拌器，也可使玻璃棒转动而搅拌溶液。当一边进行搅拌一边测定电流-电位曲线时，曲线的形状经常因搅拌的不同而变化。这种情况说明溶液中的对流是电极反应中的控制步骤。为了保证恒定的搅拌状态，应选用适当的搅拌子（一般为小铁棒外面包上特氟纶做成）并调好旋转速率。经常用氮气或者氩气鼓泡来赶走电解液中溶解的氧。有时这种鼓泡也可以兼做搅拌用。

（8）温度的控制

电化学反应中的电位和电流值都与体系的温度有关。温度对电位的影响服从能斯特方程式。参比电极的电位对温度也非常敏感。且对测定的电位和电流的精度也有影响，所以，电化学实验中一般使用恒温槽，以保持电解池或参比电极的温度恒定。

（9）对电解池的要求 暂态法对电解池的要求比稳态法更严格。在恒电位暂态实验中，由于电解池构成了恒电位控制电路的反馈回路，因此电解池对恒电位仪的动态特性，特别是响应速率和稳定性有很大影响。这时应采用低电阻的盐桥和低电阻的参比电极，并且尽量减少参比电极和研究电极或辅助电极间的杂散电容。用于恒电位测量的电解池其总电阻应尽量降低，研究电极的面积应较小，而且应使电流分布均匀。

（10）双电极系统电解池 用与参比电极连接来而且若极化电流密度很小时，可采用双电极系统电解池。

（11）电解池屏蔽

电化学测定和其他电学测定一样，多用高灵敏度测定电流和电位的微小变化。而在测定快速的变化时，往往有电噪声的影响。有时这种噪声会完全掩盖所需的目的信号。此时可用屏蔽导线把电解池放入周围接地的屏蔽箱中，或放在铁板上进行测定，应将测定仪器接地。

8.4.3 几种常用的电解池

根据电化学测试技术及实验目的不同，电解池有各种形式。图 8-7 是几种常用的电解池。图 8-7(a)、(b) 为 H 型电解池，其中研究电极 A 和辅助电极 B 间用多孔烧结玻璃板隔开。参比电极可直接插在参比电极管 C 中，该管前端的鲁金毛细管口靠近研究电极表面。三个电极管的位置可做成以研究电极管为中心的直角，这样有利于电流的均匀分布和电位的测量，也有利于电解池的稳妥放置。研究电极若用平板状电极，其背面要绝缘或封于绝缘材料中，使其工作面与辅助电极相对而平行，使表面电荷能均匀分布。研究电极和辅助电极室的塞子可用带水封的磨口玻璃塞，也可用聚四氟乙烯加工而成。若溶液需要搅拌，在电解池

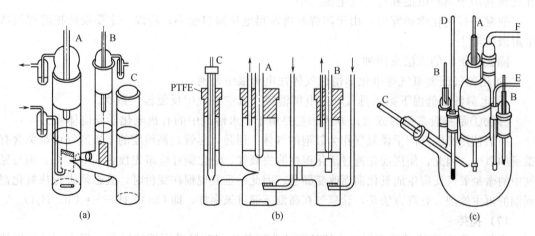

(a)　　　　　　　　　　(b)　　　　　　　　　　(c)

图 8-7　几种电解池式样

A—研究电极；B—辅助电极；C—参比电极；D—温度计；E—进气管；F—出气管

底部放入磁力搅拌棒，用电磁搅拌器进行搅拌。

图 8-7(c) 为适于腐蚀研究的电解池，它是美国材料试验协会（ASTM）推荐的。电解池为圆瓶状，中间为研究电极，有两个对称的辅助电极，使电流分布均匀。用带鲁金毛细管的盐桥与外部的参比电极相联。

对于某些特殊的电化学测试，要求设计各种专用的电解池。例如有的适于滴汞电极测量；有的适于恒电位暂态研究；有些则适于电解分析。对于高温高压水溶液体系的电解池要解决耐温、耐压及密封等问题。对于应力腐蚀和熔盐研究用的电解池也有其特殊设计问题。

8.5　电化学测量仪器

随着电子技术的发展，各种计算机控制的智能化电化学测量仪器已经可以准确、迅速、方便地以很好的重复性测定金属腐蚀过程的电化学参数。其中电化学工作站是金属腐蚀电化学测试的一种常用的基本而重要的仪器。目前，电化学工作站包括恒电位仪及交流阻抗分析仪，恒电位仪是电化学工作站的重要组成部分。

8.5.1　恒电位仪工作原理

恒电位仪（potentiostat）是金属腐蚀电化学测试的一种常用的基本而重要的仪器。它不但可用于各种电化学测试中，而且还可用于金属腐蚀、电化学保护、电解和电合成、电镀、金相侵蚀、相分析等研究领域和生产实践中，还可进行各种电流波形的极化测量。由于其用途不同出现了许多不同类型的恒电位仪。如用于旋转环-盘电极系统研究的双恒电位仪；适用于小讯号测试的低噪声恒电位仪；适用于快速暂态电极过程研究的快速响应恒电位仪以及适合于电化学保护和其他电化学加工用的可控硅恒电位仪等。

恒电位仪自 1942 年由 Hickling 首次发表线路以来，随其用途的增加和近代电子技术的应用而获得了飞跃的发展。最初是全电子管电路或电子-机械式电路。20 世纪 60 年代初开始出现晶体管恒电位仪，并利用场效应管提高输入阻抗。后来又出现集成电路恒电位仪。近年来已发展成微计算机控制的恒电位仪，自动控制电化学试验，数据自动采集和处理。

恒电位/恒电流仪能够实现电化学测量系统中的研究电极的电位或电流按指定的规律变化。恒电位方法是使研究电极的电位恒定（保持在一定值或按某一规律变化），同时测定相应的电流数值。

恒电位方法在电路上必须满足两个条件：一是具有基准电位（有时也称给定电位），使恒定的电位值可调；二是满足恒电位的调节规律，就是当电路的参数变化时，如电源电压变化或由于电化学变化的延续引起电极电位漂移，恒电位仪应具有自动调节的能力，使电极电位保持恒定。

恒电位仪的电路结构多种多样，但从原理上可分为差动输入式和反向串联式。差动输入式恒电位仪原理如图 8-8 所示，电路中包含一个差动输入的高增益电压放大器，共同相输入端接基准电压，反相输入端接参比电极，而研究电极接公共地端。基准电压 U_2 是稳定的标准电压，可根据需要进行调解，所以也叫给定电压。参比电极与研究电极的电位之差 $U_1 = U_R - U_W$，与基准电压 U_2 进行比较，恒电位仪可自动维持 $U_1 = U_2$。如果由于某种原因使两者发生偏差，则误差信号 $U = U_2 - U_1$ 便输入到电压放大器进行放大，进而控制功率放大器，及时调节通过电解池的电流，维持 $U_1 = U_2$。例如，欲控制研究电极相对于参比电极的电位为$-0.5V$，即$U_1=U_R-U_W=+0.5V$，则需调基准电压$U_2=+0.5V$，这样恒电位仪便可自动维持研究电极相对参比电极的电位为$-0.5V$。因参比电极的电位稳定不变，故研究电极的电位被维持恒定。如果取参比电极的电位为$0V$，则研究电极的电位被控制在$-0.5V$。如果由于某种原因（如电极发生钝化）使电极电位发生改变，即U_1与U_2之间发生了偏差，则此误差信号$U=U_2-U_1$便输入到电压放大器进行放大，继而驱动功率放大器迅速调解通过研究电极的电流，使之增大或减小，从而研究电极的电位又恢复到原来的数值。由于恒电位仪的这种自动调节作用很快，即响应速率高，因此不但能维持电位恒定，而且当基准电压U_2为不太快的线性扫描电压时，恒电位仪也能使$U_1=U_R-U_W$按照指令信号U_2发生变化，因此可使研究电极的电位发生线性变化。

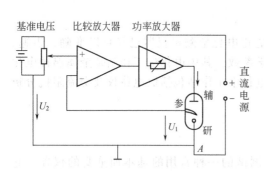

图 8-8 差动输入式恒电位仪原理示意图

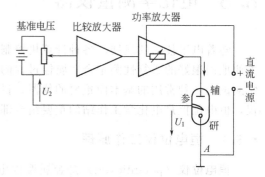

图 8-9 反相串联式恒电位仪原理

反相串联式恒电位仪原理如图 8-9 所示，与差动输入式不同的是U_1与U_2是反相串联，输入到电压放大器的误差信号仍然是$U=U_2-U_1$，其他工作过程并无区别。

8.5.2 恒电位仪的电路组成

尽管目前电化学工作站已很常见，但这里还是要简单介绍恒电位仪的基本放大器、功率输出器等部分，这样有利于理解恒电位仪的工作原理。

恒电位仪除了核心部分直流比较放大器外，主要组成部分还包括基准信号源、功率输出器、电流检测、电压检测和稳压电源等基本部分。图 8-10 是恒电位仪的通常组成原理方框图。以下对各主要组成部分加以简单介绍。

(1) 基本放大器（也叫比较放大器）

采用固体组件线性集成电路或分立元件的直流放大器，起比较放大作用，也称恒电位仪的主放大器。

(2) 功率输出器（亦称调节器）

目的是使基本放大器所输出的电压变化能控制较大的电流变化，从而较灵敏地控制电极电位。因此功率输出器实质上是一个电流放大器。电流放大器通常为由两组复合式调整管组成的推换电路，也可采用集成功率块。

(3) 基准信号源

作为恒电位仪基准信号除直流电压外，还有三角波、方波、正弦波或其他交流脉冲波形。通常是几个信号的叠加，故恒电位仪的基本放大器通常采用加法器形式。恒电位仪要求基准电压非常稳定，否则将影响电位的控制精度。

(4) 电流检测

电流检测是测量流过电解池的电流数值，可以采用不同的方法。如串联电流表和串联采

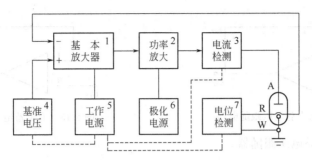

图 8-10 恒电位仪组成的原理框图

样电阻，此外可以采用零阻电流计检测。图 8-11 是一个利用运算放大器组成的零阻电流计电路。

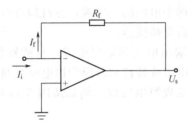

图 8-11 零阻电流计电路图

由于 $I_i = I_f$，故 $I_i = -\dfrac{U_0}{R_f}$

$$U_0 = -I_i R_f \tag{8-4}$$

该电路为反相输入电路，且 $R_i = 0$，所以闭环输入电阻 $r_i = 0$，称为零阻电路，可构成零阻电流表作电流检测用，其电流检测灵敏度高。

(5) 电位检测

恒电位仪的电位检测都是高输入阻抗电压检测装置。其电路有的采用场效应管差分式源级输出器电路，有的采用固体组元运算放大器组成的电压跟随器。实际使用时也可外接数字电压表、高阻电压表或经阻抗转换后外接函数记录仪等。需要注意的是，若用外接数字电压表直接监测参比电极（或研究电极）电位时，高阻抗接线端子必须接在参比电极引出端，否则将造成测量值偏低。

电压跟随器常作为阻抗变换器。它提供一个很高的输入阻抗和很低的输出阻抗。故可作为测量电极电位的高阻电压表，用在恒电位仪中提高输入阻抗等。

电压跟随器采用同相输入方式，这是由于同相输入的运算放大器具有输入阻抗高的特点。

图 8-12 是一个无增益电压跟随电路，它的全部输出电压都返回到输入端。由于两个输入端实际上处于相同的电位，即 $U_A = U_B$。

故有：

$$U_0 \approx U_i \tag{8-5}$$

图 8-13 为有增益电压跟随电路，也称同相输入比例放大器，是高阻电压表的典型电路。根据分压比关系 $U_0 = \left(1 + \dfrac{R_1}{R_2}\right) U_i$，故改变 R_1 和 R_2 可得到不同的增益。当 $R_1 = 0$ 时，

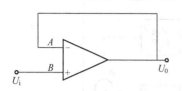

图 8-12 无增益电压跟随电路

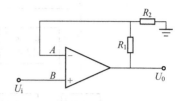

图 8-13 有增益电压跟随电路

此电路相当于无增益电压跟随器。

(6) 稳压电源

恒电位仪通常应采用两组稳压电源供电。一组作为基本放大器（包括需要较高精度直流电源的电路）的工作电源，另一组作为极化电源，即功率输出级的电源独立供电。其目的一方面可以保证恒电位仪除功率放大外的其他部分电源的稳定性，提高恒电位仪的性能；另一方面，分开两组电源，分别有两个电源的公共端，各自构成电流回路。通常功率输出级电源不经稳压，经大容量电容滤波后直接供给。

恒电位仪要求具有一定的输出电压和输出电流，负载特性好，输入阻抗高，零点漂移小，响应速率快以及具有欧姆电位降补偿和转换为恒电流控制等。

恒电位仪通过改装都可以变成恒电流仪，例如按图 8-14 的恒电位电路的接法就起到了恒电流的作用。

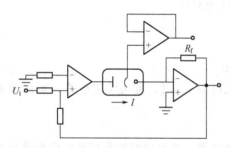

图 8-14 采用恒电位原理的恒电流电路

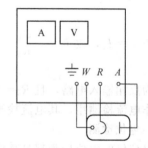

图 8-15 恒电位仪的一般接线法

8.5.3 恒电位仪使用方法

(1) 一般恒电位测量

恒电位仪可用于手动逐点法恒电位极化曲线测量（E-I 或 E-$\lg I$ 曲线），或测定恒电位充电曲线（I-t 曲线）。图 8-15 示出了这些用途的一般接线法。（注意：恒电位仪上 W 与公共端须用两根导线分别连接研究电极！）

(2) 一般恒电流测量

恒电位仪也可用作恒电流仪，手动测量恒电流极化曲线（E-I 或 E-$\lg I$）曲线，或测定恒电流充电曲线（E-t 曲线）。接线方法如图 8-16 所示。有的恒电位仪已设有恒电位/恒电流转换装置，因此不必再外接标准电阻 R，直接可作恒电流仪使用。

(3) 动电位测量及其他控制电位的暂态测试动电位（或动电流）测量以及其他控制电位（或控制电流）测量

最重要的是基准电压的加入和检测仪表的连接。在这些测试中，通过恒电位仪所施加的电位（或电流）往往是几个讯号的叠加。当前市售恒电位仪的基准电压讯号一般为同相输

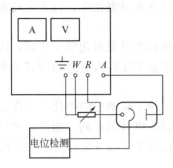

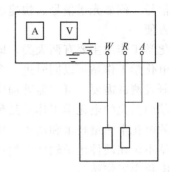

| 图 8-16 | 恒电位仪用作恒电流测量的接线法 | 图 8-17 | 用恒电位仪测量电偶电流接线法 |

入，当外接讯号输入时，恒电位仪内部的直流基准电压讯号被断开，不再起作用。因此外接讯号时必须将控制讯号（如方波、三角波等）和直流电平讯号串联加入。

检测仪表的连接，主要是应注意不同仪器的公共端。倘若连接不正确，会造成讯号短路或恒电位仪不能正常工作。现代电化学测量仪器的波形发生、数据采集和恒电位控制都可以用计算机软件完成，不需要专用的信号发生器和 X-Y 记录仪。

(4) 电偶电流测量

恒电位仪也可用作零阻电流表，测量电偶对两个电极之间流过的电偶电流，接线方法如图 8-17 所示。调节恒电位仪的基准电压 U_S 为零，此时恒电位仪电流表的指示即为电偶电流 I_g 值。图 8-18 为其电原理图。另一种接法如图 8-19 所示。辅助和参比接线柱之间串接一电流反馈电阻 R_f。辅助接线柱与公共端之间接电压表。当 $U_S=0$ 时，恒电位仪相当于接成了一个零阻电流表。

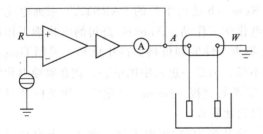

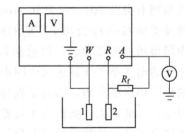

| 图 8-18 | 恒电位仪测量电偶电流的电原理图 | 图 8-19 | 恒电位仪用作零阻电流表接线法 |

8.5.4 电化学工作站简介

电化学工作站（electrochemical workstation）是电化学测量系统的简称，是电化学研究和教学常用的测量设备。将多种测量系统组成一台整机，内含快速数字信号发生器、高速数据采集系统、电位-电流信号滤波器、多级信号增益、IR 降补偿电路以及恒电位仪、恒电流仪。计算机技术的发展使电化学工作站已经能够进行全部的电化学各个领域的研究与测试，如基础电化学研究、化学电源、金属腐蚀与防护、电解与电沉积、电分析与传感器、生物与有机电化学、物理电化学、谱学电化学等领域。电化学工作站可完成各类极化、循环伏安、交流阻抗、交流伏安、电化学噪声、电流滴定、电位滴定等测量。电化学工作站可以同时进行两电极、三电极及四电极的工作方式。四电极可用于液/液界面电化学测量，对于大电流或低阻抗电解池（例如电池）十分重要，可消除由于电缆和接触电阻引起的测量误差。多数高级的电化学工作站还有外部信号输入通道，可在记录电化学信号的同时记录外部输入的诸多其他信号，例如光谱信号、快速动力学反应信号等，这对光谱电化学、电化学动力学等研究极为方便。

电化学工作站主要有两大类，即单通道电化学工作站和多通道电化学工作站，区别在于多通道电化学工作站可以同时进行多个样品测试，较单通道工作站有更高的测试效率，适合大规模研发测试需要，可以显著加快研发速率。

目前商品化的电化学工作站品种不少，不同厂商提供的不同型号的电化学工作站产品具有不同的电化学测量技术和功能。从产地看，既有进口的，也有国产的。通常，进口的电化学工作站不论在硬件还是软件上均功能强大，但价格也较昂贵。表 8-3 列出了一些国外生产的主要电化学工作站。

表 8-3　常用的进口电化学工作站

仪器型号	生产厂家(公司)	国　别
PARSTAT 系列	Ametek-Princeton Applied Research Co.	美国
Gamry 系列	Gamry Instruments	美国
1200-1287 系列	Solartron Analytical	英国
IM6/6e 系列	Zahner-elektrik GmbH & Co KG	德国
PGSTAT 系列	Metrohm Autolab	瑞士
IviumSTAT 系列	Ivium Technologies BV	荷兰
VMP-300	Bio-Logic	法国

不同厂商生产的电化学工作站既有通用性，也有针对性，性能指标也有一定的差异，要根据自己的研究侧重点选择合适的电化学工作站。腐蚀电化学研究与测试比较常用的电化学工作站系列有美国 Ametek-Princeton Applied Research 公司生产的 PARSTAT 系列电化学工作站及美国 Gamry 公司生产的 Gamry 系列电化学工作站。Ametek 公司的电化学工作站进入中国市场的历史较长，目前在售的型号也不少，性能和价格分高中低档。美国 Gamry 公司生产的电化学工作站进入中国市场的时间不长，但是一进入中国市场，就在腐蚀电化学领域的研究中崭露头角，引起了腐蚀电化学研究者的重视。Gamry 电化学工作站的特点是型号齐全、功能强大、操作简单及界面友好，性价比较高。

国内也有许多价格较低的电化学工作站或数字化恒电位/恒电流仪，例如，上海辰华仪器公司生产的 CHI 系列电化学工作站；天津市中环电子仪器厂生产的恒电位仪；天津兰力科公司生产的系列微机电化学分析系统；上海雷磁仪器厂生产的恒电位仪等都是较好的数字化恒电位/恒电流仪，它们都实现了计算机控制下的电化学测量。

8.6　电化学实验前的准备

8.6.1　二次蒸馏水的制备

在电化学及腐蚀电化学测量时，如果所研究体系存在微量的有机物（特别是表面活性剂）或某些金属离子（如铜、铁、锌、锡等），就会严重影响测量结果。普通蒸馏水（如用铜埚蒸馏器或离子交换树脂制备的水）中往往含有上述物质，所以实验中使用的蒸馏水应用全玻璃（最好用全石英）蒸馏器制备。

二次蒸馏水的制备方法是在普通蒸馏水中加入高锰酸钾（0.01%），并加几滴硫酸酸化。然后置于容积为 1000～3000ml 用硬质抗蚀玻璃（最好是石英）制成的蒸馏器内进行蒸馏。为了防止暴沸，可加入几块碎瓷片，开始蒸出的 1/3 往往含有较多的有机物，应该舍去，收集第二个 1/3 供实验用，剩余的 1/3 不要蒸出，可继续加入普通蒸馏水，按上述操作重复蒸馏和收集。

8.6.2　氢气和氮气的净化

(1) 氢气的净化

在电化学实验中，常需要用到纯净的氢气。如氢电极的制备，氢气电位的测量，以及用氢气作为惰性气体驱除被测溶液中溶解的氧等。

电解法制得的氢气纯度可达 99.7%～99.8%，其中杂质只有空气中的含氧量在 0.1% 以下，这样的氢气可通过盛 Pb 石棉的反应管（用硝酸铅和分析用的石棉在坩埚中熔烧即制成铅石棉）。管外装有加热电炉，温度为 300～400℃，为此可将混杂的微量氧和氢化合成水，现在市场上已有这种装置的产品，市售的氢气发生器也配有此类试管，含氧的氢气再通过 $PdCl_2$ 干燥，再通过盛有含硝酸 20% 的氢氧化钠溶液，以除去硫化物，这样就得到纯净的氢气，再经过二蒸馏水导出使用，不用时也可以放空。要求不太严格的实验中，可用下面一系列试剂除去氢气中的杂质：0.2mol/L 高锰酸钾溶液→氯化汞溶液→碱性没食子酸溶液（溶解 1～2g 没食子酸于 55ml 4mol/L 的 NaOH 溶液中）→与实验用相同的溶液→实验系统。

上述之高锰酸钾溶液是为了除去无机物 AsH_3，$HgCl_2$ 也可除去 AsH_3，亦可用 $AgNO_3$ 代替，焦性没食子酸的碱溶液除氧。用此系统净化氢气必须注意两点：一个在隔离空气的情况下将试剂装入洗气瓶中；二是当试剂变色时立即更换。

(2) 氮气的净化

电化学测量中，要将溶解于被测溶液中的氧气用纯氮除去。氮气一般采用工业用氮气，其中含有氧气和二氧化碳等杂质。需经过下列程序进行净化。由钢瓶导出的氮气→干燥管，其中盛有焦性没食子酸吸收液，以除去大部分杂质氧→再通过第二个干燥塔，内盛有无水氯化钙→铜催化剂管（管外绕有加热电阻丝。再套上玻璃管，约 300℃），以除去微量的氧气→缓冲瓶→实验系统。

铜催化剂的制备方法：250g 的 $CuCl_2·H_2O$ 溶于 2000ml 水中，加入 250g 酸洗石棉，加热至 60℃，在激烈的搅拌下逐滴加入 27% NaOH 溶液 500ml，混合液由紫色变为黑色为止。10min 后用抽滤法过滤所得固体 100L 水至无 OH^-（用酚酞试）。然后做成条状，在 150～180℃ 干燥。干燥好的 CuO 装入上述的铜催化剂管中，通入纯氢气 4h，将管中的空气排净，接通加热电阻丝。在 300～400℃ 继续通氢气还原 20h 左右。观察全部催化剂已变成活性粉红铜即可使用，制好的催化剂不应再与空气经常接触，以防重新氧化。铜催化剂管外绕电阻丝，外面再装一玻璃套管。它一方面可以保温，同时也可以观察到内部的反应情况。由管中棕色的 CuO、黄色的 Cu_2O 和紫色的 Cu 这几个区域的移动，可清楚地看出它的作用情况。

净化系统中连接用橡皮管应事先用 NaOH 溶液煮过并要求接得越短越好。最好用玻璃管，连接处用聚乙烯短套管连接。

8.6.3　镀铂黑的方法

为了增大铂的面积，通常铂电极上镀铂黑。镀铂黑的方法如下所述。

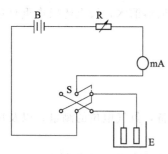

图 8-20　镀铂黑装置

① 将 3g 氢铂氯酸和 0.02～0.03g 的醋酸铅溶解于 100ml 蒸馏水中作电镀液。

镀铂黑的线路如图 8-20 所示，B 为直流电源，3V 左右，R 为可变电阻，mA 为毫安表，电镀槽 E 中为两块待镀的铂电极，换向开关 S 是用来改变待镀电极的电流方向的，接通电路后，每 2min 换向一次，目的是增加铂黑的疏松程度。

应控制电流密度大小，使两电极表面有少量气泡逸出为宜。电镀时间视电极表面镀的情况而定，如已经看到一层浓黑疏松的表面即可，一般大约 10min。

② 取 1～1.5g 小铂片用热浓销酸洗涤后用王水溶解，在水浴上蒸发溶液。再加 20ml 浓盐酸，蒸发后得到的六水铂氯酸溶于 100ml 水中，并加入 80mg 三水醋酸铅，将要镀的电极作阴极，另一铂电极作阳极，用 100～200mA/cm² 的电流密度镀 1～3min，得到的应是很黑的，没有皱纹的沉积层。

③ 2% 的 $PtCl_2$ 加到 2mol/L HCl 中，在电流密度 10～20mA/cm² 下镀 10～20min。如果镀出来呈灰色，应重新配电解液，重新电镀；如镀出来的铂黑一洗就脱落，应将铂电极用王水清洗干净，或用阳极极化的方法溶解掉，并用较小的电流密度重新镀。

镀好的铂电极的处理：镀好的电极用蒸馏水充分洗净后，在稀硫酸（0.5mol/L）中作阴极，电解 20min，除去吸附在铂黑上的氯。再用蒸馏水洗净，并保存在蒸馏水中，不得干燥。

【科学视野】

石英晶体微天平及其在大气腐蚀研究中的应用[1]

近 10 年来，大气腐蚀的研究方法取得了实质性的进展，一个最显著的例子就是可以在很短的时间（如几小时甚至更短）内进行大气腐蚀的实时原位（*in situ*）监测，所用的仪器则是石英晶体微天平（Quartz Crystal Microbalance，简称 QCM）。尽管采用 QCM 研究金属的大气腐蚀只是近十几年的新兴技术，但已显示出巨大的威力。特别是 QCM 和各种现代光谱仪及电化学仪器的联合使用来进行大气腐蚀的实时原位研究，可以在分子层次上探究大气腐蚀的机理。

1. 原理

QCM 是基于压电谐振原理实现对电极表面质量变化的测量。以石英晶体为例，在石英晶片上施加一交变电场时，晶片会产生机械变形。反之，若在晶片上施加机械压力，则在石英晶片相应方向上产生一定的电场，这种现象称为压电效应（piezoelectricity）。一般情况下，石英晶片机械振动的振幅和交变电场的振幅都非常微小，只有在外加交变电压的频率为

---

❶ 该文为王凤平、严川伟等发表于《化学通报》2001 年第 6 期的综述论文。

某一特定频率时，振幅才急剧增加，这就是压电谐振，此频率称为谐振频率。20 世纪 50 年代，德国物理学家 Sauerbrey 把石英晶体表面涂层的弹性看作和石英晶体一样，从石英晶体剪切波波长与晶片厚度的关系出发，导出了石英晶体谐振频率变化 Δf 与晶片表面沉积的薄膜质量 Δm 的关系，这就是著名的 Sauerbrey 方程：

$$\Delta f = -2.3 \times 10^6 f_0^2 \frac{\Delta m}{A}$$

式中，Δf 为石英晶振的频率改变量，又称频移值，Hz；Δm 为沉积在电极上的刚性沉积物质量的变化，g；A 为工作电极的表观面积，cm^2；f_0 是没有涂层时石英晶体的基频，MHz。该式表明电极表面质量变化 Δm 与引起的谐振频率 Δf 为线性关系，负号表示质量增加引起频率下降。这就是 QCM 测量的基本原理。

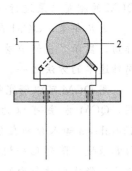

图 8-21　QCA917
石英晶片
1—石英晶体；2—电
极材料（金或铂）

压电材料的压电效应是各向异性的，沿不同晶轴所施加的电或力而产生的力或电响应不同。将石英晶体片的两面镀上金属薄层（电极材料）即构成了晶体振荡元件，简称晶振，其结构如图 8-21 所示。

电极设置位置与晶轴关系不同，可产生不同的振动模式。其中用厚度切割模式 TSM（Thickness Shear Mode）的 AT-切割（AT-cut）而成的石英晶体片最为常用，这是因为 AT-cut 晶体具有如下两个优点：①室温附近频-温系数小，因而频率响应受温度的波动影响小；②谐振频率高（1～20Hz），使其具有较高的灵敏度。

影响石英晶体微天平响应的因素较多，主要有温度的影响、液体性质的影响及界面性质的影响等。

2. 应用

QCM 在大气腐蚀中的应用主要表面在以下几个方面：①大气腐蚀的原位、实时监测；②金属大气腐蚀动力学规律研究；③在气相缓蚀剂（VPI）研究中的应用；④QCM 和 IRAS 的联用；⑤QCM 和电化学技术的联用。

20 世纪 80 年代以前，对金属大气腐蚀的监测一直采用室外暴露试验，试验周期通常很长，少则几年，多则十几年或二十几年。自 80 年代中期，瑞典科学家 Leygraf（当时在瑞典腐蚀所，现在瑞典皇家工学院工作）开始使用石英晶体微天平研究金属大气腐蚀的原位、实时监测，目的在于开发基于石英晶体微天平技术的传感器测量体系，从而使原来无法在短期内进行的大气腐蚀监测变为现实。目前，Laygraf 教授已开发出两种测量体系：一种是单传感器体系，单传感器测量体系的质量响应测量精度可达到 $10ng/cm^2$；另一种是多传感器测量体系，用它可以在同一环境下研究多种金属的腐蚀行为。

利用 QCM 对金属大气腐蚀的原位、实时监测不仅大大缩短了对金属大气腐蚀研究的时间，而且可以确定金属大气腐蚀的主要影响因素，如润湿时间（time of wetness）、相对湿度（relative humidity）、盐粒沉降（deposition of aerosol particle）等，从而加深了金属/大气环境界面处多相复杂反应的认识。

用 QCM 研究金属的大气腐蚀，首先需要将被研究的金属处理到石英晶片上，在目前的条件下通常采用蒸镀或电镀的方法，由于有些金属或合金还不能用蒸镀或电镀法处理，这在一定程度上制约了 QCM 在腐蚀研究领域中的应用。因此，将欲研究的金属处理到石英晶片上，是利用 QCM 研究大气腐蚀的关键。探索便捷涂镀金属于石英晶片上的途径，是发展基于 QCM 的大气腐蚀研究方法和监测仪器的基础。

虽然 QCM 对质量变化十分灵敏，但它不能对腐蚀产物加以定性的说明，这也是 QCM 研究大气腐蚀的局限性之一，为此，将 QCM 和其他测试仪器（如红外光谱仪、表面分析仪等）联用是今后大气腐蚀研究的趋势。另一方面，用 QCM 研究金属的大气腐蚀，需将被研究的金属涂镀到石英晶片上，这就改变了金属的存在状态，因此，在实际研究中，常常需对 QCM 的测量结果进行一定的校正。

近几年来，QCM 在研究大气条件下金属初期腐蚀的动力学规律方面起着越来越重要的作用，显示了良好前景。从一些研究人员系列工作中可以看出，QCM 是目前有效测量大气腐蚀速率的方法之一。

用 QCM 可以研究气相缓蚀剂（VPI）对一些金属如 Cu 和 Ag 的缓蚀作用，研究结果表明，QCM 方法可以为 VPI 的吸附/脱附行为和作用机理提供有价值的信息。例如，Volrabova 等人分别在 24h 和 48h 处将 VPI 邻硝基苯甲酸环己胺从 QCM 体系中取出，则频移都很快下降到几乎相同的水平，并且频移不随时间改变。这表明该缓蚀剂分子在铜表面形成了较强化学结合力的吸附膜层，而在 24～48h 之间，$\Delta f\text{-}t$ 曲线的线性增加则可能是缓蚀剂的存在而导致的相关膜的增厚。

QCM 应用于气相缓蚀剂方面的研究时间不长，尚处于探索、完善阶段。与传统的失重法相比，QCM 具有实时快速的优点，避免了 Tafel 曲线外推等电化学方法在理论上所存在的偏差。由于 QCM 所得到的仅仅是质量变化信息，因而单凭 QCM 结果还很难对 VPI 的作用过程作全面和准确的说明。另外，缓蚀体系的复杂性及理论处理的缺乏是限制 QCM 应用的主要因素。

金属的大气腐蚀是受多种因素影响的极其复杂的电化学过程，随着金属腐蚀的不断进行，其腐蚀产物及腐蚀机制也发生着变化，这就是金属大气腐蚀研究较复杂的原因之一。以往的大气腐蚀研究都局限在宏观上对腐蚀行为的探讨，虽然 QCM 对质量变化十分灵敏，但它不能对腐蚀产物加以定性分析，也就难以进行微观层次的研究。另一方面，以往的表面分析技术如 X 射线光电子能谱（XPS）、二次离子质谱（SIMS）、低能电子衍射（LEED）、扫描电镜（SEM）等都是研究金属大气腐蚀常用的手段，但所有上述这些表面分析技术都需在真空或近真空的条件下进行，因此也就无法对金属/大气或金属/液相界面进行原位表面研究，而红外光谱却没有这一限制。所以，为了在分子水平上探索金属/大气界面发生的电化学反应过程，研究大气腐蚀的机理，发展红外光谱（IR）和 QCM 联用对研究大气腐蚀具有重要意义。

红外光谱和石英晶体微天平的联合使用是 20 世纪 90 年代中期发展起来的一门新技术，它是在分子水平上研究金属在大气中表面的多相复合化学反应，即金属/大气或金属/液膜界面的复杂化学反应过程。QCM 可以检测到质量的微小变化（ng 级），红外光谱的基本原理基于分子间振动能级的跃迁，而能级对周围环境相当敏感，因此，红外光谱可以提供化学键、对称性、分子或晶体配位等信息。红外光谱也可以定性地检测微量组分的组成，可以利用某一波数的峰强度的变化对金属大气腐蚀产物的组成进行定量或半定量分析。将 QCM 质量检测的高灵敏度特点与红外光谱对分子结构或组分分析的高灵敏度结合起来，对同一过程从不同角度进行研究，就可以同时得到金属表面的化学组成和质量改变的信息，从而知道金属是如何与大气中的腐蚀性组分（如 SO_2、CO_2、NO_x 等）相互作用的，了解其成键特征、电荷转移、溶剂化等化学或电化学过程，为金属腐蚀机理的分析提供有用的信息等。所以，QCM 和 IR 联用，一方面研究金属大气腐蚀的动力学行为，另一方面在分子水平上研究金属大气腐蚀的微观机制，它是表面动力学（QCM）和表面化学（IRAS）的有机结合。

瑞典皇家工学院 Aastrup 及 Laygraf 等人首先建立了 IRAS/QCM 原位测试装置，用于原位研究 Cu 和 85%RH、25℃下含 SO_2 的空气的界面反应，得到了 Cu/大气界面上 Cu_2O 形成的动力学，并将 IRAS/QCM 得到的实验结果和理论计算及以前的阴极还原测量做了比较。在 Aastrup 的关于 Cu_2O 膜生长过程的研究中，检测限分别达到 1nm（IRAS）和 0.2nm（QCM）。实践证明，不论是理论计算比较还是不同实验手段的比较均吻合得很好，IRAS/QCM 是行之有效的新技术。

日本北海道大学的 Itoh 等人也几乎同时建立了 IRAS/QCM 测试系统，虽然 Itoh 装置和 Aastrup 的装置连接方式不同，但其原理和目的是相同的，只是 Itoh 的实验装置比 Aastrup 的装置连接得更巧妙一些而已。

IRAS/QCM 的实验装置及研究较为复杂，其中涉及金属材料学、电子学、光谱学、溶液化学、分子反应动力学及界面科学等诸多学科领域，正是由于它的复杂性，目前这一装置及研究工作在我国尚未开展。

QCM 和电化学仪器联用构成电化学石英晶体微天平（EQCM），它在获得电化学信息的同时又可以得到质量变化的信息，因此，EQCM 对金属在薄液膜下大气腐蚀的研究具有重要的意义。

QCM 和电化学仪器的连接方法可根据仪器和研究目的不同而有所区别，但基本实验装置如图 8-22 所示。

EQCM 已应用于金属电极表面单分子层的测定，氧化还原过程离子和溶剂在聚合物膜中的传输，高分子膜及金属电沉积和膜的生长/溶解动力学研究等许多领域，在金属电沉积、药物分析及其他界面现象的研究领域亦十分活跃，而 EQCM 应用于金属腐蚀方面的研究时间不长，尚处于探索、完善阶段，主要原因在于金属表面发生的电化学反应比较复杂，比如金属在薄液膜下的腐蚀不仅影响因素多，而且许多影响因素在测量过程中发生变化。

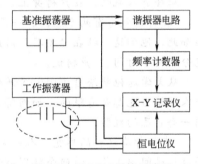

图 8-22　EQCM 系统示意图

由此可见，QCM 在金属大气腐蚀研究中具有重要的作用，尤其是 QCM 和红外光谱的联合使用将开启一个非常重要的大气腐蚀研究的新领域，不仅会促进金属大气腐蚀的实验进步，而且极大推动金属大气腐蚀理论的发展，是今后研究金属大气腐蚀的强有力手段。可以预见，QCM 不仅在金属腐蚀研究中得到应用，而且在其他学科（如环境科学、药物分析等）也将得到广泛的应用。

【科学家简介】

中国最年轻的中科院院士：卢柯院士

卢柯，男，1965 年生于甘肃华池，原籍河南汲县，1985 年 8 月毕业于南京理工大学机械系，1985年考入中国科学院金属研究所攻读硕士学位，1990年在本所获工学博士学位，导师为已故中国科学院院士王景唐先生。2003年当选为中国科学院技术科学部院士。

卢柯在科学上的贡献主要体现于纳米金属方面的研究。2000年，卢柯所领导的课题组在实验室里获得新突破：发现了纳米金属铜在室温下的"奇异"性能——即纳米金属铜具有超塑延展性而没有加工硬化效应，延伸率高达5100%。论文在国际权威刊物《科学》上发表后，获得世界同行的普遍好评。他们认为，"奇异"性能的发现，缩短了纳米材料和实际应用的距离，意味着和普通金属力学性能完全不同的纳米金属，在精细加工、电子器件和微型机械的制造上具有重要价值。这一新的研究成果被评为"2000年中国科技十大进展新闻"之一。

近年来在《科学》等学术刊物上发表论文260余篇，有关论文被SCI引用达400余次；获国家专利6项，国际专利1项。曾获国际亚稳及纳米材料年会ISMANAM金质奖章和青年科学家奖，何梁何利基金科学与技术进步奖，第三世界科学院技术奖和桥口隆吉奖等重要奖项。多次在国际会议上作特邀报告。国际《材料科学与工程评论杂志》特邀其撰写长篇综述论文。2003年当选为中国科学院技术科学部院士。

在外人眼里，卢柯成长得实在太快。25岁博士毕业，30岁任博士生导师，32岁任国家重点实验室主任，35岁任中国科学院金属研究所所长，2003年刚刚38岁时当选为最年轻的中科院院士，随后又相继成为第三世界科学院院士、德国科学院院士，2006年初出任美国《科学》杂志评审编辑、8月当选为国际纳米材料委员会副主席……

难怪有人慨叹，在卢柯身上，几乎没有什么事是不可能的！

"我自己觉得有两个原因。一是'文革'耽误了整整一代人，我国人才出现了断档，正因如此，他们这一批在'文革'后成长起来的科学家被推到了显眼的'前沿阵地'，二是我充分利用了时间。"卢柯说。

从大学起他就给自己制定了严格的时间表和工作计划。"每个人的时间都是一样的，每个人的精力也都是有限的，如何将有限的时间发挥最大的效能？"通过实践，卢柯摸索总结出一套自己的经验。

"我们都有这样的感觉，人一天之内可以分为两种时间，高效率时间和低效率时间，在高效率时间内工作、科研会特别有劲，事倍功半，但它很短，一般只有一两个小时左右，其余的则几乎都是低效率时间。"

卢柯原本的高效率时间出现在每天上午的两小时，为了使自己一天内能产生更多高效率时间，他进行积极调整，中午安排小睡一会儿，下午当身体进入低效率时间时去进行体育锻炼，然后到晚上，他又能迎来一个高效率时间，持续时间大概为两到三个小时，"这个时候思路非常清晰和活跃，能思考很多问题，想各种各样的实验。"

就这样，卢柯获得了超乎常人的工作节奏，他的一天相当于别人的两天甚至是三天，工作20年就等于工作了40年，并持之以恒。每天都一丝不苟地走在自己的行程中，不受外界干扰，即使他今天成了国际著名学者，依然如此。

思考练习题

1. 参比电极在电化学测量中的作用是什么？说明对参比电极的基本要求。
2. 什么叫溶液欧姆电压降？有哪几种消除方法？

3. 为什么要用隔膜将研究电极和辅助电极分隔开？常用什么做隔膜材料？

4. 试述电极电位测量的基本原理。如何正确理解电极电位测量中的阻抗匹配问题？

5. 根据电解池的设计原则，设计并画出符合金属腐蚀电化学测试所需的电解池。

6. 简述恒电位仪原理及用途。

7. 在什么条件下电化学测试需要二次蒸馏水？

第**9**章 稳态极化曲线测量

腐蚀电化学测量方法总体上可分为两大类：一类是电极过程处于稳态或准稳态时进行的测量，称为稳态或准稳态测量方法；另一类是电极过程处于暂态时进行的测量，称为暂态测量方法。本章主要介绍稳态极化曲线测量。

9.1 稳态

9.1.1 稳态的概念

在指定的时间范围内，电化学系统的参量（如电极电位、电流、反应数及产物的浓度分布、电极表面状态等）变化甚微，或基本不随时间变化，这种状态称为**电化学稳态**（steady state）。而电极未达到稳态以前的阶段称为**暂态**（transient state）。

正确理解稳态的概念应注意以下三个问题。

① 稳态不等于平衡态，平衡态可看做是稳态的一个特例。例如当 Zn^{2+}/Zn 电极达到平衡时，$Zn \longrightarrow Zn^{2+}+2e^-$ 和 $Zn^{2+}+2e^- \longrightarrow Zn$ 正逆反应速率相等，没有净的物质转移，也没有净的电流通过，这时的电极状态为平衡态。一般情况下，稳态不是平衡态。例如 Zn^{2+}/Zn 电极的阳极溶解过程，达到稳态时 $Zn \longrightarrow Zn^{2+}+2e^-$ 和 $Zn^{2+}+2e^- \longrightarrow Zn$ 正逆反应速率相差一个稳定的数值，表现为稳定的阳极电流。净结果是 Zn 以一定的速率溶解到电极界面区的溶液中成为 Zn^{2+}，然后 Zn^{2+} 又通过扩散、电迁移和对流作用转移到溶液内部。此时，传质的速率恰好等于溶解的速率，界面区的 Zn^{2+} 浓度分布维持不变，所以表现为电流不变，电位也不变，达到了稳态。可见稳态并不等于平衡态，平衡态是稳态的特例。

② 绝对不变的电极状态是不存在的。在上述 Zn^{2+}/Zn 电极阳极溶解的例子中，达到稳态时，Zn 电极表面还是在不断溶解，溶液中 Zn^{2+} 的总体浓度还是有所增加的，只不过这些变化比较不显著而已。如果采用小的电极面积和溶液体积之比，并使用小的电流密度进行极化，那么体系的变化就更不显著，电极状态更易处于稳态。

③ 稳态和暂态是相对而言的，从暂态到稳态是逐步过渡的，稳态和暂态的划分是以参量的变化显著与否为标准的，而这个标准也是相对的。例如进行上述 Zn^{2+}/Zn 电极的阳极溶解时，起初，电极界面处 Zn^{2+} 的转移速率小于阳极溶解速率，净结果是电极界面处 Zn^{2+} 浓度逐步增加，电极电位也随之向正方向移动。经过一定时间后，电极界面区 Zn^{2+} 浓度上升到较高值，扩散传质速率更大，当扩散速率等于溶解速率时，电极界面区 Zn^{2+} 浓度就基本不再上升，电极电位基本不再移动，此时达到了稳态。不过，用较不灵敏的仪表看不出的变化，用较灵敏的仪表可能看出显著的变化；在 1s 内看不出的变化，在 1min 内可能看到显著变化。这就是说，稳态与暂态的划分与所用仪表的灵敏度和观察变化的时间长短有关。所以，在确定的实验条件下，在一定时间内的变化不超过一定值的状态就可以称为稳态。一般

情况下，只要电极界面处的反应物浓度发生变化或电极的表面状态发生变化都要引起电极电位和电流二者的变化，或二者之一发生变化。所以，当电极电位和电流同时稳定不变（实际上是变化速率不超过某一值）时就可认为达到稳态，按稳态系统进行处理。

不过，稳态和暂态系统服从不同的规律，分成两种情况进行讨论，有利于问题的简化，因此，明确稳态的概念是十分重要的。

9.1.2　稳态测量方法的特点

极化曲线的测定分稳态法和暂态法。稳态法就是测定电极过程达到稳态时的电流密度与电位之间的关系。电极过程达到稳态后，整个电极过程的速率——稳态电流密度的大小，就等于该电极过程中控制步骤的速率。因而，可用稳态极化曲线测定电极过程控制步骤的动力学参数，研究电极过程动力学规律及其影响因素。

（1）稳态是相对的

要测定稳态极化曲线，就必须在电极过程达到稳态时进行测定。电极过程达到稳态，就是组成电极过程的各个基本过程，如双电层充电、电化学反应、扩散传质等都达到稳态。当整个电极过程达到稳态时，电极电位、极化电流、电极表面状态及电极表面液层中的浓度分布，均达到稳态而不随时间变化。这时稳态电流全部是由于电极反应产生的。如果电极上只有一对电极反应（$O+ne^- \rightleftharpoons R$），则稳态电流就表示这一对电极反应的净速率。如果电极上由多对电极反应，则稳态电流就是多对电极反应的总结果。

要使电极过程达到稳态还必须使电极真实表面积、电极组成及表面状态、溶液及温度等条件在测量过程中保持不变。否则这些条件的变化也会引起电极过程随时间的变化，也得不到稳定的测量结果。显然，对于某些体系，特别是金属腐蚀（表面被腐蚀及腐蚀产物的形成等）和金属电沉积（特别是在疏松镀层或毛刺出现时）等固体电极过程，要在整个所研究的电流密度范围内，保持电极表面积和表面状态不变是非常困难的。在这种情况下，达到稳态往往需要很长的时间，甚至根本达不到稳态。所以，稳态是相对的，绝对的稳态是没有的。实际上只要根据实验条件，在一定时间内电化学参数（如电位、电流、浓度分布等）基本不变，或变化不超过某一定值，就可以认为达到了稳态。因此，在实验测试中，除了合理地选择测量电极体系和实验条件外，还需要合理地确定达到"稳态"的时间或扫描速率。

（2）稳态测量的局限

稳态法测得的腐蚀电化学动力学行为是整个过程的总的动力学行为，如果整个过程由几个子过程或步骤组成，用这类稳态或准稳态电化学测量技术无法研究总的过程中可能包含几个动力学步骤以及这些步骤的动力学特征。在很多情况下，暂态的电化学测量技术，其中主要是测量电流密度对于电极电位阶跃信号的暂态响应或电位对于电流密度阶跃信号的暂态响应技术，可以研究总过程中的子过程。但暂态的电化学测量方法所需要的数学模型比较复杂，推导过程中一般都需要解微分方程，而且时间域的暂态响应数据的测量容易产生误差，特别是快的子过程的响应数据表现在暂态响应的初始阶段，很难测量准确。

9.2　稳态极化曲线测量

9.2.1　自变量控制方式

测量稳态极化曲线时，按照自变量控制方式可分为控制电位法和控制电流法。

控制电位法是使用恒电位仪,控制研究电极的电位按照人们预想的规律变化,不受电极系统阻抗变化的影响,同时测量相应电流的方法。控制电位法也叫**恒电位法**(potentiostatic)。需要注意的是,这里所谓的恒电位法并非只是把电极电位控制在某一电位值之下不变,而是指控制研究电极的电位按照一定的预定规律变化。即电流和电位符合 $i=f(E)$ 函数关系。相应测定的极化曲线就是恒电位极化曲线。

控制电流法习惯上也叫**恒电流法**(galvanostatic),就是在恒电流电路或恒电流仪的保证下,控制通过研究电极的极化电流按照人们预想的规律变化,不受电解池阻抗变化的影响,同时测量相应电极电位的方法。即电流和电位符合 $E=f(i)$ 函数关系。相应测定的极化曲线就是恒电流极化曲线。

9.2.2 控制电流法和控制电位法的选择

控制电位法和控制电流法各有其特点和适用范围,要根据具体情况选用。对于单调函数的极化曲线,即一个电流密度只对应一个电位,或者一个电位只对应一个电流密度的情况,控制电流法与控制电位法可得到同样的稳态极化曲线,在这种情况下用哪种方法都行。由于控制电流法仪器简单,易于控制,因此应用较早,也较普遍。但近年来,随着电子技术的迅速发展,控制电位法的应用越来越广泛。

对于极化曲线中有电流极大值的情况,只能采用恒电位法。例如,测定具有阳极钝化行为的阳极极化曲线时,由于这种极化曲线具有 S 形(如图 5-3 所示),对应一个电流值有几个电位值。如果用恒电流法,不能测得真实完整的极化曲线。只有应用恒电位法才可测得完整的阳极极化曲线。由此可见,稳态的极化曲线测量多数情况下采用控制电位法。但在强极化区进行稳态测量时,则以控制电流的测量方法为宜。如果极化曲线中有电位极大值,也应选用控制电流法。

控制电位法和控制电流法的实质就是选择自变量,使得在每一个自变量下,只有一个函数值。恒电位法主要用于研究一些在电极过程中表面发生很大变化的电极反应,如具有活化-钝化转变行为的阳极极化曲线;恒电流法主要用于一些不受扩散控制的电极过程和整个过程中电极表面状况不发生很大变化的电化学反应。

9.2.3 自变量的给定方式

极化曲线的测定,按其自变量的给定方式可分为逐点手动调节、阶梯波法和慢扫描法。

早期的极化曲线测量大都采用逐点手动调节方式。例如控制电流法测量极化曲线时,每给定一电流值后,等候电位达到稳态值就记下此电位;然后再增加电流到新的给定值,测定相应的稳态电位。最后把测得的一系列电流-电位数据做成极化曲线。稳态极化曲线都是用逐点测量技术获得的,此即经典的步阶法。不过在电化学测量技术上要求某参数完全不变是不可能的,考虑到仪器精度及实验要求,例如可以规定,所测量的电位在 5min 内变化不超过 1~3mV 就可以认为达到稳态。逐点手动法耗费时间长,实验测量很不方便,且随体系而异,因此结果的重现性和可比性较差。

随着电子技术的迅速发展,上述手动逐点调节方式可用阶梯波代替。即用阶梯波发生器控制恒电位仪或恒电流仪就可以自动测定极化曲线。其基本原理是:在给定自变量的作用下,相应的响应信号(恒电位时为电流,恒电流时为电位)并未达到稳定的状态,为此可人为规定在每一个给定自变量的水平上停留规定的同样时间,在保持时间终了前测读或记录相应的响应信号,接着调节到程序规定的下一个给定自变量。例如,可以规定在每个给定自变量的水平上都保持 5min。如果阶梯波阶跃幅值的大小及时间间隔的长短应根据实验要求而定。当阶跃幅值足够小而阶梯波数足够多时，测得的极化曲线就接近慢扫描极化曲线。慢速扫描适用于稳态研究，快速扫描适用于暂态研究。

电极稳态的建立需要一定的时间，对于不同的体系达到稳态所需的时间不同。因此，扫描速率的快慢对测量的结果影响很大。扫描速率不同，得到的结果就不一样。图 9-1 给出了不同扫描速率下测得的金属阳极极化曲线。从图中可明显看出，扫描速率不同，测量结果有很大差别。从图中还可看出，当测量相同时，慢扫描法与阶梯波法的测量结果是很接近的。

原则上，不能根据非稳态的极化曲线按照前面介绍的动力学方程测定动力学参数。为了测得稳态极化曲线，扫描速率必须足够慢。如何判断测得的极化曲线是否达到稳态呢？可依次减小扫描速率，测定数条极化曲线，当继续减小扫描速率而极化曲线不再明显变化时，就可以确定此速率下测得的是稳态极化曲线。

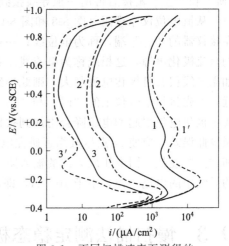

图 9-1 不同扫描速率下测得的
金属阳极极化曲线

实线（1,2,3）—控制电位慢扫描法；
虚线（1',2',3'）—控制电位阶梯波法；
扫描速率（mV/min）：1,1'—6000；
2,2'—100；3,3'—6.67

有些情况下，特别是固体电极，测量时间越长，电极表面状态及其真实表面积的变化就严重。在这种情况下，为了比较不同体系的电化学行为，或者比较各种因素对电极过程的影响，就不一定非测稳态极化曲线不可。可选择适当的扫描速率测定准稳态或非稳态极化曲线进行对比。但必须保证每次扫描速率相同。由于线性电位扫描法可自动测绘极化曲线，且扫描速率可以选定，不像手动逐点调节那样费工费时，且"稳态值"的确定因人而异。因此，扫描法具有更好的重现性，特别适用于对比实验。

图 9-2 所示为线性电位扫描实验电路示意图。

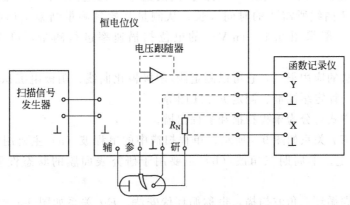

图 9-2 线性电位扫描实验电路示意图

图 9-2 中，将研究电极、参比电极和辅助电极分别接到恒电位仪的"研（或 WE）"、"参（或 RE）""辅（或 CE）"线柱上，而且还必须把研究电极接到恒电位仪的"⊥"端接线柱上。为什么研究电极分别用两根导线接到恒电位仪的"研"和"⊥"端，而不把

"研"和"⊥"短接后再用一根导线接到研究电极上呢？

从恒电位仪原理图（图 8-8 和图 8-9）可以看出，与研究电极相连的有两根线：一根向左接仪器的"⊥"端，称为电位线；一根向右接仪器的"研"接线柱上，实际上是接仪器内的直流极化电源，这根线称为电流线。在此线上有极化电流通过。虽然导线的电阻较小，但如果导线很长且极化电流很大，则此导线上电压降也是不可忽略的。如果结点离研究电极较远，即先将恒电位仪上的"研"和"⊥"端短接，再用一根导线连接到研究电极上，则此导线上极化电流引起的电压降会附加到被控制和测量的电极电位中去，从而增加了误差。为了减少此误差，应使 A 点尽量靠近研究电极，即要用两根导线将研究电极分别与仪器的"研"和"⊥"连接。因电压放大器的输入阻抗很高，接研究电极的电位线中的电流与接参比电极的导线中的电流一样，小于 $10^{-7}A$，即电位线上的电压降可忽略不计，不致引起误差。

9.3　慢扫描法测定稳态极化曲线

慢扫描法测定极化曲线就是利用慢速线性扫描信号控制恒电位仪或恒电流仪，使极化测量的自变量连续线性变化，同时用计算机自动记录测绘极化曲线的方法。按控制方式可分为控制电位法和控制电流法。前者又称为**线性电位扫描法**（linear sweep voltammetry，LSV），或叫做**动电位扫描法**（potentiodynamic scan），在极化曲线测量中应用很广泛。线性扫描技术是使控制信号变量随时间的变化是线性的，即 $dE/dt = $ 常数或 $dI/dt = $ 常数。

9.3.1　动电位扫描法

动电位扫描法是指加到恒电位仪上的基准电压随时间呈线性变化，因此研究电极的电位也随时间线性变化。即：

$$\frac{dE}{dt} = 常数$$

为了测得"稳态"的 E-I 曲线，电位扫描的速率不宜过快。但若电位扫描速率过低，则为测得整条 E-I 曲线所需要的时间太长，从测量开始到测量结束工作电极的表面状态变化可能很大。一般采用 $0.1\sim1mV/s$ 的电位扫描速率进行测量，可以认为是稳态测量了。

动电位扫描法的应用很广，它可以测定阴/阳极极化曲线、阴极电沉积析出电位、孔蚀特征电位的测定、评定缓蚀剂、测定 E-pH 图等。

动电位扫描方式可分为单程扫描和多程扫描。

单程扫描的 E-t 关系如图 9-3 所示。单程扫描中的单程波（a）主要用于稳态阳极或阴极极化曲线的测定；单周期三角波（b）主要用于研究表面膜的状态性质以及各种局部腐蚀。

多程扫描：即循环三角波扫描，也称循环伏安法。E-t 关系如图 9-4。主要用于研究暂态过程。快速扫描采用此方式。

电化学工作站很容易采用动电位扫描法测定极化曲线。例如美国 Gamry 公司各型号的电化学工作站通过软件发生信号，计算机自动记录实验结果，实现了电化学测量自动化。动电位扫描法测定极化曲线的步骤和操作方法应根据实验要求和仪器说明书拟定。

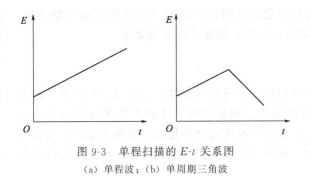

图 9-3 单程扫描的 E-t 关系图

(a) 单程波；(b) 单周期三角波

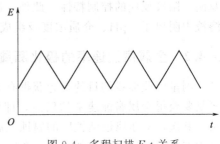

图 9-4 多程扫描 E-t 关系

9.3.2 线性电流扫描法

线性电流扫描法与线性电位扫描法类似，只是用线性扫描信号控制恒电流仪，使通过电解池的极化电流发生线性变化，同时用记录仪记下极化曲线。恒电位仪都具有恒电流的功能，使恒电位仪按恒电流方式工作即可。控制电流信号线性变化，记录电位信号按电流变化的规律，就可以得到线性电流扫描极化曲线。用线性电流扫描法可以测定电极反应动力学参数。

对某腐蚀电化学体系，已知电化学反应转移的电子数 $n=1$，若用线性电流扫描法测得的阴、阳极的极化曲线如图 9-5 所示。求该体系的腐蚀电流 i_{corr} 及传递系数 α 和 β 方法如下所述。

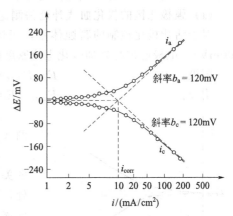

图 9-5 实验得到的线性电流半对数极化曲线

图 9-6 是实验得到的阴、阳极半对数极化曲线，由极化曲线的直线部分即 Tafel 直线（$\Delta E = a + b \lg i$）的斜率可求得 $b_a = 120\text{mV}$，$b_c = 120\text{mV}$。因已知 $n=1$，$b_c = \dfrac{2.3RT}{anF}$，可求得传递系数 $\alpha = \beta = 0.5$。

将阴、阳极极化曲线的直线部分外推得交点，由交点的横坐标可求得腐蚀电流 $i_{corr} = 10\text{mA/cm}^2$。

9.4 稳态极化测量在腐蚀电化学研究中的应用

稳态极化测量在在金属腐蚀研究中起着重要的作用。主要用于金属腐蚀机理的研究、金属腐蚀速率的测定、缓蚀剂的作用机理研究和评价、金属局部腐蚀的研究、金属钝态的研究、电化学保护的应用、电位-pH 图的绘制等。如果金属表面能够发生孔蚀，则可测定孔蚀的发生电位和再钝化电位等。

9.4.1 金属腐蚀机理的研究

由稳态极化曲线的形状、斜率和极化曲线的位置可以研究腐蚀电极过程的电化学行为以及阴、阳极反应的控制特性。此外，通过分析极化曲线可以探讨腐蚀过程如何随着合金组分、溶液中阴离子、pH、介质浓度及组成、添加剂、温度、流速等因素而变化。

9.4.2 金属腐蚀速率的极化测量

测量极化曲线的目的是想获得有关腐蚀金属电极上进行的腐蚀过程的动力学信息。最主要是要获得金属腐蚀速率的信息，即使仅能从电化学测量知道腐蚀速率的大致范围也有意义。其次，对于腐蚀活性区的腐蚀金属电极，还往往希望通过极化曲线的测量来测定与腐蚀过程有关电极反应的其他动力学参数。例如：阳极反应和阴极反应的 Tafel 斜率、去极化剂的极限扩散电流密度等。

电化学技术确定金属腐蚀速率有多种方法，其中极化技术是最常用的方法之一。极化测量分为强极化、弱极化和线性极化测量三种方法，各有其特点。

（1）强极化区的极化曲线外延法测定金属腐蚀速率

对于活化极化控制的腐蚀体系，当极化电位偏离自然腐蚀电位足够远时（通常为 $\eta >$ 100mV），电极电位与外加极化电流密度的函数关系符合 Tafel 方程式：

阳极：
$$E - E_{corr} = -b_a \lg i_{corr} + b_a \lg i_a \tag{9-1}$$

阴极：
$$E_{corr} - E = -b_c \lg i_{corr} + b_c \lg i_c \tag{9-2}$$

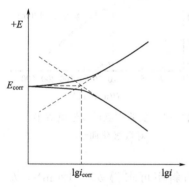

图 9-6 极化曲线外延法测定金属腐蚀速率

此式表明，在 E-$\lg i$ 半对数坐标上的强极化区极化曲线呈现线性关系，该直线段称为 Tafel 直线。

实验时，对腐蚀体系进行强极化，则可得到 E-$\lg i$ 的关系曲线。把 Tafel 直线外推延伸至腐蚀电位 E_{corr} 处，$\lg i$ 坐标上与交点对应的值为 $\lg i_c$，由此可以算出该体系的自然腐蚀电流密度，即金属腐蚀速率（图 9-6 所示）。由 Tafel 直线分别求出 b_a 和 b_c。这就是**极化曲线外延法**或称 **Tafel 外延法**（Tafel extrapolation）。

对于浓差极化控制的腐蚀体系，电极电位与外加极化电流密度的关系式为：

$$E - E_{corr} = \frac{b_a b_c}{b_a + b_c} \lg \left(1 - \frac{i_c}{i_L}\right) \tag{9-3}$$

当极化电位偏离自然腐蚀电位足够大时，$i_c = i_L$，此时的极化曲线为平行于电位值的直线。

对于同时存在着电化学极化和浓差极化的混合控制体系，电极电位与外加极化电流密度的关系式为：

$$E_{corr} - E = b_c \lg \frac{i_c}{i_{corr}} - b_c \lg \left(1 - \frac{i_c}{i_L}\right) \tag{9-4}$$

极化曲线外延法测定金属腐蚀速率较为简便。但测试时间长，受金属表面状态及表面层溶液成分影响大，测试精度较差。

采用强极化区的 Tafel 直线外推法求 i_{corr} 也经常会遇到一些问题。首先，为了测得 Tafel 直线段需要将电极极化到强极化区，极化电流密度的绝对值比腐蚀电流密度大得多，一般达 2～3 个数量级，这时的阳极或阴极过程可能与自腐蚀电位下的有明显的不同。例如，测定强阳极极化时可能出现腐蚀金属电极的钝化；测定强阴极极化时电极表面原来已存在的氧化膜可能还原，甚至可能由于达到其他可还原物质的还原电位而发生新的电极反应，腐蚀机理发生改变，从而改变了极化曲线的形状，因此，由强极化区的极化曲线外推到自腐蚀电位下得到的腐蚀速率可能有很大偏差。其次，由于极化到 Tafel 直线段所需电流较大，不仅容易引起电极表面状态、真实表面积和周围介质的显著变化，而且在大电流作用下溶液欧姆电位降对电位测量和控制的影响也较大，可能使 Tafel 直线段变短，也可能得不到很好的 Tafel 直线，这些都会对 i_{corr} 的测量带来误差。采取消除溶液欧姆电位降的措施，可使测量结果得到改善。对于某些易钝化的金属，可能在出现 Tafel 直线段之前就钝化了，因而测不到直线段。这时一般用阴极极化曲线的 Tafel 直线段外推求 i_{corr}。在用阴极极化曲线测定 i_{corr} 时，必须保证阴极过程与自腐蚀条件下的阴极过程一致。如果改变了阴极去极化反应，或者有其他去极化剂（如 Cu^{2+}、Fe^{3+} 等）参与阴极过程，将会改变阴极极化曲线的形状，带来较大的误差。用线性极化法可以避免这些缺点。

　　Tafel 极化测试时需要注意的两个问题：① 对于强极化区极化曲线的测量，用控制电流法（恒电流法）比用控制电位法（恒电位法）要好。恒电位法中，自变量是 E，测量值是 i，由于在强极化区 i 是 E 的指数函数，所以处于指数位置变量 E 的微小偏差，可引起 i 值很大的变化。反之，如果用恒电流法进行测量，给定值是 i，测量值是 E，对 i 的微小偏差，对测量值 E 的影响较小。② 自腐蚀电位就是开路电位，但是在 Tafel 极化曲线上得到的自腐蚀电位值与电化学工作站直接测量的自腐蚀电位（开路电位）值常常产生少许偏差，这是由于 Tafel 极化是强极化，强极化测试会对电极本身产生一定影响，例如阴极强极化会对传质过程产生影响，阳极强极化导致的阳极溶解会使电极表面状态发生改变。另外，极化电流密度很大时，参比电极至工作电极之间的溶液电位降也比较大，这些问题都会导致在 Tafel 极化曲线上求得的自腐蚀电位与电化学工作站测量的开路电位产生测试偏差。所以，Tafel 极化测量一定要在电极系统达到稳态后再测量，电极系统达到稳态的时间随测量体系的不同而不同。

(2) 线性极化测量技术

　　活化极化控制的腐蚀金属当自然腐蚀电位 E_{corr} 相距两个局部反应的平衡电位甚远时，腐蚀电流密度与极化电阻符合 Stern-Geary 方程式，又称线性极化方程式：

$$i_{corr} = \frac{B}{R_p} \tag{9-5}$$

　　式中，B 为常数；R_p 为线性极化阻力：

$$R_p = \frac{\Delta E}{i} = \frac{b_a b_c}{2.3(b_a + b_c)i_{corr}} \tag{9-6}$$

　　式中，ΔE 为偏离 E_{corr} 的微小极化值，通常 $\Delta E < \pm 10 \text{mV}$。一般认为，在 E-i 极化曲线上于 E_{corr} 附近存在一段近似线性区，ΔE 与 i 成正比而呈线性关系，并且此直线的斜率 $\left(\dfrac{\Delta E}{\Delta i}\right)$ 通过 Tafel 常数与腐蚀电流 i_{corr} 成反比，从而引入了 **"线性极化"**（linear polorization）一词。利用线性极化方程式(9-5) 可求得腐蚀电流 i_{corr}，此技术称为线性极化测量技术或极化阻力技术。

　　运用极化阻力技术（或线性极化技术）可以快速测定腐蚀体系的瞬时腐蚀速率。根据式(9-5) 和式(9-6)，首先需测量 E-i 极化曲线在 E_{corr} 处的斜率 $\left(\dfrac{dE}{dI}\right)_{E_{corr}}$ 或 E_{corr} 附近线性极化曲线的斜率 $\left(\dfrac{\Delta E}{\Delta I}\right)_{\Delta E \to 0}$，此即极化阻力 R_p 测量。其测量技术与稳态极化曲线测量技术相同。

　　R_p 测量方式：直流恒电流或恒电位测量法，在 E_{corr} 附近进行阴极或阳极极化，一般用电化学工作站进行测量。然后作图确定极化阻力。由于 ΔE 较小，使极化电流一般也小，应选用足够精度的测量仪表。恒电位或恒电流极化都是对电极双电层充电过程，应在充电达到稳态时测取数据，计算极化阻力 R_p。

电极系统：R_p 测试的电极系统有经典三电极系统、同种材料三电极系统和同种材料双电极系统（图 9-7）。经典三电极系统与常规电化学测量系统相同。R_p 测量需要确定 ΔE 值，而非 E 的绝对值，因此可使用与研究电极同材、同形、同大的参比电极和辅助电极，即同种材料三电极。该电极系统简单方便，通常制成探针构型，适合于实验室测试和现场监控。探针中三个电极可以互换分别作为研究电极，同一探针可测出几组数据，为指示可能发生的局部腐蚀倾向提供条件。同种材料双电极系统取消了作为参比电极的第三个电极，极化电位和电流的测量都是在两个同种材料电极间进行的。两个电极在极化的第三个电极，极化电位和电流的测量都是在两个同种材料电极间进行的。两个电极在极化过程中同等程度地被极化，只是方向相反而已。两电极之间的相对极化值 $2\Delta E$（如 20mV），每个电极实际只极化了 ΔE（10mV）。由于两个电极的自然腐蚀电位不可能完全相同，为了求得准确的 i_{corr}，可分别对体系进行正反方向的两次极化，求出平均极化电流计算之。双电极系统通常采用交流方波极化。

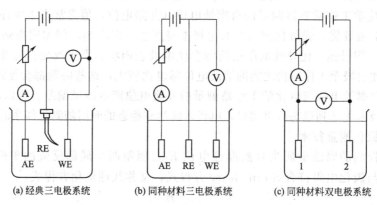

(a) 经典三电极系统　　　(b) 同种材料三电极系统　　　(c) 同种材料双电极系统

图 9-7　线性极化测量的电极系统

影响 R_p 精确测量的因素很多，主要是溶液欧姆电压降的影响，这在三电极系统和双电极系统中都是不容忽视的因素。此外，自然腐蚀电位 E_{corr} 随时间漂移、金属表面状态的变化、非稳态极化采样以及 R_p 测量中包括附加的氧化还原反应等都可能影响极化阻力测量的精确性。

运用线性极化方程式时，可从实验测定 R_p，但还必须已知 Tafel 常数 b_a 和 b_c 或总常数 B，才能计算出 i_{corr}，进而计算腐蚀速率。确定常数的方法很多，最基本的方法是测量阳极和阴极的 $E\text{-}\lg i$ 极化曲线，直接从强极化区测定 b_a 和 b_c 值。也可从曲线重合法、电子计算机分析法或 Barnartt 三点法、充电曲线法等测定或计算 b_a 和 b_c 值。

常用挂片失重校正法直接测定 B 值。无需具体测定 b_a 和 b_c 值，只需要同一试验周期内对研究电极测定不同时刻的 R_p 值及最终作一次重测定，即可求得总常数 B 值。具体步骤如下所述。

① 由不同时刻测定的 R_p 值，利用图解积分法或电子计算机数值积分法求出该试验周期 t 的积分平均 $\overline{R}_p$ 值。

② 根据失重数据求出腐蚀率，由法拉第定律换算得相应的自然腐蚀电流密度 i_{corr} 值。

③ 从线性极化方程式，由 $B = i_{corr}\overline{R}_p$ 可计算得 B 值。

此外，还可根据电极过程动力学的基本理论计算 b_a 和 b_c 值。也可根据前人确定的 B 值数据选值，甚至根据已知的腐蚀体系阳极和阴极反应估计选值。图 9-8 用恒电位仪进行恒电位方波测定 R_p 电路。

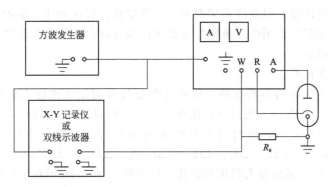

图 9-8　用恒电位仪进行恒电位方波测定 R_p 电路

运用线性极化技术能准确测定 R_p 值。可直接用商品化线性极化仪测试，也可在实验室用恒电位方波电路（图 9-8）、恒电流方波电路（图 9-9）或动电位法（图 9-10）测试。

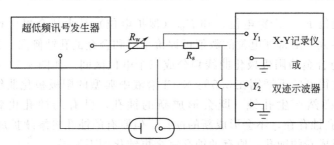

图 9-9　经典恒电流方波测定 R_p 电路

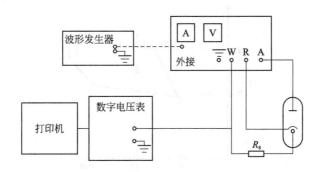

图 9-10　动电位法测定 R_p 电路

线性极化技术是一种连续测量瞬时腐蚀速率的电化学方法。因属于微极化，所以不会引起金属表面状态的变化及腐蚀控制机理的变化。因此可以根据它的原理制成各类腐蚀速率测试仪进行连续检测和现场监控，并用于筛选金属材料的缓蚀剂及评价金属镀层的耐蚀性。

线性极化法的缺点是另行测定或从文献选取的 Tafel 常数 b_a 和 b_c 不能反映出腐蚀速率随时间的变化情况。再者，线性极化区是近似的，有的腐蚀体系在 E_{corr} 附近线性度不好，不同体系的近似线性区的大小也不同。即使对同一体系，其阳极极化和阴极极化的线性区也不完全对称。所有这些都会产生一定的误差，故这种方法的准确度不是很高；此外，测定一条稳态的极化曲线需要进行多个实验点的测量，耗费比较长的实验时间，因此这种方法不能满足简便迅速的实用要求。另外在有些体系中腐蚀电位比较稳定，测出一条光滑的、可以重现的极化曲线还不算困难，但在许多情况下，实测得到的极化曲线并不很光滑，难以作出腐蚀电位处的切线；尤其是运用线性极化技术必须已知 Tafel 常数或总常数 B。因而使其应用范围受到了一定的限制。

（3）弱极化测量技术

随着腐蚀电化学理论的不断发展，弱极化测量技术测定腐蚀速率应用愈来愈广泛。例如，Barnartt 于 1970 年提出了他的两点法和三点法，可同时测定腐蚀体系的 i_{corr} 和 Tafel 常数。1982 年，M. J. Danielson 提出可用各种不同组合的三个极化电位点，如 ΔE、$2\Delta E$、$-2\Delta E$，ΔE、$-\Delta E$、$-2\Delta E$，ΔE、$2\Delta E$、$3\Delta E$ 或 $-\Delta E$、$-2\Delta E$、$-3\Delta E$ 等，均可类似地求得 i_{corr}、b_a 和 b_c。杨璋等人利用弱极化区的数据，于 1978 年对活化极化控制的体系提出了测定腐蚀速率的四点法。弱极化技术测定金属的腐蚀速率的理论比较繁杂，可参考本书的第 3 章有关内容，详细的实验方法可参考相关的专著。

9.4.3　金属局部腐蚀的研究——动电位法测定孔蚀特征电位

孔蚀的特征电位 E_b（击穿电位）和 E_{pr}（保护电位）是表征金属材料的孔蚀敏感性的两个基本电化学参数。由特征电位的数值可评价金属和合金的孔蚀倾向。这两个参数把具有钝化行为的金属与合金的阳极极化曲线划分成三个电位区间。如图 9-11 表示的是采用稳态慢速电位扫描方法得到的不锈钢在 3.5％ NaCl 溶液中典型的阳极极化曲线。箭头表示扫描方向。①$E > E_b$ 必然产生孔蚀。既会形成新的蚀孔，已有的蚀孔也将继续扩展长大。②$E_b > E > E_{pr}$ 有孔蚀存在。不会形成新的蚀孔，但原有的蚀孔将继续扩展长大。③$E \leqslant E_{pr}$ 没有孔蚀。不会形成新的蚀孔，原有的蚀孔完全再钝化而不发展。

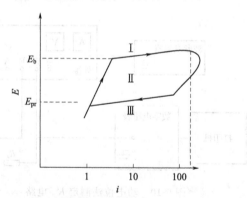

图 9-11　不锈钢在 3.5％ NaCl 中典型的
阳极极化曲线

在相同的试验条件下，金属与合金的 E_b 值越正，说明它的耐孔蚀性能越好，或对孔蚀的敏感性越低。但若两种材料 E_b 接近，不能由此作出两者耐孔蚀性能接近的结论。因为反映耐孔蚀性能的参数除 E_b 外，还有保护电位 E_{pr}。只有把这两个参数综合考虑，才能对它们的耐蚀性作出全面的评价，因此常利用电位扫描曲线（或称环状阳极极化曲线）的滞后环的面积来表征孔蚀程度。滞后环面积小的材料耐孔蚀性能相对要强些。同样也可以用两个特征电位参数之差 $E_b - E_{pr}$ 作为材料耐孔蚀性能的量度，差值越小的材料耐孔蚀性能越优异。

　　击穿电位（有时也称孔蚀电位）E_b 和保护电位 E_{pr} 的测定方法很多，不同的测试方法和不同的控制参数（如电位扫描速率不同）得到的 E_{pr}、E_b 的数值也有所差别。

　　电位扫描速率对 E_b 的测定影响较大。一般来说，扫描速率愈高时，测得的 E_b 值愈正。Leckie 测定了 304 型不锈钢在 0.1mol/L NaCl 溶液中电位扫描速率与 E_b 值的关系（图 9-12）。这是由于金属材料发生孔蚀需要一定的诱导期，当电位较正时，孔蚀所需的诱导期就越短。当电位变化速率很快时，只有在相应于很短诱导期的电位下才能开始产生孔蚀，此时测出的孔蚀电位已超出真实的 E_b。因此在孔蚀特征电位测定时，电位扫描速率应尽可能地使腐蚀体系能达到稳态，电位扫描速率对保护电位 E_{pr} 测定的影响较小。

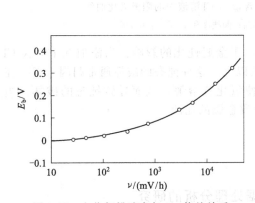
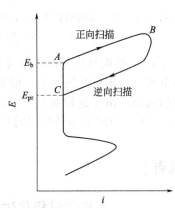

图 9-12　电位扫描速率与 E_b 值的关系　　图 9-13　金属在含侵蚀性离子溶液中的阳极极化曲线

　　图 9-13 是用电位扫描法测定的金属在含有侵蚀性离子溶液中的典型阳极极化曲线。先进行正向扫描，到 A 点处极化电流突然明显增大，相应的电位为 E_b 值。待电流增大到规定的数值 B 点后，反向回扫，与钝化区相交于 C 点，相应的电位为保护电位 E_{pr}。A-B-C 曲线称为滞后环。

　　电位回扫通常以规定的电流密度为标志，一般设定为 $1000\mu A$。当电位扫描达到规定要求后，改变极化方向反扫描，计算机自动采集数据记录结果。

　　若采用三角波扫描信号，必须首先单向扫描预实验测定 E_b 值，从而确定三角波幅值，以便重新测试得到完整的环状阳极极化曲线。但此时的回扫是以一定同值的三角波电位作为标志，而不是以一定的电流密度作为回扫基准的。专门用于孔蚀特征电位测定的扫描电位装置，以一定的电流密度作为触发信号，可自动地实现电位回扫。

9.4.4　金属钝态及其影响因素的研究

　　可以通过稳态电化学测量来测定钝化金属的致钝电位、致钝电流、维钝电位、再钝化电位等、维持金属表面处于钝化状态（维钝区）的电位范围、维钝电流密度的数值范围及其钝化的影响因素。

　　以镍阳极的钝化为例，镍和其他过渡族金属一样，容易发生阳极钝化。图 9-14 是金属镍在 1mol/L H_2SO_4 及不同含量 NaCl 溶液中的阳极极化曲线。其中曲线 1 为不含 Cl^- 的曲线。从中可以得到下列重要参数：致钝电流、致钝电位、稳定钝化电位区以及维钝电流等，这些参数对于研究金属的钝化现象及金属保护有很大意义。

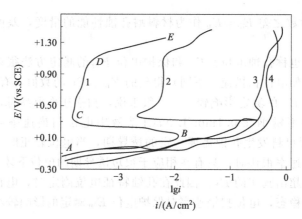

图 9-14　金属镍在 1mol/L H_2SO_4 及不同含量 NaCl 溶液中的阳极极化曲线

曲线 1—Cl^-：0%；曲线 2—Cl^-：0.05%；曲线 3 和 4—Cl^-：0.1%

从图 9-14 一组阳极极化曲线中可以看出 Cl^- 对于金属钝化的影响：当添加 0.1% NaCl 时，维钝电流（即阳极腐蚀速率）增加三个数量级以上。这种钝态的破坏通常归因于 Cl^- 在钝化表面的吸附。由于这种吸附 Cl^- 的存在，促使氧化膜溶解，从而导致钝态的破坏。当 Cl^- 浓度不足时，只能引起钝化膜的局部破坏，导致金属的孔蚀。

【科学视野】

电化学极化过程实验数据处理分析的研究

在电化学研究中，电化学测量实验数据的处理是一个很重要的问题。通过实验数据的处理分析，能够求出许多电化学参数，从而为进一步建立电化学动力学方程，提出电化学过程的机理提供理论依据。现结合方铅矿阳极氧化过程实验数据和金属阳极（腐蚀）过程实验数据，通过 Origin 软件，提出一种非线性三参数拟合曲线的方法。同时根据 Butler-Volmer 方程作变换，对线性回归计算电化学参数的方法进行分析和讨论。

1. 电化学极化过程实验数据的分析处理

在电化学反应过程中对溶液进行搅拌或者电极反应电流很小时，离子扩散过程比电极溶液界面的电荷迁移过程快得多，使得电解质在电极表面的浓度与溶液体相的浓度基本相等；同时对溶液的阻抗进行补偿，可以得到电化学动力学方程：

$$i=i^0\left\{\exp\left[\frac{\beta nF\eta}{RT}\right]-\exp\left[\frac{-(1-\beta)nF\eta}{RT}\right]\right\} \tag{9-7}$$

式(9-7) 为著名的 Butler-Volmer 方程，它是重要的电流-过电位方程。在方程(9-7) 中包括了 i^0、α、β 三个电化学动力学参数。通过一次实验，要同时求出三个动力学参数，就必须对方程(9-7) 进行变换，下面分三种情况加以讨论（以阳极极化为例）。

① 当 $nF/RT \ll 1$（即 η 很小）时，式(9-7) 可以简化成：

$$i=i_0\left[1+\frac{\beta nF\eta}{RT}-\left(1-\frac{\alpha nF\eta}{RT}\right)\right]$$

$$i=i_0\frac{nF}{RT}\eta \tag{9-8}$$

由式(9-8) 可知，此时电流与过电位呈线性关系，通过实验所测量的 i-η 数据，以 i 对

η 作图可得一条直线或采用线性回归法，由直线的斜率可求得交换电流密度 i^0。但是这要求实验在 η 很小时即在微极化区进行测量。若采用一般的电化学测量仪器，实验数据很难测量准确，而且测量会带来很大的误差。另一方面，通过一次实验也无法求得传递系数 α 和 β。

② 当阳极极化很大（即 η 很大）时，式(9-7) 右边第二项可以忽略不计，这时式(9-7) 可简化为：

$$i = i^0 \exp\left(\frac{\beta n F \eta}{RT}\right) \tag{9-9}$$

式(9-9) 两边取对数后，整理得：

$$\eta = \frac{RT}{\beta n F} \lg i^0 + \frac{RT}{\beta n F} \lg i \tag{9-10}$$

与著名的 Tafel 公式

$$\eta = a + b \lg i \tag{9-11}$$

相比较，可以看出式(9-11) 是一个 Tafel 形式的关系式，其中：

$$a = \frac{2.303RT}{\beta n F} \lg i_0 \qquad b = \frac{2.303RT}{\beta n F}$$

由式(9-11)，通过实验所测量的极化数据，以 η-$\lg i$ 作图，可得一条直线，由直线的斜率和 Tafel 外推法可求出 β 和 i^0；或采用线性回归求得交换电流密度 i^0 和传递系数 β。但是令人遗憾的是，采用 Tafel 外推法求交换电流密度 i^0，这只适用于阳极或阴极过电位较高的情况，即在强极化区进行测量和数据处理。实际测量计算过程中，采用 Tafel 直线外推法，由于人为的因素将产生很大误差。同时对于阴极极化，在电位很高时直线发生弯曲，这是由于受传质影响的缘故（也就是说，当过电位很高时，容易产生浓差极化），这时 Tafel 公式不再成立。

③ 当过电位 η 适中时，即在弱极化区进行测量，这时将 Butler-Volmer 方程式(9-7) 进行变换得

$$i = i^0 \left\{ \exp\left(\frac{\beta n F \eta}{RT}\right) \left[1 - \exp\left(\frac{-n F \eta}{RT}\right) \right] \right\} \tag{9-12}$$

将式(9-12) 两边取对数得：

$$\lg i = \lg i^0 + \frac{\beta n F \eta}{2.303RT} + \lg\left[1 - \exp\left(\frac{-n F \eta}{RT}\right) \right] \tag{9-13}$$

$$\lg\left\{ \frac{i}{1 - \exp\left(\dfrac{-\beta n F \eta}{RT}\right)} \right\} = \lg i^0 + \frac{\beta n F}{2.303RT} \eta \tag{9-14}$$

由式(9-14)，以 $\lg i/[1 - \exp(-n F \eta / RT)]$ 或 $\lg i/[\exp(n F \eta / RT) - 1]$ 对过电位 η 作图可得一条直线，或采用 Origin 计算机软件进行线性拟合，即可求出交换电流密度 i^0 和传递系数 β、$\alpha(\alpha = 1 - \beta)$，这样通过一次实验，在弱极化区测量极化数据，就可以同时求出三个电化学动力学参数，进而计算出阴阳极 Tafel 斜率 b_c 和 b_a。我们结合方铅矿阳极氧化过程所得实验数据，通过计算机作线性拟合得直线如图 9-15 所示，同时计算出 i^0 和 β、α。由图 9-15 可见，在不同的温度下，直线的斜率几乎相同，拟合的相关系数为 0.999。

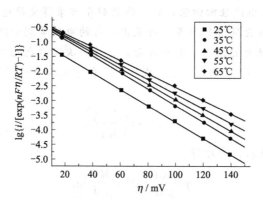

图 9-15　$\lg\{i/[\exp(nF/RT)-1]\}$ 对 η 曲线

2. 金属阳极腐蚀过程实验数据分析

对于金属阳极腐蚀过程，同样可得 Butler-Volmer 方程

$$i=i^0\left[\exp\left(\frac{2.303\Delta E}{b_a}\right)-\exp\left(\frac{-2.303\Delta E}{b_c}\right)\right] \tag{9-15}$$

式(9-15)中，i 是电流密度，即流经金属电极（工作电极）和对电极（辅助电极）之间的电流密度，它等于阳极电流密度与阴极电流密度的差；$\Delta E=E-E_{corr}$（E 为施加于金属电极上的极化电位，E_{corr} 为开路电位）；b_a 和 b_c 为阳、阴极 Tafel 斜率。式(9-15) 称之为三参数方程。于是可以按照上述讨论的方法分别给出在微极化区和强极化区的电化学动力学方程式

$$i=i_{corr}\frac{nF}{RT}\Delta E \tag{9-16}$$

$$\Delta E=b_a\lg i_{corr}+b_a\lg i \tag{9-17}$$

这样能够以 i 对 ΔE 作图，得一条直线（线形极化法），由直线斜率求出 i_{corr}；或者以 ΔE 对 $\lg i$ 作图，得一条直线，由直线的斜率求出 b_a，同时由 Tafel 外推法求出 i_{corr}。然而，无论是在微极化区还是在强极化区，由于实验测量时的误差或实验数据处理时采用了直线外推法产生的误差，使得上述两种方法有很大的局限性。

因此，目前采用较多的是弱极化区实验方法。20 世纪 70～80 年代初，Barnartt、Danielson、Jankowski 和 Juchniewiz 分别提出了处理弱极化数据的三点法、四点法，可以从极化值正、负几十毫伏范围内的弱极化数据同时求得腐蚀过程的电化学动力学参数 b_c 和 b_a 和 i_{corr}；与强极化区的测量相比较，弱极化区的测量对被测体系的扰动要小得多，测量所需时间也较短，实验中遇到的困难也远少于强极化区测量所遇到的困难，因而这些方法引起了腐蚀电化学工作者的注意。从数值计算的角度来考察，所有这些方法得出的计算公式，都是或多或少地含入误差影响比较大的不良计算式，另一方面，由于极化值之间必须成一定的比例关系，使得实验数据的利用率受到限制。随着计算机技术应用的日益普及，腐蚀电化学工作者开始应用曲线拟合技术从弱极化测量数据计算腐蚀过程的电化学动力学参数，如 Vicor 程序、Betacrunch 程序以及其他的计算机编程方法。比较于上述解析或近似的计算方法，曲线拟合时实验数据的利用率高，运算极快，结果可靠。

然而，采用计算机编程来求电化学动力学参数时，首先需要编程序，然后调试程序等，这样也会给计算带来不便，事实上，计算机编程也比较麻烦。我们则采用现有的计算软件如

Origin 对腐蚀过程电化学动力学参数进行非线性拟合。Origin 软件中，含有大量的曲线拟合模型（公式），同时也可以在该软件中输入自己需要的拟合公式，且不需进行编程，就可以作曲线拟合，这一点非常方便和实用。本文根据方程(9-15)：

$$i = i^0 \left[\exp\left(\frac{2.303\Delta E}{b_a}\right) - \exp\left(\frac{-2.303\Delta E}{b_c}\right) \right]$$

利用文献 [1] 所给数据进行三参数非线性曲线拟合。拟合结果见表 9-1、表 9-2 和图 9-16、图 9-17。由表 9-1、表 9-2 可见，所得结果与相关文献的结果完全一致。

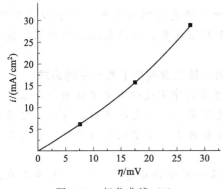

图 9-16 极化曲线（1）

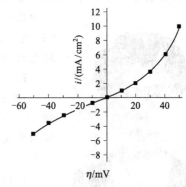

图 9-17 极化曲线（2）

表 9-1 由阴、阳极数据曲线拟合计算的动力学参数

过电位 η/mV	50	40	30	20	10	0	−10	−20	−30	−40	−50
电流密度 i/(mA/cm²)	9.811	6.043	3.609	1.944	0.885	0	−0.759	−1.533	−2.432	−3.570	−5.081
i_{corr}/(mA/cm²)	文献值：				1.000						
	拟合值：				0.999						
b_a/mV	文献值：				49.993						
	拟合值：				49.995						
b_c/mV	文献值：				69.997						
	拟合值：				69.989						

表 9-2 阳极极化数据拟合的动力学参数

过电位 η/mV	0	10	20	30
电流密度 i/(mA/cm²)	0	6.85	15.7	27.8
i_{corr}/(mA/cm²)	文献值：	9.948		
	拟合值：	9.9475		
B_a/mV	文献值：	57.723		
	拟合值：	57.723		
b_c/mV	文献值：	104.186		
	拟合值：	104.186		

而且，由表 9-1、表 9-2 还可看到，无论是由阴、阳极极化数据曲线拟合计算的动力学参数，还是只根据阳极极化数据拟合的动力学参数，其结果均与文献中的结果相吻合。

本文所涉及的参考文献：

［1］ Feliv V，Feliv S. A Noniterative Method for Determining Corrosion Parameters from a Sequence of Polarization Data ［J］. Corrosion，1986，42（3）：151.

【科学家简介】

燃料电池专家：衣宝廉院士

衣宝廉院士（中国，1938.5.29—）是我国著名的燃料电池专家，中国科学院院士。现任中国科学院大连化学物理研究所燃料电池工程中心总工程师、863 电动汽车重大专项专家组成员、燃料电池责任专家。我国燃料电池学术带头人之一。

1.《人民画报》上的一篇文章改变了他一生的追求

1938 年，衣宝廉出生在辽宁省辽阳市文圣区的一个城乡结合部——小南门。父母都是菜农，一个大字不识，所以，父母把所有的希望都寄托到了衣宝廉身上，希望他努力学习，长大考上医学院。

1947 年，在辽阳市第一完小读小学。1952 年小学毕业，升入辽阳市第五中学，两年后，考入辽阳市第一高中。1957 年，高中快毕业的衣宝廉处在人生的十字路口，是考医学院还是考理工？有一次衣宝廉看到《人民画报》上刊登了一篇有关邹承鲁院士的文章，介绍了他在生化领域的杰出贡献，取得的成绩、研究的环境、执著的精神。邹承鲁院士的这些事迹另他十分向往当个科学家。

1957 年衣宝廉以优异的成绩被东北人民大学（即今天的吉林大学）化学系录取，五年后本科毕业，直接考上郭燮贤院士的研究生。1966 年硕士研究生毕生，学催化化学。分配到中科院大连化物所工作，正值国家要搞载人飞船，当时所里一些老先生都接受"再教育"去了，因衣宝廉出身好，是"红五类"，研究的又是电池催化剂，顺理成章地被调入所里新成立的航天氢氧燃料电池组。从 1967 年开始一直从事碱性电池、燃料电池的研究工作，出色的工作业绩使他历任该所燃料电池工程中心组长、室主任以及该所燃料电池工程中心总工程师等要职。

2. 燃料电池领域取得的巨大成就

几十年来，衣宝廉院士取得了多项富有创造性的成果，兼备物理化学和化学工程基础知识，40 多年来，一直从事化学能与电能相互转化及相关领域应用基础研究与工程开发。20 世纪 70 年代参加并领导航天氢氧燃料电池研制，在朱葆琳先生和袁权院士指导下开发出静态排水、反应气并串联、分室结构等先进技术，紧随美国之后研制成功两种型号航天氢氧燃料电池系统，通过了例行的航天环模试验。

80 年代他将燃料电池技术用于电解工业节能、电化学传感器和超纯气制备等领域，开发的技术与产品已进入市场。90 年代作为中科院和科技部"九五"攻关项目"燃料电池技术"负责人，领导了质子交换膜、融熔碳酸盐与固体氧化物燃料电池的研究与开发。在质子交换膜燃料电池电催化剂、电极、膜电极三合一、薄金属双极板、电池组密封与匹配、组装、反应气增湿、电池组水热管理等方面申报了 36 项专利。组装出从百瓦至 30kW 电池系统，30kW 电池系统成功用作我国第一台燃料电池轻型客车的动力源。推动大连化物所与国内企业联合，成立了由大连化物所控股的大连新源动力股份有限公司，任董事长。该公司旨在开发燃料电池批量生产技术，促进燃料电池的产业化。"十五"期间作为 863《电动汽车重大专项》专家组成员和燃料电池发动机责任专家。组织完成了发动机测试规范的制定与实施，与工程中心和公司一起研制成功净输出 30～100kW 车用燃料电池系统。是我国汽车燃料电池发动机研究和应用的开拓者和引领者之一，形成我国自主的知识产权。

衣宝廉院士曾获国家、省部级奖励 7 项，多次获得大连市、辽宁省劳动模范和优秀专家称号，申报专利 49 项，授权 22 项，在国内外学术刊物发表论文 124 篇。撰写出版了燃料电池专著"燃料电池——原理、技术与应用"及科普读物《燃料电池》一书。先后培养了博士后、博士和硕士 30 名。2003 年当选为中国工程院院士。

3. 衣宝廉院士眼中的燃料电池

在燃料电池的研制方面，我们几乎是与世界同行同步的。在朱葆琳先生和袁权院士的领导下，20 世纪 70 年代中期，我们就紧随美国之后，研制成功两种型号航天氢氧燃料电池系统，但当时只有美国公布了成果。我们当时的研制能力和成果，现在都让好多世界同行刮目相看。

从研制载人飞船用的燃料电池，转到把燃料电池技术用到一些民用产品上，再到将燃料电池应用到如今的水下机器人身上以及电动汽车上，我们研究的燃料电池确实是"全天候"电池，真的可以叫做"无所不在的动力源"。

随着世界能源紧张和环境污染的加剧，世界各国都在加紧研发效率高、环境友好的新型动力源，我们所作为国家"九五"科技攻关重点项目"燃料电池技术"的牵头单位，已经形成了燃料电池方面自主、成套的知识产权，包括 30 余项专利、十多项专有技术，代表了中国的技术水平，在国际上处于领先地位。1999 年 10 月，我们所在参加首届中国国际高新技术交易会时，主动宣传了自己的研究成果、成就，马上，国内就有 50 多家大型企业、集团先后找到我们，要求合作，进行燃料电池等相关技术的开发。

我们意识到，要让科技成果在国计民生中发挥作用，必须走产业化的道路。让燃料电池研究走出来，发挥它应有的价值的时机到了。

搞了这么多年的研究，虽然也研制出一些民用产品，但基本都停留在手工作坊的层面上。要知道，科学研究是没有止境的，在研究室里，技术人员永远都不会做出两个一模一样的东西，因为产品是手工的，技术人员总想着要改进它。再说，我们都说燃料电池技术先进、实际效率能达到普通内燃机的两倍以上、最终产物又是水、清洁无污染，总得让人们眼见为实吧！

据了解，当今世界汽车保有量已超过 6 亿辆，每年向大气层排放约两亿吨有害气体，占大气污染总量的 60％以上，是公认的污染大气"头号杀手"。人类要发展，能源和环境问题必须解决，少污染、低噪声、效率高的燃料电池这一绿色动力源一旦应用在汽车上，它对改善人类生态环境所起的作用将不可估量。

燃料电池造价过高、成本下不来，是燃料电池汽车面临的最棘手问题，国际上一个千瓦级的燃料电池卖到 3000 美元，而一个千瓦级的内燃机才 30～50 美元。国外公司计划在 2003～2005 年将燃料电池汽车投放市场，我们的研制比人家至少要晚 5 年，能在 2008 年北京奥运会上用我们自己研制的燃料电池电动汽车接送选手，是我们的愿望。

随着石化燃料的消耗，人类将进入氢能时代，即利用太阳能和核能从水中制氢，并解决氢的输送与储存等技术问题。燃料电池作为氢能到电能的转化装置，可以敲开"绿色时代"

的大门，为家庭、车辆和工具等提供动力源。到那时，人们会充分体验到驾着只排水、不排废气、几乎听不到什么声音的燃料电池电动车带来的便捷、舒适和快乐。

思考练习题

1. 在电化学测量时为什么要分析电极过程的各个基本过程？为什么和怎样把所要研究的过程突出出来？举例说明之。

2. 请论述极化曲线的控制电位法和控制电流法。

3. 什么叫做稳态法、准稳态法和连续扫描法？它们的特点和适用范围是什么？

4. 稳态极化曲线测试时如何选择扫描速率？动电位测量时通常用多大的扫描速率范围？

5. 线性极化技术的基本原理是什么？简述它的测量技术和用途。

6. 什么是控制（恒）电流法和控制（恒）电位法？测定有钝化行为的阳极极化曲线，应选用其中哪一种方法？为什么？

7. 线性极化测量技术测定金属的腐蚀速率有哪些局限性？

8. 欲测定钢铁在碱性水溶液（pH＝10）中的腐蚀速率，可否采用用 Tafel 极化曲线外延法？

9. 请比较弱极化测量的两点法、三点法和四点法的异同及适用条件。

第10章 电化学阻抗谱方法

10.1 引言

电化学阻抗谱（electrochemical impedance spectroscopy，EIS）在早期的电化学文献中被称为交流阻抗（alternating current impedance，AC impedance）。阻抗测量原本是电学中研究线性电路网络频率响应特性的一种方法，引用到研究电极过程中，成了电化学研究中的一种实验方法。

电化学阻抗谱是指控制通过电化学系统的电流（或系统的电位）在小幅度的条件下随时间按正弦规律变化，同时测量相应的系统电位（或电流）随时间的变化，或者直接测量系统的交流阻抗（或导纳），进而分析电化学系统的反应机理、计算系统的相关参数。它是一种以小振幅的正弦波电位（或电流）为扰动信号的电化学测量方法。由于以小振幅的电信号对体系扰动，一方面可避免对体系产生大的影响，另一方面也使得扰动与体系的响应之间近似呈线性关系，这就使测量结果的数学处理变得简单。同时，电化学阻抗谱方法又是一种频率域的测量方法，它以测量得到的频率范围很宽的阻抗谱来研究电极系统，因而能比其他常规的电化学方法得到更多的动力学信息及电极界面结构的信息。例如，对腐蚀金属电极进行电化学阻抗谱测量可以得到极化电阻 R_p；由阻抗谱图的形状可以判断腐蚀过程的机理；通过阻抗数据的分析可以计算电极过程的动力学参数，从而判断金属与合金的耐蚀性能；可以从电化学阻抗谱研究金属钝化膜的 EIS 特征；利用电化学阻抗谱的测量可以研究缓蚀剂的吸附及脱附特性等。所以，电化学阻抗谱方法近年来成为研究金属电化学腐蚀的强有力工具。

本章所讨论的电化学阻抗谱是采用小幅度正弦波，控制电极电流（或电位）按正弦波规律随时间变化，同时测量相应的电极电位（或电流）随时间的变化，或者直接测量电极的交流阻抗，进而计算各种电极参数。

10.1.1 阻抗的概念

在直流电中，材料对电流的阻碍作用叫做电阻。电阻即为施加的电压与电流的比值：

$$R = \frac{\Delta E}{I} \tag{10-1}$$

世界上所有的物质都有电阻，只是电阻值的大小差异而已。电阻很小的物质称作良导体，如金属等；电阻极大的物质称作绝缘体，如木头和塑料等；还有一种介于两者之间的导体叫做半导体，而超导体则是一种电阻值几近于零的物质。

但在交流电路中，除了电阻会阻碍电流以外，电容及电感也会阻碍电流的流动，电容在电路中对交流电所起的阻碍作用称为容抗，电感在电路中对交流电所起的阻碍作用称为感抗。电阻、电容和电感在电路中对交流电引起的阻碍作用就叫做**阻抗**（impedance），用符号

Z 表示。所以阻抗是电阻的一种通用化形式，它们的基本单位都是 Ohm(Ω)。

一般情况下，如果施加到一个由线形元件组成的交流电路上的电压为 ΔE，流过电路的电流为 I，则这个线性电路的阻抗为：

$$Z = \frac{\Delta E}{I} \tag{10-2}$$

尽管阻抗由电阻、感抗和容抗三者组成，但不是三者简单的相加，因为阻抗是一个矢量。阻抗值的大小则和交流电的频率有关，频率愈高，容抗愈小，感抗愈大；频率愈低，容抗愈大，感抗愈小。此外容抗和感抗还有相位角度的问题，具有矢量上的关系式。所以说：阻抗是电阻与电抗在矢量上的和。对于一个具体电路，阻抗不是不变的，而是随着频率变化而变化。在电阻、电感和电容串联电路中，电路的阻抗一般来说比电阻大。也就是阻抗减小到最小值。在电感和电容并联电路中，谐振的时候阻抗增加到最大值，这和串联电路相反。

阻抗的倒数称为**导纳**（admittance），用 Y 表示，即：

$$Y = \frac{1}{Z} \tag{10-3}$$

导纳代表了一类电导，有时用导纳分析交流电路是很方便的，因为并联元件的总导纳简单地是单个导纳之和。

由一个电路在不同频率下的阻抗绘制成的曲线，称为这个电路的阻抗谱。电化学阻抗谱技术是在某一直流极化条件下，特别是在某一平衡电位条件下，研究电化学系统的交流阻抗谱随频率的变化关系。

10.1.2　交流阻抗的复数表示

一个正弦波电信号的大小随时间的变化可以用式(10-4) 表示：

$$\Delta E = |\Delta E| \sin(\omega t + \varphi) \tag{10-4}$$

式中，ΔE 是正弦波值信号的幅值；ω 为角频率，也称为圆频率，它与正弦波交流信号的频率 f 及周期 T 的关系为：

$$\omega = 2\pi f = \frac{2\pi}{T} \tag{10-5}$$

式(10-4) 中的 φ 叫做正弦波交流信号的初相位，也就是在时间 $t=0$ 时正弦波极化值的相位。为简单起见，一般假定初相位为 0。于是一个正弦波值随时间的变化就写成：

$$\Delta E = |\Delta E| \sin(\omega t) \tag{10-6}$$

故 ΔE 的数值既同频率 f 或 ω 有关，也同时间 t 有关。在 $\omega t = (2n + 1/2\pi)$ 时，$\Delta E = |\Delta E|$，而在 $\omega t = (2n + 3/2\pi)$ 时，$\Delta E = -|\Delta E|$，ωt 就是正弦波极化值 ΔE 的相位。当一个模值为 ΔE 的矢量从水平方向（亦即初相位等于 0）开始以均匀的角速率按逆时针方向旋转时，这个矢量在纵轴上的投影即为正弦函数。如图 10-1 所示，如这一矢量旋转一周需要的时间为 T，则在 $t = t_1$ 时，这个矢量在纵轴上的投影为：

$$\Delta E = |\Delta E| \sin\left(\frac{2\pi t_1}{T}\right) = |\Delta E| \sin(\omega t) \tag{10-7}$$

此时，这个模值为 ΔE 的矢量向逆时针方向旋转了一个角度 ωt。

因此，正弦交流信号具有矢量的特性，一般可用矢量或复数表示。电路的阻抗 Z 由实数部分 Z_{Re} 和虚数部分 Z_{Im} 表示：

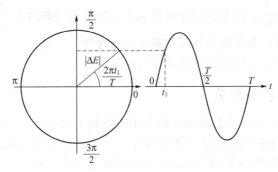

图 10-1　一个矢量逆时针方向旋转时在纵轴上的投影与正弦函数的关系

$$Z(\omega) = Z_{Re} - jZ_{Im} \tag{10-8}$$

式中，$j = \sqrt{-1}$ 表示单位长度的垂直矢量。例如 $Z_{Re} = R$，$Z_{Im} = 1/(\omega C)$。而 Z 的幅值即阻抗的模 $|Z|$ 为：

$$|Z| = \sqrt{Z_{Re}^2 + Z_{Im}^2} \tag{10-9}$$

阻抗也可以用复数平面图表示（如图 10-2）。图中横坐标表示实数轴 Z_{Re}，纵坐标表示虚数轴 Z_{Im}。复平面中 Z 点表示阻抗 $Z = Z_{Re} - jZ_{Im}$。从图 10-2 中可以看出，阻抗可用三角函数表示，即：

$$Z = |Z|\cos\theta + j|Z|\sin\theta \tag{10-10}$$

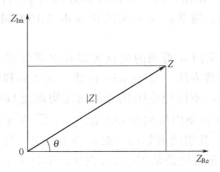

图 10-2　用复平面图表示复阻抗

阻抗中实部 Z_{Re} 和虚部 Z_{Im} 分别为：

$$Z_{Re} = |Z|\cos\theta \tag{10-11}$$
$$Z_{Im} = |Z|\sin\theta \tag{10-12}$$

根据上述讨论，可将三种基本的电学元件的阻抗和导纳列于表 10-1 中。

表 10-1　三种基本的电学元件的阻抗和导纳

元件名称	符　号	参　数	阻　抗	导　纳
电阻	R	R	R	$\dfrac{1}{R}$
电容	C	C	$-\dfrac{j}{\omega C}$	$j\omega C$
电感	L	L	$j\omega L$	$-\dfrac{j}{\omega C}$

① 纯电阻 R 的阻抗为 R，纯电容 C 的阻抗为 $\dfrac{1}{j\omega C} = -\dfrac{j}{\omega C}$，纯电感 L 的阻抗为 $j\omega L$。

② 纯电阻的导纳为 $\dfrac{1}{R}$，纯电容的导纳为 $j\omega C$，纯电感的导纳为 $\dfrac{1}{j\omega L}$。

③ 元件串联组合时，总阻抗为各部分阻抗的复数和。

④ 元件并联组合时，总导纳为各部分导纳的复数和。

10.1.3　电化学阻抗谱的种类

在电化学阻抗谱研究中，人们最关心的是阻抗随频率的变化。如果一个电极系统处于稳态，用具有一定幅值的不同频率的正弦波电位信号对电极过程进行扰动，而测量相应的电流的响应，或用具有一定幅值的不同频率的正弦波极化电流信号对电极过程进行扰动，而测量相应的电极电位的响应，就可以测得这个电极过程的阻抗谱。我们将电极过程的阻抗谱称为电化学阻抗谱。应该说，在电极过程的极化电流与电位之间一般情况下是不满足线性条件的，但是只要极化值足够小，例如小于 $10\mathrm{mV}$，可以近似地认为两者之间满足线性条件。

由不同频率下的电化学阻抗数据绘制的各种形式的曲线，都属于电化学阻抗谱。因此，电化学阻抗谱包括许多不同的种类。其中最常用的是**奈奎斯特图**（Nyquist plot）或**阻抗复平面图**和**阻抗波特图**（Bode plot）。

奈奎斯特图是以阻抗的实部为横轴，以阻抗的虚部为纵轴绘制的曲线，也叫做**斯留特图**（Sluyter plot）。

阻抗波特图由两条曲线组成。一条曲线描述阻抗的模随频率（f 或 ω）的变化关系，即 $\lg|Z|$-$\lg f$ 曲线，称为 Bode 模图；另一条曲线描述阻抗的相位角随频率的变化关系，即 φ-$\lg f$ 曲线，称为 Bode 相图。通常，Bode 模图和 Bode 相图要同时给出，才能完整描述阻抗的特征。

在某一腐蚀电位下测量不同 ω 得到的阻抗实部和虚部形成一组实验数据，每组实验数据与 ω 的关系主要有三种处理方法。①Nyquist 图法。在实部和虚部平面图上，每一频率的电极阻抗是该平面的一个点，不同频率阻抗点的轨迹构成复数平面图上的曲线。②Randle 法（阻抗频谱图）。分别将法拉第阻抗实部和虚部与 $1/\sqrt{\omega}$ 的两支关系曲线同做在一幅阻抗频谱图上。③阻抗 Bode 图。分别做两幅图，阻抗模 $\lg|Z|$ 与 $\lg f$ 关系和阻抗幅角与 $\lg f$ 关系。在上述三种方法中，最常用的是 Nyquist 图法，不过对于复杂电极反应，有时使用阻抗频谱图更有效。

10.1.4　电化学系统的等效电路

电解池是一个相当复杂的体系，其中进行着电量的转移、化学变化和组分浓度的变化等。这种体系显然不同于由简单的电学元件，如电阻、电容等组成的电路。但是，当用正弦交流电通过电解池进行测量时，往往可以根据实验条件的不同把电解池简化为不同的等效电路。如果能用一系列的电学元件和一些电化学中特有的"电化学元件"来构成一个电路，它的阻抗谱同测得的电化学阻抗谱一样，那么我们就称这个电路为这个电化学体系的**等效电路**（equivalent circuit），而所用的电学元件或"电化学元件"就叫做**等效元件**（equivalent elemerits）。

为了把测得的电解池的阻抗与电极真正的等效电路联系起来，需要对电解池的等效电路进行分析和简化。

在交流电通过电解池的情况下，电化学电池的一部分类似一个电阻，比如：电极本身、电解液及电极反应所引起的阻力看成电阻。电极和溶液之间的界面实际相当于电容，称为双

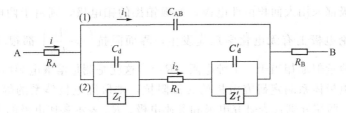

图 10-3 电解池的交流阻抗等效电路

电层电容。因此可把电解池分解为图 10-3 所示的交流阻抗等效电路。图中 A 和 B 分别表示电解池的研究电极和辅助电极两端，R_A 和 R_B 表示电极本身的电阻，C_{AB} 表示两电极之间的电容，R_1 表示溶液电阻，C_d 和 C'_d 分别表示研究电极和辅助电极的双电层电容。Z_f 和 Z'_f 分别表示研究电极和辅助电极的交流阻抗，通常称为电解阻抗或法拉第阻抗，其数值决定于电极动力学参数及测量信号的频率。双电层电容 C_d 与法拉第阻抗的并联值称为界面阻抗。

实际测量中，电极本身的内阻通常很小，或者可以设法减小，故 R_A 和 R_B 可忽略不计。又因两电极间的距离比起双电层厚度大得多（双电层厚度一般不超过 $10^{-5}\,\mathrm{cm}$），故电容 C_{AB} 比双电层电容小得多，且并联分路（2）上的 R_1 不会太大，故并联分路（1）上的总容抗 $\left(\dfrac{1}{\omega C_{AB}}\right)$ 比并联分路（2）上的总阻抗（由 C_d、Z_f、R_1 等组成）大得多，因而 $i_2 \gg i_1$，即可认为并联电路分路（1）不存在（相当于断路），故 C_{AB} 可略去。于是图 10-3 简化为图 10-4。可见，在一般情况下，电解池的阻抗包括两个电极的界面阻抗和溶液的电阻 R_1。

为了测量研究电极的双电层电容和法拉第阻抗，可创造条件使辅助电极的界面阻抗忽略不计。如果辅助电极上不发生电化学反应，即 Z'_f 非常大；又使辅助电极的面积远大于研究电极的面积（例如用大的铂黑电极），则 C'_d 很大，其容抗 $\left(\dfrac{1}{\omega C'_d}\right)$ 比并联电路上的 Z'_f 以及串联电路上的其他元件的阻抗小得多，如同被 C'_d 短路一样。因此辅助电极的界面阻抗可忽略，于是图 10-4 被简化为图 10-5。这时所测得的电解池的 C_d 和 Z_f 实为研究电极的 C_d 和 Z_f，而 R_1 为电解池溶液的电阻。

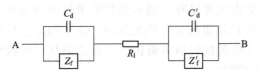

图 10-4 电解池交流阻抗简化等效电路

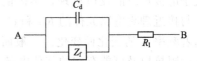

图 10-5 用大面积惰性电极为辅助电极时电解池的等效电路

如果用大的辅助电极与小的研究电极组成电解池，而且研究电极在正弦波极化电位范围内不发生电极反应，即接近理想化电极（例如纯汞在除去了氧的 KCl 溶液中，在 $+0.1\mathrm{V} \sim -1.6\mathrm{V}$ 电位范围内几乎无电化学反应发生，可作为理想极化电极），同时选取较高的频率（$500 \sim 1000\mathrm{Hz}$），则可满足 $Z_f \gg \dfrac{1}{\omega C_d}$，这时 Z_f 可以从并联电路中略去，电解池等效线路简化为图 10-6。如果在溶液中含有大量的惰性电解质，使电阻 R_1 减小，而交流信号的频率又不太高，则可满足 $\dfrac{1}{\omega C_d} \gg R_1$，这可使电容测量的灵敏度提高。在这种条件下整个电解池的阻抗与一个电容器类似，这就是正弦交流电测定电极双层电容时应该满足的条件。

如果两个电极都采用大面积惰性电极，如镀铂黑的铂电极，则由于两电极上的电容 C_d 都很大，这时不论电极上有无电化学反应发生，界面阻抗 $\left(\approx\dfrac{1}{\omega C_d}\right)$ 都很小，可忽略不计。因此，整个电解池近似地相当于一个纯电阻（R_1）。这就是测量溶液电导所应满足的条件。

如果采用三电极体系测定研究电极的交流阻抗，则研究电极体系的等效电路如图 10-6 所示。图中 A、B 两端分别代表研究电极和参比电极。R_u 表示参比电极的 Luggin 毛细管管口与研究电极之间的溶液欧姆电阻。

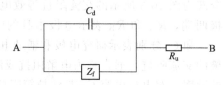

图 10-6 研究电极体系的等效电路

可以看出，图 10-5 和图 10-6 中的等效电路具有完全相同的结构，这是因为无论采用两电极体系还是三电极体系，都会采取一定的措施突出研究电极的阻抗部分，从而对研究电极进行研究。应该注意的是，电解池等效电路中的溶液欧姆电阻 R_1 是研究电极和辅助电极之间的溶液欧姆电阻，而研究电极体系等效电路中的溶液欧姆电阻 R_u 则是参比电极的 Luggin 毛细管管口与研究电极之间的溶液欧姆电阻。

应当看到，电化学体系的等效电路与由电学元件组成的电工学电路是不同的，等效电路中的许多元件（如 C_d 和 Z_f）的参数都是随着电极电位的改变而改变的。

根据图 10-6 中所给出的等效电路，电极体系的阻抗可确定如下。

$$Z = R_u + \frac{1}{j\omega C_d + Y_f} \tag{10-13}$$

式中，Y_f 为电极体系的法拉第导纳，即法拉第阻抗的倒数。

由于包含电极反应动力学信息的法拉第过程常常是关注的重点，因而代表法拉第过程的法拉第阻抗 Z_f 就成为研究的核心部分，将是下面要着重讨论的内容。法拉第阻抗的表达式取决于电极反应的反应机理，不同的电极反应机理可以有不同的法拉第阻抗等效电路。而且，与接近理想电路元件的 R_u 和 C_d 不同，法拉第阻抗是非理想性的，这是因为法拉第阻抗随着频率 ω 的变化而变化。一般而言，法拉第阻抗包括电荷传递过程的阻抗、扩散传质过程的阻抗以及可能存在的其他电极基本过程的阻抗。

10.1.5 电化学交流阻抗法的特点

通常情况下，电化学系统的电位和电流之间是不符合线性关系的，而是由体系的动力学规律决定的非线性关系。当采用小幅度的正弦波电信号对体系进行扰动时，作为扰动信号和响应信号的电位和电流之间则可看做近似呈线性关系，从而满足了频响函数的线性条件要求。这样，电化学系统就可作为类似于电工学意义上的线性电路来处理，即电化学系统的等效电路。同时，由于采用了小幅度条件，等效电路中的元件可认为在这个小幅度电位范围内保持不变。但是，应当注意的是，这些等效电路的元件同真正意义上的电学元件仍有不同，当电化学系统的直流极化电位改变时，等效电路的元件会随之而改变。另外，为了更好地描述电化学体系，等效电路中还会用到一些特别用于电化学中的元件，称为电化学元件。

由于采用小幅度正弦交流信号对体系进行微扰，当在开路电位附近进行阻抗测量时，电极上交替出现阳极过程和阴极过程，即使测量信号长时间作用于电解池，也不会导致极化现象的积累性发展和电极表面状态的积累性变化。如果是在某一直流极化电位下测量，电极过程处于直流极化稳态下，同时叠加小幅度的微扰信号，该小幅度的正弦波微扰信号对称地围绕着稳态直流极化电位进行极化，因而不会对体系造成大的影响。因此，交流阻抗法也被称为"准稳态方法"。

由于采用了小幅度正弦交流电信号作为扰动信号，有关正弦交流电的现成的关系式、测量方法、数据处理方法可以借鉴到电化学系统的研究中。例如，交流平稳态和线性化处理的引入，使得理论关系式的数学分析得到简化；复数平面图的分析方法的应用，使得测量结果的数学处理变得简单。

同时，电化学阻抗谱方法又是一种频率域的测量方法，它以测量得到的频率范围很宽的阻抗谱来研究电极系统，因而能比其他常规的电化学方法得到更多的动力学信息及电极界面结构的信息。例如，可以从阻抗谱中含有的时间常数个数及其数值大小推测影响电极过程的状态变量的情况；可以从阻抗谱观察电极过程中有无传质过程的影响等。即使对于简单的电极系统，也可以从测得的单一时间常数的阻抗谱中，在不同的频率范围得到有关从参比电极到工作电极之间的溶液电阻 R_1、双电层电容 C_d 以及电荷传递电阻 R_{ct} 等方面的信息。

10.2　电化学控制引起的阻抗

10.2.1　电化学极化下交流阻抗法测定 R_1、R_{ct} 和 C_d

如果电极过程为电化学过程控制，则通过交流电时不会出现反应粒子的浓差极化。例如，如反应粒子的浓度很大，而交流电流的振幅远小于极限扩散电流，就不会出现可觉察的浓差极化。而且随着交流电频率增高，反应离子的暂态扩散速率增加，因此在足够高的频率下浓差极化的影响可忽略。

如果电极发生感应反应，就会发现一个与双电层平行的感应阻抗，在简单的不可逆反应时，这个感应阻抗是纯电阻，称为**电荷传递电阻** R_{ct}（charge transfer resistance）。当采用大面积辅助电极时，无浓差极化下电解池的等效电路。其等效电路可简化如图 10-7 所示。图中的 R_1 和 C_d 分别表示电解池的溶液电阻和双电层电容。

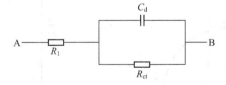

图 10-7　只有电化学极化的电极等效电路

对于没有浓差极化的等效电路来说，其总阻抗为：

$$Z = R_1 + \cfrac{1}{\cfrac{1}{R_{ct}} + j\omega C_d} = R_1 + \frac{R_{ct}}{1 + j\omega C_d R_{ct}}$$

$$= R_1 + \frac{R_{ct}}{1 + \omega^2 C_d^2 R_{ct}^2} - j \frac{\omega C_d R_{ct}^2}{1 + \omega^2 C_d^2 R_{ct}^2} \qquad (10\text{-}14)$$

若电极阻抗 Z 以实数部分 Z_{Re} 和虚数部分 Z_{Im} 来表示，即 $Z = Z_{Re} + jZ_{Im}$，据此，可以得到电极阻抗的实部和虚部：

$$Z_{Re} = R_1 + \frac{R_{ct}}{1 + \omega^2 C_d^2 R_{ct}^2} \qquad (10\text{-}15)$$

$$Z_{Im} = \frac{\omega C_d R_{ct}^2}{1 + \omega^2 C_d^2 R_{ct}^2} \qquad (10\text{-}16)$$

Z_{Re} 和 Z_{Im} 不仅和电极等效电路的各元件有关，而且与交流电频率有关。实验上可测得各频率下的 $Z_{Re} + Z_{Im}$，然后可由不同的数据处理方法，如频谱法、极限简化法、复数平面图法、矢量作图法等求得电极参数 R_1、R_{ct} 和 C_d。下面主要介绍复数平面图法计算 R_1、R_{ct} 和 C_d 值。

复数平面图法是利用阻抗的实数部分 Z_{Re} 和虚数部分 Z_{Im}，在复数平面 Z_{Im}-Z_{Re} 上作图，这种表示 Z_{Im} 和 Z_{Re} 两者间关系的图形即是奈奎斯特（Nyquist）图，或复数平面图。利用该图可求得电极等效电路各元件的数值，进而求出动力学参数，还可以根据图的形状和方程判断电极过程的可能机理。

由式（10-15）和式（10-16）二式消去频率，得：

$$\omega C_d R_{ct} = \frac{Z_{Im}}{Z_{Re} - R_1} \qquad (10\text{-}17)$$

代入式（10-15）可得：

$$(Z_{Re} - R_1)^2 - (Z_{Re} - R_1)R_{ct} + Z_{Im}^2 = 0 \qquad (10\text{-}18)$$

改写成二次曲线标准方程式，得：

$$\left(Z_{Re} - R_1 - \frac{1}{2}R_{ct}\right)^2 + Z_{Im}^2 = \left(\frac{1}{2}R_{ct}\right)^2 \qquad (10\text{-}19)$$

由式（10-19）可以看出，在复数平面图上，（Z_{Im}，Z_{Re}）点的轨迹是一个圆。圆心位置在实轴上，其坐标为 $\left(R_1 + \dfrac{R_{ct}}{2}, 0\right)$。圆的半径为 $\dfrac{R_{ct}}{2}$。如图 10-8 所示。

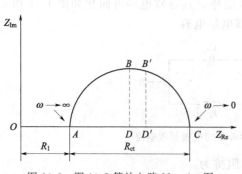 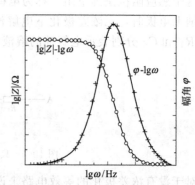

图 10-8　图 10-7 等效电路 Nyquist 图　　　　图 10-9　图 10-7 等效电路 Bode 图

由实验测得一系列不同频率下的电化学阻抗数据，由其绘制成 Nyquist 图。如果电极过程受电化学步骤控制，则 Nyquist 图上就应该是一个实轴以上的半圆；反之，如果实验绘制出的 Nyquist 图是一个实轴以上的半圆，则说明电极过程的控制步骤是电化学步骤。即由

Nyquist 图的形状即可判断电极过程的控制步骤。

图 10-7 等效电路在 Nyquist 图中表现为一个半圆,该等效电路的 Bode 图如图 10-9 所示。在高频时,阻抗由溶液电阻 R_1 决定;在非常低的频率时,电池阻抗等于 R_1+R_{ct},两个极限都表示相位差等于 $0°$;在中频时,电池阻抗受双电层电容 C_d 的影响。

由于半圆圆心的坐标为 $D(R_1+\dfrac{R_{ct}}{2}, 0)$,半圆的半径为 $\dfrac{R_{ct}}{2}$,可以知道,半圆同实轴的第一个交点到坐标原点的距离即为 R_1,即:

$$\overline{OA}=R_1 \tag{10-20}$$

半圆同实轴的第二个交点到坐标原点的距离为 $\overline{OA}=R_1+R_{ct}$,则:

$$\overline{AC}=R_{ct} \tag{10-21}$$

由半圆顶点 B 的频率 ω_B 可求双电层电容 C_d,因为 B 点的横坐标 $Z_{Re}=R_1+\dfrac{R_{ct}}{2}$,由式 (10-15) 可知,只有当 $\omega C_d R_{ct}=1$ 时,才使 $Z_{Re}=R_1+\dfrac{R_{ct}}{2}$。由此可得:

$$C_d=\frac{1}{\omega_B R_{ct}} \tag{10-22}$$

这样,在复数平面图上,可直接求出 R_1、R_{ct} 和 C_d。

如果在测量数据中没有顶点 B,不知道顶点 B 的角频率 ω_B,就难以利用式 (10-22) 来计算 C_d。此时,可在 B 点附近选择一个 B' 点,其角频率 ω_B' 为实验中实际选定的频率。过 B' 点作垂线交实轴于 D' 点。由式 (10-15) 可得:

$$C_d=\frac{1}{\omega R_{ct}}\sqrt{\frac{R_1+R_{ct}-(Z_{Re})_{B'}}{(Z_{Re})_{B'}-R_1}} \tag{10-23}$$

因此 C_d 可由 B' 点的频率 ω_B' 求得:

$$C_d=\frac{1}{\omega_B' R_{ct}}\sqrt{\frac{\overline{D'C}}{\overline{AD'}}} \tag{10-24}$$

式中,$\overline{D'C}$ 为 D' 到 C 的距离;$\overline{AD'}$ 为 A 到 D' 的距离。

从上面的分析可以看出,同频谱法相比,Nyquist 图法在处理测量得到的电化学阻抗数据方面很有优势:首先,由 Nyquist 图的曲线形状(是否为半圆)可以直接判断电极过程的控制步骤;其次,若为电化学步骤控制,则可同时由图中直接确定 R_1、R_{ct} 和 C_d。

如要很好地测定电极等效电路元件的参数 R_1、R_{ct} 和 C_d,需要把半圆尽可能完整地测量出来,也就是要选择足够宽的频率范围。而不同的电极体系需要不同的频率范围。从本质上来讲,Nyquist 图上的半圆是电极表面的双电层电容 C_d 在受到小幅度正弦交流电的扰动后,通过电荷传递电阻 R_{ct} 充放电的**弛豫过程**(relaxation process)引起的。这个弛豫过程的快慢可以用一个量纲为时间的特征量 τ_c 来表征,称为该弛豫过程的时间常数(time constant)。阻抗半圆的频率范围就取决于该弛豫过程的时间常数。

在固体电极的阻抗 Nyquist 图的实际测量过程中发现,测出的曲线总是或多或少地偏离半圆的轨迹,而表现为一段实轴以上的圆弧,因此被称为容抗弧,这种现象被称为"**弥散效应**"(dispersion effect)。产生这种"弥散效应"的原因现在还不是十分清楚。一般认为,弥散效应同电极表面的不均匀性、电极表面吸附层及溶液导电性差有关。弥散效应反映出了电极界面双电层偏离理想电容的性质,即把电极界面双电层简单地等效成一个纯电容不是十分准确的。

10.2.2 电荷传递控制的腐蚀体系

对浓差极化可忽略的腐蚀体系，等效电路图相当于图 10-7，此时法拉第阻抗就是电荷传递电阻 R_{ct}，它反映了金属腐蚀的反应速率。由于所施加正弦波极化值很小，因此对于活化极化控制体系 R_{ct} 等效于极化电阻 R_p。故当通过电化学阻抗谱技术由 Nyquist 图求出 R_p 后，可由 Stern-Geary 方程式计算出腐蚀金属电极的腐蚀电流密度 i_{corr}。

在有些情况下，阻抗图为圆心下降的半圆如图 10-10 所示，即出现弥散效应。此时电极阻抗不再由式（10-14）描述，通常可由式（10-25）表示：

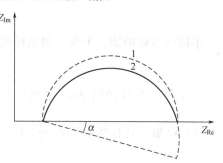

$$Z = R_1 + \frac{R_{ct}}{1+(j\omega\tau)^n} \tag{10-25}$$

式中，τ 为具有时间量纲的参数；n 为表示弥散效应大小的指数，即弥散指数，它的数值在 $0\sim 1$ 之间。n 值愈小，弥散效应愈大。无弥散效应时 $n=1$，此时 $\tau = R_{ct}C_d$，式（10-25）变为式（10-14）。

图 10-10 具有弥散效应的阻抗谱

图 10-10 中虚线表示的是无弥散效应时的阻抗弧，相比之下，当存在弥散效应时，阻抗圆弧向下偏转了一个角度 α，但与实轴的两个交点的位置不变（R_1 与 R_{ct} 的数值不变）。α 与 n 的关系为：

$$n = 1 - \frac{2\alpha}{\pi} \tag{10-26}$$

或

$$\alpha = (1-n)\frac{\pi}{2} \tag{10-27}$$

10.3 扩散控制引起的阻抗

10.3.1 交流电极化引起的表面浓度的波动

假定不考虑双电层的影响，即近似地认为通过电解池的全部电量都用来引起表面层中的浓度变化。另外假定电极表面液层中的传质过程完全是由扩散作用引起的，即不存在能引起电极电位变化的表面转化步骤。

对于电极反应 $O + ne \rightleftharpoons R$，在正弦交流电 $i = I^0\sin\omega t$ 通过电解池时，则不论电极反应的可逆性如何，总有边界条件：

$$I^0\sin\omega t = nFD_O\left(\frac{\partial c_O}{\partial x}\right)_{x=0} \tag{10-28}$$

式中，I^0 为交流电的振幅；c_O 和 D_O 分别为反应物的浓度和扩散系数。这一边界条件与另一边界条件 $c_O(\infty,t)=c_O^0$ 及初始条件 $c_O(x,0)=c_O^0$ 联用，则可得扩散方程 $\frac{\partial c_O}{\partial t} = D_O\left(\frac{\partial^2 c_O}{\partial x^2}\right)$ 的解为：

$$\Delta c_O = c_O - c_O^0$$
$$= \frac{I^0}{nF\sqrt{\omega D_O}} \exp\left(-\frac{x}{2D_O/\omega}\right) \sin\left[\omega t - \left(\frac{x}{\sqrt{2D_O/\omega}} + \frac{\pi}{4}\right)\right] \tag{10-29}$$

此式表示在表面液层中存在着与交变电流频率相同的氧化态粒子浓度波动（Δc_O），其振幅 Δc_O^0 为：

$$\Delta c_O^0 = \frac{I^0}{nF\sqrt{\omega D_O}} \exp\left(-\frac{x}{\sqrt{2D_O/\omega}}\right) \tag{10-30}$$

当 x 增大时，Δc_O^0 很快地衰减；若信号频率增高，则波动振幅按 $\frac{1}{\sqrt{\omega}}$ 而减小。从式（10-29）可知，$\left(\frac{x}{\sqrt{2D_O/\omega}} + \frac{\pi}{4}\right)$ 一项表示液层中浓度波动落后于交流电流的相位角。距电极表面愈远，浓度波动的相位落后也愈大。

由（10-29）式可求出电极表面（$x=0$ 处）的浓度波动（Δc_O^s），即将 $x=0$ 代入式（10-29）中，得：

$$\Delta c_O^s = \frac{I^0}{nF\sqrt{\omega D_O}} \sin\left(\omega t - \frac{\pi}{4}\right) \tag{10-31}$$

式（10-31）说明，电极表面上反应粒子浓度波动的相位角正好比交流电流落后 45°。

以上讨论了一种粒子 O 的浓度波动。可以证明，如果 O、R 二态都可溶，则表面层中分别存在两种粒子的浓度波动。其中氧化态粒子的浓度波动如式（10-29）、式（10-31）；而还原态粒子的浓度波动则为：

$$\Delta C_R = \frac{I^0}{nF\sqrt{\omega D_R}} \exp-\left(\frac{x}{\sqrt{2D_R/\omega}}\right) \sin\left(\omega t - \frac{x}{\sqrt{2D_R/\omega}} + \frac{3\pi}{4}\right) \tag{10-32}$$

且在 $x=0$ 处有：

$$\Delta C_R^s = \frac{I^0}{nF\sqrt{\omega D_R}} \sin\left(\omega t + \frac{3}{4}\pi\right) \tag{10-33}$$

比较式（10-29）和式（10-32）可知，在任何同一地点（x 相同）（Δc_O）与（Δc_R）相位正好相差 180°。根据 R 在溶液中溶解或在液态电极中溶解，R 的浓度波动可以在表面液层中出现，也可在电极内的表面层中出现（如汞齐电极）。

10.3.2　浓差极化时可逆电极反应的法拉第阻抗

首先看电极反应完全可逆及还原态 R 的浓度为常数时的情况，这时 Nernst 公式仍然适用。由 Nernst 公式可得电位的波动部分为：

$$\Delta E = \frac{RT}{nF} \ln \frac{c_O^s}{c_O^0} = \frac{RT}{nF} \ln\left(1 + \frac{\Delta c_O^s}{c_O^0}\right) \tag{10-34}$$

可见电极电位的波动与氧化态 O 的表面浓度波动具有完全相同的相位，即电极电位波动也比电流落后 45°$\left(\text{即 } \theta = \frac{\pi}{4}\right)$。如果浓度被动的幅值很小，可用近似公式简化，即当 $x \ll 1$ 时，$\ln(1+x) = x$。从此得知，当 $|\Delta c_O^s| \ll c_O^0$ 时，应有 $\ln\left(1 + \frac{\Delta c_O^s}{c_O^0}\right) = \frac{\Delta c_O^s}{c_O^0}$，代入式（10-34），可将该式线性化而得：

$$\Delta E = \frac{RT}{nF} \times \frac{\Delta c_O^s}{c_O^0}$$

$$= \frac{I^0 RT}{n^2 F^2 c_O^0 \sqrt{\omega D_O}} \sin\left(\omega t - \frac{\pi}{4}\right)$$

令

$$\Delta E^0 = \frac{I^0 RT}{n^2 F^2 c_O^0 \sqrt{\omega D_O}}$$

为电极电位波动的振幅，则：

$$\Delta E = \Delta E^0 \sin\left(\omega t - \frac{\pi}{4}\right) \tag{10-35}$$

进而可得法拉第阻抗 Z_f 为：

$$|Z_f| = \frac{\Delta E^0}{I^0} = \frac{RT}{n^2 F^2 c_O^0 \sqrt{\omega D_O}} = |Z_W| \tag{10-36}$$

式中，Z_W 为浓差极化阻抗，即由扩散引起的等效阻抗。因正弦交流电浓差极化阻抗是 Warburg 于 1899 年首先提出的，因此也称为 Warburg 阻抗。在电极过程为纯扩散控制时，法拉第阻抗 Z_f 就等于浓差极化阻抗 Z_W。由式(10-35) 可知，交流浓差极化 ΔE 比交流电流 i 落后 $45°$。因此，Warburg 阻抗中电阻部分 $(Z_f)_{Re}$ 和容抗部分 $(Z_f)_{Im}$ 之间必然存在着下列关系：

$$(Z_f)_{Re} = (Z_f)_{Im} = \frac{1}{\omega C_W} = \frac{|Z_W|}{\sqrt{2}} \tag{10-37}$$

浓差电阻，即 Warburg 电阻为：

$$(Z_f)_{Re} = \frac{RT}{n^2 F^2 c_O^0 \sqrt{2\omega D_O}} = \frac{\sigma}{\sqrt{\omega}} \tag{10-38}$$

浓差电容，即 Warburg 电容为：

$$C_W = \frac{n^2 F^2 c_O^0 \sqrt{2 D_O}}{RT \sqrt{\omega}} = \frac{1}{\sigma \sqrt{\omega}} \tag{10-39}$$

式中，σ 称为 Warburg 系数，为：

$$\sigma = \frac{RT}{n^2 F^2 c_O^0 \sqrt{2 D_O}} \tag{10-40}$$

如果 O、R 两态均可溶，可以证明式(10-38) 和式(10-39) 仍然适用，只是 σ 为：

$$\sigma = \frac{RT}{\sqrt{2} n^2 F^2}\left(\frac{1}{c_O^0 \sqrt{D_O}} + \frac{1}{c_R^0 \sqrt{D_R}}\right)$$

$$= \sigma_O + \sigma_R \tag{10-41}$$

因此，在扩散控制下电极的法拉第阻抗为：

$$Z_f = Z_W = R_W - j\frac{1}{\omega C_W} = \frac{\sigma}{\sqrt{\omega}}(1-j) \tag{10-42}$$

可见，在扩散控制下，浓差电阻 R_W 与浓差电容 C_W 的容抗相等，而且都正比于 $\omega^{-1/2}$。在直角坐标图上，$(Z_f)_{Re}$ 和 $(Z_f)_{Im}$ 随 $\omega^{-1/2}$ 的变化是重叠的两根直线（图 10-11），具有相同的斜率，这是 Warburg 阻抗与 R_r 的一个重要区别。根据这一特征可以识别电极过程为扩散控制。

10.3.3 浓差极化时腐蚀电极反应的法拉第阻抗

对存在浓差极化的腐蚀电极体系，法拉第阻抗由两部分组成，一部分是电荷传递电阻 R_r，另一部分称为 Warburg 阻抗，即浓差极化阻抗。图 10-12 是浓差极化不可忽略时的电极等效电路示意图。

Warburg 阻抗可由式(10-43) 表示：

$$Z_W = \frac{\sigma}{\sqrt{\omega}} - j\frac{\sigma}{\sqrt{\omega}} \tag{10-43}$$

式(10-43) 表明，在任一频率 ω 时，浓差极化阻抗的实数部分与虚数部分相等，且和 $1/\sqrt{\omega}$ 成比例。在 Nyquist 图中 Warburg 阻抗由与 X 轴成 45°的直线表示（图 10-11 所示）。在 Bode 图中，Warburg 阻抗呈现 45°的相移。高频时 $1/\sqrt{\omega}$ 的值很小，且 Warburg 阻抗主要

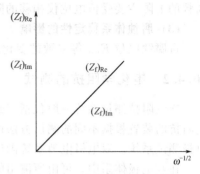

图 10-11　法拉第阻抗频谱图

描述的是涉及扩散的物质传递过程，因此 Warburg 阻抗仅仅在低频时能观察到。

图 10-13 为表示具有浓差极化阻抗的图 10-12 所示电化学等效电路的阻抗轨迹。在高频段，是以 R_{ct} 为直径的半圆，半圆与实轴相交于 R_1 处。在低频段，曲线从半圆转变成一条倾斜角为 45°的直线，将这一直线延长到虚部为 0 时，与实轴相交于 $R_1 + R_{ct} - 2\sigma^2 C_d$ 处。

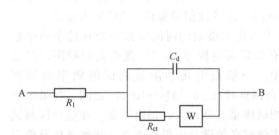

图 10-12　浓差极化不可忽略时的电极等效电路

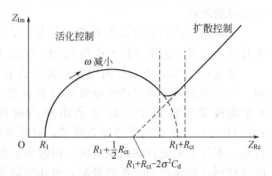

图 10-13　图 10-12 等效电路的阻抗图

10.4　电化学阻抗的测量

10.4.1　电化学阻抗测试的特点

交流阻抗方法也是一种暂态电化学技术，属于交流讯号测量的范畴。原则上说，所有用在其他学科和工程场合的阻抗测量方法都可以适用于腐蚀金属电极的阻抗测量。但由于腐蚀体系一些固有的性质，使腐蚀体系的阻抗测试有其自己的特点。

(1) 微弱信号检测

由于电化学阻抗测试所施加的是小幅度交流讯号，通常体系极化电位只有 $5 \sim 10\text{mV}$ 的变化。极化电流也常为微安甚至更小的数量级。由于是微弱信号检测，对测试仪器的精度要求较高，同时外界的干扰与影响也大，给测量造成一定的困难。

(2) 测试频率范围宽

电化学阻抗测量可以在超过 7 个数量级的频率范围内进行。常用的频率范围为 $10^{-2}\text{Hz} \sim 10^5\text{Hz}$。腐蚀体系的研究常需要较低频的讯息，而低频阻抗的测量通常困难较大。

高频的上限主要受恒电位仪相移的限制。

（3）腐蚀体系稳定性的影响

自腐蚀电位 E_{corr} 等参数的变化均会影响阻抗测量的精度。

10.4.2　电化学阻抗的测试

交流阻抗测量系统一般包括三部分：电解池、控制电极极化的装置和阻抗测定装置。测定阻抗的装置根据不同的测试方法而不同。电极系统除采用经典的三电极外，也可以采用双电极测试系统。双电极电池系统测试简单，便于现场监控。

在双电极体系中，可由所测出的电解池阻抗来计算研究电极（WE）的阻抗。如果辅助电极（AE）选用惰性材料且其面积远大于研究电极的面积，则辅助电极的阻抗可忽略。此时电解池阻抗、两电极的阻抗（Z_{AE}、Z_{WE}）和两电极之间溶液的欧姆电阻（R_1）存在如下关系：

$$Z_{cell} = Z_{AE} + Z_{WE} + R_1$$

则

$$Z_{WE} = Z_{cell} - R_1$$

R_1 可以由外推到频率无穷大时的阻抗测出，这样由实验测定的电解池阻抗即可得到研究电极的阻抗。

交流阻抗谱测试通常在开路下测量。在 EIS 设置窗口，交流阻抗测试需要输入的主要参数包括：频率范围（Initial Freq. 和 Final Freq.）、正弦波信号幅值（AC Voltage）。

电化学工作站频率范围设置多大合适取决于电化学参数的时间常数是否在这个频率范围。频率范围的设置与研究电极的种类有关，有的研究电极在 10^5 Hz 就有高频截距，但是有的电极需要测到 10^6 Hz 才能出现高频截距。一般做电化学阻抗测试的频率范围在 10^{-2} Hz～10^5 Hz 之间就已经合适了，有时频率范围选择在 10^{-2} Hz～10^6 Hz 之间，如果频率再低，不仅需要更长的测试时间，同时也会使测试体系波动较大，偏离平衡。在低频区测试时应特别注意噪声的干扰和抑制，电化学阻抗谱测试必须满足因果性条件、线性条件及稳定性条件。只有交流信号的幅值足够小时，才能保证电化学电池的反应是线性的。故施加的幅值限制在 $5\sim10mV$ 即可满足上述条件。因为在这一条件下，有些比较复杂的关系都可以简化为线性关系。另外，在小幅度正弦波交流电的条件下，电极 Faraday 阻抗的非线性干扰（如整流效应、高次谐波等）基本上都可以避免。因此达到交流平整状态以后，各种参数都按正弦波规律变化。因此，通常交流阻抗测试的正弦波电位信号的幅值选择 5mV 或 10mV。如果幅值太大，会出现非线性效应，产生施加扰动频率的高次谐波反应。

10.4.3　频率域的测量技术

电化学阻抗数据的测量技术可分为两大类：频率域的测量技术和时间域的测量技术。这两类技术均已在商品仪器和软件中应用。

历史上曾采用过的频率域技术很多，包括交流电桥、选相调辉、选相检波、Lissajous 图法（椭圆法）、相敏检测技术等。基本原理是在每个选定频率的正弦激励信号作用下分别测量该频率的电化学阻抗，即逐个频率地测量电极阻抗。

目前最常用的是**锁相放大器**（lock-in amplifier）和**频响分析仪**（frequency response analyzer，FRA）。基于频响分析仪测量电化学电解池阻抗的基本原理如图 10-14 所示。由 FRA 产生的正弦信号 $e(t) = \Delta E \sin(\omega t)$ 施加于恒电位仪。恒电位仪用于控制电极极化，

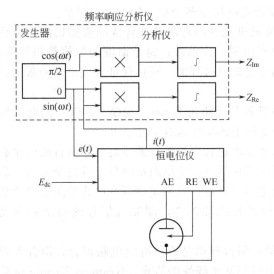

图 10-14 频响分析仪测量电化学
电解池阻抗的基本原理图

交流阻抗的极化一般在 5mV 左右，所以对电极表面状态的干扰可以忽略。测定阻抗的装置根据不同的测试方法而不同。测试时应注意噪声的干扰和抑制，在低频区测试时尤为重要。应用发生器对正弦交流电流信号和电位信号进行比较，检测出两信号的同相和 90° 相移成分，从而直接输出电化学阻抗的实部和虚部。商品化的频响分析仪通常能够实现的频率测量范围是 $10\mu Hz \sim 20MHz$。

用阻抗方法完整地表征一个电化学过程，测量的频率范围通常至少在 2～3 个数量级以上。特别是涉及溶液中的扩散过程或电极表面上的吸附过程的阻抗，往往须在很低的频率下才能在电化学阻抗谱图上反映出这些过程的特点来。通常测量的频率范围的低频端要延伸到 $10^{-2} Hz$ 或更低的频率。故采用频率域的技术，用不同频率的正弦波扰动信号逐个频率测量时，总的测量过程需要很长时间。例如，如果要在 $10^{-2} \sim 10^4 Hz$ 的频率范围内获得足够多的实验点来绘制电化学阻抗谱图，视所用的测量方法和仪器情况而定，需要几十分钟至 1h 以上的时间。在这么长的时间内，被测电极系统的状况很难保持前后一致。如果使用较大的直流极化时，这个问题尤其严重。因此，建立某种能在几分钟或更短时间内测出几个数量级频率范围的电化学阻抗谱的方法，对于电化学研究有比较重要的意义。根据时频转换原理，应用时间域的阻抗测量技术可以达到这种目的。

10.4.4 时间域的测量技术

任意周期波形，都可以表示为多个正弦矢量的叠加，这些正弦矢量包括一个频率为基频 $f_0 = 1/T_0$（T 为基频周期）的正弦波以及多个 f_0 的谐波。即：

$$y(t) = \frac{a_0}{2} + \sum_{n=1}^{\infty} [a_n \cos(2\pi n f_0 t) + b_n \sin(2\pi n f_0 t)] \tag{10-44a}$$

或者写为：

$$y(t) = A_0 + \sum_{n=1}^{\infty} [A_n \sin(2\pi n f_0 t + \varphi_n)] \tag{10-44b}$$

式中，A_n 是频率为 nf_0 的正弦矢量的幅值；φ_n 为其相角；A_0 是直流偏置。这种级数称为傅里叶（Fourier）级数，信号 $y(t)$ 就是各正弦矢量的 Fourier 合成。

利用 Fourier 级数，可以把一个信号在时间域用信号幅值和时间的关系来表示，也可以在频率域用一组正弦矢量的幅值和相角来表示。即这个信号可以在时间域和频率域之间进行转换，这种转换称为 Fourier 变换。

利用这个原理，可以把所有需要的频率下的正弦信号合成一个假随机白噪声信号，同直流极化电位信号叠加后，同时施加到电化学体系上，产生一个暂态电流响应信号。对这两个暂态激励、响应信号分别测量后，应用 Fourier 变换给出两个信号的谐波分布，即激励电位信号的幅值 $E(\omega)$ 以及 Fourier 分布中每一个频率下电流所对应的幅值 $I(\omega)$ 和相角向

$\varphi(\omega)$。换言之，也就是同时得到了在某一直流极化电位下多个频率的电化学阻抗。

实际测量中使用的激励噪声信号是由相位随机选择的奇次谐波合成的假随机白噪声信号。选择奇次谐波可以保证在响应电流信号中不出现二次谐波；每个谐波的幅值是相等的，可以保证各谐波具有相同的权重；同时由于相位是随机选择的，可以保证合成出来的激励信号在幅值上不会有大的波动。

在一般的商品化电化学仪器中，通常同时具备基于快速 Fourier 变换（FFT）的时间域阻抗测量方法和频率域的阻抗测量方法，可在实际的测量中选择应用。

阻抗数据的测量必须满足稳定性条件，这就要求进行交流阻抗测量时体系的直流极化必须处于稳态，通常要在直流极化下稳定一段时间后再进行相应的阻抗测量，并且交流电也需施加足够的周期以达到交流平稳态。未达到稳定性条件往往是测量得到的电化学阻抗谱杂乱无规律的原因；同时，阻抗数据的测量还必须满足线性条件，即交流信号的幅值必须足够小。

可以应用 Kramers-Kronig 试验来验证测量的阻抗频谱是否与等效电路拟合。拟合等效电路需要所谓的"线性行为"，分析方法的理论模型基于线性的假设。Kramers-Kronig 试验将试验数据拟合到包含和所有数据点一样多的元件 R 和 C 的梯形网络。因为这个理想的网络是线性的，所以计算出的网络曲线也是线性的。如果拟合的曲线与试验曲线相匹配，就可以说，试验曲线是线性的。Kramers-Kronig 试验服从于 χ^2 值（真实和假想阻抗的计算值和实验值之差的平方和）。根据经验，χ^2 值为 10^{-6} 或更低时，实验结果最佳；χ^2 值在 $10^{-5} \sim 10^{-6}$ 之间时，结果为合理；χ^2 值在 $10^{-4} \sim 10^{-5}$ 之间时，试验勉强接受。高于 10^{-4} 的 χ^2 值表明：测量与等效电路不拟合。

10.5　电化学阻抗谱的数据处理与解析

同其他电化学测量方法一样，进行电化学阻抗谱测量的最终目的，也是要确定电极反应的历程和动力学机理，并测定反应历程中的电极基本过程的动力学参数或某些物理参数。其数据结果是根据测量得到的交流阻抗数据绘制的 EIS 谱图。若要实现测量目的，就必须对 EIS 谱图进行分析，最常采用的分析方法是曲线拟合的方法。对电化学阻抗谱进行曲线拟合时，必须首先建立电极过程合理的物理模型和数学模型，该物理模型和数学模型可揭示电极反应的历程和动力学机理，然后进一步确定数学模型中待定参数的参数值，从而得到相关的动力学参数或物理参数。用于曲线拟合的数学模型分为两类：一类是等效电路模型，等效电路模型中的待定参数就是电路中的元件参数；另一类是数学关系式模型。等效电路模型更常被采用。

确定阻抗谱所对应的等效电路或数学关系式与确定这种等效电路或数学关系式中的有关参数的值是 EIS 数据处理的两个步骤。这两个步骤是互相联系、有机地结合在一起的。一方面，参数的确定必须要根据一定的数学模型来进行，所以往往要先提出一个适合于实测的阻抗谱数据的等效电路或数学关系式，然后进行参数值的确定。另一方面，如果将所确定的参数值按所提出的数学模型计算所得结果与实测的阻抗谱吻合得很好，就说明所提出的数学模型很可能是正确的；反之，若求解的结果与实测阻抗谱相差甚远，就有必要重新审查原来提出的数学模型是否正确，是否要进行修正。所以根据实测 EIS 数据对有关的参数值的拟合结果又成为模型选择是否正确的判据。

　　在确定物理模型和数学模型方面，必须综合多方面的信息。例如，可以考虑阻抗谱的特征（如阻抗谱中含有的时间常数的个数），也可考虑其他有关的电化学知识（往往是特定研究领域中所积累的知识），还可以对阻抗谱进行分解，逐个求解阻抗谱中各个时间常数所对应的等效元件的参数初值，在各部分阻抗谱的求解和扣除过程中建立起等效电路的具体形式。一般情况下，如果测得的阻抗谱比较简单，如只有 1 个或 2 个时间常数的阻抗谱，往往可以对其相应的等效电路作出判断，从而采用等效电路模型的方法。

　　在确定了阻抗谱所对应的等效电路或数学关系式模型后，将阻抗谱对已确定的模型进行曲线拟合，求出等效电路中各等效元件的参数值或数学关系式中的各待定参数的数值，如等效电阻的电阻值、等效电容的电容值、常相位元件（CPE）Y_0 和 n 的数值等。

　　曲线拟合是阻抗谱数据处理的核心问题，必须很好地解决阻抗谱曲线拟合问题。由于阻抗是频率的非线性函数，一般采用非线性最小二乘法进行曲线拟合。

　　所谓曲线拟合就是确定数学模型中待定参数的数值，使得由此确定的模型的理论曲线最佳，逼近实验的测量数据。电化学阻抗数据的**非线性最小二乘法拟合**（nonlinear least square fit，NLLS fit）是基于以下原理。

　　在进行阻抗测量时，我们得到的测量数据是一系列不同频率下的复数阻抗

$$g_i = g_i' + jg_i''$$

　　当我们确定了阻抗谱所对应的数学模型之后，就可以写出这一模型的阻抗表达式：

$$G = G'(\omega, C_1, C_2, \cdots, C_m) + jG''(\omega, C_1, C_2, \cdots, C_m)$$

　　式中，C_1，C_2，$\cdots$，C_m 为数学模型中的待定参数。

　　对于任一频率 ω，可以计算出数学模型确定的理论阻抗值：

$$G_i = G_i'(\omega_i, C_1, C_2, \cdots, C_m) + jG_i''(\omega_i, C_1, C_2, \cdots, C_m)$$

　　实测阻抗数据和理论计算阻抗数据的差值为：

$$D_i = g_i - G_i = (g_i' - G_i') + j(g_i'' - G_i'')$$

　　g_i 和 G_i 在复平面上各代表一个矢量，因此 D_i 是这两个矢量之差，也是一个矢量，如图 10-15 所示。这个矢量的模值，即它的长度为：

$$|D_i| = \sqrt{(g_i' - G_i')^2 + (g_i'' - G_i'')^2}$$

　　在阻抗数据的非线性最小二乘法拟合中，就是以 $\sum W_i |D_i|^2$ 作为目标函数，即：

$$S = \sum W_i |D_i|^2 = \sum_{i=1}^{n} W_i (g_i' - G_i')^2 + \sum_{i=1}^{n} W_i (g_i'' - G_i'')^2$$

　　式中，W_i 为各不同频率数据点的权重。

　　阻抗数据拟合过程就是通过迭代，逐步调整并最终确定数学模型中各待定参数的最佳数值，使得目标函数 S 为最小。

　　依据等效电路模型，采用非线性最小二乘拟合技术来解析电化学阻抗谱的软件（如 Zview 软件、Zsimpwin 软件等）可以很好地完成多数的阻抗数据分析工作。通常在进行曲线拟合前，需要确定等效电路中各元件参数的合理初始估计值，这通常是通过对复数平面图上的圆和直线进行简单分析来实现的。有的阻抗数据解析软件，由于采用了**单纯形算法**（simplex algorithm），无需事先确定等效电路元件参数的初始值，即可直接进行迭代拟合。

　　拟合后的目标函数值通常用 χ^2 值来表示，代表了拟合的质量，此值越低，拟合越好，

其合理值应在 10^{-4} 数量级或更低。另外，还可以观察所谓的"残差曲线"，该曲线表示阻抗的实验值和计算值之间的差别，残差曲线的数据值越小越好，而且应围绕计算值随机分布，否则拟合使用的电路可能不合适。

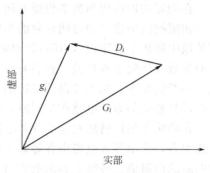

图 10-15　D_i 的复数平面图

　　但是，电化学阻抗谱和等效电路之间并不存在一一对应的关系。很常见的一种情况是，同一个阻抗谱往往可用多个等效电路进行很好的拟合。例如，具有两个容抗弧的阻抗谱可用图 10-16 中所示的两种等效电路来拟合，至于具体选择哪一种等效电路就要考虑该等效电路在具体的被测体系中是否有明确的物理意义，能否合理解释物理过程。这给等效电路模型的选定以及等效电路的求解都带来了困难。而且有时拟合确定的等效电路的元件没有明确的物理意义（例如电感等效元件、负阻等效元件），难以获得有用的电极过程动力学信息。这时就要使用依据数学模型的数据处理方法。

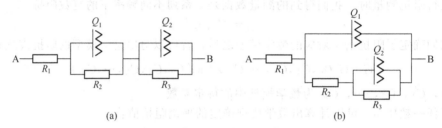

图 10-16　可用于包含两个容抗弧的阻抗谱的等效电路

【科学视野】

电化学原位实验技术

　　常规的电化学研究方法是以电信号为激励和检测手段，得到的是电化学体系的宏观表象，难以直观、准确地反映出电极/溶液界面的微观反应过程、物种浓度、形态变化，这给正确解释和表述电化学反应机理带来很大的困难。

　　20 世纪 80 年代以来，电化学家把谱学方法（紫外可见光谱、拉曼光谱和红外光谱等）和扫描微探针技术应用于电化学原位（in situ）测试，从分子水平上去认识电化学过程，形成了光谱电化学和扫描显微电化学原位测试体系，通过这些技术比较方便地得到了电极/界面分子的微观结构、吸附物种的取向和键接、参与电化学中间过程的分子物种、表面膜的组成与厚度等信息，特别是近年光谱电化学引入了非线性光学方法新技术，开展了时间分辨为毫秒或微秒级的研究，使研究的对象从稳态的电化学界面结构和表面吸附扩展到表面吸附和反应的动态过程，而扫描隧道显微镜及相关技术的应用，提高了空间分辨率，可以观察到电极表面结构和重构现象、金属沉积过程、金属或半导体表面的腐蚀过程，极大拓宽了电化学原位测试的应用范围，已经成为在分子水平上原位表征和研究电化学体系不可缺少的研究手段。

1. 电化学原位紫外可见反射光谱法

电化学原位紫外可见反射光谱法采用紫外可见区的单色平面偏振光，将确定的入射角激发到受电极电位调制的电极表面，然后测量电极表面相对反射率变化随入射光波长（或能量）、电极电位或时间的变化关系。故电化学原位紫外可见反射光谱法可用于研究电极/电解液界面、电极表面吸附行为、金属电沉积的原位观察和研究。

目前电化学原位紫外可见反射光谱的主要进展是用于表征各类电极表面修饰膜。许多金属阳极极化生成的薄氧化膜会导致相当大的反射率变化，特别是许多金属阳极氧化膜具有半导电性质，采用这种方法研究膜的电子结构和电学性质具有较大的优越性。对于如铱、钨等金属的厚阳极氧化膜，由于其具有电显色效应，电化学原位紫外可见反射光谱法已经成为电化学研究的主要工具。

2. 电化学原位拉曼光谱法

电化学原位拉曼光谱法是利用物质分子对入射光所产生的频率发生较大变化的散射现象，用单色入射光激发受电极电位调制的电极表面，测定散射回来的拉曼光谱信号与电极电位或电流强度等的变化关系。一般物质分子的拉曼光谱很微弱，为了获得增强的信号，可采用电极表面粗化的办法，得到强度高 $10^4 \sim 10^7$ 倍的表面增强拉曼散射（Surface Enhanced Raman Scattering，SERS）光谱，当具有共振拉曼效应的分子吸附在粗化的电极表面时，得到的是表面增强共振拉曼散射光谱，其强度又能增强 $10^2 \sim 10^3$。电化学原位拉曼光谱法的测量装置主要包括拉曼光谱仪和原位电化学拉曼池两个部分。20 世纪 80 年代初，我国就开始了表面增强拉曼的相关研究工作，近几年越来越多的课题组踏入这个领域。

目前采用电化学原位拉曼光谱法测定的研究进展主要有：一是通过表面增强处理把检测体系拓宽到过渡金属和半导体电极。虽然电化学原位拉曼光谱是现场检测较灵敏的方法，但仅有银、铜、金三种电极在可见光区能给出较强的 SERS。许多学者试图在具有重要应用背景的过渡金属电极和半导体电极上实现表面增强拉曼散射。二是通过分析研究电极表面吸附物种的结构、取向及对象的 SERS 光谱与电化学参数的关系，对电化学吸附现象作分子水平上的描述。电化学原位拉曼光谱法还可以用于检测电化学氧化还原反应产物及中间产物，确定电极反应机理。SERS 技术结合常规的电化学方法可提供大量的分子水平的信息，通过分析谱峰随外加电位、电解质性质、环境等的变化来确定电极反应中电子传递的可能途径和反应机理。电化学原位拉曼光谱法可用于研究电沉积过程，特别是添加剂在电沉积过程的作用机理。三是通过改变调制电位的频率，可以得到在两个电位下变化的"时间分辨谱"，以分析体系的 SERS 谱峰与电位的关系，解决了由于电极表面的 SERS 活性位随电位变化而带来的问题。

电化学原位拉曼光谱法还可以用于研究金属腐蚀过程和缓蚀剂的作用机理、电池的电极材料、电聚合过程和氧化还原机理、分子的自组装膜和生物膜的修饰电极及电催化研究中。

3. 电化学原位红外反射光谱法

将红外光谱与电化学研究体系结合起来原位研究固/液界面电化学过程是非常有趣和技术上可行的研究手段，因红外光谱是分子层面的检测技术，故电化学原位红外光谱法是在分子层次上研究电极界面上发生的电化学过程。

迄今，我国电化学研究人员在这一领域取得了重大的进展。电化学原位红外反射光谱经历了两个发展阶段：①利用红外光谱的指纹特征和反射光谱的表面选律检测电极表面吸附物种及其取向和成键情况，同时探测电极/红外窗片薄层的组成及其变化，在分子水平上研究电化学反应机理。②通过时间分辨反射光谱，原位检测短寿命的反应中间体，跟踪电化学反应过程，在分子水平上揭示电极过程反应动力学的规律。

电化学原位红外反射光谱只能在厚度小于 $130\mu m$ 的薄层电解池中进行。这对其广泛应用带来一定问题，但利用薄层与体相间传质阻力大的特点，可以跟踪一些不可逆反应。而对于一般的测检体系，可以通过设计各种流动的体系薄层电解池，解决检测灵敏度、信噪比与保持薄层溶液基本不变的问题，这样在低速电位扫描中实时记录红外反射光谱，成功地实现跟踪电极表面反应的分子过程。同时，各种方式的时间分辨电化学原位红外光谱研究电极表面反应的分子过程也日益受到重视，在傅里叶变换仪上实现的时间光谱应用范围较广，时间分辨可达几十毫秒。

电化学原位实验技术除了上述提及的三种主要的谱学电化学原位实验技术外，还包括原位电化学 X 射线衍射技术以及电化学原位扫描探针技术，限于篇幅所限不详细论述，感兴趣的读者可参考相关的文献资料。

【科学家简介】

腐蚀电化学专家：曹楚南院士

曹楚南（中国，1930—）腐蚀科学与电化学家、中国科学院院士、浙江大学化学系教授、博士生导师。

"防腐落后，触目惊心啊！"

世界防腐蚀权威杂志《腐蚀科学》亚洲籍的编委只有两位，其中一位就是中科院院士、浙江大学教授曹楚南。提起自己从事腐蚀与电化学研究的初衷，曹楚南深有感触。据有关调查统计材料显示，每年由于腐蚀所造成的损失竟达世界经济总产值的 $2\%\sim4\%$。在腐蚀作用下，世界上每年生产的钢铁中就有 10% 被白白消耗。作为一门交叉边缘学科的腐蚀电化学，在工业生产和国防建设中的意义和重要性也就显而易见了。由于防腐技术的落后，轮船下水没有多久，就要靠岸进行维修；埋入地下的金属管道过不了多久就渗漏；舰艇和其他武器性能在相当程度上也取决于防腐技术。我国生产不出足以有效防腐的钢材，已严重制约着我国高质量的现代化机器设备的生产，制约着整个工农业生产和国民经济的发展。曹楚南认为，发展和提高我国的防腐技术，最大限度地减少由此带来的损失，是广大防腐科技工作者的重任。在曹楚南联合有关专家的大力呼吁和推动下，中国金属学会、中国石油学会、中国腐蚀与防腐学会联合就中国的石油石化行业金属用材的腐蚀问题进行大规模的摸底调查，并提出防腐对策，以期进一步引起全国上下对防腐问题的高度重视。

"要多下笨功夫"

曹楚南参加工作之时，腐蚀科学的研究几乎是一片空白。曹楚南对当时窘迫的条件，至今还记忆犹新：国内没有先进设备，找不到相关的书籍、资料，就连一本杂志都难找到。他千方百计地与人合作，连续翻译了三本国外专著；接着，他又自己单独翻译了两本，为研究工作打下了基础。

1959年，一件偶然的事情，对曹楚南以后的科研工作带来了重大的影响；当时他的业务领导余柏年先生带领其他同志所做的"铝合金的阳极氧化研究"报告出来后，让曹楚南复查一下。曹楚南发现，同样的研究结论在国外已有，但从已有的一大堆数字中，他似乎发现了一种隐藏的新规律。为了论证，在当时既没有计算机，又没有计算器的条件下，他向别人借了一本 5 位对数表，躲在实验室中夜以继日地演算起来。一连几个星期下来，瘦了一大圈的曹楚南终于证实了自己的观点，还进而提出和论证了 4 个推论和两个阐述，在理论上获得了重大突破。从这件事中，曹楚南得到深刻的启发，那就是"在研究工作中要尽可能想得深入一些，全面一些，更多下笨功夫。"

科研之花结硕果

曹楚南总是不断地提出许多新的创造性的理论和观点，推动腐蚀电化学理论的发展，并把自己的科研成果应用于生产和实践。早在 20 世纪 60 年代，曹楚南在参加四川含硫黄天然气井防腐攻关中，创造性地提出缓蚀剂的"后效"概念及增强后效的途径，并应用于生产，有效地解决了气井因硫化氢腐蚀而造成油管断裂和气井爆炸的实际问题，该项研究获 1978 年全国科学大会重大成果奖。

1979 年，他首次提出我国要在腐蚀电化学领域进行开拓，并要有所作为的观点。1985 年，他在自己的专著《腐蚀电化学原理》一书中，首次提出一套比较完整的腐蚀电化学理论体系，并纠正了一些沿袭的错误观点。该书也是迄今为止国内外唯一论述有关金属腐蚀过程的电化学理论专著。

他的"利用载波钝化改进不锈钢钝化膜稳定性"的理论，为提高不锈钢构件的耐蚀性和应用范围开辟了新的途径，引起国际理论界的瞩目。世界腐蚀学界权威、美国的 F. Mansfeld 教授得悉这一研究成果后，大为惊叹，主动提出要与曹楚南合作进行有关研究。曹楚南的"电化学阻抗谱（EIS）研究"，在国际同行中引起了注意。在 1989 年第 1 届国际 EIS 学术会议上，曹楚南作为亚洲唯一的与会代表，以此为题在会上作了特邀报告。他在这一理论指导下完成和发表的一系列论文，标志着我国 EIS 研究已进入国际先进行列。曹楚南和张鉴清合著并由科学出版社出版的现代化学基础丛书之一《电化学阻抗谱导论》已成为我国学者的重要参考书。

继在 20 世纪 70、80 年代取得一系列成果并应用于工业生产和国防建设的同时，曹楚南又在"八五"期间担任了国家级重大项目"我国自然环境腐蚀数据积累及基础研究"的主持人。该项目由国家自然科学基金会和国家科委共同组织，并得到 12 个部门的联合资助，由 22 个单位、16 个课题组、200 多位科技人员共同研究。在曹楚南的主持下，项目组经过 5 年的联合攻关，持续积累有关数据 12.5 万多个，并验证发展了一批具有重要意义的材料自然环境腐蚀的新现象和规律。90 年代，国家决定上马三峡工程，但是，筹建一个如此重大的工程，一定要有关于金属材料等在当地使用条件下的腐蚀数据。迫在眉睫，到哪里去找这样的数据呢？此时曹楚南正主持国家自然科学基金重大项目"材料在我国自然环境条件下的腐蚀数据积累及规律性研究"，回忆起 20 世纪 60 年代我国曾一次性地在全国 30 多个地点埋下了金属和非金属材料试样，其中一个试验点就在三斗坪。

一定要找到这些试样！有关部门发动了许多老科学工作者共同回忆埋试样的确切地点，还出动了工兵用探雷仪器来寻找。最后，在一个已是一片橘树林的地方，找到了深埋的金属试样和混凝土试样，测得了极为有用的数据。该成果受到国务院有关部门的高度重视，三峡工程指挥部更是给予很高评价，认为该成果对三峡工程的建设和发展具有重大的参考价值。项目组还把研究成果及时地提供给秦山核电站、广州电信局、大庆、大港油田、武汉、济南钢铁厂等单位。为这些单位在从事国家重大工程防腐蚀设计与选材、改进工艺、提高产品质量及开发新材料等过程中有力地发挥了指导作用。

曹楚南全身心致力于学术研究，他说："我调浙大来时，已经 64 岁，年龄越来越大了，应该更加抓紧在业务上多做一些工作。"虽然"年龄大了"，可曹楚南那种对事业矢志不渝的追求之心，却永远年轻，他还在不停地创造着更加辉煌的明天！

曹楚南院士 1952 年毕业于同济大学化学系，分配至中国科学院上海物理化学研究所工作，后并入中国科学院长春应用化学研究所，从事电化学与金属腐蚀科学研究，1982 年任研究员。1987 年调入中国科学院金属腐蚀与防护研究所，任中国科学院腐蚀科学开放研究实验室主任，研究所学术委员会副主任。1993 年兼任金属腐蚀与防护国家重点实验室筹建领导小组组长，1994 年调入浙江大学化学系，建立电化学研究室，从事应用电化学研究。1995 年任金属腐蚀与防护国家重点实验室学术委员会主任。1995 年 5 月被聘任为中国科学院东北高性能材料研究发展基地所级学术顾问。1999 年 8 月兼任浙江大学环境与资源学院院长。

院士名片

曹楚南于 1987 年、1992 年和 1998 年分别担任 3 个为期五年的关于金属腐蚀与防护的国家自然科学基金重大研究项目主持人，任中国金属腐蚀与防护学会第五届理事会理事长，中国化学会电化学会专业委员会副主任。同时兼任《中国腐蚀与防护学报》编委会主任、《腐蚀科学与防护技术》主编、《电化学》和《材料保护》编委会副主任及其他学术刊物编委等，又是东北大学、沈阳师范大学、北京航空航天大学、北京化工大学、南京化工大学、华东理工大学、同济大学、上海师范大学等校兼职教授。曹楚南与他的合作者曾获全国科学大会重大科技成果奖 1 项、国家自然科学四等奖 1 项、中国科学院自然科学二等奖 1 项、三等奖 2 项、科技进步三等奖 1 项、全军科技进步二等奖 1 项。本人曾获长春市特等劳动模范、吉林省劳动模范和全国总工会授予的"全国优秀科技工作者"等称号和全国五一劳动奖章。《中国腐蚀与防护学报》编委会主任。1991 年当选中国科学院学部委员（后改称院士）。

思考练习题

1. 为什么实际测量腐蚀电极体系的 EIS 时，需使电极体系受到的扰动尽可能的小？

2. EIS 测试的主要目的是什么？

3. EIS 测试属于稳态测试还是暂态测试？

4. EIS 采用的是时域分析方法还是频域分析方法？

5. 什么是 Nyquist 图和 Bode 图？各有什么优缺点？

6. 使用数学方法和图谱法说明一个腐蚀体系的交流阻抗轨迹。简述交流阻抗的测试系统、电路及其特点。

7. 画出采用三电极体系测定研究电极的交流阻抗的等效电路图。

8. 如何利用 EIS 测试结果求得溶液电阻？

9. 画出控制电位交流电桥法测试交流阻抗原理图，并说明测量原理及各部分作用。

10. 什么是 Warburg 阻抗？如何识别？

11. 已知某电极过程为电子转移与扩散步骤混合控制，欲用 EIS 法测量其动力学参数，试：

(1) 画出该电极的等效电路；

(2) 画出该电极阻抗的 Nyquist 图示意图；

(3) 如何从 Nyquist 图求解溶液电阻 R_1、反应电阻 R_{et}、界面电容 C_d、Warburg 阻抗 Z_w。

12. 什么是弥散效应？

13. 如何用电极的 EIS 复平面图法来判断电极过程为浓差极化控制、活化极化控制还是混合控制？后两种情况下，如何用来测定电极反应的交换电流 i^0 或腐蚀电流 i_{corr}？

14. 用小幅度交流阻抗法测得发生电化学极化时，某电极体系在不同频率 f 下，该电极串联模拟电路

的 R_s 和 C_s 值如下。试根据这些数据用复平面图（Nyquist 图）法求该电极体系的溶液电阻 R_1、反应电阻 R_{ct} 和界面电容 C_d。

f/Hz	1.27	2.55	3.82	5.09	6.37	7.64	8.91	10.19	11.46	12.73	14.01
R_s/Ω	210	200	180	160	140	120	100	80	60	40	20
$C_s/\times10^4 F$	41.7	10.8	4.96	3.09	2.27	1.86	1.59	1.46	1.40	1.45	2.07

15. 对腐蚀金属电极施加正弦波变化的极化电位 $\Delta E = \Delta E_0 \sin\omega t$，求极化电流 I 随时间的变化的关系式 $I(t)$。

第三篇　金属的电化学防护技术

第11章 缓 蚀 剂

11.1 概述

11.1.1 缓蚀剂的定义

缓蚀剂（inhibitor）是指一种以适当的浓度和形式存在于环境（介质）中时，可以防止或减缓腐蚀的化学物质或几种化学物质的混合物。这是 ASTM（美国材料与试验协会）给出的定义。其特点是在腐蚀介质中加入很少量的这类化学物质就能有效地阻止或减缓金属的腐蚀速率。一般添加量在万分之几到百分之几之间。添加缓蚀剂保护金属的方法称为缓蚀剂保护。缓蚀剂的优点是设备简单、使用方便、加入量少、见效快、成本低，目前已被广泛应用于石油、化工、钢铁、机械、动力和运输等部门，并已成为十分重要的腐蚀控制措施。缓蚀剂保护的缺点是只能在腐蚀介质的体积量有限的条件下才能采用，因此一般用于有限的封闭或循环系统，以减少缓蚀剂的流失。同时，在应用中还应考虑缓蚀剂对产品质量有无影响，对生产过程有无堵塞、起泡等副作用。缓蚀剂的保护效果与腐蚀介质的性质、浓度、温度、流动情况以及被保护金属材料的种类与性质等有密切关系。即金属的缓蚀剂保护法有严格的选择性，对一种腐蚀介质和被保护金属能起缓蚀作用，但对另一种介质或另一种金属不一定有同样效果，甚至还会加速腐蚀。

11.1.2 缓蚀剂分子的结构特征

哪些物质可以选作缓蚀剂，这个问题尚无定论。大量的无机和有机化合物都具有成为缓蚀剂的可能性。一些单独使用时并不具备缓蚀效果的物质，经过合理的复配，也可能产生良好的缓蚀效果，即缓蚀剂存在**协同效应**（synergism），这自然扩大了缓蚀剂的选择范围。在缓蚀剂的选择上，其范围是无限的，认识到这一点对于人们不断探求新的高效缓蚀剂是有益的。不过，人们在长期的研究和生产实践中对哪些物质最有可能用作缓蚀剂还是得到了一些规律。

(1) 无机化合物

无机化合物中，那些可使金属氧化并在金属表面形成钝化膜的物质，以及可在金属表面形成均匀致密难溶沉积膜的物质，都有可能成为缓蚀剂，这些物质包括以下几种。

① 形成钝化保护膜的物质　主要是含 MeO_4^{n-} 型阴离子的化合物，如 K_2CrO_4、Na_2MoO_4、Na_2WO_4、Na_3PO_4、Na_3VO_4 等，另外还有 $NaNO_3$、$NaNO_2$ 等。将它们加入到腐蚀介质体系中之后，它能把金属的电位迅速正移，并维持在稳定的钝化电位区间，从而大大降低金属在腐蚀介质中的腐蚀速率，这样的缓蚀添加剂，也称为钝化剂。通常的钝化剂都是能迅速阴极还原的氧化剂，或者是能显著增强和加速溶解氧阴极还原速率的非氧化性添

加剂。对在近中性水溶液中的钢铁而言，$NaNO_3$ 和 K_2CrO_4 属于前者，Na_2MoO_4、Na_2WO_4、苯甲酸盐和肉桂酸盐等属于后者。

② 产生难溶盐沉积膜的物质　聚合磷酸盐、硅酸盐、碳酸氢盐、碱等。这类物质多是和水中 Ca^{2+}、Fe^{3+} 在阴极区产生难溶盐沉积来抑制腐蚀的。这类膜和被保护金属表面没有紧密的联系，它的生长与水溶液中缓蚀离子的量密切相关。

③ 活性阴离子　主要是 Cl^-、Br^-、HS^-、SCN^- 等，它们单独使用时只产生有限的缓蚀作用，主要是和其他缓蚀物质配合使用，产生协同作用而获得有工业应用价值的缓蚀剂。

④ 金属阳离子　金属阳离子用作缓蚀剂的前景值得注意。它们多用作有色金属的缓蚀剂。应用较多的是 Sn^{2+}、Cu^{2+}、Fe^{2+}、Co^{2+}、Pb^{2+}、Al^{3+} 和 Ag^+ 等。

(2) 有机化合物

已应用的有机缓蚀剂，从简单的有机物（如乙炔、甲醛）到各种复杂的合成和天然化合物（如蛋白质、松香、生物碱）几乎无所不包，但主要是那些含有未配对电子元素，如 O、N、S 和 P 的化合物和各种含有极性基团的化学物质，特别是含有氨基、醛基、羧基、羟基、巯基的各种化合物。

11.1.3　缓蚀剂的技术特性

缓蚀剂用于金属材料的保护具有以下的一些技术特性。

① 缓蚀剂的效果不受设备形状的影响。使用缓蚀剂基本上不改变腐蚀环境就可以获得良好的效果，缓蚀剂可以直接投加到腐蚀系统中，操作简单、见效快和能保护整个系统的优点。所以基本不增加设备投资就可达到防护目的。

② 向腐蚀介质中加入很少量的有机缓蚀剂就具有很好的缓蚀效果。一方面，有机缓蚀剂往往以单分子层吸附在金属表面的活性中心阻碍 H^+ 等的阴极还原或金属的阳极溶解，或者同时阻碍腐蚀的共轭反应，从而降低腐蚀过程的速率。另一方面，工业生产中缓蚀剂会随着介质流失，若用量太大，无论从环保还是生产成本考虑都不合算。

③ 不同缓蚀剂的缓蚀作用不等于它们每个组分分别存在时作用的简单加和，而是得到显著的增强，这种作用称为缓蚀剂的协同作用。例如，钢铁在稀硫酸溶液中，要是有 CN^-、HS^- 或 S^{2-} 存在时，不仅会加速铁的阳极溶解，而且还会显著促进氢脆。有机胺类单独添加时的缓蚀作用也并不很强。但是，如果有机胺和适量的 CN^-、HS^- 或 S^{2-} 同时添加，不仅后者对腐蚀的加速作用完全消失，而且，有机胺的缓蚀作用将得到大幅度的增强。产生上述协同作用的原因在于：CN^-、HS^- 或 S^{2-} 在钢铁表面有很强的化学特性吸附作用，结果使钢铁表面负充电，从而大大增强了有机胺阳离子在金属表面的吸附，使腐蚀速率比有机胺单独存在时低得多。

不同添加剂组分之间的协同作用非常普遍，如果能充分利用这种协同作用将能显著增强缓蚀剂的作用效果。

总而言之，采用缓蚀剂保护要注意其适用条件，主要有保护对象（金属的种类、合金或镀层。多种金属构件应采用复合缓蚀剂等）、腐蚀环境（中性、酸性、碱性、石油、化工、有机介质和大气介质等）、环境保护（缓蚀剂毒性、细菌和藻类的繁殖问题）、经济效果（设备、产品保护价值和缓蚀剂消耗费用等）和联合保护（如采用阴极保护、涂层与缓蚀剂联合保护，可大大提高缓蚀效率）等。

11.2 缓蚀剂的分类

由于缓蚀剂的应用广泛、种类繁多以及缓蚀机理的复杂性，因此，缓蚀剂一般可按其化学成分、作用机理、缓蚀剂形成保护膜的特征、物理状态和用途进行分类。

11.2.1 按化学成分分类

它是比较传统的分类方法，可分为**无机缓蚀剂**和**有机缓蚀剂**。

（1）无机缓蚀剂

无机缓蚀剂是使金属表面发生化学变化，即所谓发生钝化作用以阻止阳极溶解的过程。典型物质有：聚磷酸盐、硅酸盐、铬酸盐、亚硝酸盐、硼酸盐、亚砷酸盐、钼酸盐等。

（2）有机缓蚀剂

有机缓蚀剂是在金属表面上进行物理的或化学的吸附，从而阻止腐蚀性物质接近金属表面的有机物。典型物质有：含氧有机化合物、含氮有机化合物、含硫有机化合物以及胺基、醛基类、杂环化合物、咪唑化合物等。

11.2.2 按作用机理分类

根据缓蚀剂在电化学腐蚀过程中，主要抑制阳极反应还是抑制阴极反应，或阴、阳极反应同时得到抑制，可将缓蚀剂分为三类。

（1）阴极型缓蚀剂（又称为阴极抑制型缓蚀剂）

它们能抑制阴极反应，使阴极过程变慢，增加酸性溶液中氢析出的过电位，增大阴极极化而使腐蚀电位负移，如图 11-1(a)。阴极型缓蚀剂通常是阳离子移向阴极表面，并形成化学或电化学的沉淀保护膜，或者是由于 As^{3+}、Sb^{3+} 之类阳离子在阴极表面还原析出元素 As 和 Sb 的覆盖层，使氢过电位大大增加，抑制金属腐蚀。典型的有酸式碳酸钙、聚磷酸盐、硫酸锌、$AsCl_3$、$SbCl_3$、$Bi_2(SO_4)_3$ 以及多数有机缓蚀剂。

（2）阳极型缓蚀剂（又称为阳极抑制型缓蚀剂）

它们能抑制阳极反应，增大阳极极化而使腐蚀电位正移，如图 11-1(b)。阳极型缓蚀剂通常是使缓蚀剂的阴离子移向金属表面导致金属发生钝化。对非氧化型缓蚀剂（如苯甲酸钠等），只有在溶解氧存在时才起抑制腐蚀作用。典型的有铬酸盐、重铬酸盐、硝酸盐、亚硝酸盐、硅酸钠、磷酸钠、碳酸钠、苯甲酸钠等。

（3）混合型缓蚀剂（又称为混合抑制型缓蚀剂）

它们对阴、阳极过程同时起抑制作用，虽然腐蚀电位变化不大，但腐蚀电流减少很多，如图 11-1(c)。典型的有含氮有机化合物（如胺类、有机胺的亚硝酸盐等）、含硫有机化合物（如硫醇、硫醚、环状含硫化合物等）、含氮、硫的有机化合物（如硫脲及其衍生物等）。

11.2.3 按缓蚀剂所形成的保护膜特征分类

按缓蚀剂所形成的保护膜特征分类可将缓蚀剂分为三类。

（1）氧化膜型缓蚀剂

这类缓蚀剂能使金属表面生成致密、附着力好的氧化物膜，从而抑制金属的腐蚀。由于

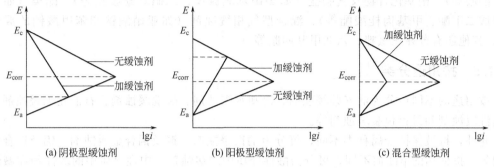

图 11-1 缓蚀剂抑制电极过程的三种类型

它具有钝化作用，故又称钝化剂。它又可分为阳极抑制型缓蚀剂（如铬酸盐、重铬酸盐等）和阴极去极化型缓蚀剂（如亚硝酸盐等）两类。应注意的是如果用量不足，则因不能形成完整保护膜，反而会加速腐蚀。

（2）沉淀膜型缓蚀剂

这类缓蚀剂能与腐蚀介质中的有关离子发生反应并在金属表面形成防腐蚀的沉淀膜。沉淀膜的厚度比钝化膜厚（约为 $10\sim100nm$），其致密性和附着力比钝化膜差。典型的有硫酸锌、碳酸氢钙、聚磷酸钠、α-巯基苯并噻唑（MBT）、苯并三氮唑（BTA）等。

（3）吸附膜型缓蚀剂

这类缓蚀剂能吸附在金属表面，改变金属表面的性质，从而防止腐蚀。根据吸附机理的不同，它又可分为物理吸附型（如胺类、硫醇和硫脲等）和化学吸附型（如吡啶衍生物、苯胺衍生物、环亚胺等）两类。为了能形成良好的吸附膜，金属必须有洁净的（活性的）表面，所以在酸性介质中常采用这类缓蚀剂。

11.2.4 按物理状态分类

按物理状态分类。可将缓蚀剂分成三类。

（1）油溶性缓蚀剂

一般作为防锈油添加剂，它只溶于油而不溶于水。其作用一般认为是由于这类缓蚀剂分子存在着极性基团被吸附在金属表面上，从而在金属和油的界面上隔绝了腐蚀介质。这类缓蚀剂品种很多，主要有石油磺酸盐、羧酸和羧酸盐类、酯类及其衍生物、氮和硫的杂环化合物等。

（2）水溶性缓蚀剂

它只溶于水而不溶于矿物润滑油中。常用于冷却液中，要求它们能防止铸铁、钢、铜、铜合金、铝合金等表面处理和机械加工时的电偶腐蚀、点蚀、缝隙腐蚀等。无机类（如硝酸钠、亚硝酸钠、铬酸盐、重铬酸盐、硼砂等）和有机类（如苯甲酸盐、乌洛托品、亚硝酸二环己胺、三乙醇胺）物质均可用作水溶性缓蚀剂。

水油溶性的缓蚀剂。它既溶于水又溶于油，是一种强乳化剂。在水中能使有机烃化合物发生乳化，甚至使其溶解。这类缓蚀剂有石油磺酸钡、羊毛脂酸钠、苯并三氮唑等。

（3）气相缓蚀剂

它是在常温下能挥发成气体的金属缓蚀剂。如果是固体，就必须有升华性；如果是液体，必须具有大于一定数值的蒸气分压，并能分离出具有缓蚀性基团，吸附在金属表面上，能阻止金属腐蚀过程的进行。典型的有无机酸或有机酸的胺盐（如亚硝酸二环己胺，苯甲酸三乙醇胺等)、硝基化合物及其胺盐(如 2-硝基氧氮茂、二硝基酚胺盐等)、酯类(如邻苯二甲酸二丁酯、甲基肉桂酸酯等)、混合型气相缓蚀剂(如亚硝酸钠和苯甲酸钠的混合物等),其他还有苯并三氮唑、六亚甲基四胺等。

11.2.5 按用途分类

按用途的不同可分为油气井缓蚀剂、冷却水缓蚀剂、酸洗缓蚀剂、石油化工缓蚀剂、锅炉清洗缓蚀剂和封存包装缓蚀剂等。

此外,按被保护金属种类不同,可分为钢铁缓蚀剂、铜及铜合金缓蚀剂、铝及铝合金缓蚀剂等。按使用的 pH 值不同,可分为酸性介质中的缓蚀剂、中性介质中的缓蚀剂和碱性介质中的缓蚀剂。

11.3 缓蚀剂的作用机理

缓蚀剂的作用机理至今尚未达成共识。一般认为,缓蚀作用机理可以概括成两种:一种是电化学机理,它以金属表面发生的电化学过程为基础,解释缓蚀剂的作用。另一种是物理化学机理,以金属表面发生的物理化学变化为依据,说明缓蚀剂的作用。这两种机理处理问题的方式不同,但它们并不矛盾,而且还存在着某种因果关系。缓蚀作用表现在缓蚀剂对金属腐蚀电化学过程的抑制,而这种抑制的根本原因是由于在金属表面形成了一层保护膜,在金属表面发生了某种物理化学的变化。缓蚀剂种类繁多,作用机理各异。每种缓蚀剂的工作机理取决于缓蚀剂的种类、化学结构、金属种类和环境条件等因素。

11.3.1 缓蚀剂的电化学机理

金属在电解质溶液中的腐蚀过程是由两个共轭的电化学反应组成的。这两个电化学反应分别是阳极反应和阴极反应。如果缓蚀剂可以抑制阳极、阴极反应中的一个或两个都能抑制,就能减小腐蚀速率。为确定缓蚀剂的作用过程,首先应当明确缓蚀剂抑制的是哪个电极过程。

(1) 阴极型缓蚀剂

从电化学角度而言,如果体系中加入缓蚀剂后,体系的腐蚀电位相对于未加缓蚀剂时负移大于或等于 85mV,则该缓蚀剂为阴极型缓蚀剂(cathodic-type inhibitor)。阴极型缓蚀剂在腐蚀介质中对金属的缓蚀作用主要是增大电化学腐蚀中的阴极极化,阻碍阴极过程的进行,使腐蚀电位向负方向移动,降低腐蚀速率。图 11-2 是阴极去极化型缓蚀剂作用原理示意图。金属在腐蚀介质中的阳极极化曲线为曲线 1,在未加缓蚀剂时,阴极极化曲线为曲线 2,两极化曲线相交于 S 点,相应的腐蚀电位为 E_c,腐蚀电流密度为 i_c。此时金属处于活化状态,腐蚀速率很大。当腐蚀介质中有足够的亚硝酸盐时,对阳极极化曲线并没有影响,而阴极极化曲线向高电流方向移动,因缓蚀剂的去极化作用而使阴极极化曲线从曲线 2 处移至曲线 3 处。此时阴、阳曲线相交在钝化区的 S',金属处于钝化状态,腐蚀电位正移到 E_c',腐蚀电流 i_c' 大大减小,缓蚀

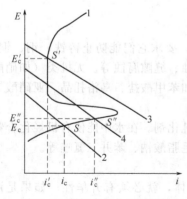

图 11-2 阴极去极化型缓蚀剂
作用原理示意图

剂通过阴极去极化而使金属发生钝化。应当指出，当阴极型缓蚀剂用量不足时，阴极极化不充分，阴极极化曲线由曲线 2 移至曲线 4，阴阳极化曲线相交于活性区的 S''，而无法进入钝化区，结果反而使腐蚀电流密度由 i_c 增加 i_c''，加剧了腐蚀，因此这类缓蚀剂用量不足也是很危险的。这种缓蚀剂并不影响阳极反应的速率，但由于使阴极极化加大而导致整个体系电位向高于钝化电位方向移动。

阴极型缓蚀剂主要通过以下作用实现缓蚀。

① 提高阴极反应过电位　有的阴离子缓蚀剂通过提高 H^+ 放电的过电位抑制 H^+ 的放电反应。例如，在酸性介质中，砷、铋、锑、汞等金属盐在腐蚀过程中在金属表面阴极区析出，可提高析氢的过电位，使 H^+ 在金属表面的还原反应受阻而起到缓蚀作用。

② 在金属表面形成化合物膜　在阴极表面通过产生吸附或相膜阻止去极化剂到达金属表面，如上述的氢氧化锌沉淀膜。这类缓蚀剂有锌、镁、钙、钴、锡、锰、铬的盐类。对于铁来说，效果最好的是锌、锰、钙盐。一些有机缓蚀剂如低分子有机胺及其衍生物，可以在金属表面阴极区形成多分子层，有的螯合剂（如 8-羟基喹啉）在金属表面形成保护膜，都可以使去极化剂难以到达金属表面而减缓腐蚀。

③ 吸收水中的溶解氧　亚硫酸钠和联氨（N_2H_4）在中性溶液中都可以吸收水中溶解氧，降低腐蚀反应中阴极反应物——氧的浓度，减缓金属的腐蚀，因而它们也属于阴极型缓蚀剂，其反应式如下：

$$2Na_2SO_3 + O_2 \longrightarrow 2Na_2SO_4$$
$$N_2H_4 + O_2 \longrightarrow N_2 + 2H_2O$$

由于阳极反应生成的 Fe^{2+} 和阴极反应产物 OH^- 的作用，生成的 $Fe(OH)_2$ 也能除去水中的溶解氧，起到缓蚀剂的作用。

（2）阳极型缓蚀剂

从电化学角度而言，如果体系中加入缓蚀剂后，体系的腐蚀电位相对于未加缓蚀剂时正移大于或等于 85mV，则该缓蚀剂为阳极型缓蚀剂（anodic-type inhibitor）。阳极抑制型缓蚀剂能够抑制腐蚀电池的阳极反应。阳极型缓蚀剂一般是无机氧化性物质。例如在中性水溶液中添加少量的铬酸盐或重铬酸盐，由于其本身具有氧化性，可使钢铁氧化成 γ-Fe_2O_3，并与自身的还原产物 Cr_2O_3 一起形成氧化物保护膜，其反应如下：

$$2Fe + 2Na_2CrO_4 + 2H_2O \longrightarrow Fe_2O_3 + Cr_2O_3 + 4NaOH$$
$$4Fe + 2K_2Cr_2O_7 + 2H_2O \longrightarrow 2Fe_2O_3 + 2Cr_2O_3 + 4KOH$$

因此，使钢的腐蚀速率减少。

图 11-3 是阳极抑制型缓蚀剂作用原理示意图。当未加缓蚀剂时，钢的阳极极化曲线为曲线 1，阴极极化曲线为曲线 3，其阳极极化曲线和阴极极化曲线交点 S 处于活化区，对应腐蚀电流 i_c 很大，腐蚀电位 E_c 很负，金属处于腐蚀状态中。

当向腐蚀体系中加入足够量的 Na_2CrO_4 或 $K_2Cr_2O_7$ 时，由于提高了钢的钝化性能，促使阳极极化曲线由 1 变成了曲线 2，与曲线 1 相比，曲线 2 显然降低了致钝电流密度和维钝电流密度，并扩大了钝化区。而阴极极化曲线 3 并未变化，两条极化曲线相交于曲线 2 钝化区 S' 点，此时金属处于钝态，腐蚀电位为 E_c'，腐蚀电流密度降低到 i_c'。

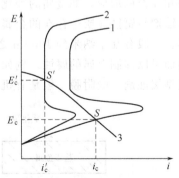

图 11-3　阳极抑制型缓蚀剂
作用原理示意图

由图 11-3 可见 $i'_c < i_c$，表明加入缓蚀剂之后，钢的腐蚀速率明显降低。但是应当指出，这种阳极型缓蚀剂用量不足时，由于阳极上钝化膜覆盖不完全会产生点蚀，使用时应充分注意。铬酸盐是循环冷却水或冷冻盐水中常用的钝化剂，可用来保护水中或盐溶液中 Fe、Al、Zn、Cu 等多种金属。$K_2Cr_2O_7$ 在水中加入量为 $0.2\% \sim 0.5\%$ 之间，而在盐溶液中加入量应提高到 $2\% \sim 5\%$。

(3) 混合型缓蚀剂

有的缓蚀剂既能抑制电极过程的阳极反应，同时又能抑制阴极反应，这类缓蚀剂即称为混合型缓蚀剂（mixed-type inhibitor）。从电化学角度而言，加入混合型缓蚀剂后，体系的腐蚀电位偏移小于 85mV。如硅酸钠、铝酸钠在溶液中呈胶体状态，在阳极区和阴极区均可沉积，既能阻碍阳极金属的溶解，又能阻碍氧接近阴极发生还原。这类缓蚀剂对腐蚀电化学过程的影响主要表现在以下三方面。

① 与阳极反应产物生成不溶物　这类缓蚀剂能与阳极溶解反应生成的金属离子作用，生成难溶物。如果这些难溶物直接沉积在腐蚀过程开始的地方并在金属上紧密附着，保护是很有效的。这样的保护膜抑制了阳极过程而起到缓蚀作用，又使阴极上氧的还原过程变得困难。属于这类缓蚀剂的有：

铁的缓蚀剂　$NaOH$、Na_2CO_3、Na_3PO_4、Na_2HPO_4、$Na_5P_3O_{10}$、Na_2SiO_3

铝的缓蚀剂　Na_2S、Na_2SiO_3、Na_2HPO_4

镁的缓蚀剂　KF、Na_3PO_4、$NH_3 \cdot H_2O + Na_2HPO_4$、$NaOH$、$NaAlO_2$

② 形成胶体物质　能形成复杂胶体体系的化合物可作为有效的缓蚀剂，带负电荷的胶体粒子主要在阳极区集中和沉积，抑制阳极过程。而凝胶与 $Fe(OH)_3$ 一起沉淀，可以抑制氧的还原。这样的物质主要是硅酸盐和铝酸盐。

③ 某些有机物在金属表面吸附　这类物质不都是含 N、S、O 的化合物。中性介质中有机物的缓蚀作用效果较差，但一些有机物还是可以通过在金属表面的吸附实现缓蚀。如有些乳化剂能防止钢铁的腐蚀。某些油、琼脂、阿拉伯树胶、明胶等，都可以减缓铝的腐蚀。吡啶和某些含氮有机物在中性溶液中则能抑制镁和镁合金的腐蚀。

11.3.2 缓蚀剂的物理化学机理

从缓蚀剂的物理化学角度出发，缓蚀剂之所以对金属具有缓蚀作用，是由于缓蚀剂在金属表面形成一层膜，这层膜可以是氧化膜、沉淀膜和吸附膜，因此可将缓蚀剂分为氧化膜型缓蚀剂、沉淀膜型缓蚀剂和吸附膜型缓蚀剂 3 种类型。氧化膜可以是金属表面与缓蚀剂分子的相互作用形成，如金属的钝化等。沉淀膜既可以由缓蚀剂与金属的相互作用形成，也可由缓蚀剂与腐蚀介质中存在的金属离子反应形成。沉淀膜的厚度比氧化膜型缓蚀剂的钝化膜要厚，一般有几十纳米到 100nm 之间。由于沉淀膜电阻大，并能使金属与腐蚀介质相互隔开，因而可以抑制金属的腐蚀。例如，在含有 Ca^{2+} 的中性水溶液中添加的聚磷酸盐即属于沉淀膜型缓蚀剂。吸附膜一般是有机缓蚀剂在金属表面的定向吸附形成的。图 11-4 是 3 种缓蚀

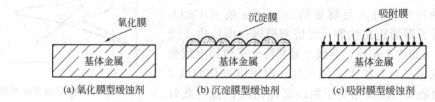

(a) 氧化膜型缓蚀剂　　　(b) 沉淀膜型缓蚀剂　　　(c) 吸附膜型缓蚀剂

图 11-4　3 种缓蚀剂的保护膜示意图

剂形成的保护膜示意图。

(1) 氧化膜型缓蚀剂

氧化膜型缓蚀剂本身是氧化剂或以介质中的溶解氧作氧化剂，使金属表面形成钝态的氧化膜，造成金属离子化过程受阻，从而减缓金属的腐蚀。这种缓蚀剂又称钝化剂。Evans 于 1927 年提出的氧化膜学说和 Uhlig 于 1944 年提出的吸附膜学说是氧化膜型缓蚀剂的理论基础。这类缓蚀剂本身具有氧化性，能和金属发生作用，或本身不具有氧化性，需要和水中的溶解氧共存，它们多为无机化合物，也有像苯甲酸钠、肉桂酸钠那样的有机物。这类缓蚀剂的作用机理是使金属表面发生了特征吸附，阻滞了金属的离子化过程，或者是使金属表面氧化，生成极薄而致密的保护性氧化膜。铬酸钠所形成的化学转化膜是典型的氧化膜。在铁表面可形成几十纳米的 γ-Fe_2O_3 和 Cr_2O_3 组成的氧化膜（其中 Cr_2O_3 不到 10%），可有效抑制腐蚀反应的进行。形成氧化膜的反应式是：

$$CrO_4^{2-} + 3Fe(OH)_2 + 4H_2O \longrightarrow Cr(OH)_3 + 3Fe(OH)_3 + 2OH^-$$

CrO_4^{2-} 吸附于金属表面成为局部电池的阳极，从阳极溶解下来的 Fe^{2+} 被 CrO_4^{2-} 和溶解氧氧化，生成 $Fe(OH)_3$，CrO_4^{2-} 被还原为 $Cr(OH)_3$。两种水合氧化物进一步脱水生成 γ-Fe_2O_3 和 Cr_2O_3 混合氧化物层。局部电池的阴极反应是溶解氧的还原和 CrO_4^{2-} 的还原。

有的缓蚀剂本身也会参加吸附过程，在保护膜中往往能发现它们的阴离子。如在使用磷酸盐和苯甲酸盐缓蚀剂时，铁的氧化膜中除了 γ-Fe_2O_3 外还有少量磷酸根和苯甲酸根离子。对于那些本身不具有氧化性的氧化膜型缓蚀剂，如苯甲酸钠则必须有溶解氧存在下，才会有缓蚀效果。这类缓蚀剂主要影响电化学腐蚀的阳极过程，使活化-钝化性金属的腐蚀电位进入钝化区，从而使金属处于钝化状态。如金属铝、镁在含氧水溶液中的缓蚀剂有重铬酸盐、铬酸盐、高锰酸钾、硝酸钠等。铁在含氧的中性水溶液中的缓蚀剂有：重铬酸盐、铬酸盐、硝酸盐、亚硝酸盐、磷酸盐、硼酸盐、硅酸盐、钼酸盐、钨酸盐、苯甲酸盐等。

氧化膜型缓蚀剂，缓蚀效率很高，性能很好，已得到广泛的应用。但如果用量不足，则可能在金属表面形成大阴极小阳极而可能发生孔蚀。Evans 在 1946 年指出，这是一类"危险性缓蚀剂"，非常形象地说明了氧化膜型缓蚀剂的特点。

(2) 沉淀膜型缓蚀剂

在腐蚀过程中，缓蚀剂能与阴极反应产物（如 OH^-）反应，在金属表面上生成难溶的氢氧化物或碳酸盐的保护性沉淀膜。这种沉淀膜成为氧扩散层的阻挡层，也缩小了阴极面积，因而使阴极过程受到阻滞，提高了阴极极化，起到了保护金属的作用。例如沉淀膜型缓蚀剂硫酸锌、碳酸氢钙和聚磷酸盐等作用如下。

硫酸锌：在中性含氧水溶液中，硫酸锌对铁的缓蚀作用是由于 Zn^{2+} 与阴极反应产物的 OH^- 反应生成难溶的 $Zn(OH)_2$ 沉淀膜而抑制了阴极过程的进行，其反应为：

阴极反应 $\qquad O_2 + 2H_2O + 4e^- \longrightarrow 4OH^-$

沉淀反应 $\qquad Zn^{2+} + 2OH^- \longrightarrow Zn(OH)_2 \downarrow$

碳酸氢钙也能与阴极反应产物的 OH^- 反应，生成碳酸钙沉淀保护膜，其沉淀反应为：

$$Ca(HCO_3)_2 + OH^- \longrightarrow CaCO_3 \downarrow + HCO_3^- + H_2O$$

由于硬水中的 $Ca(HCO_3)_2$ 比软水多，故硬水的腐蚀作用要小于软水。

聚磷酸盐是循环冷却水和锅炉用水的常用缓蚀剂。它的保护作用是由于它能与水中的 Ca^{2+} 形成络合离子 $(Na_5CaP_6O_{18})_n^{n+}$，这种大的胶体阳离子能在阴极表面上放电，生成比较厚实的沉淀膜，阻滞阴极过程。因此对含有一定钙质的硬水，聚磷酸盐（如 $Na_7P_6O_{18}$）

是一种有效的缓蚀剂。聚磷酸盐沉淀膜中的钙钠的比例为 1∶5 较为合适。

(3) 吸附膜型缓蚀剂

能形成吸附膜型缓蚀剂大多是有机缓蚀剂。有机缓蚀剂的分子由两部分组成：一部分是容易被金属吸附的亲水极性基团，另一部分是憎水或亲油的非极性基团，图 11-4(c) 所示。被金属表面吸附的是缓蚀剂分子的极性基团一端，而离开金属表面的是憎水基一端，在金属表面形成定向排列，这样缓蚀剂分子就能使介质与金属表面分隔开来，起到保护金属的作用。

有机缓蚀剂不仅能吸附，而且有时还能与金属离子形成难溶而又致密的覆盖层，提高缓蚀效果。

有机缓蚀剂的吸附又分为物理吸附与化学吸附。

① 物理吸附　物理吸附是由缓蚀剂离子与金属的表面电荷产生静电吸引力和范德华引力所引起的，其中静电引力起着重要的作用，这种吸附迅速而可逆，其吸附热小，受温度影响小。不论金属表面吸附哪种离子，只要能形成一层完好的吸附膜，就会对金属的电极反应有抑制作用而减缓腐蚀。对于物理吸附缓蚀剂保护膜，多数属于阴极抑制型，即吸附阴离子。影响极性基团吸附能力的主要因素有中心原子的极化性能、非极性基团和取代基的诱导效应与共轭效应等。采用理论化学和量子化学研究分子结构和缓蚀剂性能的关系越来越受到重视，如用软硬酸碱（SHAB）理论解释了含硫的软碱性有机缓蚀剂比含氮、氧的硬碱性有机缓蚀剂与软酸性金属表面可形成更强的吸附。

应当指出，除了缓蚀剂的极性基团对吸附状况有决定性影响之外，缓蚀剂分子中以碳、氢为中心的非极性基团，对吸附状态的建立以及缓蚀剂效率的高低也能起很重要的作用。当吸附性缓蚀剂以其极性基的一端向金属表面产生吸附时，其另一端非极性基团也会在金属表面排列而发生覆盖，阻碍和腐蚀过程有关的微粒的传递和接触，因而也起到了减缓腐蚀作用。在极性基团作物理吸附时，非极性基团和金属表面的夹角不是固定的。如烷基胺在低浓度时，烷基对金属表面是倾斜的，浓度增大则逐渐倾向垂直。角度不同，缓蚀剂在金属表面所覆盖的面积不同。覆盖面积大，防蚀效果好。烷基碳原子数增加则覆盖面更大，可以提高缓蚀效率。如 $C_nH_{2n+1}N(CH_3)_3$，当 $n=8$ 时，缓蚀效率仅为 20% 左右，但 $n=16\sim18$ 时，缓蚀效率可到 90%。另外，非极性基团的空间阻碍不能忽视。一般来说，非极性基团上有支链的缓蚀剂，其缓蚀效率要低于直链的缓蚀剂。这是由于当缓蚀剂向金属表面进行吸附时，分子中的直链会产生空间位阻，对吸附造成障碍。

② 化学吸附　化学吸附则是由中性缓蚀剂分子与金属形成了配位键，它比物理吸附强而不可逆，但吸附速率较慢。化学吸附理论认为，有机缓蚀剂分子中大都含有 O、N、S 和 P，它们具有非共价电子对，因此成为电子供给体，而大多数金属具有空的 d 轨道，成为电子接收体，使缓蚀剂和金属表面电子之间构成配位键。例如胺在酸中的缓蚀作用是由于胺分子中的极性基（NH_2^-）中心原子 N 含有孤对电子，它可与 Fe 的 d 电子空轨道进行以下配位结合所引起的。

$$R-H_2N: + Fe \Longrightarrow RH_2N \rightarrow Fe$$

有些有机缓蚀剂，其分子中含有双键、三键或苯基，有人认为这些双键、三键以及苯基上的 π 电子，也可起着和孤对电子同样的作用，所以这些缓蚀剂在金属表面上进行的吸附，也是属于化学吸附，因而它有利于抑制阳极反应。

目前较新的看法认为，物理吸附是化学吸附的初始阶段，它为完成后续的化学吸附起着重要的作用。例如有机胺等缓蚀剂在酸性介质中与 H^+ 结合生成阳离子。因而在阴极发生物理吸附，抑制阴极反应。但是整个过程并不局限于此，吸附在阴极区的阳离子还会被还原成中性分子，继而发生化学吸附。事实上许多有机缓蚀剂也确实都能抑制阴、阳极反应。例如酸性介质中的有机胺、苄硫醇、苯腈等。

11.3.3 缓蚀剂的协同作用

当几种缓蚀剂分别单独加入介质中时效果不大，甚至没有缓蚀作用，而将它们按某种配方复配加入，则可能产生很高的缓蚀效率。这种现象称为缓蚀剂的协同效应（或协同作用）。相反，复配加入时缓蚀效果反而降低，称为负协同效应。协同效应不是简单的加和，而是相互促进。工业上实际使用的缓蚀剂往往都是利用协同作用研制的多组分配方，有时，采用不同类型的缓蚀剂复配使用，常可在较低剂量下获得较好的缓蚀效果，即产生协同效应。利用缓蚀剂的协同效应已经开发出许多高效的复合缓蚀剂，今后仍然是缓蚀剂发展的方向之一。

不同类型的缓蚀剂复配产生的协同作用主要包括以下几点。

(1) 活性阴离子和有机物之间的协同作用

协同作用研究较多的是活性阴离子（如 I^-、Br^-、Cl^- 等离子）与有机物之间的协同作用。Hackerman 等研究发现，在酸性溶液中活性阴离子与有机物复配，特别是同有机胺复配，有较好的缓蚀效果。这是因为在酸性水溶液中，有机胺能与 H^+ 形成镓离子（Onium ion）。镓离子就是指含有未共用电子对元素的化合物，以其未共用电子对与 H^+ 形成配价键，从而使该元素的共价键值加 1 价，并变成相应的阳离子——镓离子。例如：

$$R—NH_2 + H^+ \rightleftharpoons R—NH_3^+$$
$$R—SH + H^+ \rightleftharpoons R—SH_2^+$$
$$R_3P + H^+ \rightleftharpoons R_3PH^+$$

这些镓离子能以单分子层吸附在金属表面，如图 11-5 所示。

图 11-5 有机缓蚀剂在金属表面的吸附

由于这种镓离子带正电荷，因而它必须在带负电荷的金属表面才能很好地被金属所吸附。如果在介质中添加少量的活性阴离子，如 KI，则 I^- 能优先吸附在带正电荷的铁表面，使铁表面带负电荷，结果使阳离子很容易吸附在铁表面，从而提高了有机缓蚀剂的吸附效果。这种添加阴离子而使缓蚀效率提高的现象，称为"阴离子效应"。要获得良好的阴离子效应，必须采用能被金属强烈吸附的阴离子，如 I^-、Br^-、Cl^- 等。阴离子的效果为：

$$I^- > Br^- > Cl^- > SO_4^{2-} > ClO_4^-$$

利用金属卤化物与有机缓蚀剂的协同作用，已得到一些用于油气深井高温酸化压裂处理的缓蚀剂，如丙炔醇、松香胺、烷基吡啶和 CuI_2 复配物。

(2) 中性溶液中的协同作用

重铬酸盐和聚磷酸盐之间的协同作用是十分典型的，两者所形成的"双阳极"缓蚀剂在工业冷却水中的防腐蚀方面有重要的作用。单独使用 $Na_2Cr_2O_7$ 缓蚀剂，需 500mg/L 才有效果；若铬酸钠与聚磷酸盐复配（2:1 复配），则只需要 50~75mg/L $Na_2Cr_2O_7$ 就相当有效。等比例的铬酸盐和锌酸盐复配，在 5mg/L 和 10mg/L 时即有协同作用。在乙二醇-水溶液中，苯甲酸钠与苯并三氮唑（BTA）会产生协同作用。在 50％乙二醇-水溶液中，若加入 1％苯甲酸钠＋0.2％ BTA 就可完全控制灰铸铁的腐蚀。此外，$50\mu g/L\ MoO_4^{2-}\ +20\mu g/L$ BTA 也会产生协同作用。在中性介质中，不仅无机物之间可产生协同作用，无机物和有机物之间也可产生协同作用。亚硝酸盐和特种氨基磷酸酯复配，在中性或微碱性充空气水中有协同作用，可防止黑色金属腐蚀。胺基磷酸酯和等物质的量的亚硝酸钠复配，在 10mmol/L 时即可产生良好的缓蚀作用。

11.4　缓蚀作用的影响因素

11.4.1　介质流速的影响

腐蚀介质的流动状态，对缓蚀剂的使用效果也有相当大的影响。大致有下面三种情况。

① 流速加快时，缓蚀效率降低。有时，由于流速的增大，甚至还会加速腐蚀，使缓蚀剂变成腐蚀的激发剂（例如盐酸中的三乙醇胺和碘化钾）。

② 流速增加时，缓蚀效率提高。当缓蚀剂由于扩散不良而影响保护效果时，则增加介质流速可使缓蚀剂能够比较容易、均匀地扩散至金属表面，而有助于缓蚀效率的提高。

③ 介质流速对缓蚀效率的影响，在不同使用浓度时还会出现相反的变化。例如，采用六偏磷酸钠/氯化锌（4∶1）作循环冷却水的缓蚀剂时，缓蚀剂的浓度在 8mg/L 以上时，缓蚀效率随介质流速的增加而提高，8mg/L 以下时，则变成随介质流速的增加而减小。

11.4.2　温度的影响

温度对缓蚀效果的影响有三种情况。

① 在较低温度范围内缓蚀效果很好，当温度升高时，缓蚀效率便显著的下降。这是由于温度升高时，缓蚀剂的吸附作用明显降低，因而使金属腐蚀加速。大多数有机及无机缓蚀剂都属于这一情况。

② 在一定温度范围内对缓蚀效果影响不大，但超过某温度时却使缓蚀效果显著降低。例如，苯甲酸钠在 20～80℃的水溶液中对碳钢腐蚀的抑制能力变化不大，但在沸水中，苯甲酸钠已经不能防止钢的腐蚀了。这可能是因为蒸汽的气泡破坏了铁与苯甲酸钠生成的络合物保护膜。用于中性水溶液和水中的不少缓蚀剂，其缓蚀效率几乎是不随温度的升高而改变的。对于沉淀膜型缓蚀剂，一般也应在介质的沸点以下使用才会有较好的效果。

③ 随着温度的升高，缓蚀效率也增高。这可能是温度升高时，缓蚀剂可依靠化学吸附与金属表面结合，生成一层反应产物薄膜。或者是温度较高时，缓蚀剂易在金属表面生成一层类似钝化膜的膜层，从而降低腐蚀速率。因此，当介质温度较高时，这类缓蚀剂最有实用价值。属于这类缓蚀剂的有：硫酸溶液中的二苄硫、二苄亚砜、碘化物等，盐酸溶液中的含氮碱、某些生物碱等。

此外，温度对缓蚀效率的影响有时是与缓蚀剂的水解等因素有关的。例如，温度升高会促进各种磷酸钠的水解，因而它们的缓蚀效率一般均随温度的升高而降低。另外，由于介质温度对氧的溶解量有很大的影响。温度升高会使氧的溶解量明显减少，因而在一定程度上虽然可以降低阴极反应过程的速率，但当所用的缓蚀剂需由溶解氧参与形成钝化膜时（例如苯甲酸钠等缓蚀剂），则温度升高时缓蚀效率反而会降低。

11.4.3 缓蚀剂浓度的影响

缓蚀剂浓度对金属腐蚀速率的影响，大致有三种情况。

① 缓蚀效率随缓蚀剂浓度的增加而增加。例如在盐酸和硫酸中，缓蚀效率随缓蚀剂若丁剂量的增加而增加。实际上几乎很多有机及无机缓蚀剂，在酸性及浓度不大的中性介质中，都属于这种情况。但从节约原则出发，应以保护效果及减少缓蚀剂消耗量来确定实际剂量。

② 缓蚀剂的缓蚀效率与浓度的关系有极值。即在某一浓度时缓蚀效果最好，浓度过低或过高都会使缓蚀效率降低，因此这类情况必须注意，缓蚀剂不宜过量。

③ 当缓蚀剂用量不足时，不但起不到缓蚀作用，反而会加速金属的腐蚀或引起孔蚀。例如亚硝酸钠在盐水中如果添加量不足时，腐蚀反而加速。实验证明，如果在海水中加入的亚硝酸钠剂量不足时，碳钢腐蚀加快，而且产生孔蚀。这种情况添加量太少是危险的。属于这类缓蚀剂的还有大部分的氧化剂，如铬酸盐、重铬酸盐、过氧化氢等。

对于需要长期采用缓蚀剂保护的设备，为了能形成良好的基础保护膜，首次缓蚀剂用量往往比正常操作时高 4~5 倍。对于陈旧设备采用缓蚀剂保护，剂量应适当增加，因金属表面存在的垢层和氧化铁等常要额外消耗一定量的缓蚀剂。

11.5 缓蚀剂的测试评定及研究方法

缓蚀剂的测试评定主要是在各种条件下，对比金属在腐蚀介质中有无缓蚀剂时的腐蚀速率，从而确定缓蚀效率、最佳添加量和最佳使用条件。所以，缓蚀剂的测试研究方法实际上就是金属腐蚀的测试方法。

缓蚀剂的性能可以通过缓蚀率 η 表征。缓蚀率越大，缓蚀性能越好。

$$\eta = \frac{v_0 - v}{v_0} \times 100\% = \frac{i_0 - i}{i_0} \times 100\%$$

式中，v、v_0 分别是有、无缓蚀剂条件下的腐蚀速率；i、i_0 分别是用电化学方法测定时有、无缓蚀剂条件下相应的腐蚀电流密度值。缓蚀率达到 100%，表明缓蚀剂能达到完全保护，缓蚀率达到 90% 以上的缓蚀剂为良好的缓蚀剂，若缓蚀率为零时，即缓蚀剂无作用。许多情况下金属表面常产生孔蚀、晶间腐蚀和选择性腐蚀等非均匀腐蚀。此时，评定缓蚀剂的有效性，除其缓蚀效率以外，还需测量金属表面的非均匀腐蚀程度等。

评价缓蚀剂的缓蚀性能，还需检测其后效性能，即缓蚀剂浓度从其正常使用浓度显著降低后仍能保持其缓蚀作用的一种能力。这表明缓蚀剂膜从形成到被破坏能维持的时间。因此，对缓蚀剂除了要求其具有较高的缓蚀效率，减少缓蚀剂的用量，减少加入次数的总用量外，还希望具有较好的后效性能。为评价后效性能，需在较长的一段时间内进行试验。

11.5.1 实验室中缓蚀剂性能测试

实验室中评价缓蚀剂的方法主要有重量法、电化学方法等。

(1) 重量法

失重法是一种经典的腐蚀研究方法。该方法通过测量金属在腐蚀介质中放置一定时间后所损失的重量，求出其腐蚀速率。具体实验方法同腐蚀失重法相同，可参考本书的相关章节。这种方法简单易行，准确性较高，而且在大多数情况下它还被认为是与其他方法进行比较的一种标准方法，因而使用很广泛。根据金属在介质中运动与否，可分为静态失重法和动态失重法。动态法比静态法更接近于现场的实际。两者所测出的都是金属表面腐蚀速率的平均值。

但是失重法也有一些局限性，例如失重法无法反映出金属表面的局部腐蚀或点蚀现象，也不能及时反映腐蚀的状况。所以失重法只适用于全面腐蚀，对于有选择性的局部腐蚀则毫无意义。另外试验结果受试样的制备、环境介质、实验操作等许多因素的影响。但是，只要在实验操作时考虑到这些影响因素，使环境介质与实际情况相近，并小心操作，这些缺点还是可以克服的。

有时金属的腐蚀反应中涉及氧或氢参与的阴极反应，其间存在着定量关系，因此测量腐蚀过程中的氧的吸收量或氢的放出量（或两者同时测量），可间接得出金属的腐蚀量。连续测定气量变化，可得到腐蚀量-时间曲线，从而得出缓蚀剂的缓蚀效率。量气法多用于研究金属在酸性介质中的腐蚀。此方法较简单，容器密封较好，所求的缓蚀效率比失重法准确，因为与腐蚀量成等摩尔关系的气体密度小，即其体积较大，而且量气管的直径还可以缩小以改变测量范围。研究的金属为片状或粉状都可以。

（2）电化学方法

由于金属在电解质溶液中的腐蚀是腐蚀电池的阴、阳极过程同时进行的结果，因此缓蚀剂的作用实质上就是阴、阳极过程发生阻滞，从而使腐蚀速率减慢的结果。对于在较宽电位范围内电极过程服从 Tafel 关系式的腐蚀体系来说，测定极化曲线是一种很有用的评定缓蚀剂的方法。对于钝化型缓蚀剂可用恒电位仪测定阳极极化曲线来研究其缓蚀作用，还可采用线性极化法连续记录缓蚀的保护效果。具体的实验方法可参考本书的有关章节。

近年来也有学者采用恒电量法对缓蚀剂性能进行评价。恒电量测量技术最早由 G. Baker 提出。20 世纪 70 年代末由 K. Kanno 等引入腐蚀科学领域。他们用这一方法测定了金属的腐蚀常数。恒电量法仍属于电化学方法，近年来得到了迅速发展。恒电量法的基本原理是将一已知的电荷注入电解池，对所研究的金属电极体系进行扰动。同时记录电极电位随时间的变化。对曲线分析可得到各电化学参数。在测量过程中因为没有电量通过被测体系，一般不受溶液介质阻力的影响，所以特别适于在高阻腐蚀介质中的应用，对那些电化学方法不能应用的高阻体系，它却能进行快速而有效的应用，并提供定量数据，从而扩大了电化学方法的应用范围。

近年来随着电化学仪器的不断完善，经常采用交流阻抗技术研究缓蚀剂的性能。该法用小幅度正弦交流信号扰动电解池，并观察体系在稳态时对扰动的跟随情况，同时测量电极的阻抗。由于可将电极过程以电阻和电容网络组成的电化学等效电路来表示，因此交流阻抗技术实质上是研究 RC 电路在交流电作用下的特点和应用，这种方法对于研究金属的阳极溶解过程，测量腐蚀速率以及探讨缓蚀剂对金属腐蚀过程的影响有独特的优越性。根据研究体系的频响特征，对阻抗数据进行处理与分析，可推断电化学过程的性质。计算各表征参数的值。但阻抗谱的解析技术与交流阻抗测试技术相比，进展较缓慢，这主要是因为实际电极体系的阻抗谱较复杂，加之腐蚀电极过程机制的复杂性，造成阻抗谱参数解析的困难。

（3）缓蚀剂研究的其他方法

① 化学分析法　在腐蚀化学的研究中，常用化学分析法来测定腐蚀介质的成分和浓度，缓蚀剂的含量或由金属试样的腐蚀产物来测定金属的腐蚀量等，以此探讨腐蚀机理和腐蚀过程的规律。

当金属的腐蚀产物完全溶解于介质中，就可以定量分析求得瞬间腐蚀速率，据此可以从一个试样测出腐蚀量-时间关系曲线。如果一直到腐蚀试验结束，才从试样上附着或沉积于溶液中的腐蚀产物中取样分析，这样求得的腐蚀速率只代表平均腐蚀速率。化学分析可以作为一种腐蚀的监控方法。

② 光电化学法　电化学系统中的光效应早被人们意识到，用光辐射产生附加的电流的现象称为 Bequerel 效应。用光电化学方法对金属表面的钝化膜进行研究，可以获得有关钝化膜的信息。通过测量光电位可以研究电极在不同介质中钝化膜的导电情况，通过测量光电流可以获得膜的电性质。光电化学方法的最大优点是能够实现电极表面的原位测量，测试时试样不需要移出电解池就能够从微观上直接反映出电极表面分子水平的变化。

测量开路光电压是一种无损、灵敏的新方法，特别是对于现场监测铜被 Cl^- 侵蚀和评价铜缓蚀剂性能方面更为有效。

③ 恒电位-恒电流（P-G）瞬态响应测量技术　用恒电位-恒电流瞬态响应测量的理论和数据处理技术可以研究有机缓蚀剂在钝化膜表面的吸附特征、对金属钝化膜局部破坏以及点蚀的发生和扩展的抑制作用。根据有机缓蚀剂在钝态金属表面上的吸附、脱附过程的反应动力学原理，可以研究存在有机缓蚀剂吸附的钝化膜表面的不同状态（完全钝化态、点蚀诱发阶段、点蚀扩展阶段），P-G 瞬态响应方程式有着不同的形式和数学模型。在点蚀过程的不同阶段，其响应曲线各具不同特征，根据这些不同特征可研究钝化膜的稳定性和缓蚀剂的吸附特性。

④ 谐波分析法　用谐波分析法可以检测孔蚀及评价缓蚀剂的性能。该方法的特点是测量速率快而不需要对被检测电极进行强极化，所以它对现场的腐蚀监测来说特别有利。对 304 不锈钢电极在 $FeCl_3$ 溶液中有无硝酸盐缓蚀剂时进行谐波分析，并从最初的三级谐波的振幅计算了腐蚀速率及 Tafel 斜率，证明该方法与电化学噪声测试结果基本一致。

⑤ 斩波器法　有的学者用斩波器法研究涂油电极在 5% 的 NaCl 溶液中的电化学参数（极化电阻、油膜电阻及界面电容等），评价油溶性缓蚀剂的防锈性能。该方法能快速而比较准确地评价油溶性缓蚀剂性能，与极化曲线法基本一致，使用较方便。

⑥ X 射线电子能谱法（XPS 或 ESCA）　XPS 是表面分析的一种有效手段。XPS 可以在表面不严重的损坏下给出该区的原子信息，用以研究表面上各元素的含量、表面形貌以及表面精细结构，根据元素特征峰的位移可以得到有关氧化态的信息，其鉴定化学状态的能力，比俄歇电子能谱法要强些。通过表面膜的分析，可以研究缓蚀剂的作用机理。XPS 对 1～3nm 的表层分析有代表性，对原子序数大于 1 的元素检测极限约为 0.1%。

⑦ 表面增强拉曼散射（SERS）　SERS 效应是指在特殊制备的固体表面或模拟金属溶胶体系中，吸附分子的拉曼散射信号比普通信号强度可提高 4～6 个数量级的特点。一般认为 SERS 谱带的强度主要取决于吸附分子的覆盖度、空间取向及金属表面形态等因素，SERS 谱带的明显频移和相对强度的变化与吸附分子与电极表面的相互作用和空间取向有关。通过 SERS 谱的分析，可以比较缓蚀剂缓蚀性能，识别金属表面的缓蚀剂吸附物种及其吸附取向，区分化学吸附和物理吸附，确定缓蚀剂的作用基团等。

SERS 可以弥补传统电化学方法的不足，可在分子水平上研究缓蚀剂的作用机理，是一种具有很大发展前途的缓蚀剂研究方法。SERS 在缓蚀剂作用机理研究中的应用受到了国内外学者的广泛重视。我国近几年也开始有人重视并加以研究，但是能够应用于 SERS 的金属是比较少的，只有 Au、Cu、Li、Na 等金属可直接获得缓蚀剂在其表面的 SERS 谱，而铁本身并没有 SERS 谱。因此铁缓蚀剂的 SERS 谱研究有一定的难度。以可见光的散射光为光源，水的拉曼散射作用非常弱，从而避免了水的谱带干扰，特别适合于水溶液体系的研究。

⑧ 俄歇电子能谱法（AES） AES 是一种先进的表面微观分析方法，非常广泛地应用于表征阳极膜。特别是腐蚀领域的一些研究人员很感兴趣。AES 法对表面微量元素有很高的灵敏度，对 $0.5\sim3nm$ 的表层分析有代表性，对原子序数大于 2 的元素检测极限约为 0.1%，配合离子鉴离技术，对样品可作三维分析。因此可用来分析缓蚀剂膜的组成、厚度、所含元素的相对含量及深度分布。但是 AES 的测试需要在真空条件下进行，因此无法得到相应于实际腐蚀状况的表面状态。

⑨ 比色分析法 金属在酸性溶液中发生腐蚀时，以离子形态进入腐蚀介质，加入该种金属离子的显色剂，以比色法连续测定不同时刻该金属的溶解量，由此可以推导出腐蚀反应的动力学方程，研究腐蚀反应的机理。利用经典的失重法可以对其结果加以校验。中性或碱性介质中，由于腐蚀产物一般为非溶态，因而不适于采用此法。当然采用此法也得保证所加显色剂对腐蚀反应没有影响。

⑩ 椭圆光度法 当偏振光在金属镜上反射时，光线的两个组分（对于入射点为平行的和垂直的）的相位和振幅都会发生变化，但它们的变化是不相等的，因此反射就引起了相位和振幅的某种相对变化。如果金属表面有一层膜，那么这两种相对变化均有所改变，其改变的量取决于膜的厚度及成膜物质的折射率，通过对两种相对变化的分析处理，可得到膜厚及折射率的数值。由于这一方法是非破坏性的，它可给出连续的时间-厚度曲线，因而可用于研究膜的成长过程，用以探讨缓蚀剂的作用机理。

⑪ 量子化学方法 为了研制高效缓蚀剂，许多学者运用量子化学方法研究量子化学参数与缓蚀效率之间的关系，以期得到量子化学计算结果与缓蚀剂缓蚀性能的相关性，并根据这些认识实现新型缓蚀剂的分子设计。例如一些学者运用 HMO、CNDO/2、MINDO/3 等方法研究了有机缓蚀剂缓蚀性能与量子化学参数的相依性，找出了可能影响缓蚀性能的一些量子化学参数，得出了缓蚀性能与电子结构的定性甚至定量关系。有机化合物吸附型缓蚀剂是通过在金属表面形成吸附层而抑制金属腐蚀的。铁元素最外层 d 轨道未完全充满电子，可以接受外来电子成键，缓蚀剂分子如果含有孤电子或分子中存在双键、三键、苯环等基团，其化合物的电子云均可向金属中的空 d 轨道转移而形成配位键。因此，有机缓蚀剂的缓蚀性能与其化学结构有密切的关系，它提供的电子能越大，其缓蚀效果就越显著。

Vasta 曾用 HOMO 法研究了量子化学参数与缓蚀效率之间的关系，HOMO 轨道是缓蚀剂分子中电子的最高占据轨道，轨道能量越高，电子越易失去；LUMO 轨道是最低空轨道，能量越低，越易接受外来电子；缓蚀效率随缓蚀剂功能团的电子密度增加而增加。张士国等用 CNDO/2 方法对几种二醇、氨基醇和二胺及其与金属离子形成的配合物进行了计算。将计算结果与实验结果进行比较，表明这些分子是通过向金属提供电荷而与被缓蚀金属形成配合物，使缓蚀剂分子吸附在金属表面形成吸附膜而发挥缓蚀作用的，若缓蚀剂分子亲核中心与金属结合力强，形成配合物的平面性好，才能形成良好的吸附膜，而使其具有良好的缓蚀效果。

11.5.2 现场条件下缓蚀剂性能测试

腐蚀是个复杂的过程，腐蚀速率往往受多种因素的影响。实验室中评价缓蚀剂的性能受到试样的制备、环境介质、试样操作等多种因素的制约，有时实验室内很难模拟真实现场的实际情况。为了及时了解缓蚀剂对设备的缓蚀性能，应尽可能对设备装置做实时（real time）和在线（on-line）监测。现场条件下缓蚀剂性能测试技术主要介绍挂片失重法和线性极化探针法。

(1) 挂片失重法

判断某一缓蚀剂的缓蚀性能最直观的方法就是将试样暴露一定时间之后，测量试样质量的变化，这就是挂片法的试验基础。挂片法是工厂设备腐蚀监测中用得最多的一种方法。

挂片试验后，应该小心检查试样，在清洗和称量之前完整地记录腐蚀产物的状态。所有积聚的腐蚀产物和杂质都应该清除干净，可以用机械方法擦洗、刮净，也可以用化学方法在溶剂中洗涤。若不能除干净，会产生误差。根据失重数据和原始面积以及被试验金属的密度，很容易确定腐蚀速率。

挂片失重法的优点是：许多不同的材料可以暴露在同一位置，以进行对比试验和平行试验；可以定量地测定均匀腐蚀的速率；可以直观地了解腐蚀现象，评价缓蚀剂的效能。而且操作方法简单，能适应人员和设备的能力，满足各种需要。可以建立综合性系统，使之能够评价一批材料对一般腐蚀、孔蚀、应力腐蚀等的稳定性。特别是利用单独的碳钢挂片来监测冷却水回路的腐蚀。

其局限性在于：试验周期比较长，而且测量的是在试验周期内的平均腐蚀速率，无法反映腐蚀的变化，也检测不出短期内的腐蚀量或偶发的局部严重腐蚀状态。尽管这种方法有一定的局限性，但仍是一种有价值的方法，而且当腐蚀行为的进程不大可能变化，因而其响应快慢无关紧要时，挂片试验仍是一种可靠的基本方法。

在简单的质量法测定腐蚀速率中，假设金属损失是均匀的，这种方法需要辅助的金相显微镜，以检查是否存在孔蚀、晶间腐蚀、应力腐蚀等局部腐蚀。

在实验过程中应定期测定与腐蚀过程有关的参数，如 pH 值、氧浓度、缓蚀剂浓度等，虽不能直接得出腐蚀速率，但能得到有关腐蚀过程的情况。另外一些分析技术如光谱测定、工艺物料和腐蚀产物的 X 射线荧光特性测定以及特殊的离子选择性电极等，这类分析技术在腐蚀监测中的应用与腐蚀产物有关，并且牵涉到对测量结果与设备腐蚀过程之间关系所做的假设。例如，在添加缓蚀剂前后介质含铁量的分析，可以直接测出腐蚀速率的变化以及缓蚀剂的保护效率等。在合适的环境中，这类方法非常有价值。

(2) 线性极化探针

这是基于极化阻力技术发展起来的一种工业腐蚀监测技术。目前，广泛用于管线内腐蚀监测的是线性极化电阻（LPR）测量仪。它是将一个双电极或三电极电化学探头伸到管线中并与管内壁齐平，用它可以测出瞬时腐蚀速率及其随时间的变化。由于测量时溶液欧姆降不同，三电极型探针可用于电阻率更大的体系。这种装置的最大缺点是：只能在低电阻率电解质中使用。为此，曹楚南等人利用弱极化区极化电阻测量技术，研究发展了一种新型的腐蚀测量仪，它可以甚至在高电阻率的介质中（例如原油或油-水乳液中）准确检测/监测瞬时腐蚀速率及其随时间的变化。

线性极化探针法的主要特点是响应迅速，可以快速、灵敏地定量测定瞬间的全面腐蚀速率。这有助于判断设备的腐蚀问题，便于获得腐蚀速率与工艺参数之间的对应关系。可以及时地跟踪设备的腐蚀速率及其变化。主要适用于预期发生均匀腐蚀的场合。此外，还可以提供设备发生点蚀或其他局部腐蚀的指示，这被称为"点蚀指数"。"点蚀指数"结合全面腐蚀速率的测定，可为设备腐蚀监控提供报警信号和控制信号。例如，在设备中加入缓蚀剂后，点蚀指数会有较大变化，更适用于自动控制的需要。但线性极化探针法仅适用于具有足够导电性的电解质体系，当电极表面除了金属腐蚀反应以外还有其他电化学反应时，会导致误差。

极化阻力技术因其特点已在工业腐蚀监测方面获得一些应用。除了在水系统中应用以外，还用于大型多级海水淡化装置和炼油厂设备的腐蚀监测，在无水的有机反应中检测水的泄漏和对单乙醇胺系统缓蚀作用的监测及自动报警等。

金属设备的酸洗通常使用 $60\sim70\ ℃$ 的稀酸，为了防止设备腐蚀，一般都要加入缓蚀剂。但是在这种条件下，$FeCl_3$ 很容易进入酸洗液中，从而使缓蚀剂的缓蚀作用迅速降低，随后设备可能产生严重的腐蚀。线性极化探针法可以迅速地测出这种变化。

11.6　缓蚀剂的应用

缓蚀剂的应用主要有 4 个方面：石油化工、化学清洗、冷却水处理和防止大气腐蚀等。此外缓蚀剂还在工业生产中的工序间防锈、长期储存、运输过程中所涉及的防锈水、防锈油、油封包装、气相封存等得到广泛应用。

11.6.1　在石油与化学工业中的应用

在石油工业中，缓蚀剂广泛被用于采油、采气、炼油、储存、输送以及产品等方面。

(1) 采油、采气工业中的应用

一般原油、气井内都含有 H_2S、CO_2 腐蚀性介质，并与高矿化度的水溶液混合在一起，对设备带来严重腐蚀，其中尤以 H_2S 的腐蚀最为严重。目前抑制 H_2S 腐蚀的缓蚀剂主要是有机缓蚀剂，我国已经生产和使用的部分抗 H_2S 腐蚀的缓蚀剂见表 11-1 所列。一般用量约 0.3%，缓蚀率可达 90% 左右。为了增产原油，在采油工艺中已采用高温高压酸化压裂技术。表 11-2 是我国研制和应用部分油、气井酸化的缓蚀剂。一般使用温度在 $80\sim110\ ℃$ 之间（有的可在 $150\ ℃$ 以上）使用，用量 $2\%\sim4\%$，缓蚀效率可达 90% 左右。

表 11-1　部分国产抗 H_2S 腐蚀的缓蚀剂

缓蚀剂名称	主 要 组 分	缓蚀剂名称	主 要 组 分
7019	蓖麻油酸、有机胺和冰醋酸的缩合物	1017	多氧烷基咪唑啉的油酸盐
兰 4-A	油酸、苯胺、乌洛托品缩聚物	7251(G-A)	氯化-4-甲吡啶季铵盐同系物的混合物
1011	聚氧乙烯、N-油酸乙二胺		

表 11-2　部分国产油、气井酸化的缓蚀剂

缓蚀剂名称	主 要 组 分
7623	烷基吡啶盐酸盐
7701	氯化苄与吡啶类化合物形成的季铵盐
(7∶3)土酸缓蚀剂	ABS、乌洛托品、硫脲、冰醋酸
天津若丁-甲醛	若丁、甲醛、EDTA、醋酸、十六烷基磺酸钠
407-甲醛、411-甲醛	4-甲基吡啶、甲醛、烷基磺酸、醋酸
若丁-A	硫脲衍生物、乌洛托品，Cu^{2+}、醋酸、烷基磺酸
工读-3 号配合剂	苯胺乌洛托品缩合物、甲醛、醋酸、烷基磺酸
7251(G-A)	氯化-4-甲基吡啶季铵盐同系物的混合物
其他缓蚀剂组分	页氮、页氮-甲醛、重质吡啶-甲醛、尿素-甲醛等

(2) 炼油工业中的应用

炼油的常压、减压装置设备及其附属设备（油罐、盒线等）的腐蚀，主要原因是原油中含有 $HCl-H_2S$ 的联合腐蚀。我国用于炼油的缓蚀剂有 4052、1017、7019、兰 4-A、尼凡丁-

18 等，表 11-3 列出了部分国产炼油厂使用的缓蚀剂。一般首次成膜剂量采用 $20 \sim 40 \mathrm{mg/L}$，持续补膜剂量为 $5 \sim 15 \mathrm{mg/L}$。

表 11-3　部分国产炼油厂使用的缓蚀剂

缓蚀剂名称	主 要 组 分	备 注
1012,1014	环氧丙烷与 N-油酰乙二胺加成物	油溶性好
1017	多氧烷基咪唑啉油酸盐	油溶性好,相变处缓蚀率较高
7019	蓖麻油、有机胺和冰醋酸缩合物	相变处缓蚀率高
兰 4-A	油酸、苯胺、乌洛托品聚合物	抗氧化能力低
尼凡丁-18	聚氧乙烯十八烷胺、异丙醇	对液相部位缓蚀率较高

(3) 在化学工业中的应用

烧碱生产中的铸铁熬碱锅腐蚀严重，并可能引起危险的碱脆。实践证明，加 0.03% 左右的 $NaNO_3$ 后，铸铁锅的腐蚀深度从每年几个毫米降低到每年 1mm 以下，缓蚀效率达 80% ～ 90%，延长了设备使用寿命。为避免 NH_4HCO_3 生产中碳化塔体及冷却水箱的腐蚀，采用 3% Na_2S 进行缓蚀，效果良好。农用碳化氨水对储槽和运输容器的腐蚀采用过磷酸钙为缓蚀剂，用量为 3% ～ 7% 时，缓蚀率可达 51% ～ 85%。在饱和 CO_2 的 40% ～ 50% K_2CO_3 溶液中加入 0.2% $K_2Cr_2O_7$ 可抑制碳钢及碳钢-不锈钢组合件的电偶腐蚀。

11.6.2　在化学清洗中的应用

锅炉/管道在使用过程中会逐渐形成不同类型的水垢和锈层，造成阻力增大，严重时甚至会造成管道堵塞。同时，由于垢的热导率远低于钢铁，因此，不仅会造成能耗剧增，浪费燃料，而且会引起加热面过热和钢铁晶粒长大，结构的强度下降，以及在承压条件下发生爆炸。因此，必须适时进行化学清洗除垢。化学清洗主要借助于一些无机酸和有机酸清除掉金属表面的锈或积垢。为防止酸洗过程中金属材料的过腐蚀和氢脆现象，需要在酸洗液中加入酸洗缓蚀剂。化学清洗常用的无机酸主要有盐酸、硫酸、硝酸、磷酸、氢氟酸、次磷酸 (H_3PO_2)、铬酸 (H_2CrO_4) 等。常用的有机酸有：氨基磺酸 (NH_2SO_3H)、乙酸、羟基乙酸、柠檬酸、草酸等。

高效酸洗缓蚀剂的添加，不但要尽量地降低金属的腐蚀速率，而且要大大降低酸的消耗 (比没加缓蚀剂少用酸 4～5 倍) 和减少车间酸雾的污染。采用酸洗除锈去垢要根据设备要求，采用合适的酸洗工艺和添加适当的酸洗缓蚀剂。常用的酸洗缓蚀剂中，其主要成分是乌洛托品、醛、胺缩聚物、硫脲、吡啶、喹啉及其衍生物以及由化工下脚料加工成的缓蚀剂等。表 11-4 列出了常用部分国产酸洗缓蚀剂。

这里仅对机械设备和金属材料的酸洗缓蚀剂作一介绍。

(1) 机械设备酸洗缓蚀剂

根据各种机械设备 (锅炉、热交换器等) 的结构及其构成的材料的不同，有的可使用盐酸、硫酸-氢氟酸以及硝酸等无机酸。对于精密的机械设备可使用柠檬酸、羟基乙酸、乙二胺四乙酸和蚁酸等有机酸作为酸洗剂。一般采用盐酸较多，它能清除锅炉污垢，但对设备基体也会侵蚀、对硅酸盐垢效果较差。对于那些清洗液难以从设备中完全排出，残留的 Cl^- 可能引起的应力腐蚀的场合宜采用柠檬酸等有机酸作清洗剂。它具有除垢速率快、不形成悬浮物和沉渣的优点，但也存在药品贵、除垢力比盐酸小及对 Cu、Ca、Mg 垢及硅酸盐溶解力差的缺点。氢氟酸作清洗剂主要清除硅化物，其反应为：

$$SiO_2 + 6HF \longrightarrow H_2SiF_6 + 2H_2O$$

表 11-4 常用部分国产酸洗缓蚀剂一览表

名 称	主要成分	适用酸洗液	适用范围
五四若丁	邻二甲苯硫脲、食盐、糊精皂角粉	盐酸、硫酸	碳钢
若丁型工读-P	邻二甲苯硫脲、食盐、平平加	盐酸、硫酸、磷酸、氢氟酸、柠檬酸	黑色金属、黄铜
工读-3 号	乌洛托品-苯胺缩合物	盐酸	
沈 1-D	甲醛-苯胺缩合物	盐酸	
02	页氮、硫脲、平平加、食盐	盐酸	
1901	四甲基吡啶釜残液	盐酸、氢氟酸	锅炉酸洗
页氮＋碘化钾	页氮、碘化钾	盐酸	碳钢
粗吡啶＋碘化钾	粗吡啶、碘化钾	硫酸	碳钢
α 或 β 萘胺	α 或 β 萘胺	硫酸	碳钢
胺与杂环化合物	α 及 β 萘喹啉二苄胺	硫酸	碳钢
胺与杂环化合物	萘二胺-(1,3)二苯胺	硫酸	碳钢
1143	二丁基硫脲溶于 25% 含氮碱液	硫酸	碳钢
抚顺页氮	粗吡啶、邻二甲基硫脲、平平加	盐酸	钢铁、不锈钢
Lan-5	乌洛托品、苯胺、硫氰化钾	硝酸	铜、铝
SH-415	氯苯、MAA 树脂	盐酸	碳钢
SH-501	十二烷基二甲基氯化铵、苯基三甲基氯化铵	酸洗	碳钢
氢氟酸缓蚀剂	2-巯基苯并噻唑、OP	氢氟酸	碳钢、合金钢
仿 Rodine31A	二乙基硫脲、叔辛基苯聚氧乙烯醚、烷基吡啶硫酸盐	柠檬酸	碳钢、合金钢
仿 Ibit-30A	1,3-二正丁基硫脲、咪唑季铵盐	柠檬酸	碳钢、合金钢
Lan-826	有机胺类	盐酸、硫酸、硝酸、氨基磺酸、氢氟酸、羟基乙酸、磷酸、草酸、柠檬酸	碳钢、低合金钢、不锈钢、铜、铝等

其所以能作为清洗剂更重要的是它对 α-Fe_2O_3 和 FeO 有良好溶解性。氢氟酸虽然是弱酸，但当低浓度时却比盐酸和柠檬酸等对氧化铁有更强的溶解能力，这主要是由于 F^- 络合作用的结果。针对不同金属酸洗中采用的酸来选择适当的缓蚀剂，常用的有若丁（邻二甲苯硫脲）、乌洛托品（六次甲基四胺）、粗吡啶、页氮（油页岩干馏副产物）等。这些缓蚀剂大多是炼焦厂和制药厂的副产品，其特点是价格便宜，缓蚀效率高（可达 99%），可减少酸的用量和金属的损失，有利于环境保护和防止金属氢脆。由于机械设备酸洗用量大，酸洗废液一次排出量很大，必须降低缓蚀剂本身的 COD（化学耗氧量）、BOD（生化耗氧量）值及毒性。

（2）钢材酸洗缓蚀剂

在带钢或线材冷轧或冷拉前，需要除去钢材表面在高温下生成的氧化皮。一般采用高温、较高浓度的硫酸、盐酸连续酸洗工艺处理。为防止钢材酸洗中产生的过腐蚀常加入适量的缓蚀剂。

对酸洗缓蚀剂有以下要求：①在高温、高浓度酸洗液中缓蚀剂是稳定的；②缓蚀剂的缓蚀效率高，不发生氢脆断裂；③缓蚀剂发泡低、没有干扰成分；④缓蚀剂的浓度容易控制，不影响酸洗去除氧化皮的速率，能满足连续、快速生产的要求。如高温盐酸连续酸洗，可使用页氮加 KI 缓蚀剂，其用量为纯酸的 0.3%，酸洗时间 1~3min。

不锈钢的酸洗，通常使用硝酸或硝酸-氢氟酸的混合酸。该场合如果采用吸附型有机缓蚀剂，会发生氧化皮不能除净，而且随时间延长，还会由于硝酸作用引起缓蚀剂分解，反而加速钢材腐蚀。所以，对于硝酸体系的酸洗液中，不锈钢酸洗缓蚀剂的研制，仍是今天的研究课题。但是我国在这方面研究已取得一定的成果。

11.6.3 在冷却水系统中的应用

使用冷却水的方式有两种：直流式和循环式冷却水。所谓直流式冷却水系统是热交换水直接排放不再使用的形式。在大型工厂，除了使用海水冷却外，使用淡水直流式冷却水系统很少。直流式冷却系统用水量大，缓蚀剂的投加量有一定限制，一般添加几毫克每升的聚磷酸盐可防止钙的析出和 Fe^{3+} 的沉积。为了节约用水，提高水的利用率，在工业生产中大量使用循环式冷却水系统，它又可分为敞开式和密闭式两种。敞开式系统是指把经热交换的水引入冷却水塔冷却后再返回循环系统。这种水由于与空气充分接触，水中含氧量高，具有较强的腐蚀性。而且，由于冷却水经多次循环，水中的重碳酸钙和硫酸钙等无机盐逐渐浓缩，再加上微生物的生长，水质不断变坏。为控制由此而产生的局部腐蚀、水垢下腐蚀和细菌腐蚀，一般加入 300~500mg/L 的重铬酸钾和 30~50mg/L 的聚磷酸盐的混合物，这是敞开循环冷却系统中具有最佳效果的缓蚀剂，目前正在广泛使用。密闭循环式冷却水系统，以内燃机等的冷却系统为代表，它处于比敞开式系统更为苛刻的腐蚀环境下。采用的缓蚀剂有铬酸盐（投加量为 0.05%~0.3%）、亚硝酸钠（加 0.1%）、锌盐、铝盐、硅酸盐及含硫、氮的有机化合物等。

11.6.4 在大气腐蚀中的应用

常用于防止大气腐蚀的缓蚀剂多半是挥发性的气相缓蚀剂。前面已经介绍，气相缓蚀剂是指本身具有一定蒸气压并在有限空间内能防止气体或蒸气对金属腐蚀的缓蚀剂。气相缓蚀剂（简称 VPI），又称挥发性缓蚀剂，是近几十年发展起来的新型防锈技术，现在广泛应用于军械器材、机车、飞机、船舶、汽车、仪表、轴承、量具、模具和精密仪器等工业部门。它的优点在于：借助气体达到防锈目的，适用于结构复杂、不易为其他涂层所保护的制件；使用方便，适用武器封存、适应战备要求；封存期较长，用它保护金属可达 10 年之久；用量少，比较经济便宜；包装外观精美、干净。其缺点是现在适用于多种金属和镀层的气相缓蚀剂还不多，许多气相缓蚀剂还不能用于多种金属的组合件。另外，气相缓蚀剂气味大，对手汗抑制能力差。因此，尽管气相缓蚀剂有了很大的发展，但不能完全代替其他防锈方法。特别在既要防锈，又要润滑的地方，还必须用防锈油。

气相缓蚀剂种类很多，据不完全统计，有缓蚀作用的有二三百种，大致可分为以下几类。

(1) 无机酸或有机酸的胺（铵）盐

如亚硝酸二环己胺、亚硝酸二异丙胺、碳酸环己胺、磷酸二异丁胺、铬酸环己胺、碳酸苄胺、磷酸苄胺、苯甲酸单乙醇胺、苯甲酸三乙醇胺、苯甲酸铵、碳酸铵等。大多数对钢铁有缓蚀作用，但少数对铜、铝等有色金属会加速腐蚀。

(2) 硝基化合物及其胺盐

如硝基甲烷、2-硝基氧氮茂，间硝基苯酚、3,5-二硝基苯甲酸环己胺、2-硝基-4-辛基苯酚四乙烯五胺、2,4-二硝基酚二环己胺、邻硝基酚三乙醇胺。在这类化合物中，有些是适用于黑色、有色金属等多种金属的通用气相缓蚀剂。

（3）酯类

如邻苯二甲酸二丁酯、己二酸二丁酯、醋酸异戊酯、甲基肉桂酯、异苯基甲酸酯、丁基苯甲酸酯等。这类化合物中有些能对有色金属起缓蚀作用。

（4）混合型

它是由几种化合物混合后产生的具有缓蚀作用的挥发性物质，以阻滞金属的锈蚀。如亚硝酸钠、磷酸氢二铵和碳酸氢钠的混合物；亚硝酸钠和苯甲酸的混合物；亚硝酸钠和乌洛托品的混合物；亚硝酸钠和尿素的混合物；苯甲酸、三乙醇胺和碳酸钠的混合物等。这些混合型气相缓蚀剂都适用于黑色金属防锈，并对钢件磷化和氧化以及钢件镀镍、铬、锌、锡等也有良好的缓蚀作用。但对铜可生成易溶于水的铜氨络合物，故对铜及铜合金有腐蚀作用。

（5）其他类型的气相缓蚀剂

如六亚甲基四胺、苯并三氮唑等。其中苯并三氮唑对铜、铜合金、银有良好的缓蚀作用。

作为气相缓蚀剂必须具备2个条件：一是挥发性，具有较高的蒸气压，在常温下为0.1～1Pa较为合适；二是能分离出具有缓蚀性的基团。

气相缓蚀剂的使用方法有：粉末法、气相纸法、溶液法、气相油法、粉末喷射法、复合材料法等。例如亚硝酸二环己胺是国内外研究最多，应用最广的一种气相缓蚀剂，呈白色至淡黄色结晶，在175℃会分解。能溶于水，水溶液的pH值约为7。它的蒸气压很低，21℃时为0.016Pa。随温度增加其蒸气压也增加。它对黑色金属钢、铸铁及钢件发蓝、磷化等具有优良的防锈能力。它对大多数非金属材料，如塑制品、油漆涂层、黏结剂、干燥剂、包装材料无影响。它可以粉末法、气相纸法或溶液法使用。

【科学视野】

自组装膜技术在金属防腐蚀中的应用

1. 什么是自组装膜技术

自组装（self-assembly，SA）是指依靠自发的化学吸附或化学反应形成有序分子膜的过程，所形成的膜称为自组装单分子层膜。所以自组装单分子膜（self-assembled monolayers，SAMs）是指有机物分子在溶液或气相中自发地吸附在固体表面上所形成的紧密排列的二维有序单分子层，其厚度约零点几纳米到几个纳米。

近20年来，自组装单分子膜技术得到了突飞猛进的发展。由于SAMs具有取向性好、有序性强、排列紧密等特点，正在金属腐蚀与防护、非线形光学、生物化学、表面物理化学、化学分离、生物传感器、材料科学等领域扮演着越来越重要的角色，引起了研究者们的广泛关注和极大兴趣。

自组装的基本方法是：将基片浸入到含有活性物质的溶液或活性物质的蒸气中，活性物质在基片表面发生自发的化学反应，在基底上形成化学键连接的二维有序结构。自组装技术最初是基于带正、负电荷的高分子在基片上交替吸附原理的制膜技术，其成膜驱动力是库仑力或称静电相互作用，所以一开始选用于成膜的物质仅限于阴、阳离子聚电解质，或水溶性的天然高分子，并在水溶液中成膜。到现在用于自组装膜的材料已不限于聚电解质或水溶性的天然高分子，其成膜驱动力也从静电力扩展到氢键、电荷转移、主-客体等相互作用，并已成功地制备了各种类型的聚合物纳米级超薄膜，同时也初步实现了自组装膜的多种功能化，使其成为一种重要的超薄膜制备技术。

自组装技术简便易行，无须特殊装置，通常以水为溶剂，具有沉积过程和膜结构分子级控制的优点。可以利用连续沉积不同组分，制备膜层间二维甚至三维比较有序的结构。自组装技术看似简单，其微观过程却是很复杂的。

2. 自组装膜在金属腐蚀与防护中的应用

20 世纪 90 年代初拉开了自组装膜技术用于金属防腐研究的序幕。SAMs 对基底金属的保护作用和抗腐蚀作用，是 SAMs 应用中的一个非常重要的方面。研究表明，有机缓蚀剂的应用与有机分子在金属表面形成 SAMs 密切相关。缓蚀剂的作用机理可以用 SAMs 模型来解释：有机缓蚀剂分子在金属表面发生吸附和定向，自发地形成自组装单分子层（SAM），该 SAM 膜排列紧密，结构高度有序，具有疏水性，可以阻止和避免溶液一侧的水分子、氧分子、电子向金属表面的迁移和传输，从而起到对基体金属的保护作用。表面 SAMs 的形成一方面抑制和阻止了基体金属的氧化-还原过程，另一方面，由于介电常数较小的有机物分子取代了 Helmholtz 层中介电常数较大的水分子和水合离子，从而使电极/溶液界面电双层电容明显降低。

将 SAM 应用于金属的防腐蚀，具有许多其他方法所不具备的优点：自组装膜的形成是一个自发的化学吸附过程，自组装膜与金属表面具有很强的黏合力，被保护的金属不论任何形状均可以形成自组装膜，自组装膜的厚度在纳米数量级并可通过选择吸附剂方便地加以控制。自组装膜对金属的保护并不改变金属的外观，这对铜的文物保护具有特别重要的意义。此外，形成的自组装膜密集、处于液晶态，自组装膜的化学组成可通过设计和合成吸附剂来改变其尾基。

目前几类具有缓蚀功能的自组装单分子膜体系有以下一些。

（1）烷基硫醇类 SAMs

在防腐蚀方面，例如硫醇类缓蚀剂的自组装膜对 Cu、Au、Fe 等金属有相当好的保护作用。此外，邻氨基苯硫酚对 Ni 在 3% NaCl 中，也具有良好的缓蚀作用。烷基硫醇通过 Cu、S 原子成键，化学吸附在铜表面形成一层紧密排列的疏水单层膜，这层膜在 $0.5mol/dm^3$ Na_2SO_4 溶液中对铜的缓蚀效率在 60%～80% 之间。为了获取更高的缓蚀效率，可利用四乙氧基硅烷等改进铜表面的烷基硫醇 SAMs，得到一维和二维聚合物超薄膜，大大提高了对铜基底的缓蚀作用。由于铁和其他活泼金属非常容易被空气氧化，在这些基底上制备硫醇自组装膜比较困难。

（2）咪唑啉类 SAMs

在石油工业中，油酸咪唑啉是良好的缓蚀剂，对输油管道起到保护作用。油酸咪唑啉在金属表面形成一层疏水的保护层，能够有效地防止金属与水发生作用；油酸咪唑啉的头基和金属发生键合作用，形成有序的单层膜；油酸咪唑啉的尾基必须足够长以覆盖金属表面。这类物质在钢或铁上组装以后，能有效地缓解侵蚀性物质的破坏作用。该自组装膜在 10% 的 NaCl 溶液中对铁的缓蚀效率在 60%～90% 之间，最高可达 99%。

（3）希夫碱类 SAMs

希夫碱是一类含有 C═N 键的有机物，它本身就是一类对铜和钢有很好防蚀功能的缓蚀剂。在含有 Cl^- 的溶液中（NaCl、HCl），希夫碱对铜具有很高的缓蚀效率。在 $0.5mol/dm^3$ NaCl 溶液中，自组装膜对铜的缓蚀效率在 90% 左右。

3. 发展趋势

自组装技术的发展经历了 20 余年的时间，但还尚未达到系统研究的层次。在缓蚀作用方面还存在着化学稳定性不好、重现性不高等问题。要进一步拓宽自组装膜的研究范围，必须深刻了解合成/结构/功能的关系。把自组装技术与电化学等方法相结合，有望在工业应用最广泛的金属（如铁、铜等）上组装具有缓蚀功能的有序分子膜。金属表面组装缓蚀功能有序分子膜的研究如果取得较大进展，有可能给金属防护技术带来革命性的影响。这是因为它有利于从设计分子结构单元来赋予膜特定的缓蚀功能，为在分子水平研究缓蚀机理开拓新途径；而且它有可能部分取代目前在金属防护领域中广泛应用的、在液相介质中加入缓蚀剂减缓金属腐蚀的传统方法，因而将拓展新的应用范围。随着研究的不断深入，量子力学和分子力学方法将更多地应用于金属表面自组装功能分子膜的研究，并对自组装体系进行优化模拟；而现代表面分析方法的进展，将为自组装膜的表征提供新的研究手段。可以预言，在不久的将来，无论是在基础理论还是应用研究方面，金属表面自组装缓蚀功能分子膜的研究都可望取得较大的突破。

【科学家简介】

海洋腐蚀权威：弗朗西斯.L. 拉克

弗朗西斯.L. 拉克（加拿大，1904—1988）是一位享有世界声誉的海洋腐蚀方面的权威专家、出色的作家、演说家、杰出的商业董事以及政府高级顾问。

弗朗西斯.L. 拉克的主要工作是在美国进行的，晚年，弗朗西斯.L. 拉克又重新申请了加拿大国籍，并于 1985 年当选为美国工程院（NAE）外籍院士（foreign associate）。

1904 年弗朗西斯.L. 拉克生于安大略省（Ontario）迦纳诺魁（Gananoque），并在迦纳诺魁读书。不幸的弗朗西斯幼年丧父，所以弗朗西斯很早就知道要付出额外的劳动以承担起帮助母亲 Agnes Mary（O'Neil）及其妹妹 Mary 照料家庭的责任。弗朗西斯读书期间就十分喜爱自然科学与冰球运动，并在这两方面表现得相当出色，这些表明了他具有做事认真、喜欢应用科学及乐观开朗的性格。由于中学学习成绩优秀，弗朗西斯被位于安大略省金斯顿市附近的皇后大学录取，于 1927 年获得化学与冶金工程学学位。毕业后弗朗西斯在加拿大的 Delro 冶炼与精制公司工作了几个月，作为车间的领班负责氧化钴的精炼。但是很快他又与著名的加拿大国际镍业有限公司（INCO）签约，并担任了 11 年的技术服务部门的助理主任。1938 年弗朗西斯被选拔到发展与研究部工作。1940 年任腐蚀工程部门的负责人，1945 年弗朗西斯担任发展与研究部副总裁与经理一职。1954 年担任人事部副部长。从 1952 年到他退休的 1969 年，弗朗西斯一直担任总裁的特别助理。因此，在 INCO 工作的 42 年间，弗朗西斯对暴露于自然环境中材料的研究、制造和使用都了如指掌。

弗朗西斯最主要的成就之一是在位于美国北卡罗来纳州 Kure 海岸和 Wrightsville 海岸建立的大型、实效的海洋腐蚀试验场。这一宏大试验大约始于 1935 年，当时弗朗西斯获批了在 EthylDow 化学公司的溴提取工厂输送海水的管路中浸泡合金试样，该试验场很快扩大为各种海洋大气暴露腐蚀试验场，并在 Wrightsville 海滨建立了一些永久性的设施，这些新的设施容纳数以千计的试样，试验结果完全能够评价诸如脱盐、蒸馏、冷凝等整个工程设备的耐蚀性能，由此引起许多工程师和科学家的极大兴趣。相应地，弗朗西斯从试验场建立伊始就安排每年一次的试样检测与评估学术研讨会，包括对试验结果的分析及邀请其他方面的专家发表不同的看法等。弗朗西斯总是善于运用他那非凡的智慧和才能，熟练地将各种不同的看法和建议进行归纳和统一。这一学术研讨会如此受学者的欢迎，每次参加的人数都数以百计，以至于后来成为了著名的海马协会（the Sea Horse Institute）。直到今天，海马协会在 W. W. Kirk 的领导下在同一地点继续延续着这一传统，现在正式称之为"拉克腐蚀技术中心"。

弗朗西斯在获得冶金学学士学位 37 年后，他被授予法学荣誉博士学位。并担任麻省理工学院冶金系、宾夕法尼亚大学电化学部科技学院（Case Institute of Technology）以及国家标准局的客座教授。弗朗西斯主要参与专注于腐蚀科学研究的一些学术机构，例如，1959年至 1960 年间担任腐蚀研究学会主席，1962 担任电化学会主席，1949 年担任美国腐蚀工程师协会（NACE）主席，弗朗西斯同时还是美国金属学会会员、焊接研究会副会长、汽车工程师学会会员、美国造船与海洋工程师学会会员、美国化学会会员。

从加拿大国际镍业有限公司（INCO）退休后，弗朗西斯花费大量时间在世界范围作关于腐蚀方面的学术演讲。1970～1976 年间，先后为位于加利福尼亚州 La Jolla（拉荷亚小镇）及夏威夷大学的 Scripps 海洋研究院（Scripps Institution of Oceanography）进行海洋腐蚀方面的专门培训。并担任国际海洋基金会董事。在他的激励、鼓舞及引导下，许多学生从事了腐蚀方面的研究工作。并且弗朗西斯无私地帮助许多工程师解决一些金属腐蚀方面的问题。

弗朗西斯曾这样评价人们对腐蚀知识的理解："一个人所具有的腐蚀问题的经验的多少常常决定着他对腐蚀问题的看法。一些新手也许认为，他们理解了曾经见到过的腐蚀问题，就认为他们具备了解决将来出现相似腐蚀问题的能力。而一些专家则也许对一些表面上的异常腐蚀行为提出合理的解释，并由此认为腐蚀是一种有规律的现象。但是腐蚀工程师们往往像经济学家一样，知道很有必要对发生的腐蚀问题提出最可能的解释，而不是善于预测将会发生的类似的腐蚀问题。"

不论是在岗工作还是退休，弗朗西斯花费了大量的时间进行工程标准的改进工作。如同腐蚀问题本身一样，弗朗西斯不仅仅要关心着美国的，更要考虑全球的金属腐蚀问题。弗朗西斯是许多工程标准组织成员，既要做好正常的本职工作，还从 1969 年至 1971 年间担任美国标准学会（ANSI）主席，1959 年至 1960 年间担任美国试验与材料协会（ASTM）主席，1974 年在华盛顿担任有关工业标准的美国商业部助理国务卿。

弗朗西斯获得了 1976 年美国标准协会的 Astin-Polk 国际标准奖，充分肯定了弗朗西斯对工程标准所做出的巨大贡献。

不曾有任何一位美国人对国际标准化和美国标准化负有如此高的责任，弗朗西斯不仅以伟人的眼光和智慧，更以政治家的外交手段去履行这些责任。弗朗西斯作为国际标准化协会主席、美国标准协会主席、美国试验与材料协会主席、泛美标准委员会副主席及美国商业部产品标准助理国务卿，弗朗西斯总是孜孜不倦地工作，以保证标准化方案满足社会各界的需要。弗朗西斯对自愿性标准化工作的努力所获得的广泛支持以及帮助协会制定的远景规划，将有助于美国和国际组织继续对世界范围的技术交流以及世界各地人民的幸福平安做出持久的贡献。

弗朗西斯在其他专业领域也做出了出色的业绩，例如 1949 年获得美国腐蚀工程师协会颁发的 Frank Newsman Speller 奖，1962 年获美国标准协会颁发的 Howard Coonley 奖，1968 年获电化学协会颁发的 Edward G. Acheson 奖，标准工程协会颁发的 Leo B. Moore 奖，汽车工程师协会颁发的 Arch T. Colwell 合作工程奖以及美国标准协会荣誉会员。

弗朗西斯的代表著作有：Edgar Marburg 讲座《腐蚀试验》（见 ASTM 论文集，1951 年第 51 卷）；1963 年与 H. R. Copson 合著的《金属与合金的耐蚀性》（纽约 Reinhold 公司出版）；1975 年出版的电化学会专题系列丛书《海洋腐蚀》（纽约 John Wiley and Sons 公司）以及电影《腐蚀在进行》的制作及其《腐蚀在进行》解说词一书（1955 国际镍业公司出版发行）。

人们将永远记住弗朗西斯．拉克的丰功伟绩，有许多人从他的伟绩中获益。然而对于那些与他共事并真正熟悉他的人来说，最容易想起的是他所具有的幽默、善辩、兴趣盎然和办事高效的风格，以及他从一个极其认真的学者向幽默灵活的领导者角色转换的能力，他决不容许别人在严肃的研讨会上聊天，但对认真学习的年轻人总是给予耐心的帮助……

弗朗西斯．L. 拉克于 1988 年 1 月 19 日在他的家乡加拿大安大略省金斯顿市溘然长逝，享年 83 岁。

思考练习题

1. 什么是缓蚀剂？缓蚀剂可分为哪几种类型？
2. 何谓缓蚀效率？如何计算缓蚀效率？
3. 缓蚀剂有几种缓蚀机理？其主要思想是什么？
4. 图解说明铬酸盐和亚硝酸钠的缓蚀作用机理，并指出使用时应注意的问题。
5. 论述有机缓蚀剂的作用机理。
6. 按电化学机理，缓蚀剂分为哪几种类型？
7. 说明缓蚀剂的吸附机理，并分析影响吸附的因素。
8. 分析影响缓蚀作用的因素。
9. 某缓蚀剂如果能使阳极面积减小到未添加缓蚀剂时的 1%，腐蚀速率如何变化？腐蚀电位如何变化？
10. 讨论在腐蚀性介质中，加入不同添加剂后，金属的腐蚀电位和腐蚀电流间的关系。
11. 在某体系中进行采用缓蚀剂抑制腐蚀的试验，用电化学方法评价缓蚀剂的缓蚀效率。测得添加缓蚀剂 A 时，腐蚀电流密度 $i_a = 0.8 \mu A/cm^2$，缓蚀效率 η_a 为 90%。添加缓蚀剂 B 时，腐蚀电流密度为 $0.1 \mu A/cm^2$。计算缓蚀剂 B 的缓蚀效率 η_b。
12. 某缓蚀剂可使阳极面减小到未添加缓蚀剂时的 10%，计算腐蚀速率减小多少？腐蚀电位变化多少？假定阳极反应 Tafel 斜率 0.08V，阴极 Tafel 斜率 -0.16V。

第 12 章　电化学保护法

防止金属腐蚀有多种方法，应用腐蚀电化学原理发展起来的电化学保护技术就是其中之一。电化学保护是指通过改变金属的电位，使其极化到金属 E-pH 图中的免蚀区或钝化区，从而降低金属腐蚀速率的一种方法。电化学保护又分为阴极保护和阳极保护。

电化学保护法中的阴极保护法，早在电化学科学创立之前，就已经有人采用了。1824 年，汉弗莱·戴维（Humphrey Davy，英国）爵士首次将牺牲阳极阴极保护法的概念应用于海军舰船，用锌或铸铁保护木质船体外包覆的铜层，有效地防止了铜的腐蚀。但由于铜的腐蚀产物铜离子可杀除海洋生物，避免其附着于船体、加大船的航行阻力，因此在以木质舰船为主的航海时代，由于人们更倾向于提高船的航行速率，一度对阴极保护失去了兴趣。阴极保护的大规模应用出现在交流电及其整流方法的发现和使用之后。1928 年，被誉为"阴极保护之父"的美国科学家罗伯特 J. 柯恩（R. J. Kuhn）在新奥尔良对长距离输气管道成功地进行了世界上第一例外加电流阴极保护，由此奠定了整个阴极保护的技术基础。至 20 世纪 50 年代，地下管线的外加电流阴极保护技术已得到普遍应用，而随着钢铁在航海及海洋平台、码头等方面的广泛使用，将阴极保护法与涂料保护联合应用于防腐，效果比单纯使用涂料要好得多，海洋环境金属的阴极保护也成为必需的防腐手段之一。

我国长输管道的阴极保护始于 1958 年，当时仅限于小规模的试验。从 20 世纪 70 年代起，我国长输管道开始推广应用阴极保护技术。1976 年以后，阴极保护技术在国内的步伐加快。80 年代，长输管道及储罐电化学保护技术不断完善并逐步走向成熟。

与阴极保护技术相比，阳极保护技术是一门较新的技术，其概念最早由英国科学家 C. Edeleanu 于 1954 年提出。1958 年，加拿大人首次在碱性纸浆蒸煮锅上实现了其工业应用。对化工和石油化工行业中的碳素钢、不锈钢等易于钝化的普通结构金属而言，由于阳极保护容易控制和检测，不需要昂贵的金属表面处理，所以目前在工业领域已得到了一定应用。

电化学保护是防止金属和合金在电解质中发生电化学腐蚀的有效防护技术。本章主要内容包括阴极保护和阳极保护两种防护方法。

12.1　阴极保护法

12.1.1　阴极保护的基本原理

由 Fe-H_2O 体系的 E-pH 图（图 12-1）可以看出：将处于腐蚀区的金属（例如图中的 A 点，其电位为 E_A）进行阴极极化，使其电位向负移至稳定区（例如图中 B 点，其电位为 E_B），则金属可由腐蚀状态进入热力学稳定状态，使金属腐蚀停止而得到保护。或者将处于过钝化区的金属（例如图中 D 点，其电位为 E_D）进行阴极极化，使其电位向负移至钝化

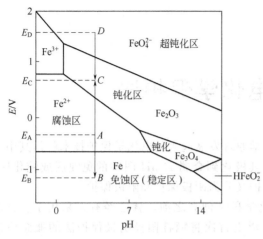

图 12-1　Fe-H_2O 体系的 E-pH 图

区，则金属可由过钝化状态进入钝化状态而得到保护。

另外，可以把在电解质溶液中腐蚀着的金属表面，看作短路的双电极腐蚀原电池，如图 12-2(a)。当腐蚀电池工作时，就产生了腐蚀电流 i_c。如果将金属设备实施阴极保护，用导线将金属设备接到外加直流电源的负极上，辅助阳极接到电源的正极上，如图 12-2(b) 所示。当电路接通后，外加电流由辅助电极经过电解质溶液进入被保护金属，使金属进行阴极极化。由腐蚀极化图 12-3 可以看出，在未通外加电流以前，腐蚀金属微电池的阳极极化曲线 $E_{a,e}N$ 与阴极极化曲线 $E_{c,e}M$ 相交于 S 点

（忽略溶液电阻），此点相应的电位为金属的腐蚀电位 E_{corr}，相应的电流为金属的腐蚀电流 i_{corr}。当通以外加阴极电流使金属的总电位由 E_{corr} 极化至 E_1 时，此时金属微电池阳极腐蚀电流为 $i_{a,1}$（线段 E_1b），阴极电流为 $i_{c,1}$（线段 E_1d），外加电流为 $i_{外}$（线段 E_1e）。由图可以看出，$i_{a,1}<i_{corr}$，即外加阴极极化后，金属本身的腐蚀电流减小了，即金属得到了保护。差值 $i_{corr}-i_{a,1}$ 表示外加阴极极化后金属上腐蚀微电池作用的减小值，即腐蚀电流的减小值，称为**保护效应**。

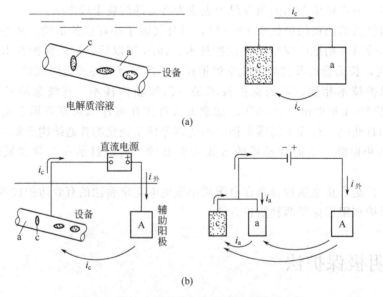

(a)

(b)

图 12-2　腐蚀金属及外加电流阴极保护示意图

如果进一步阴极极化，使腐蚀体系总电位降至与微电池阳极的起始电位 $E_{a,e}$ 相等，则阳极腐蚀电流 $i_a=0$，外加电流 $i_{外}=i_f=i_c$。此时金属得到了完全保护。这时金属的电位称为**最小保护电位**，达到最小保护电位时金属所需的外加电流密度称为**最小保护电流密度**。

由此可以得出这样的结论：要使金属得到完全保护，必须把金属阴极极化到其腐蚀微电池阳极的平衡电位。

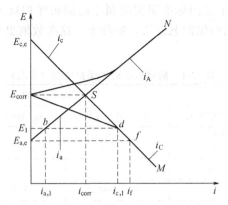

图 12-3 表示阴极保护原理腐蚀极化曲线

由于外加阴极极化（既可由与较负金属相连接而引起，也可由外加阴极电流而产生）而使金属本身微电池腐蚀速率减小的现象称为**正保护效应**。与此相反，由于外加阴极极化而使金属本身微电池腐蚀更趋严重的现象称为**负保护效应**。在一般情况下，外加阴极极化会产生正的保护效应。但当金属表面上有保护膜，并且此膜显著地影响腐蚀速率，而阴极极化又能使保护膜破坏（例如，由于钝化膜破坏及金属的活化），则此时阴极保护可能反而会加速腐蚀。例如，杜拉铝在 3% NaCl 溶液中用活性很大的负电性金属进行保护时，其保护作用反而减小；铁、不锈钢在硝酸中，以一定电流密度阴极极化时，反而大大增加其腐蚀速率，即在这些情况下产生了负保护效应。

阴极极化时保护膜破坏的原因可能是由于阴极附近溶液碱性增高，使两性金属如铝、锌的氧化膜化学溶解；某些电位不太负的金属如铁、镍上氧化膜的阴极还原；而最一般的情况是阴极上析出的氢气将膜机械破坏。负保护效应通常是在较大电流密度下才会出现。负保护效应具有很大的实际意义，因为它使有些情况下阴极保护的应用受到了限制。

阴极保护的作用原理可以用一句话来概括，即通过对被保护结构物施加阴极电流使其阳极腐蚀溶解速率降至最低。如果由外加电源向金属输送阴极电流，则称为外加电流阴极保护法；如果阴极电流由其他一种电位更负的金属来提供，则称为牺牲阳极阴极保护法。

12.1.2 阴极保护的基本控制参数

在阴极保护过程中，要判断金属是否达到完全保护，通常采用如下几个基本参数来判断。

（1）自然电位（腐蚀电位）

自然电位是指金属埋入介质中后，在无外部电流影响时的对地电位。自然电位随着金属结构的材质、表面状况和土质状况、含水量等因素不同而异，一般有涂层埋地钢管道的自然电位在 $-0.4 \sim -0.7$ V（vs. SCE）之间，在雨季土壤湿润时，自然电位会偏负，一般取平均值 -0.55 V。

（2）最小保护电位

最小保护电位是指金属达到完全保护时所需的最低电位值。一般认为，金属在电解质溶液中，极化电位达到阳极区的开路电位时，就达到了完全保护。

由于最小保护电位与金属的开路电位相等，所以，最小保护电位与金属的种类、腐蚀介质条件（成分、浓度、温度等）等因素有关。在实际工程应用中，一般通过实验或根据经验数据来确定。表 12-1 列出了英国标准研究所制定的阴极保护规范中常用结构金属在海水和土壤中进行阴极保护时采用的保护电位值，实际上，这些数值也是世界公认的阴极保护电位标准。

表 12-1　阴极保护时的保护电位（常温）　　　　　单位：V

金属或合金		参 比 电 极			
		Cu/饱和 CuSO₄	Ag/AgCl/海水	Ag/AgCl/饱和 KCl	Zn/海水
铁与钢	含氧环境	−0.85	−0.80	−0.75	0.25
	缺氧环境	−0.95	−0.90	−0.85	0.15
铅		−0.6	−0.55	−0.5	0.5
铜合金		−0.65～−0.5	−0.6～−0.5	−0.55～−0.4	0.45～0.6
铝		−1.2～−0.95	−1.15～−0.9	−1.1～−0.85	−0.1～0.15

注：表中海水指充气、未稀释的洁净海水。

$Cu/饱和 CuSO_4$, $Ag/AgCl/海水$, $Ag/AgCl/饱和 KCl$, $Zn/海水$

最小保护电位是通过阴极极化使金属结构达到完全保护或有效保护所需达到的最正的电位，控制电位在负于最小保护电位的一个电位区间内即可达到阴极保护的目的，此电位区间也称为阴极保护的最佳保护电位区间。在这个电位区间内，金属不再腐蚀，同时，金属的物理化学性质也不发生破坏性的变化。金属的力学性能，如强度、塑性不因阴极保护而降低，脆性不因此而增加。

如果阴极保护电位正于规范规定的上限时，腐蚀并未得到完全控制，这时的保护状况称为欠保护；阴极保护电位负于规范规定的下限时，称为过保护。在过保护时，不仅造成能源浪费，还会由于金属表面显著放氢使体系 pH 值升高。这样，会导致金属发生氢脆，同时，高 pH 值和放氢，会使表面涂层剥离，破坏涂层的完整性。所以在阴极保护中要按照阴极保护规范进行操作。不同的阴极保护规范，保护标准往往不完全相同。例如，按照美国 NACE RP-01-76 标准，海洋钢质平台的阴极保护最佳保护电位区间为："施加阴极保护电流，使钢结构相对于 Ag/AgCl 参比电极的电位至少达到−0.8V，或至少从腐蚀电位向负方向极化 300mV。保护电位愈负愈好，只要不放氢。"但是，按照挪威船级社的 DNV TNA 703 标准，不同情况下的钢质平台结构，阴极保护的最佳保护电位的范围也不尽相同，见表 12-2 所列。

表 12-2　海洋平台钢结构的阴极保护电位区间　　　　　单位：V

钢结构的状况	参 比 电 极		
	Cu/CuSO₄	Ag/AgCl	Zn
在富氧环境中的钢结构	−0.85～−1.10	−0.80～−1.05	0.25～0.00
在缺氧环境中的钢结构	−0.95～−1.10	−0.90～−1.05	0.15～0.00
强度非常高的钢结构[1]	−0.85～−1.00	−0.80～−0.95	0.25～0.10

[1] 极限拉伸强度 UTS≥700N/mm²（1N/mm²=1MPa）。

在某些情况下，金属的最小保护电位预先未知，可以根据阴极保护的电位移动原则来确定保护电位。如对于中性水溶液和土壤中的钢铁构件，一般取比其自然腐蚀电位−200～300mV 确定最小保护电位区间；而对金属铝构件，则取比其自然腐蚀电位负 150mV 确定最小保护电位区间。这样设定，也可使金属得到有效的保护。

（3）最小保护电流密度

最小保护电流密度是指金属电位处于最小保护电位时外加的电流密度值，此时金属腐蚀速率降至最低。最小保护电流密度为阴极保护过程中有效保护电位区间内的外加电流密度的最大值。以其作为控制标准，如果外加电流密度过小，则起不到完全保护的作用；如果过大，则耗电量太大，而且当超过一定范围时，保护作用反而会降低，出现过保护的现象。因此电流密度必须控制在低于最小保护电流密度的一段范围内。

最小保护电流密度的大小同样与金属种类、表面状态、介质条件等有密切关系。表 12-3 列出了一些金属或合金在不同介质中的最小保护电流密度值。一般当金属在介质中的腐蚀越严重，则所需的外加阴极保护电流密度也就越大。因此，凡是能增加腐蚀速率的因素，如温度、压力、流速增大以及阴极保护系统的总电阻减小时，都会导致最小保护电流密度在从零点几毫安每平方米到几百安培每平方米的范围内发生变化。

表 12-3 某些金属或合金在不同介质中的最小保护电流密度

金属或合金	介质条件	最小保护电流密度/(mA/m²)
不锈钢化工设备	稀 H_2SO_4＋有机酸,100℃	120～150
碳钢碱液蒸发锅	NaOH,从 23％浓缩至 42％和 50％,120～130℃	3000
Fe	0.1mol/L HCl,吹空气,缓慢搅拌	920
Fe	5mol/L KOH,100℃	3000
Fe	5mol/L NaCl＋饱和 $CaCl_2$,静止,18℃	1000～3000
Zn	0.1mol/L HCl,吹空气,缓慢搅拌	32000
Zn	0.005mol/L KCl	1500～3000
钢制海船船壳(有涂料)	海水	6～8
钢制海船船壳(漆膜不完整)	海水	150～250
青铜螺旋桨	海水	300～400
钢制船闸(有涂料)	淡水	10～15
钢(有较好的沥青玻璃布覆盖层)	土壤	1～3
钢(沥青覆盖层破坏)	土壤	17
钢	混凝土	55～270

由此可见，最小保护电流密度不是一成不变的。另外在阴极保护设计中，这虽然是一项重要的参数，但是在实际应用中要测定它是比较困难的。因此，通常在阴极保护中控制和测定最小保护电位。

12.1.3 外加电流阴极保护法

将被保护金属与直流电源的负极相连，利用外加阴极电流进行阴极极化，如图 12-4 所示，这种方法称为**外加电流阴极保护法**（impressed current cathodic protection）。

外加电流阴极保护系统主要由提供保护电流的直流电源、辅助阳极、参比电极等共同组成。

(1) 直流电源

直流电源的主要作用是提供阴极保护所需要的直流电流和直流电压。对阴极保护所用直流电源的要求是：输出电流大，输出可调；工作稳定可靠，可长时间工作；安装容易，操作简便，维修方便。外加电流阴极保护对电压要求不高，除土壤中的阴极保护外，一般不超过

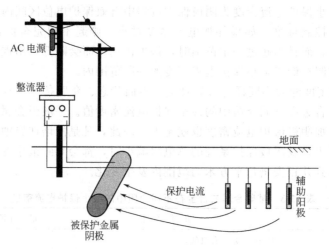

AC 电源

整流器

地面

保护电流

辅助阳极

被保护金属阴极

图 12-4　外加电流阴极保护系统

24V。但需控制金属构件的电位在保护电位区间内，这样才能有较好的保护效果。在阴极保护系统运行过程中，经常会出现由于电网电压不稳定或其他环境工作条件发生变化而导致的电位偏离保护电位区间的情况，因此外加电流阴极保护系统要求有专用的直流电源。外加电流阴极保护工程中常用的电源装置主要有恒电位仪和整流器两大类。

　　恒电位仪是一种自动控制的电源装置，它能根据外界条件变化，迅速、不断地改变系统的电流而使被保护金属构件的电位始终控制在保护电位范围内，且操作简便、运行可靠、保护度高，故特别适用于舰船、海洋结构物和化工设备的保护。通常使用的恒电位仪主要有磁饱和电抗器控制的恒电位仪、晶体管恒电位仪和可控硅恒电位仪三种。磁饱和电抗器恒电位仪坚固耐用，过载能力强，维修方便，但装置繁重，输入阻抗较低，这种恒电位仪在国外的应用比较普遍。国内实际在工程中应用最多的是可控硅恒电位仪，其优点是输出功率大、使用寿命长、体积较小、易于成批生产和系列化；其缺点是过载能力不强、线路较复杂、调试较麻烦。而晶体管恒电位仪主要用于实验室和保护面积不大的结构物，其特点是体积小、控制精度高、工作可靠、操作简便，但输出功率低。

　　整流器则是一类通过调节输出电压控制输出电流，使被保护的金属结构阴极极化到所需保护电位的直流电源。整流器一般为手动调节，操作麻烦，且一旦外界条件变化，很难及时跟随和调整保护结构电位，因此，它适用于介质条件相对稳定的情况，如地下金属结构物、码头、化工储槽等。用于阴极保护的整流器主要有硅整流器、硒整流器、可控硅整流器、氧化铜整流器等几种，其中硅整流器整流效率高、输出电流和电压范围宽、体积小，但对过电流和过电压敏感；硒整流器负载电流低、体积大，但能耐高温，对过电流和过电压不敏感。这两类整流器在工程中应用较多。

　　在无工业电网和稳定的交流电源的地方，还可以选用太阳能电池、风力发电机组、热电发生器、蓄电池等其他电源设备。

　　在实际工作中，选择何种电源，一方面是要看阴极保护所需的电流和电压的大小，另一方面要看阴极保护的具体控制方式。

　　首先，由于不同型号的直流电源有不同的性能参数，它们的控制范围和精度各不相同，一般控制范围越大，精度越低，因此要按实际需要合理选择。一般电源的输出电流应根据最小保护电流强度的要求来选择，输出电压应大于阴极保护时的槽压及线路电压的总和。

阴极保护所需的电流可按式(12-1) 计算：

$$I = iS \tag{12-1}$$

式中，i 为最小保护电流密度，A/m^2；S 为需要保护的金属总面积，m^2。

阴极保护的槽压可用式(12-2) 表示：

$$E_槽 = E_a - E_c + IR_\Omega \tag{12-2}$$

式中，E_a 为辅助阳极电位，V；E_c 为阴极电位，V；I 为流过电解槽的电流，A；R_Ω 为阴、阳极间电解质的电阻，Ω。

线路总电压为：

$$E_{线总} = I \sum R_线 \tag{12-3}$$

式中，$R_线$ 为线路各部分电阻。

外加电流阴极保护常用的控制方式有控制电位、控制电流、控制槽压和间歇控制法等。控制电位法和控制槽压法一般以电位/电压作为控制参数，常用恒电位仪实现自动控制。控制电位法以保护电位作为阴极保护的控制参数，是一种直接有效的控制方法，应用最广泛。控制槽压法是以阴极保护装置的槽压作为控制参数，如果电解质的导电性很好，阳极不极化或极化很小，则槽压的变化实际上反映了阴极电位 E_c 的变化，控制槽压也就控制了阴极电位。由于控制槽压法不用参比电极，因此设备简单，易于控制。

控制电流法、间歇控制法则要用到恒电流仪或者整流器。控制电流法是以保护电流作为阴极保护的控制参数，对保护设备持续不断地施加恒定的阴极保护电流，由于不测量电极电位，可以不使用参比电极，但只适用在控制电流范围内电位变化不大、介质腐蚀性强、不易找到现场适用的参比电极的场合。由于阴极保护断电后，阴极电位回复到腐蚀电位需要一段时间，在这段时间内保护效应仍存在，因此人们提出了间歇保护法，即断续地对被保护设备施加阴极电流，当电位达到保护电位下限时，自动接通阴极极化电流，当电位达到保护电位上限时，自动切断电流。间歇保护法在节约电能、减少阳极损耗，从而降低阴极保护的成本方面效果显著。

(2) 辅助阳极

在外加电流阴极保护中与直流电源正极相连，用以与被保护结构物、腐蚀介质构成电回路的电极，称为辅助阳极。其电化学性能、力学性能及形状、面积和电流密度分布等均对阴极保护作用产生重要影响，因此，必须根据介质和被保护结构情况正确合理地选择阳极材料。

理想的辅助阳极材料应符合以下要求：

① 具有良好的导电性和较小的表面输出电阻，极化小，排流量（在一定的电压下单位面积的阳极上能通过的电流）大；

② 阳极溶解速率低，耐蚀性好；

③ 可靠性高，有足够的机械强度，耐磨，耐机械振动；

④ 成本低，容易获得，方便加工。

常用的辅助阳极可分为难溶性阳极、微溶性阳极和溶解性阳极 3 大类。

难溶性阳极材料化学稳定性高，工作时，本身不发生阳极溶解反应，只有析氯或析氧反应，是一类性能良好的阳极材料。常用的难溶性辅助阳极包括铂、镀铂钛和镀铂钽（铌）、铂合金等。但由于铂、钛、钽等价格昂贵，在实际中很少使用。

微溶性阳极材料主要有高硅铸铁（适用于低电流密度时）、石墨、PbO_2 和磁性氧化铁等金属氧化物涂层、铅-银合金（适用于中等电流密度时）、铅银铂复合电极材料等。微溶性阳极材料工作时主要有以下反应：

$$M \longrightarrow M^{n+} + ne^-$$
$$2H_2O \longrightarrow O_2 + 4H^+ + 4e^- \qquad E_e = 0.82V \ (vs. SHE)$$
$$2Cl^- \longrightarrow Cl_2 + 2e^- \qquad E_e = 1.34V \ (vs. SHE)$$

析氧反应的平衡电位低于析氯反应的平衡电位。但在某些电极上，由于铝析出的电位很低，因此即使在 Cl^- 含量很低的盐水中，氯气也会较氧气优先析出。这类阳极材料由于溶解速率慢，消耗率低，因此广泛应用在外加电流阴极保护中。

可溶性阳极材料主要有碳钢、铸铁、铝和铝合金。由于消耗率高，且随保护电流的增大而增大，此类阳极材料一般用于阴极保护电流小和便于更换阳极材料的场合。它们价廉易得，便于加工，工作时表面不会有氯气析出，在早期的阴极保护中应用较多。目前，碳钢（一般是废钢铁）在地下管线、封闭容器的外加电流阴极保护中尚有应用，但此类材料已不再用做船舶保护的辅助阳极。

以下简单介绍各类辅助阳极材料的性能特点。

① 废钢铁阳极　废钢铁是早期外加电流阴极保护常用阳极材料，其来源广泛，价格低廉。由于是溶解性阳极，表面很少析出气体，因而地床中不存在气阻问题。其缺点是消耗速率大，在土壤中为 $8.4kg/(A \cdot a)$，使用寿命较短，多用于临时性保护或高电阻率土壤中。

② 石墨阳极　石墨是由碳素在高温加热后形成的晶体材料，通常用石蜡、亚麻油或树脂进行浸渍处理，以减少电解质的渗入，增加机械强度，经浸渍处理后，石墨阳极的消耗率将明显减小。石墨阳极在地床中的允许电流密度为 $5 \sim 10A/m^2$。石墨阳极价格较低，并易于加工，但软而脆，不适于易产生冲刷和冲击作用的环境，在运输和安装时易损坏，随着新的阳极材料出现，其在地床中的应用逐渐减少。

③ 高硅铸铁阳极　高硅铸铁几乎可适用于各种环境介质如海水、淡水、咸水、土壤中。当阳极电流通过时，在其表面会发生氧化，形成一层薄的 SiO_2 多孔保护膜，极耐酸，可阻止基体材料的腐蚀，降低阳极的溶解速率。但该膜不耐碱和卤素离子的作用。当土壤或水中 Cl^- 含量大于 200×10^{-6} 时，须采用加 $4.0\% \sim 4.5\%Cr$ 的含铬高硅铸铁。高硅铸铁阳极在干燥和含有较高硫酸盐的环境中性能不佳，因为表面的保护膜不易形成或易受到损坏。

高硅铸铁阳极具有良好的导电性能，高硅铸铁阳极的允许电流密度为 $5 \sim 80A/m^2$，消耗率小于 $0.5kg/(A \cdot a)$。除用于焦炭地床中以外，高硅铸铁阳极有时也可直接埋在低电阻率土壤中。

高硅铸铁硬度很高，耐磨蚀和冲刷作用，但不易机械加工，只能铸造成型，另外脆性大，搬运和安装时易损坏。为提高阳极利用率，减少"尖端效应"，可采用中间连接的圆筒形阳极。

④ 铂阳极　铂阳极是在钛、铌、钽等阀金属基体上被覆一薄层铂而构成的复合阳极。铂层复合的方法很多，如水溶液电镀、熔盐镀、离子镀、点焊包覆、爆炸焊接包覆、冶金拉拔或轧制、热分解沉积等。铂阳极的特点是工作电流密度大，消耗速率小、重量轻，已在海水、淡水阴极保护中得到广泛使用。

钛和铌是应用最多的阳极基体，钽用得较少，这是因为其价格高，而铌和钛通常又能满足使用性能要求。在含有 Cl^- 介质中，钛的击穿电位为 $12 \sim 14V$，而铌的击穿电位为 $40 \sim 50V$。因此在地下水中含有较高 Cl^- 的深井地床中采用铂铌阳极更为可靠。

由于铂阳极价格较昂贵，不可能大面积采用；在地床中消耗速率大；而且地床接地电阻随时间延长逐渐增大，所以铂阳极在地床中远不如高硅铸铁和石墨阳极用得广泛，并且有人不推荐在地床中使用铂阳极。

⑤ 聚合物阳极 聚合物阳极是在铜芯上包覆导电聚合物而构成的连续性阳极，也称柔性阳极或缆形阳极。铜芯起导电的作用，而导电聚合物则参与电化学反应。由于铜芯具有优良的电导性，因此可以在数千米长的阳极上设一汇流点，聚合物阳极在土壤中使用时，需在其周围填充焦炭粉末而构成阳极地床，其在地床中最大允许工作电流为 $82mA/m^2$，尽管与其他阳极相比，其工作电流密度很低，但由于可靠近被保护结构物铺设连续地床，因此可提供均匀、有效的保护。聚合物阳极安装简便，特别适于裸管或涂层严重破坏的管道、受屏蔽的复杂管网区的保护以及高电阻率的土壤中。但应注意不能过度弯曲。

⑥ 混合金属氧化物阳极 混合金属氧化物阳极是在钛基体上被覆一层具有电催化活性的混合金属氧化物而构成，最早应用于氯碱工业，后推广应用于其他工业，包括阴极保护领域。由于采用钛为基体，因而易于加工成各种所需的形状，并且重量轻，这为搬运和安装带来了方便。由于电极表面为高催化活性的氧化物层所覆盖，在表面的一些缺陷处露出的钛基体的电位通常不会超过 2V，因此钛基体不会产生表面钝化膜击穿破坏（在土壤中使用时，外加电压一般控制在 60V 以下）。混合金属氧化物阳极还具有极优异的物理、化学和电化学性能，其涂层的电阻率为 $7\sim10\Omega\cdot m$，极耐酸性环境的作用，极化小并且消耗率极低。通过调整氧化物层的成分，可以使其适于不同的环境，如海水、淡水、土壤中。

混合金属氧化物阳极在地床中于 $100A/m^2$ 工作电流密度下使用寿命可达 20 年，其消耗速率约 $2mg/(A\cdot a)$，由于混合金属氧化物阳极具有其他阳极所不具备的优点，它已成为目前最为理想和最有前途的辅助阳极材料。

表 12-4 列出了部分外加电流阴极保护辅助阳极材料及其性能。

表 12-4 部分外加电流阴极保护辅助阳极材料及其性能

阳极材料	成　分	使用环境	工作电流密度/(A/m²)	材料消耗率/[kg/(A·a)]	说　明
钢	低碳	海水	10	10	废钢铁即可
		土壤	10	9～10	
高硅铸铁	14.5%～17%Si，0.3%～8%Mn 0.5%～0.8C	海水	55～100	0.45～1.1	性脆、硬，机加工困难，不易焊接
		土壤	5～80	0.1～0.5	
石墨	C	海水	30～100	0.4～0.8	性脆，强度低
		土壤	5～20	0.04～0.16	
PbO₂/Ti	β-PbO₂	海水	200～1000	<0.01	
磁性氧化铁	Fe₃O₄	土壤	40	0.02～0.15	
Pb-Ag 合金	97%～98% Pb 2%～3% Ag	海水	100～150	0.1～0.2	性能良好，水深大于 30m 不能使用
铅银嵌铂	铅银合金中加入铂丝	海水	500～1000	0.006	性能良好，$S_铂：S_铅(1：100)\sim(1：200)$
镀铂钛	镀铂层厚度 3～8μm	海水	500～1000	4～40mg/(A·a)	性能良好，使用电压小于 8V
铂钯合金	10%～20%Pd	海水	1800	可忽略	性能好，价格贵

（3）测量和控制电极

阴极保护中经常需要测量和控制设备的电位，使其处于保护电位区间。要测量电位就需要一个已知电位的相对标准的电极与之比较，这种电极就是参比电极。

阴极保护中对参比电极的要求是：电位长期稳定，坚固耐用，腐蚀介质与参比电极内溶液无互相污染，价格便宜。

常用的参比电极包括铜/硫酸铜电极、氯化银电极、甘汞电极、硫酸亚汞电极、氧化汞电极等可逆电极以及锌、不锈钢、铝、铜等金属不可逆电极。其中，可逆电极电位稳定，但一般在实验室应用较多，因为其安装使用不方便，容易损坏，且使用过程中多数需添加溶液，因此不适于长期固定安装在外加电流阴极保护系统中。而金属和合金与腐蚀介质组成的固体参比电极则牢固耐用，安装使用都很方便，但是此类电极的电极反应不可逆，电位的稳定性和准确度都不如可逆电极，因此在安装使用时，事先要标定电位，在阴极保护过程中还要定期进行校验。表 12-5 列出了部分常用可逆参比电极的性能。

表 12-5　常用可逆参比电极的电位及性能（25℃）　单位：V（vs. SHE）

电 极 名 称	电 极 构 成	电位	温度系数/（V/℃）	适 用 介 质
硫酸铜电极	$Cu/CuSO_4$（饱和）	0.316	-9.0×10^{-4}	土壤、淡水、海水
氯化银电极	$Ag/AgCl/KCl$(0.1mol/L)	0.288		中性化工介质
	$Ag/AgCl/KCl$（饱和）	0.196	-6.5×10^{-4}	土壤、水、中性化工介质
	$Ag/AgCl/$海水	0.251		海水
甘汞电极	$Hg/Hg_2Cl_2/KCl$(0.1mol/L)	0.334	-0.7×10^{-4}	中性化工介质
	$Hg/Hg_2Cl_2/KCl$(1.0mol/L)	0.280	-2.4×10^{-4}	中性化工介质
	$Hg/Hg_2Cl_2/KCl$（饱和）	0.242	-7.6×10^{-4}	中性化工介质、水、土壤、
	$Hg/Hg_2Cl_2/$海水	0.296	—	海水
氧化汞电极	$Hg/HgO/KOH$(0.1mol/L)	0.169	-0.7×10^{-4}	碱性化工介质
	$Hg/HgO/KOH$(1.0mol/L)	0.110	-1.1×10^{-4}	
硫酸亚汞电极	$Hg/Hg_2SO_4/H_2SO_4$(1.0mol/L)	0.616	-8.2×10^{-4}	酸性化工介质
	$Hg/Hg_2SO_4/K_2SO_4$（饱和）	0.650		

阴极保护中参比电极安装位置的选择也比较重要。既要考虑到结构物电位最负处不至于达到析氢电位，又要考虑到设备各处均有一定的保护效果。一般情况下，参比电极都安装在距离阳极较近，即电位最负的地方，以防止此处电位过负而达到析氢电位。如在一般舰船保护中将参比电极安装在距离阳极 1～2cm 左右为宜。但在地下，尤其在管道和电缆的保护中，参比电极则应紧靠被保护金属结构，以避免土壤中的电压降和地下杂散电流的影响。

（4）其他装置还有阳极屏、电缆等

① 阳极屏　海水、淡水和化工水溶液介质环境中，在外加电流阴极保护系统工作时，辅助阳极是被绝缘安装在被保护金属构件上的，阳极附近电流密度较高。为使被保护金属结构整体上都达到保护电位，阳极周围被保护结构的电位往往很负，以致可能析出氢气，使溶液的碱性增大，从而引起阳极周围涂料起泡和脱落，造成电流短路。为避免电流短路，必须在阳极附近一定范围内涂刷或安装特殊的阳极屏蔽层，即阳极屏。它应该具有较强的黏附力和韧性、优良的绝缘和耐碱性（在海水中使用要有耐海水性能）和较长的使用寿命等特点。目前常用的阳极屏材料主要有环氧沥青聚酰胺涂料、氯丁橡胶厚浆型涂料、聚乙烯、聚氯乙烯塑料薄板及涂覆绝缘涂层的金属薄板等。

阳极屏的规格取决于阳极本身的规格和被保护体涂层的耐电位性能。对圆形阳极的阳极屏的尺寸可用如下经验公式计算：

$$D=\frac{I_a\rho}{\pi E} \tag{12-4}$$

式中，D 为阳极屏的直径，m；I_a 为阳极最大电流量，A；ρ 为腐蚀介质电阻率（一般取 $0.25\Omega\cdot m$）；E 为阳极屏边缘允许电位（一般取 1.1V）。

② 电缆　外加电流阴极保护系统从直流电源到被保护结构、辅助阳极和参比电极之间都是用电缆连接的。由于直流电源是低电压、大电流输出，因此必须对电流流过电缆造成的电压降予以重视。一般情况下，直流电源与被保护结构之间的电缆以及连接参比电极的电缆不长，因此电压降也不会很大。但直流电源与辅助阳极之间的电缆很长，且有较大的电流通过，因此必须考虑由此引起的压降和功率损失。

另外，外加阴极保护系统中的电缆直接与腐蚀介质接触，长期在阳极电流下遭受环境的侵蚀作用，因此要求电缆能够防止水和腐蚀介质的渗透、耐油和其他介质的侵蚀，并有足够的强度，电缆和阳极连接处要采取某些绝缘及加固等措施。

12.1.4　牺牲阳极保护法

牺牲阳极保护是利用牺牲阳极提供所需的阴极保护电流，使金属结构的电位达到阴极保护的最佳保护电位。牺牲阳极保护的原理与外加电流保护一样，都是利用外加阴极极化来使金属腐蚀减缓。外加电流法是依靠外加直流电源的电流来进行极化，而牺牲阳极法则是借助于牺牲阳极与被保护金属之间有较大的电位差所产生的电流来达到极化的目的。图12-5表示用牺牲阳极阴极保护埋地管线示意图。

牺牲阳极保护系统不需要交流电源，驱动电压低而不干扰邻近的设施。电流的分散

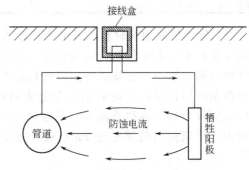

图 12-5　牺牲阳极阴极保护埋地管线

能力好，设备简单，一般不需要很大的技术费用。一旦保护系统完毕，其运行几乎不需要费用，只需要偶尔查看一下电位或保护电流。由于电压低，所以不存在安全问题。因此，牺牲阳极系统广泛用于舰船、海上设备、水下设备、地下输油输气管线、地下电缆以及海水冷却系统等的保护。但由于化工介质腐蚀性很强，牺牲阳极消耗量大，因而在石油、化工生产中的应用实例不多。

牺牲阳极保护系统通常由牺牲阳极、导线组成，此外还可能有填包料、绝缘垫、屏蔽层、接线盒等辅助物件。

牺牲阳极材料的选择如下所述。

作为牺牲阳极材料，应该具备下列条件：

① 具有足够负且稳定的开路电位和闭路电位，工作时自身的极化率小，即闭路电位应接近于开路电位，以保证有足够的驱动电压。

② 理论电容量大（消耗单位质量牺牲阳极材料时，按照法拉第定律所能产生的电量）。

③ 具有高的电流效率（实际电容量与理论电容量的百分比），以便达到长的使用寿命。

④ 表面溶解均匀，不产生局部腐蚀，腐蚀产物松软易脱落，且腐蚀产物应无毒，对环境无害。

⑤ 原材料来源充足，价格低廉，易于制备。

牺牲阳极法的保护效果与阳极材料本身的性能有直接的关系，目前常用的保护钢铁设备的牺牲阳极材料有铝合金、锌合金和镁合金三大类。牺牲阳极的性能主要由材料的化学成分

和组织结构决定。铝基阳极比重小、电流效率高、发生电量大、对钢铁驱动电位适中、来源丰富，是种迅速发展起来的新型牺牲阳极材料。锌基阳极比重大、发生电量小、对钢铁的驱动电位不高，且在高温条件下易于极化，一般用于电阻率较低的环境。镁基阳极电流效率低，对钢铁驱动电位大（易于过保护），常用于电阻率较高的土壤环境。

(1) 铝系列牺牲阳极材料 在铝中单独添加一种含金元素，电流效率低，且随时间延长而下降，添加两种或两种以上合金元素，可以得到电流效率较高、综合性能好的铝合金牺牲阳极。其中电位在 $-1.05V$（vs. SCE）左右，电流效率较高的有 Al-Zn-In 系、Al-Zn-Hg 系、Al-Zn-Sn 系合金阳极，其化学成分和电化学性能见表 12-6 所列。

表 12-6 铝合金阳极的化学成分及其性能

铝合金系	化学成分/%					开路电位/mV(vs. SCE)	电流密度/%
	Zn	Sn	In	Hg	Al		
Al-Zn-In	0.5~3.0	—	0.01~0.05	—	余量	$-1040 \sim -1140$	70~90
Al-Zn-Hg	0.45	—	—	0.045	余量	$-970 \sim -1040$	92~97
Al-Zn-Sn	1.5~8.0	0.07~0.20	—	—	余量	$-990 \sim -1090$	84~87

(2) 锌基牺牲阳极材料 锌的密度较大，理论发生电量小。在腐蚀介质中，锌对钢铁的阴极保护驱动电压较低，约为 0.2V，但是锌阳极具有高的电流效率。锌中的杂质对阳极性能有很大影响。锌基牺牲阳极材料的发展主要通过两个途径，一是采用高纯金属锌，严格限制杂质含量；二是采用低合金化的锌基合金，同时减少杂质含量。目前已经开发的锌基牺牲阳极材料种类较多，有纯 Zn 系、Zn-Al、Zn-Sn 系、Zn-Hg 系等。在阴极保护工程中，早期使用的都是纯 Zn 阳极，近年来，一些锌基合金牺牲阳极已开始得到广泛应用。

(3) 镁基牺牲阳极材料 镁是电化学阴极保护工程中常用的一种牺牲阳极材料，具有较高的化学活性，它的电极电位较负，驱动电压高。同时，镁表面难以形成有效的保护膜，因此，在水介质中，镁表面的微观腐蚀电池驱动力大，保护膜易于溶解，镁的自腐蚀很强烈，在阴极上发生析氢反应。镁基牺牲阳极有纯镁、Mg-Mn 系合金和 Mg-Al-Zn-Mn 系合金等三类。例如，AZ63B、AZ31 镁合金是阴极保护中常用的牺牲阳极材料，但 AZ91D 镁合金一般不适合作阴极保护中牺牲阳极材料。镁基牺牲阳极材料的共同的特点是密度小、理论电容量大、电位负、极化率低，对钢铁的驱动电压很大（$>0.6V$），适用于电阻率较高的土壤和淡水中金属构件的保护。但不足之处是它们的电流效率都不高，通常只有 50% 左右，比锌基合金和铝基合金牺牲阳极的电流效率要低得多。在镁中加入适量 Al、Zn 和 Mn 等元素组成合金，可使镁阳极的电化学性能得到改善。

目前牺牲阳极材料筛选可采用两种方法，一种为恒电流法，一种为自放电法。恒电流法是以外部直流电源给牺牲阳极通恒定阳极电流，得到实际电量；同时，通过阳极失重求出理论电量，计算出电流效率。自放电法是将牺牲阳极与被保护体直接偶接（无外加电流），测定牺牲阳极工作电位及电偶电流。通过电偶电流-时间曲线求出实际电量，并通过阳极失重求出理论电量，计算出电流效率。自放电法与实际情况接近、误差小，可以观察牺牲阳极工作电位和输出电位是否稳定。图 12-6 是自放电法筛选牺牲阳极试验装置示意图。图 12-7 为现场测定牺牲阳极发生电流量试验装置。

无论是恒电流法、自放电法，还是现场测定，用来测量电偶电流的仪器均要求使用零阻电流表或电偶腐蚀仪，而不应该使用普通的电流表。

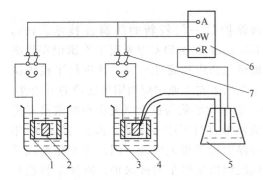

图 12-6　自放电法筛选牺牲阳极试验装置图

1—辅助阴极；2—牺牲阳极；3—介质；

4—容器；5—参比电极装置；6—电偶

腐蚀仪；7—双刀双掷开关

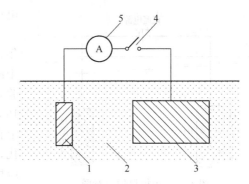

图 12-7　现场试验测定牺牲阳极发生电流量试验装置

1—牺牲阳极；2—介质；3—被保护体（控制电位

−0.85V、−1.0Vvs. 饱和 $CuSO_4$ 电极）；

4—开关；5—零阻电流表

12.1.5　阴极保护的应用范围

对金属结构物实施阴极保护必须具备以下条件。

① 腐蚀介质必须导电，并且有足以建立完整阴极保护电回路的体积量。一般情况下，土壤、海泥、江河海水、酸碱盐溶液中都适宜进行阴极保护。气体介质、有机溶液中则不宜采用阴极保护。气/液界面、干/湿交替部位的阴极保护效果也不佳。在强酸的浓溶液中，因保护电流消耗太大，也不适宜进行阴极保护。目前，阴极保护方法主要应用于三类介质，一是淡水或海水等自然界的中性水或水溶液，主要防止船舶、码头和港口设备在其中的腐蚀；二是碱、盐溶液等化工介质，防止储槽、蒸发罐、熬碱锅等在其中的腐蚀；三是温土壤和海泥等介质，防止管线、电缆等在其中的腐蚀。

② 金属材料在所处介质中应易于进行阴极极化，即阴极极化率要大，但在阴极极化过程中化学性质应稳定。一般金属，如碳钢、不锈钢、铜及铜合金均可采用阴极保护。对于耐碱性较差的两性金属如铝、铅等，在酸性条件下可以采用阴极保护，在海水中进行阴极保护时，由于阴极极化过程中介质的 pH 增加，在大电流密度下会导致两性金属溶解，所以必须在较小的保护电流下进行；而对于在介质中处于钝态的金属，外加阴极极化可能使其活化，从而产生过保护效应，故不宜采用阴极保护。

③ 被保护设备的形状、结构不宜太复杂，否则会由于遮蔽现象使得表面电流分布不均匀，有些部位电流过大，而有些部位电流过小，达不到保护的目的。

12.2　阳极保护法

将被保护金属与外加直流电源的正极相连，在给定的电解质溶液中将金属进行阳极极化至一定电位，如果在此电位下金属可以建立起钝化状态并能维持，则阳极过程受到抑制，金属的腐蚀速率显著降低，此时该金属得到了保护，这种方法称为**阳极保护法**，如图 12-8所示。

通常采用恒电位仪将金属和合金的电位自动保持在它们的钝化电位区内。阴极是人为加入以形成电流回路的，故叫做辅助阴极。通过参比电极控制或测量被保护设备（阳极）的

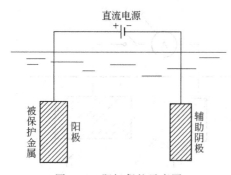

图 12-8 阳极保护示意图

电位。

阳极保护是一门较新的防腐蚀技术。1954年，C. Edeleanu 在实验室中测定了不锈钢在硫酸中的阳极极化曲线和腐蚀行为，并进行了模拟试验，首先提出了在工业中应用阳极保护的可能性。1958年，加拿大纸浆与造纸研究所在纸浆蒸煮锅上首先成功地进行了阳极保护。到20世纪90年代，阳极保护得到很大发展，国、内外相继成功应用了硫酸储槽和槽车阳极保护、液体肥料槽车阳极保护、碳酸氢铵生产中碳化塔阳极保护、三氧化硫发生器阳极保护、氨水罐群循环极化法阳极保护、不锈钢浓硫酸冷却器阳极保护和硫酸铝蒸发器钛制加热排管阳极保护等技术，经济而有效地解决了化工行业中酸、碱、盐和肥料等生产过程中部分设备的腐蚀问题，其中带阳极保护管壳式不锈钢浓硫酸冷却器应用最广泛、最成功。

12.2.1 阳极保护的基本原理

由 Fe-H_2O 体系的 E-pH 图（如图 12-1）可以看出：将处于腐蚀区的金属（例如图中的 A 点，其电位为 E_A）进行阳极极化，使其电位向正移至钝化区（例如图中的 C 点，其电位为 E_C），则金属可由腐蚀状态（活化态）进入钝化状态，使金属腐蚀速率大大减慢而得到保护。阳极保护的基本原理，就是将金属进行阳极极化，使其进入钝化区而得到保护。但是并非所有情况下将金属阳极极化都能得到保护，阳极保护的关键是要使金属表面建立钝态并维持钝态。能建立并维持钝态，设备就能得到保护，建立不起钝态，阳极极化不但不能使设备得到保护，反而会加速金属腐蚀。

为了判断一个腐蚀体系是否可以采用阳极保护，首先要根据用恒电位法测得的阳极极化曲线来进行分析。如图 12-9 的阳极极化曲线没有钝化特征，因而这种情况不能采用阳极保护。图 12-10 的阳极极化曲线具有明显的钝化特征，说明这一体系具有采用阳极保护的可能性。图中对应于 b 点的电流密度称为致钝电流密度 i_{pp}，对应于 cd 段的电流密度称为维钝电流密度 i_p。如果对金属通以对应于 b 点的电流，使其表面生成一层钝化膜，电位进入钝化区（cd 区），再用维钝电流将其电位维持在这个区域内，保持其表面的钝化膜不消失，则金属的腐蚀速率会大大降低，这就是阳极保护的基本原理。

理解阳极保护的基本原理应注意以下几点。

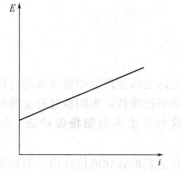

图 12-9 无钝化特征的阳极极化曲线

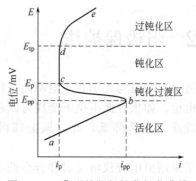

图 12-10 典型的阳极钝化极化曲线

① 不是任何金属都能阳极保护　阴极保护可以在所有金属结构材料上实施，但是，阳极保护只能在可钝化的金属-电解质体系，并且有足够宽的、稳定的钝化电位区间时，才能进行施行。这种保护方法，对体系有高度的选择性。最早是在硫酸、磷酸、碱和某些盐溶液中实现钢铁和不锈钢的阳极保护。

② 不是任何可钝化的体系都适合于阳极保护　对那些虽可钝化，但稳定钝化的电位区间过窄，或有发生小孔腐蚀或缝隙腐蚀危险的体系，阳极保护是不适宜的。特别应该注意的是在含卤素离子的溶液中，尤其是在氯化物溶液中，不锈钢虽然有一个钝化的电位区间，但是，如果不慎将电位阳极极化到超过小孔腐蚀保护电位 E_p 时，不锈钢表面已有的小孔、机械损伤和缝隙，就会向深部发展，产生小孔腐蚀和缝隙腐蚀。因此，在盐酸和氯化物水溶液中，对不锈钢进行阳极保护是不适当的。通常，锌、镁、镉、银、铜和铜合金也都不能进行阳极保护。

③ 阳极保护并不能使腐蚀速率降低到零　和阴极保护不同，阳极保护并不能把金属或合金控制到完全不腐蚀。事实上，维钝电流反映的就是金属和合金维持钝化膜的完整性所必需的腐蚀电流。在阴极保护的最小保护电位下，维持阴极去极化剂阴极还原所需的电流密度比较大。而维持阳极保护所需的电流密度要小得多。因此，阳极保护的能耗，远低于阴极保护。

综上所述，阴极保护是应用得最广、效果最好的一种建立在热力学基础上的免蚀技术。阳极保护是对体系有高度的选择性，只能在少数体系中施行的腐蚀动力学控制技术。

12.2.2　阳极保护的主要参数

根据阳极保护的基本原理，阳极保护技术的关键是建立和维持钝态，即致钝和维钝，而阳极保护的主要参数是致钝和维钝时必需的。

(1) 致钝电流密度

致钝电流密度（i_{pp}）是金属在给定介质条件下生成钝化膜所需的最小电流密度。i_{pp} 的大小反映了致钝的难易程度，对致钝操作、设计或选用直流电源有关键性影响。i_{pp} 大，致钝就困难，直流电源的容量也必须很大，否则容易造成阳极保护的失败，当设备表面积很大的时候尤为如此。因此，一般希望 i_{pp} 越小越好，这样就可以设计或选用小容量的电源设备，减小设备投资，同时也减少致钝过程中设备的阳极溶解，使设备较易达到钝态。

影响 i_{pp} 大小的因素，除金属材料外，还与腐蚀介质性质（组成、温度、浓度和 pH 值等）有关。

在生产中应用阳极保护时，往往结合生产工艺的开车程序，采用一些致钝方法来降低电流的强度，使被保护设备在小电流情况下能迅速生成钝化膜。但采用的电流密度应尽量大于 i_{pp}，否则将延长钝化时间，造成金属强烈的电解腐蚀，甚至不能使之钝化。因为钝化膜的形成需要一定的电量，时间越长，所需的电流就越小。故适当延长钝化时间，可以减小致钝时所需的电流，但当电流小于一定数值时，即使无限延长通电时间，也无法建立钝态。例如，在 0.5mol/L H_2SO_4 中，碳钢试样的阳极致钝电流密度 i_{pp} 与建立钝化所需的时间 t 有如下关系：

i_{pp}/(mA/m^2)	2000	500	400	200
t/s	2	15	60	不能钝化

可见，i_{pp} 与 t 的乘积并不是一个常数，说明电流没有全部用来生成钝化膜，电流效率

跟 i_{pp} 和 t 有关。根据实验，如果 i_{pp} 越小，电流效率越低，大部分电流消耗在金属腐蚀上，当 i_{pp} 小到一定数值时，电流效率等于零，即电流全部消耗在金属的电解腐蚀上（见表 12-7）。

表 12-7 用不同电流密度致钝时对致钝时间 t 和电极失重（ΔW）的影响

（碳钢，饱和 NH_4HCO_3，40℃，静态）

$i/(A/m^2)$	t/s	$\Delta W/(g/m^2)$	$i/(A/m^2)$	t/s	$\Delta W/(g/m^2)$
800	<1	1.26	40	845	9.75
400	1	1.89	20	5940	34.80
80	80	5.72	10	37800	109.00

因此，在致钝时，不仅要合理选择阳极电流密度，还要采用合适的致钝操作方法，使金属表面在较小电流下快速形成钝化膜，避免大的电解腐蚀。在运行过程中，尽量减少致钝操作次数，保持稳定的维钝状态，减小腐蚀速率。

（2）维钝电流密度

维钝电流密度（i_p）是使金属在给定介质条件下维持钝态所需的电流密度。i_p 反映阳极保护正常操作时电能消耗的大小和钝态的稳定程度，有时也代表阳极保护时金属的腐蚀速率。根据法拉第（Faraday）定律，金属腐蚀速率 v（mm/a）可近似地按式(12-5)计算。

$$v = \frac{i_p A \times 8.76}{nF\rho} = \frac{N}{3.06\rho} i_p \tag{12-5}$$

式中，A 为金属的原子量；i_p 为维钝电流密度，A/m^2；F 为法拉第常数，96494C/mol＝26.8A·h；n 为金属的化合价数；ρ 为金属的密度，g/cm^3；N 为金属生成钝化膜的物质的量。

由式(12-5)可见，i_p 越小，设备的腐蚀速率越小，钝态越稳定，保护效果越显著，日常的耗电量也越小，故 i_p 越小越好。如果在维钝状态下金属的腐蚀速率仍然超过 1mm/a，那么阳极保护在工程上就没有实用价值了。

影响 i_p 大小的因素有金属材料、介质条件（包括组成、温度、浓度和 pH 值等）及维钝时间。

从阳极极化曲线上求得的 i_p 往往大于该体系稳定钝化区内的电流密度。这是因为测定极化曲线时体系的电化学过程还未达到完全稳态的缘故。在维钝过程中，i_p 一般随时间要逐渐减小，最后趋于稳定。达到完全稳态的时间有长有短，有些体系较快，有的体系时间则很长。此外，腐蚀介质中的某些成分或杂质在阳极上产生副反应时，其 i_p 将会偏高。例如，碳化塔阳极保护时，由于碳化液中含有杂质 S^{2-}，在阳极上被氧化为单质硫黄（$S^{2-} \longrightarrow S\downarrow + 2e^-$），该反应引起 i_p 增加，但此时金属的电解电流密度并未增加。在此情况下，利用 i_p 估算碳钢的真正腐蚀速率，结果就会偏高。简单准确的测定方法是采用挂片（带电）失重法或检修设备时实测，表 12-8 为某些体系测量结果。

表 12-8 按不同途径测得的碳钢在碳化液中阳极保护时的腐蚀速率对比

序号	途 径	$i_p/(A/m^2)$	$v/(mm/a)$
1	根据碳钢在 40℃饱和 NH_4HCO_3 溶液中的恒电位阳极极化曲线求得 i_p，换算成 v	0.080	0.063
2	溶液中含 S^{2-}，途径同 1	1.000	0.782
3	途径同 2，但 S^{2-} 基本耗尽，i_p 达到稳态	0.044	0.034
4	采用挂片失重法（在碳化液中恒定相对 SCE 为 300mV）		0.022
5	设备使用 4 年后实测		0.050

另外，在维钝时，即使阳极上无其他副反应，电流测量仪表显示的电流值也往往大于设备的 i_p，例如，恒槽压法维钝时，因参比电极的电位不稳定使设备真实电位落在钝化区边缘，被保护设备未与管道或其他生产设备绝缘等，均可导致维钝时的电流密度大于 i_p，应予注意。

（3）稳定钝化区电位范围

这个参数是指钝化过渡区与过钝化区之间的电位范围，设备电位超出这个范围，金属将快速溶解。它直接表示阳极保护控制电位的范围，它的宽度表明阳极保护的安全可靠性和维钝的难易程度。阳极保护时，一般控制设备的电位值，而电流为变量。阳极保护的技术关键就是始终保持设备的电位处于稳定钝化区内。因此，稳定钝化区范围越宽，实施阳极保护越安全简便。具体好处体现在以下几个方面：一方面，它允许设备各部分的电位分布有较大差别，适合分散能力较差的体系；另一方面，能满足形状复杂的多种材料组合的设备以及介质浓度和温度差较大的设备进行阳极保护的要求；再就是对电位控制装置的精确度和参比电极的电位稳定性要求低。反之，对上述几方面均要提高要求，实施阳极保护就困难。

在 20 世纪 60 年代以前，由于电位控制装置落后，认为稳定钝化区的宽度起码要有 50mV 才能保证安全实施阳极保护。如今，大功率工业恒电位仪的控制精度已达到 ±5mV 以内，但要找到电位稳定性与仪器精度相近的简单耐用的工业参比电极有时却很困难。故今后实施阳极保护的最小稳定钝化区宽度仍受参比电极的电位稳定性的限制。

应值得注意的是，若被保护设备由不同金属所组合，或者同一设备不同部位存在较大的腐蚀介质浓度差和温度差，或者同一介质浓度和温度交替变化，那么同一设备不同部位，或在不同条件下，阳极极化曲线有较大差别。在进行阳极保护时，要找出该体系极化曲线中重叠的稳定钝化区，并始终将电位控制在重叠区内，否则不能正常维钝。例如，保护管壳式换热器时，往往换热管和壳体的材质不同；壁温差异也很大；进口温度高，出口温度低，确定稳定钝化区范围时要考虑诸多因素，找出重叠区作为控制维钝电位区间。图 12-11 是磺化装置中 304 不锈钢在烧碱和磺酸中的阳极极化曲线。随着中和反应的进行，温度会上升，pH 也不断改变，但不管如何变化，只要将设备电位控制在重叠钝化区内，即可得到保护。该体系重叠的钝化区宽度很窄，安全控制范围只有 90~125mV（vs. SHE），在进行阳极保护时，参比电极的电位稳定性必须不大于 ±5mV，才能获得满意的保护效果。

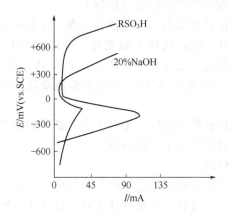

图 12-11　304 不锈钢在 20%NaOH 和
RSO$_3$H 中的阳极极化曲线

（4）最佳保护电位

除了上述 3 个主要参数外，在阳极保护时还有一个最佳保护电位。阳极处于这一电位时，维钝电流密度及双层电容值最小，表面膜电阻值最大，钝化膜最致密，保护效果最好。例如，碳钢在碳酸氢铵生产的碳化液中，最佳保护电位为 500~700mV（vs. SCE），某厂碳化塔用恒电位仪控制阳极在此电位区间，3 年后维钝电流基本维持在 10A 左右，没有增大现象。而用整流器进行阳极保护时，由于塔内电位随塔的工作状态（气量、液位、碳化度等）的变化而变化，为了避免阳极电位进入活化区，常要将阳极电位调节在 900~1000mV（vs. SCE）的过钝化区。在这种条件下阳极保护运行 1 年后，维钝电流增加 6 倍左右。这是因为在过钝化区金属表面有氧气泡析出，使表面涂层鼓泡、脱落，因而维钝电流大大增加。如果电源的容量不够，则可能使阳极保护被迫停止运行。

阳极处于最佳保护电位时，不仅可以减小维钝电流，而且还可以降低阳极腐蚀速率，增加保护效果。我国某研究所曾对低碳钢在碳铵生产液中进行了试验。测试结果列于表 12-9。

表 12-9　低碳钢在碳铵生产液中不同电位下的平均腐蚀率测定结果

（40℃溶液静态，试验时间 955h）

试样编号	保护条件	电位/V(vs. SCE)	腐蚀速率/[g/(m²·h)]	平均腐蚀速率/[g/(m²·h)]
1	自腐蚀	−0.85	$5.1×10^{-2}$	$5.15×10^{-2}$
2	自腐蚀	−0.85	$5.2×10^{-2}$	
3	最佳钝化电位	0.60	$0.60×10^{-2}$	$0.70×10^{-2}$
4	最佳钝化电位	0.60	$0.80×10^{-2}$	
5	过钝化	1.00	$3.1×10^{-2}$	$2.7×10^{-2}$
6	过钝化	1.00	$2.3×10^{-2}$	
7	过钝化	1.18	$34×10^{-2}$	$34×10^{-2}$
8	过钝化	1.18	$34×10^{-2}$	

由表 12-9 可以看出，钝化电位为 +0.60V 时，平均腐蚀速率最小。与它相比较，无保护时，腐蚀速率大 7.4 倍。在阳极过钝化电位 1.0V 时，平均腐蚀速率增大 4 倍。电位为 1.8V 时，其腐蚀速率增大 50 倍左右。由此可见，阳极保护时，在过钝化区，随着电位正移，过钝化程度增大，在碳钢表面析出氧的同时，碳钢的阳极溶解也急剧增大。

同时，由金相显微观察表明：在腐蚀电位时，钢试样表面有大量腐蚀孔出现，并发展为局部腐蚀穿孔；在最佳钝化电位（0.5～0.7V 范围内）时，试样表面光亮，形成均匀的、不同颜色的钝化膜，晶界清晰，显微结构完整；当阳极进入过钝化电位区（高于 0.8V）时，试样表面晶界模糊、晶粒呈均匀性腐蚀，若介质中有一定浓度 NaCl，钢样表面还发现有明显的晶间腐蚀，并在局部位置有腐蚀孔出现。

由此可见，低碳钢在碳铵生产液中，阳极处于最佳钝化电位时，不仅大大降低了钢的平均腐蚀速率，而且还防止了局部腐蚀。

（5）自活化时间

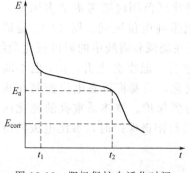

图 12-12　阳极保护自活化时间-电位曲线示意图

将金属电位恒定在稳定钝化区内某个数值一定时间后，切断维钝电流，金属自发地从钝态转变成活化态所需的时间称为自活化时间。它代表了钝化膜的寿命，也反映体系钝态的稳定性。自活化时间的长短是选择阳极保护控制方式的主要依据，它在阳极保护技术应用中具有重要意义。

图 12-12 是阳极保护电源切断后典型的电位-时间曲线，当阳极被保护一定时间后切断电源，电位很快降至仍属钝化区的某一数值（对应时间 t_1），然后停留或稍微负移较长时间，再突然（对应时间 t_2）降至自腐蚀电位（E_{corr}）附近。t_2 即为自活化时间 t_a，对应的电位 E_a 称自活化电位。有时 E_a 与弗莱德（Flade）电位 E_F 相吻合 [弗莱德发现被阳极保护的铁电极，在自活化过程中钝态向活化态转移时刻的阳极电位（E_a）受溶液 pH 所支配，此时的电位称为弗莱德电位]。E_a 越负，说明钝态越稳定，如 Cr 在硫酸中的 E_a 比 Fe 的负得多。

自活化时间的长短主要取决于体系的特性，另外还与断电前保护时间的长短和保护电位有关（见表 12-10）。如果钝态刚建立时即切断电流，金属的电位很容易负移到活化区，若维持较长时间的钝态再切断电流，自活化时间要延长。在稳定钝化区电位范围内，断电前的保护电位愈正，自活化时间愈长。

表 12-10　碳钢在 NH_4HCO_3 溶液中保护电位对自活化时间的影响

（40℃，恒电位时间：1h）

E/mV(vs. SCE)	t_a/s	E/mV(vs. SCE)	t_a/s
1000	436	600	444
800	550	500	323
700	465		

自活化时间越长越好。自活化时间愈长，说明钝化膜寿命愈长，阳极保护可靠性愈高。当阳极保护系统出现故障或电网因元件损坏、雷击跳闸和偶然短路等各种原因而意外地停止工作时，维修工有足够时间检修，电流的切断不致使设备立即活化；进行工艺操作时，液位波动或人为降低液位或意外放空，设备暴露于气相的部分表面将处于自活化状态，或由于参比电极悬空导致阳极保护故障，如果自活化时间很长，操作工有充分时间进行调节；对于自活化时间较长的体系，人们可采用间歇式通电的方法实施阳极保护，获得更大的经济效益。反之，自活化时间越短，对阳极保护连续运行的要求越高。即使系统出现故障，也必须在自活化时间内排除，否则设备将活化导致严重腐蚀。

(6) 分散能力

阳极保护致钝或维钝时电流均匀分布到设备远近凹凸各部分的能力叫**分散能力**，它可以用设备表面各部位电位的均匀性来体现。分散能力的好坏直接影响阴极的数量、面积及其布置，是设计安装阴极时的重要参数。若设计不合理，钝态将不能建立，阳极保护即告失败。例如，图 12-13 表示了对圆形内壁实施阳极保护，在正中插一根阴极时的分散能力情况。图 12-13(a) 的电位分布在内壁表面上是很均匀的，分散能力很好。图 12-13(b) 则不然，离阴极近的地方（点 A）电流可能很大，已经过钝化；离阴极较远的地方（点 B）电流较小，不足以钝化，非但不起保护作用，反遭电解腐蚀，有时比不保护时的腐蚀还严重；再远一点的地方（点 C）电流外加阴极非常小，内壁表面处于自腐蚀状态。这种现象叫遮蔽作用，如保护小直径管内壁或换热器管束外壁时遮蔽作用有时比较明显。

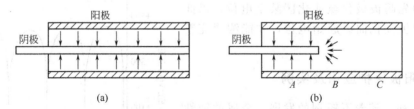

图 12-13　阳极保护分散能力示意图

影响分散能力的因素极其复杂，主要有阳极表面状态、溶液的导电性、阴极的结构和分布以及被保护设备结构的复杂程度等。通常很难用数学模拟公式来定量表达分散能力或准确确定各种因素的影响，也不可以根据小试结果进行简单的比例放大，只能根据现场设备最复杂部位的各种生产条件经过模拟试验来确定，或者根据丰富的经验来判断、分析和处理。

12.2.3 阳极保护参数的测定

由于设备的材质、腐蚀介质和工艺条件各不相同，所以在应用阳极保护时，除了参考一些数据和文献，一般还应对具体体系进行系统研究和测定。通常在实验室条件下即可测得阳极保护参数，并能很好地与生产条件下所得的参数相符合。图 12-14 示出了阳极保护参数测量装置。研究电极为被保护金属试件时，可测定阳极保护参数，并能多电极并联测量。该装置还可以筛选评定阳极保护系统中的辅助阴极材料和金属参比电极的性能。

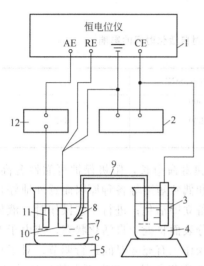

图 12-14 阳极保护参数测量装置
1—恒电位仪；2—直流数字电压表；
3—参比电极；4—标准溶液；
5—加热控温装置；6—腐蚀介质；
7—电解池；8—鲁金毛细管；
9—盐桥；10—研究电极；
11—辅助电极；12—电流表

用恒电位台阶法或动电位扫描法测定阳极极化曲线可以确定阳极保护的 i_{pp}、i_p 和稳定钝化区范围。所谓恒电位台阶法就是逐点改变电位（如 20mV、50mV 或 100mV），然后在该电位值下停留一定时间（如 2min、4min 或 8min）使所对应的电流值稳定后，测定该对应点的电流，这样逐点测量和记录，并将各点平滑连接起来绘成一条曲线。动电位扫描法是连续改变电位，依靠自动记录仪把电位和所对应的电流连续地绘在记录纸上。

实测阳极极化曲线的特征并不像图 12-10 那样典型，参数是波动变化的，有时临界点很不明显。确定 i_{pp}、i_p 和稳定钝化区范围时，应加以分析和研究。重要的是应保证阳极极化曲线的准确性和重现性。

测量阳极极化曲线前应仔细测量金属在给定溶液中的自腐蚀电位，该电位表示金属在自腐蚀状态的表面特征。对于活化体系，自腐蚀电位一般较负且稳定，阳极极化曲线可从此电位开始测量。对于活化-钝化体系，自腐蚀电位可能稳定在活化区，也可能稳定在钝化区，有的体系自腐蚀电位则在活化区与钝化区之间交替变化。图 12-15 表明，在 316L 不锈钢表面，硫酸盐膜的沉积和溶解过程不断交替。如果以自腐蚀电位作为阳极极化曲线起始电位，有时只能测得部分钝化区和过钝化区。此时，只有将试件预先阴极极化至活化区某个电位，以此电位作为阳极极化曲线起始电位，才能测得完整极化曲线。

12.2.4 阳极保护应用及实例

20 世纪初，随着不锈钢的发展，金属的钝性在技术上变成腐蚀防护的重要考虑。1958 年在法兰克福国际化工展览会上的展出成果表明，正是有了金属钝性才使人类有可能从石器时代进化到金属技术时代。在 20 世纪 30 年代，特别是在第二次世界大战后，人们对钝态现象的研究进入了电化学研究领域，并且知道电位是腐蚀反应中的

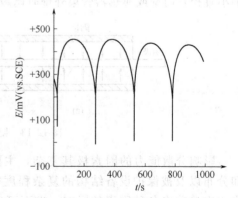

图 12-15 316L 不锈钢在 120℃下
98% 的 H_2SO_4 中自腐蚀电位
随时间的变化曲线

一个重要变量。在 20 世纪 50 年代随着恒电位仪的开发，测量技术取得重大进展，在世界范围开始系统研究腐蚀参数与电位的相关性。这奠定了通用电化学保护的科学基础。通过测定某些腐蚀现象特别是点蚀和应力腐蚀这类局部腐蚀发生时的极限电位，这项研究得出了保护电位的概念。

钝性不锈钢使发展阳极保护成为可能。高合金钢与碳钢类似，是不能在强酸中进行阴极保护的，因为析氢阻止了必要的电位降。但是，用阳极保护能够使高合金钢钝化并保持钝态。C. 艾德里努最早在 1950 年用实验证明泵房和与之连接的管网的阳极极化能够保护铬-镍钢泵送系统防止浓硫酸的侵蚀。阳极保护特别宽的应用范围是因为钝化钢的高极化电阻。洛克与森布雷研究了不同的金属/介质系统，并在这些系统中采用了相应阳极保护。1960年，在美国有多座阳极保护装置投入使用，如磺化和中和装置中的储罐和反应容器。结果不仅延长了装置的使用寿命，而且获得了纯度更高的产品。1961 年，阳极保护首次在阿斯旺的苛性钠电解厂大量使用以防止应力腐蚀开裂。自 20 世纪 60 年代起，苛性钠储槽的阳极保护已经大规模采用，并且电化学腐蚀防护方法已经成为工业装置长期采用的重要措施。

阳极保护的应用有一定的局限性，同时工程往往要求较高的安全可靠性和使用寿命，故得到成功应用的阳极保护体系比研究中的体系少得多。阳极保护控制的主要是均匀腐蚀，但也可同时或专门解决一些局部腐蚀问题，如晶间腐蚀、缝隙腐蚀、氢脆、孔蚀和应力腐蚀破裂等。经过国内外科技人员不断地探索和研究，阳极保护的技术水平逐渐提高，应用越来越多。

硫酸是阳极保护最广泛适用的介质。理论上，碳钢和不锈钢可在任何浓度的硫酸中实施阳极保护，但是保护效果随条件有变化。例如，在 120℃、93% 以上的硫酸中，阳极保护可使碳钢的腐蚀由 25mm/a 降为 0.25mm/a，当硫酸浓度小于 50% 时，保护后的腐蚀速率仍大于 3mm/a，i_{pp} 和 i_p 均很大，无实用价值。故碳钢设备只在常温或低温浓硫酸和高温发烟酸中得到较多应用，保护实施后，降低了均匀腐蚀速率，减少了介质中的铁离子含量，提高了产品纯度。不锈钢设备也只有在一定温度范围内的浓硫酸中才可获得较长的使用寿命。对于稀硫酸或中等浓度硫酸，随着温度的升高，有时应采用耐蚀合金外加阳极保护防腐，有时甚至仍不能解决问题，应选用其他防护技术。

阳极保护在氮肥生产中也得到较多应用。氨水、碳酸氢铵、硝酸铵以及它们的混合物等，其中有时还含有尿素，是常用的化学肥料，碳钢在其中的腐蚀速率可高达 5.7mm/a，但是用阳极保护可以有效地加以控制，保护后腐蚀速率一般小于 0.013mm/a，气相腐蚀可通过调节溶液 pH 来控制。例如，在硝酸铵溶液中，pH=4.5 时，气相腐蚀速率为 1.65mm/a，当 pH=7~8 时，气相腐蚀速率则降为 0.021mm/a。不锈钢在 75% 以上的磷酸中阳极保护的效果很好，但碳钢只有在过磷酸中（浓度大于 100%）保护才能获得较好效果。

【科学视野】

阴极保护也有一段奇特的历史

从旧沉船里发现的钉子可以知道，古时候的罗马人就已经知道接触腐蚀时伴随有电流流动。当时，人们为了防止蛀虫在木船壳板上钻孔，要给木船蒙上一层铅皮，铅板是用铜钉钉在木板上的。由于铅皮与铜钉之间形成了电偶，铜钉四周的铅板在海水里腐蚀脱落。后来，造船厂找到了一种简单易行的解决办法，就是用铅皮把铜钉包住。这样相同金属的直接接触，消除了不同金属间直接接触导致的电偶腐蚀。

1761年，英国爵士汉弗莱·戴维（Humphrey Davy）接受了英国海军部的任务，对英国包铜舰船进行防腐保护。他进行了大量实验室试验，发现用锌或铁可以对铜壳舰船实施阴极保护。

虽然这些发现并没有上升到电化学理论的高度，但是戴维所做的解释依然是令人惊叹的。戴维已经确定，铜在伽伐尼电位序中是个带有弱正电荷的金属。他由此推断，假如铜成为带有弱负电荷的状态，那么铜在海水里的腐蚀作用就可以被阻止。假如铜表面变成负极（即阴极），那么所有化学反应，包括腐蚀都可以被阻止。为了解释这一过程，戴维进行了多次实验，他把抛光的铜试片浸在弱酸性的海水里，并在另一个铜试片上焊上一块锡，3天后，没有焊接锡块的铜试片明显发生了腐蚀，而焊有锡块的铜试片没有任何腐蚀的迹象。戴维由此得出结论，像锌或铁等其他比较活泼的金属可以用于腐蚀防护。戴维在他的弟子米歇尔·法拉第的协助下继续进行实验。从这项研究可知，锌在什么位置显然不是重要的。在另一块焊有铁试片的铜试片上，再与一块锌连接起来，结果，不仅是铜，铁也受到防腐保护。

戴维将他的这些研究成果报告给英国皇家学会和英国海军部后，1824年，他被准许开始在包有铜板的战舰上进行实船试验。这些试验是在朴次茅斯海军基地进行的。戴维把锌板和铸铁板附着在包有铜板的军舰上防止发生腐蚀。他认定铸铁是最经济的材料。铸铁板厚5cm、长60cm，在9艘军舰上取得令人满意的结果。在铆钉和钉子已经锈蚀的船壳上，仅在紧靠阳极的部位，才有点防腐效果。为了解释这一现象，1824年，戴维又在萨马兰哥号战舰上继续进行实验。1821年，这艘军舰在印度包上了新的铜板。所用铸铁金属板的面积相当于整艘军舰船壳铜表面积的1.2%，这些铸铁板分别固定在舰首和舰尾。之后，该舰远航到加拿大的新斯科舍半岛，并于1825年1月返回。除了水旋涡使舰尾有所损伤外，在该舰其他地方没有任何腐蚀破坏。

在戴维去世后若干年，法拉第查验了铸铁在海水里的腐蚀状况，他发现铸铁在水面的腐蚀速率比在深水里的腐蚀速率快。1834年，他发现了腐蚀速率与电流之间的定量关系，即法拉第定律。正是这项伟大发现奠定了他的电解理论和阴极保护原理的科学基础。

很少有人知道，1890年伟大的美国发明家爱迪生曾尝试用外加电流对船只实施阴极保护，但是当时不具备合适的电源和阳极材料，所以他的设想没有成功。1902年，K.科恩用外加直流电成功地实现了实际的阴极保护。1906年，在卡尔斯鲁厄工作的公用工程经理赫伯特·盖披特建造起第一座管道的阴极保护装置。他采用10V/12A的直流发电机，能够保护电车轨道电场范围内的300m煤气和供水管道。

1905年E.G.卡姆伯兰德在美国使用外加阴极电流保护蒸汽锅炉及其管子免于腐蚀。1924年，芝加哥铁路公司的数台机车配备了阴极保护以防止锅炉腐蚀。以前，蒸汽锅炉的加热管必须每9个月就更换一次，"采用电法保护后显著降低了费用。"

在19世纪，阴极保护的成功还有很大的偶然性。1906年，在德国煤气和水工工程师协会DVGW（Deutscher Verein des Gas-und Wasserfachs）的倡导下，德国物理化学家F.哈伯和L.戈尔德史密斯研究了阴极保护的科学原理。他们认定阴极保护和杂散电流腐蚀均是电化学现象。他们在德国《电化学杂志》上阐述了如何用著名的哈伯电路测量电流密度、土壤密度、土壤电阻和管地电位。哈伯教授用不极化的锌/硫酸锌电极测量电位。两年后，麦克兰姆使用了第一支硫酸铜电极，从此，用硫酸铜电极测量埋地装置的电位普遍获得了成功。在1910年到1918年期间，O.鲍尔与O.佛格尔在柏林的材料测试站测定了阴极保护所需要的电流密度。1920年在汉诺威附近的莱茵兰地区的电缆因为受地质条件影响而腐蚀损坏，因而在德国首次把锌板装入电缆轴保护护套金属。用电流保护铁最终成为1927年学术讨论的主题。

管道的阴极保护在德国没有发展，但在美国从 1928 年后却被应用了。1928 年，有美国"阴极保护之父"的罗伯特 J. 柯恩在新奥尔良的长距离输气管道上安装了第一台阴极保护整流器，从此开始了管道阴极保护的实际应用。由于接头导电不良，普通铸铁管的保护范围没有延伸到管道末端，因此，柯恩增设了保护整流器。柯恩通过实验发现，$-0.85V$（vs. 饱和硫酸铜电极）的保护电位可以足够防止任何形式的腐蚀了。1928 年美国国家标准局在华盛顿举行的腐蚀防护会议上，柯恩报告了他的重大实验结果，这奠定了整个现代阴极保护技术的基础。当时，许多美国科学家对埋地管道的腐蚀起因还有大量怀疑。唯有柯恩的报告阐述了腐蚀是因为伽伐尼（Galvani）电池形成所造成的。他详细讲述了应用整流的直流电，即应用阴极保护防止腐蚀的过程。

有些专家对这些实验仍持怀疑态度。甚至到了 20 世纪 30 年代，在美国只有 300km 管道用锌阳极保护，120km 管道用外加电流保护。在这些管道中，得克萨斯州休斯敦和田纳西州孟菲斯的管道是柯恩在 1931 年至 1934 年期间实施阴极保护的。在 1954 年初，I. 丹尼森获得美国腐蚀工程师协会颁发的惠特尼奖。柯恩的发现再次得到广泛的宣传，丹尼森在接受颁奖时致辞说，"在 1929 年第一次腐蚀防护会议上是柯恩讲述了如何用直流整流器把管道的电位控制在$-0.85V$（vs. 饱和硫酸铜电极）。我不必提醒大家了，正是这个电位值今天已被世界各地广泛采纳作为可以接受的阴极保护电位。"

20 世纪 20 年代末，欧洲发表了不少有关管道阴极保护的文章。从 1932 年起，拉·德·布劳威尔对布鲁塞尔的供气管道实施了保护，1939 年，煤气柜底板也用外加电流进行了保护。在德国，1939 年发表的有关管道阴极保护的报告是这样阐述的："对杂散电流应首先采取以下预防措施，防止电流从轨道泄漏到周围的大地里。在管道穿越铁路轨道大约200m 的距离上，管道两端最好有双重屏蔽层并选用电绝缘接头以提高绝缘电阻。必须非常小心地在管子与轨道之间实现导电性连接，绝不可产生有害的影响。"到 1939 年在苏联已经有 500 多个阴极保护装置。从数量上判断，他们采用的是牺牲阳极。英国似乎是 1940 年以后才用牺牲阳极实施管道阴极保护的。在德国，1949 年 W. 乌弗尔曼用锌板对不伦瑞克褐煤矿的供水管网实施了阴极保护。在 1953 年和 1954 年分别在杜依斯堡-汉波恩和汉堡安装了特别的外加电流阴极保护系统以保护一定距离的旧的长距离输气管道。1955 年后，阴极保护技术推广到所有管道上，特别是新建的长距离供气管道。在我国，20 世纪 60 年代以前，船舶的保护多数采用纯锌牺牲阳极法。由于铁等杂质的存在，保护效果受到影响。60年代以后，开始应用三元锌牺牲阳极保护来防止舰船的腐蚀。到 70 年代，铝合金牺牲阳极法已应用于海洋设施的防腐蚀工作上。80 年代，有关部门制定了关于多元合金牺牲阳极法的标准。近年来，我国外加电流阴极保护技术也得到了迅速发展。目前已广泛应用于地下管道、船舶、闸门、码头、平台等金属结构的防腐蚀上。

目前，阴极保护技术已经发展成为一种成熟的商品技术，国际、国内都对其设立了相应的标准和规范。

【科学家简介】

金属腐蚀和阴极保护专家：哈维汉克

哈维汉克（Harvey Hack，美国）博士目前是美国马里兰州（Maryland）港口城市安纳波利斯（Annapolis）诺斯罗普·格鲁门公司海洋系统（Northrop Grumman Corp. Ocean Systems）的一名技术顾问。在此之前的1971～1996年，哈维汉克博士任职于美国海军最大的研究实验室——海军水面作战中心（NSWC）Carderock分部的海洋腐蚀部担任过许多要职。在1990～1991年间，他来到位于Annapolis市美国海军学院（US Naval Academy）做交换学者。哈维汉克曾获卡耐基-梅隆大学（Carnegie-Mellon University）物理学学士、冶金和材料学理学硕士，以及宾州州立大学（Penn State University）冶金学博士学位。

哈维汉克在腐蚀工程、腐蚀测试和腐蚀评价诸多领域都做出了杰出的贡献。近30年来他一直积极参与海马协会举办的学术会议。哈维汉克主要研究金属的海洋腐蚀，并在这一领域取得令人瞩目的业绩，尤其在金属的电偶腐蚀防护、电偶腐蚀机理和阴极保护等许多方面做了开拓性的工作。

哈维汉克不仅进行金属腐蚀与防护的研究，更为可贵的是哈维汉克毫不保留地向世界各地的技术部门传播他的各种金属腐蚀与防护技术，包括在世界各地举办讲座，在大学和政府实验室里授课以及出版一些出版物等。他已出版及编辑6本腐蚀与防护方面的专著，发表140多篇研究论文和研究报告。

哈维汉克曾担任美国腐蚀工程师协会（NACE）的诸多领导岗位，为金属的腐蚀与防护技术方面做出了广泛的贡献。例如，曾担任美国海洋事务处理性能委员会主席；以及研究委员会、认证委员会成员、董事会的会员；他多次担任NACE举办的各种会议的主席，例如海洋腐蚀会议、传感器会议、天然水的阴极保护会议等；也是NACE会员。获得过NACE卓越服务奖，是NACE认证的金属腐蚀和阴极保护专家，是马里兰州美国注册工程师，英国腐蚀协会和美国国家科学院会员。

哈维汉克在美国试验与材料学会（ASTM）也担任领导职务，任2000年度的董事会主席；1998～1999年度董事会副主席；1995～2002年度董事会委员；1986～1989年度金属腐蚀G01委员会主席；1992～1994年度标准委员会主席；1998以来的腐蚀测试与评价期刊腐蚀部编辑。哈维汉克是美国试验与材料学会会员及ASTM特别优点奖（Award of Merit）获得者。此外，哈维在国际标准化组织机构、美国工程学会、国际腐蚀大会、腐蚀协会等机构任要职。

思考练习题

1. 使用 E-pH 图和极化曲线说明阴极保护、阳极保护的原理。
2. 阴极保护的基本参数有哪些？怎样确定合理的保护参数？
3. 阐明下列术语的意义：
   (1) 最小保护电位；(2) 保护电流密度；(3) 完全保护；(4) 有效保护；(5) 过保护。
4. 解释有关牺牲阳极性能的下列术语：
   (1) 开路电位；(2) 闭路电位；(3) 驱动电压；(4) 电流效率；(5) 阳极消耗率。
5. 有一长度为5km的某埋地管道计划采取牺牲阳极保护，经计算用镁合金阳极10只，画出合理的牺牲阳极保护示意图。
6. 镁合金阳极的电流效率为什么较低？镁基牺牲阳极中合金元素 Zn、Al、Mn 的作用是什么？
7. 如何确定阳极保护电源的容量？如何协调致钝电源和维钝电源的容量？
8. 实现钝化的方法有哪些？这些方法能否都称为阳极保护？
9. 试比较阴极保护和阳极保护法的特点和优缺点。

第13章 电 镀

13.1 电镀概述

13.1.1 电镀的定义

电镀（electroplating）是获得金属保护层的有效方法。由电镀得到的金属镀层结晶细致、化学纯度高、结合力好，因此电镀技术不仅仅在传统工业中扮演重要角色，在高新技术产业，如现代电子技术、微电子技术、通讯技术及产品制造上发挥愈来愈大的作用。

电镀属于金属电沉积过程的一种，是应用电解原理，使金属或合金沉积在制件表面，形成均匀、致密、结合力良好的金属层的过程。所以，电镀过程就是在待镀金属上覆盖一层符合要求的镀层金属的过程。

13.1.2 电镀的目的

电镀的主要目的是在基材上镀上金属镀层，为零件或材料表面提供防护层或改变基体材料的表面性质或尺寸。通过电镀可以达到如下目的。

① 提高材料的表面性能，如使材料（主要是金属）增加美观和表面硬度，提高外观质量，赋予金属光泽美观等。

② 提高金属的耐蚀性，增加金属的抗腐蚀能力。

③ 提高材料的某些功能，例如防止磨耗、提高导电性、润滑性、强度、耐热性、耐候性等。

13.1.3 镀层的分类

根据镀层作用的不同，可以将金属镀层分为以下几类。

① **防护性镀层** 这是指在大气或其他环境条件下能保护基体金属不受腐蚀的镀层，如铁制品镀锌、镀镉等。

② **防护装饰性镀层** 镀层既具有防护性又具有漂亮的外观。如铁制品上镀铜-镍-铬或铁制品上镀铜-锡合金后再套镀铬等，通常为复合镀层。

③ **修复性镀层** 通常应用于易磨损零件的修复，如轴承、轧辊等的局部磨损，通过电镀加厚磨损部位，使其恢复原状，如镀硬铬等。

④ **特殊功能性镀层** 包括耐磨性镀层，如镀硬铬；减磨性镀层，如镀锡；反光性镀层，如镀铬；防反光性镀层，如镀黑镍、镀黑铬；导电性镀层，如镀银、镀金；导磁性镀层，如镀镍-铁合金、镀镍-钴合金，镀镍-钴-磷合金；防渗碳镀层，如镀铜；防渗氮镀层，如镀锡；抗氧化镀层，如镀铬、镀铂-铑合金等。

按镀层与基体金属的电位大小分类，可将镀层分为阳极性镀层和阴极性镀层。

① **阳极性镀层**　镀层金属电位低于基体金属电位，如铁制品上镀锌。这类镀层既能起机械保护作用，又能起电化学保护作用，主要用于防护性镀层。

② **阴极性镀层**　镀层金属电位高于基体金属电位，如铁制品上镀铜。这类镀层只能起机械保护作用，防护性能差。在镀层足够厚，并且空隙尽量少的情况下，才有较好的防护作用，一旦镀层磨损、破坏，由于微电池的作用，基体金属加速受到腐蚀。

13.1.4　合格镀层的条件

为了达到这些目的，对金属保护层一般提出以下几个基本要求。

① **附着力**　附着力是指镀层与基体之间的结合力，良好的镀层要求附着力好，镀层金属与基体金属要结合牢固，否则镀层脱落。导致镀层脱落的主要原因可能是表面前处理不良，有油污，镀层无法与基材结合；底材表面结晶构造不良；底材表面产生置换反应，如铜在锌或铁表面析出等。

② **致密性**　致密性是指镀层金属本身间的结合力，晶粒细小，无杂质则有很好的致密性。其影响因素有镀液成分、电流密度、杂质等。一般低浓度镀液，低电流密度可得到晶粒细而致密的镀层。

③ **连续性**　连续性是指镀层有否孔隙，对美观及腐蚀影响很大。虽镀层均厚可减少孔隙，但不经济，镀层要连续，孔隙率要小。

④ **均一性**　均一性是指电镀液能使镀件表面沉积均匀厚度镀层的能力。好的均一性可在凹处难镀到地方亦能镀上，对美观、耐腐蚀性很重要。

⑤ **美观性**　镀件要具有美感，必须无斑点，气胀缺陷，表面需保持光泽、光滑。可应用操作条件或光泽剂改良光泽度及粗糙度，也有由后处理之磨光加工达到镀件物品之美观，提高产品附加价值。

⑥ **应力**　镀层形成过程会残留应力，引起镀层裂开或剥离，应力形成的原因有：晶体生长不正常；杂质混入；前处理使基材表面变质妨碍砖结晶生长。

⑦ **良好的物理、化学和力学性能**　主要指镀层的硬度、延性、强度、导电性、传热性、反射性、耐腐蚀性、颜色等。

13.1.5　电镀液的组成及功能

电镀溶液是一种含有金属盐及其他化学物质的导电溶液，用来电沉积金属。根据镀液pH大小可分为酸性、中性及碱性电镀溶液。强酸镀液是 pH 低于 2 的溶液，通常是金属盐和酸的溶液，例如硫酸铜溶液。弱酸镀液是 pH 值在 $2\sim5.5$ 之间溶液，例如镍镀液。碱性镀液是其 pH 超过 7 的溶液，例如氰化物镀液及各种焦磷酸盐镀液等。

为了得到合格的金属镀层，一般的电镀液中通常包含如下的几种组分：主盐、络合剂、附加盐、缓冲剂、阳极活化剂及添加剂等，这些不同的组分在电镀过程中起着非常重要的作用。

(1) 主盐

主盐是指镀液中能在阴极上沉积出所要求镀层金属的盐，用于提供金属离子。镀液中主盐浓度必须在一个适当的范围，主盐浓度增加或减少，在其他条件不变时，都会对电沉积过程及最后的镀层组织有影响。比如，主盐浓度升高，电流效率提高，金属沉积速率加快，镀层晶粒较粗。

(2) 络合剂

有些情况下，若镀液中主盐的金属离子为简单离子时，则镀层晶粒粗大，因此，要采用络合离子的镀液。获得络合离子的方法是加入络合剂，即能络合主盐中的金属离子形成络合物的物质。络合物在溶液中可分离为简单离子和复杂络合离子。络合离子中，中心离子占据中心位置，配位体配位于中心离子的周围。由于中心离子与配位体结合牢固，络合离子在溶液中离解程度不大，仅部分离解，它比简单盐离子稳定，在电解液中有较大的阴极极化作用。

在含络合剂的镀液中，影响电镀效果的主要因素是主盐与络合剂的相对含量，即络合剂的游离量，而不是络合剂的绝对含量。络合剂的游离量升高，阴极极化作用升高，有利于镀层结晶细化，不利的是降低阴极电流效率，从而降低沉积速率。与对阴极过程影响相反，络合剂的游离量升高，使阳极极化降低，从而提高阳极开始钝化电流密度，有利于阳极的正常溶解。此外，络合剂的游离量还会影响镀层的沉积速率。

（3）附加盐

附加盐是电镀液中除主盐以外的某些碱金属或碱土金属盐类，主要用于提高电镀液的导电性，对主盐中的金属离子不起络合作用。有些附加盐还能改善镀液的深镀能力、分散能力，产生细致的镀层。

（4）缓冲剂

缓冲剂是指用来稳定溶液酸碱度的物质。这类物质一般是由弱酸和弱酸盐或弱碱和弱碱盐组成的，能使溶液在遇到碱或酸时，溶液的 pH 变化幅度缩小。尤其是中性镀液（pH 为 $5\sim8$），pH 控制更为重要。任何缓冲剂都只在一定的 pH 范围内才有较好的缓冲作用。

（5）阳极活化剂

镀液中能促进阳极活化的物质称阳极活化剂，也叫阳极溶解助剂。阳极有时会形成钝化膜，阳极活化剂的作用是提高阳极开始钝化的电流密度，从而保证阳极处于活化状态而能正常溶解。阳极活化剂含量不足时阳极溶解不正常，主盐的含量下降较快，影响镀液的稳定。严重时，电镀不能正常进行。例如镀镍时加氯盐等。

（6）添加剂

添加剂是指不会明显改变镀层导电性，而能显著改善镀层性能的物质。根据在镀液中所起的作用，添加剂可分为：稳定剂、光亮剂、整平剂、润湿剂和抑雾剂等。

13.2　电镀的基本原理

电镀是一种电化学过程，是由电子直接参加的化学反应，称为电化学反应。图 13-1 是电镀装置示意图，被镀的零件为阴极，与直流电源的负极相连；金属阳极与直流电源的正极连结，阳极与阴极均浸入镀液中。当在阴、阳两极间施加一定电压时，溶液中的金属离子从阴极上获得电子，被还原成金属 M，在零件上就会沉积出金属镀层，即：

$$M^{n+} + ne^- \longrightarrow M$$

在阳极则发生与阴极完全相反的反应，即阳极界面上发生金属的溶解，释放电子生成金属离子。

不论是金属的析出还是溶解均服从法拉第电解定律。

13.2.1　电镀的阴极过程——电沉积过程

在外电场作用下，镀液中的金属离子在阴极上发生还原反应生成金属原子。以表面镀铜

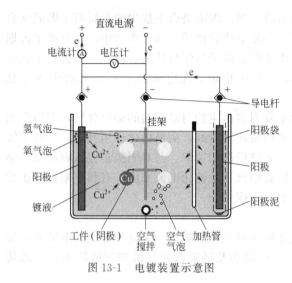

图 13-1　电镀装置示意图

为例，Cu^{2+} 在阴极工件上得到电子沉积成金属 Cu。阴极上的主反应：

$$Cu^{2+}(aq)+2e^- \longrightarrow Cu(s)$$

电镀时，阴极上不仅有生成金属原子的过程，而且还有一个由许多金属原子结晶成金属晶体的过程，即电沉积过程。

完成电沉积过程必须经过以下三个步骤。

① 液相传质　镀液中的水化金属离子或络离子从溶液内部向阴极界面迁移，到达阴极的双电层溶液一侧。

② 电化学反应　水化金属离子或络离子通过双电层，并去掉它周围的水化分子或配位体层，从阴极上得到电子生成金属原子（吸附原子）。

③ 电结晶　金属原子沿金属表面扩散到达结晶生长点，以金属原子态排列在晶格内，形成镀层。

电镀时，以上三个步骤是同时进行的，但进行的速率不同，速率最慢的一个被称为整个沉积过程的控制性环节。不同步骤作为控制性环节，最后的电沉积结果是不一样的。结晶组织较细的镀层，镀层的防护性能和外观质量都较好，因此，电镀的阴极过程实质上就是如何得到细致、紧密金属镀层的电结晶过程。因此，有必要对以上三个步骤及不同步骤作为控制性环节时对电沉积结果的影响进行讨论。

(1) 液相传质步骤

液相传质有三种方式：电迁移、对流和扩散。在通常的镀液中，除放电金属离子外，还有大量由附加盐电离出的其他离子，使得向阴极迁移的离子中放电金属离子占的比例很小，甚至趋近于零。因此，电迁移作用可略去不计。如果镀液中没有搅拌作用，则镀液流速很小，近似处于静止状态，此时对流的影响也可以不予考虑。扩散传质是溶液里存在浓度差时出现的一种现象，是物质由浓度高的区域向浓度低的区域的迁移过程。电镀时，靠近阴极表面的放电金属离子不断地进行电化学反应得电子析出，从而使金属离子不断地被消耗，于是阴极表面附近放电金属离子的浓度越来越低。这样，在阴极表面附近出现了放电金属离子浓度高低逐渐变化的溶液层，称为扩散层。扩散层两端存在的放电离子的浓度差推动金属离子不断地通过扩散层扩散到阴极表面。因此，扩散总是存在的，它是液相传质的主要方式。

假如传质作为电沉积过程的控制环节，则电极以浓差极化为主。由于在发生浓差极化时，阴极电流密度要较大，并且达到极限电流密度 i_L 时，阴极电位才急剧向负偏移，这时很容易产生镀层缺陷。因此，电镀生产不希望传质步骤作为电沉积过程的控制环节。

(2) 表面转化和电化学步骤

水化金属离子或络离子通过双电层到达阴极表面后，不能直接放电生成金属原子，而必须经过在电极表面上的转化过程。水化程度较大的简单金属离子转化为水化程度较小的简单离子，配位数较高的络合离子转化为配位数较低的络合金属离子，然后，才能进行得电子的电化学反应。例如，在碱性氧化物镀 Zn 时，有：

$$Zn(OH)_4^{2-} \Longrightarrow Zn(OH)_2 + 2OH^- \quad (配位数减少)$$
$$Zn(OH)_2 + 2e^- \Longrightarrow Zn + 2OH^- \quad (脱去配位体)$$

金属离子在电极上通过与电子的电化学反应生成吸附原子。如果电化学反应速率无穷大，那么电极表面上的剩余电荷没有任何增减，金属与溶液界面间电位差无任何变化，电极反应在平衡电位下进行。实际上，电化学反应速率不可能无穷大，金属离子来不及把外电源输送过来的电子立即完全消耗掉。于是，电极表面上积累了更多电子，相应地改变了双电层结构，电极电位向负的方向移动，偏离了平衡电位，引起电化学极化。假如电化学步骤作为电沉积过程的控制环节，则电极以电化学极化为主。电化学极化对获得良好的细晶镀层非常有利，它是人们寻求最佳工艺参数的理论依据。

(3) 电结晶步骤

电结晶是指金属原子达到金属表面之后，按一定规律排列形成新晶体的过程。金属离子放电后形成的吸附原子在金属表面移动，寻找一个能量较低的位置，在脱去水化膜的同时，进入晶格。所以，金属原子将首先进入能量最低的位置。

在形成金属晶体时又可分为同时进行的两个过程：晶核的生成和成长过程，这两个过程的速率决定着金属结晶的粗细程度。如果晶核的生成速率较快，而晶核生成后的成长速率较慢，则生成的晶核数目较多，晶粒较细，反之晶粒就较粗。即，在电镀过程中，当晶核的生成速率大于晶核的成长速率时，就能获得结晶细致、排列紧密的镀层。晶核的生成速率大于晶核成长速率的程度愈大，镀层结晶愈细致、紧密。

实践表明，提高金属电结晶时的阴极极化作用，可以提高晶核的生成速率，便于获得结晶细致的镀层。极化越大，晶粒越容易形成，所得晶粒越细小。为了获得细致光滑的镀层，电镀时总是设法使阴极极化大一些。但是单靠提高电流密度增大电镀过程的阴极极化也是不行的，因为电流密度过大时，电化学极化增大的不多，而浓差极化倒是增加得很厉害，结果反而得不到良好的镀层。另一方面，阴极极化作用超过一定范围，会导致氢气的大量吸出，从而使镀层变得多孔、粗糙、疏松、烧焦，甚至是粉末状的，质量反而下降。

电镀的阴极沉积过程还会受到镀液的状况如主盐离子浓度、附加盐、添加剂、酸碱度（pH）、温度、搅拌、电流等因素的影响。

13.2.2　电镀的阳极过程

电镀时发生氧化反应的电极为阳极。电镀阳极可分为不溶性阳极及可溶性阳极两类。不溶性阳极的作用是导电和控制电流在阴极表面的分布；可溶性阳极除了有这两种作用外，还具有向镀液中补充放电金属离子的作用。后者在向镀液补充金属离子时，最好是阳极上溶解入溶液的金属离子的价数与阴极上消耗掉的相同。如酸性镀锡时，阴极上消耗掉的是 Sn^{2+}，要求阳极上溶解入溶液的也是 Sn^{2+}；在碱性镀锡时，阴极上消耗掉的是 Sn^{4+}，要求阳极上溶解入溶液的也是 Sn^{4+}。同时还希望阳极上溶解入溶液中的金属离子的量与阴极上消耗掉的基本相同，以保持主盐浓度在电镀过程中的稳定。

由金属钝化过程的阳极极化曲线可知，金属的阳极过程在不同的电位范围内有着不同的规律。钝化现象是阳极过程的一个特殊规律，在电镀生产中会经常遇到。如在镀锌时，阳极电流密度过大会在锌阳极上生成黄色钝化膜，使锌的溶解速率大大降低。又如不锈钢及镍板在酸性溶液中作为不溶性阳极，就是利用其钝化性能。"超钝化现象"在电镀中不易碰到。

电镀过程要避免金属的钝化，也可以通过控制镀液成分及操作条件使电镀中被钝化的阳极重新活化，恢复正常溶解。影响电镀过程阳极钝化的主要因素有以下几点。

① 金属本性 有些金属比较容易钝化，如 Cr、Ni、Ti 及 Mo 等，而另一些金属如 Cu 及 Ag 等则不容易钝化。

② 溶液成分 在电镀溶液中，一些成分能使阳极活化，促使阳极溶解，如络合物镀液中的络合剂和某些镀液中的阳极去极化剂（镀镍液中的氯化物和氰化镀铜溶液中的酒石酸盐等）。有一些成分会促使阳极电位变正，造成阳极钝化，如氰化镀液中积累过多的碳酸盐及存在氧化剂（重铬酸盐、高锰酸钾等）。

③ 酸碱性 一般情况是，在酸性较强的溶液中，金属不易发生钝化，这往往与阳极反应产物的溶解度有关。在酸性溶液中，阳极一般不易生成难溶的物质。

④ 工作条件 阳极电流密度是对阳极过程影响最大的一个因素。一般情况是，在不大于临界钝化电流密度的情况下，提高电流密度可以加速阳极的溶解。当电流密度大于临界值时，提高电流密度将显著地加速阳极的钝化过程。低温有利于发生阳极钝化。因为这时的临界钝化电流密度值要比高温时小。

总而言之，电镀的阴、阳极过程十分复杂，阴极上不仅有金属的沉积，还会发生水的电解，在阴极上产生氢气，在阳极上产生氧气等副反应。

阴极副反应 $2H_3O^+(aq)+2e^- \longrightarrow H_2\uparrow+2H_2O(l)$

阳极副反应 $6H_2O(l) \longrightarrow O_2\uparrow+4H_3O^+(aq)+4e^-$

副反应消耗了部分电荷，使电流效率降低。在电镀过程中是不希望产生这类副反应的，应设法消除。

13.2.3 电流效率

电镀时，阴极上实际析出的物质的质量并不等于根据法拉第定律得到的计算结果，实际值总是小于计算值。这是由于电极上的反应不止一个，例如镀镍时，在阴极上除发生 $Ni^{2+}+2e^- == Ni$ 这一主反应外，还发生下面的副反应：

$$2H^+ + 2e^- == H_2$$

副反应消耗了部分电荷（量），使电流效率降低。电流效率就是实际析出物质的质量与理论计算析出物质的质量之比，即：

$$\eta=(m'/m)\times100\% \tag{13-1}$$

式中，η 为电流效率；m' 为电极上实际析出物质的质量；m 为理论上应析出物质的质量。

电流密度太高，阳极产生极化，使阳极电流效率降低。若阴极电流密度太大也会产生氢气降低电流效率。电镀金属中，锌、镍、铬、铁、镉、锡、铅的电位都比氢的电位要负，因此在电镀时，氢气会优先析出而无法电镀出这些金属，但由于氢过电压很大，所以才能电镀这些金属。然而某些基材如铸铁或高硅钢等氢过电压很小，也就较难镀上，需先用铜镀层打底后再镀上这些金属。氢气的产生也会造成氢脆的危害，同时电流效率也较低，氢气也会形成针孔，所以氢气的析出对电镀是不利的，应设法提高氢过电压。

电流效率可分为阳极电流效率及阴极电流效率。一般来说，阴极电流效率总是小于100%的，而阳极电流效率则有时小于100%，有时大于100%。电流效率是电镀生产中的一项重要经济技术指标。提高电流效率可以加快沉积速率，节约能源，提高劳动生产率。电流效率有时还会影响镀层的质量。

13.3 影响电镀质量的因素

影响电镀质量的因素很多，包括镀液的各种成分以及各种电镀工艺参数。下面就其中一些主要因素进行讨论。

13.3.1 电镀溶液的影响

(1) 主盐特性

在电镀中把镀层金属的盐叫做主盐，例如，硫酸盐镀锌液中的硫酸锌就是主盐。镀液的组成对镀层结构影响最大，一般来讲，如果主盐是简单的盐，其电镀溶液的阴极极化作用很小，极化值只有几十毫伏，因此镀层结晶晶粒较粗，例如简单的硫酸盐镀锌、硫酸盐镀铜等都是如此。

如果主盐是络盐，由于络离子在溶液中的离解能力较小，络合作用使金属离子在阴极上的还原过程变得困难，从而提高了阴极的极化作用，因此镀层的结晶晶粒较细。例如氨三乙酸-氯化铵型镀锌溶液中使用了络合能力较强的络合剂氨三乙酸，它和锌离子形成的络离子大大提高了锌沉积时的阴极极化作用，极化数值可达到 250mV 左右，因此获得的镀锌层比简单硫酸锌镀液获得的镀层更为细致、紧密。

(2) 主盐浓度

在其他条件（如阴极电流密度和温度等）不变的情况下，随着主盐浓度的增大，阴极极化下降，晶核的生成速率变慢，所得镀层的结晶晶粒较粗。稀溶液的阴极极化作用虽比浓溶液大，但其导电性能较差，不能采用大的阴极电流密度，同时阴极电流效率也较低，所以不利用主盐浓度这个因素来改善镀层结晶的细致程度。

(3) 导电盐

在电镀溶液中除了主盐外，往往还要加入某些碱金属或碱土金属的盐类。这种附加电解质的主要作用是提高电镀溶液的导电性能，此外有时还能提高阴极极化作用。例如以硫酸镍为主盐的镀镍溶液中，加入硫酸钠和硫酸镁，既可以提高导电性能，又能增大阴极极化作用（增大极化数值约 100mV 左右），使镀镍层的结晶晶粒更为细致、紧密。

(4) 添加剂

为了改善电镀溶液性能和镀层质量，往往在电镀溶液中加入少量的某些化学物质，在电镀中常把它们叫做添加剂。按照它们在电镀溶液中所起作用的不同，可分为光亮剂、整平剂、应力消除剂、润湿剂、抑雾剂等。目前电镀中所用的添加剂大部分为有机添加剂，例如阿拉伯树胶、糖精、糊精、聚乙二醇、硫脲、平平加（脂肪醇聚氧乙烯醚）、丁炔二醇、动物胶等。

添加剂能明显改善镀层组织，起作用的原因是这类添加剂多为表面活性物质，它们能吸附在阴极表面形成一层吸附膜阻碍金属析出，或与金属离子构成"胶体-金属离子型"络合物，从而大大提高金属离子在阴极还原时的极化作用，使镀层结晶晶粒细致、均匀、平整、光亮。必须指出，有机添加剂是有选择性的，不可乱用，以免造成不良的后果。

(5) pH

镀液中的 pH 可以影响氢的放电电位，碱性夹杂物的沉淀，还可以影响络合物或水化物的组成以及添加剂的吸附程度。但是，对各种因素的影响程度一般不可预见。最佳 pH 往往要通过试验决定。在含有络合剂离子的镀液中，pH 可能影响存在的各种络合物的平衡，因而必须根据浓度来考虑。电镀过程中，若 pH 增大，则阴极效率比阳极效率高，pH 减小则反之。通过加入适当的缓冲剂可以将 pH 稳定在一定范围。

13.3.2 工艺因素的影响

(1) 阴极电流密度

阴极电流密度是电镀工艺中最重要的指标之一，常用符号 D_k 表示，单位是 A/dm^2。阴极电流密度对镀层的质量，如镀层结晶晶粒的粗细有较大的影响。金属电镀时，为了获得良好的镀层，任何镀液都必须有一个规定的电流密度范围。其规定范围的最低值称为下限，最高值称为上限。在许可的电流密度范围内，电流密度越大，生产效率越高，因此应尽可能在较高的电流密度下电镀生产。当电流密度低于下限值时，阴极极化作用较小，镀层结晶粗大，甚至没有镀层。当电流密度高于上限时，镀层质量开始恶化，甚至出现海绵体、枝晶状、"烧焦"及发黑等，主要是由于氢的析出，导致阴极附近 pH 上升，形成金属碱式盐类夹附在镀层内，产生空洞、麻点、疏松、镀层发黑等，有时即使不析出氢或仅有少量氢析出（如硫酸铜镀液），也会产生烧黑现象。最佳电流密度是由电镀液的本性、浓度、温度和搅拌等因素决定的。通常电镀的阴极电流密度在 $0.5 \sim 5A/dm^2$ 之间。一般情况下，主盐浓度增大，镀液温度升高，以及有搅拌的条件下，可以允许采用较大的电流密度。

(2) 镀液温度

在其他条件相同的情况下，升高镀液温度，通常会加快阴极反应速率和金属离子的扩散速率，降低阴极极化作用，因而也会使镀层结晶变粗。但是不能认为升高镀液温度都是不利的，如果同其他工艺条件配合恰当，升高镀液温度也会得到良好镀层。例如实际电镀生产中，常利用升高温度提高允许的阴极电流密度的上限值，阴极电流密度的增加会增大阴极极化作用，以弥补升温的不足，这样不但不会使镀层结晶变粗，而且会加快沉积速率，提高生产效率。

(3) 搅拌

搅拌会加速溶液的对流，使阴极附近消耗了的金属离子得到及时补充和降低阴极的浓差极化作用，因而在其他条件相同的情况下，搅拌会使镀层结晶变粗。

然而采用搅拌后，可以提高允许的阴极电流密度上限值，这样就可以克服因搅拌降低阴极极化作用而产生的结晶变粗现象，所以利用搅拌这个因素，可以在较高的电流密度和较高的电流效率下得到细致紧密的镀层。

采用搅拌的电镀溶液必须进行定期的或连续的过滤，以除去溶液中的各种固体杂质和渣滓。否则会降低镀层的结合力，使镀层粗糙、疏松、多孔。

目前在工厂中采用的搅拌方法有机械搅拌法、阴极移动法和压缩空气搅拌法。机械搅拌法应用较少，阴极移动法应用较广泛，这是因为其结构简单、使用方便，槽底泥渣不易翻起。压缩空气搅拌法可在酸性镀铜、锌、镍溶液中使用，但是不适合用于氰化物电镀溶液。

(4) 换向电流与电流波形

换向电流实际上是变形的交流电，能周期地改变电流方向。被镀零件在每个周期内将有一瞬间变成阳极，从而控制了晶核长大的时间，使之不能长得很粗大，同时还能溶解镀层上的显微凸出部分，具有整平作用。因而，采用换向电流，可以使用较高的阴极电流密度，强化电镀过程，提高生产率，并可使镀层结晶组织排列得更加密实。例如在氰化物电镀溶液中用周期换向电流电镀铜、黄铜、银及其他金属时，所获得的镀层质量比不采用换向电流的质量好。在无氰络合物电镀溶液中采用换向电流，也得到良好的效果。

为了提高电流密度上限和改善镀层质量，在稳压直流电镀的基础上还发展了其他多种电流波形的电镀，如单相半波、单相全波等（图 13-2）。它们与直流电镀的根本区别在于镀液中金属离子不是持续地在阴极上沉积，并且可以减少阴、阳极极化，提高允许的电流密度上限和减少镀件渗氢。现已发现，电流波形对焦磷酸盐电镀铜有显著的影响，例如用单相半波、单相全波和间歇直流时，可得到光亮铜镀层，同时允许的电流密度上限也提高了。但对多数单金属电镀，电流波形的影响不明显。关于电流波形对电镀的影响有待于进一步研究。

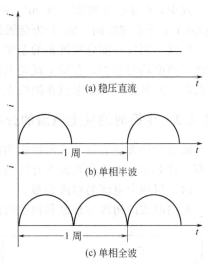

图 13-2 几种常见的电镀波形

13.4 电镀液的性能

决定电镀层质量的一个重要标志是金属镀层在零件上分布的均匀性和完整性，这在很大程度上决定着镀层的保护性能。在电镀中常用均镀能力和深镀能力来分别评定金属镀层在零件上分布的均匀性和完整性。

13.4.1 镀液的均镀能力和深镀能力

电镀溶液的**均镀能力**是指某一电镀液在一定的电解条件下所具有的使金属镀层表面均匀分布的能力，也称分散能力。电镀液的均镀能力越好，在不同阴极部位所沉积出的金属层厚度就越均匀。所以镀液的均镀能力是评价电镀液电镀性能的重要指标之一。大量实验已经证实，不同的电镀液具有不同的均镀能力，金属络合物盐镀液的均镀能力往往比金属简单盐镀液均镀能力好，而向一些简单金属盐镀液中添加了若干有机添加剂后，可以大大改善镀液的均镀能力。

在电镀生产中，常用到的另一个概念是**深镀能力**，亦称覆盖能力，它是指电镀液所具有的使镀件的深凹处沉积上金属镀层的能力。均镀能力和深镀能力不同，前者是说明金属在阴极表面分布均匀程度的问题，它的前提是在阴极表面都有镀层；而后者是指金属在阴极表面的深凹处有无沉积层的问题。深镀能力好的镀液即使在低电流密度下仍能使镀件表面镀上完整的金属覆盖层，或在镀件的低凹处仍能镀上金属。一般来说，镀液的均镀能力好，则深镀能力也好，但深镀能力不好的则均镀能力一定也不好。

根据法拉第电解定律可得出金属镀层厚度与相应电流密度的关系：

$$i = \frac{\delta \rho}{tk\eta} \tag{13-2}$$

式中，i 为电流密度，A/m^2；δ 为金属沉积层的厚度，m；ρ 为沉积层金属的密度，kg/m^3；t 为电镀时间，h；k 为金属的电化摩尔当量，$[kg/(A \cdot h)]$；η 为电流效率。

所以，阴极各部分所沉积的金属量（金属的厚度）取决于通过该部位电流密度的大小。故镀层厚度均匀与否，实质上就是电流在阴极镀件表面上的分布是否均匀。所以，要研究厚度的均匀性就必须抓住电流在阴极上的分布这一关键因素。

13.4.2　电镀时阴极上电流的分布

镀液的均镀能力与电流密度在阴极上的分布有直接的联系。要使金属在阴极上有均匀的分布，就必须使电流在阴极上有均匀的分布。

（1）阴极上电流的初级分布

所谓电流的初级分布也称初次电流分布，是指通电流时电极不产生极化的条件下，电流

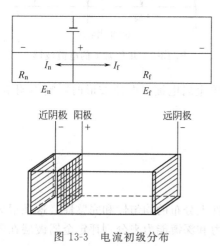

图 13-3　电流初级分布

在阴极表面各部位上的分布。这是理想的假定情况，实际情况可用通交流电代替直流电来满足电极不极化的要求。

设有一柱形容器，在它的两端各放置一个阴极，在其中间选择一定的位置放一个阳极，设从此阳极离右端阴极的距离是其到左端阴极距离的 5 倍。阳极与阴极面积相等，均等于此圆柱形电解槽的横截面积。其剖面示意图如图 13-3 所示。显然，这相当于两个并联电解槽，施加的电位差相同，但流过两个电解槽的电流强度（或密度）不同。设左边电解槽电流强度为 I_n，右边的为 I_f；左边电解槽溶液电阻为 R_n，右边的则用 R_f 表示。在无电极极化时，溶液电阻 R 主要包括溶液本身电阻和金属电极本身电阻两项，由于金属电极本身电阻比溶液本身电阻小得多，忽略金属电极电阻。根据 $E_n = E_f$，有 $I_n R_n = I_f R_f$，故得电流的初级分布 K_1：

$$K_1 = \frac{I_n}{I_f} = \frac{R_f}{R_n} \tag{13-3}$$

此时因为无极化，电解液的组成和浓度都是均匀同一的，电流强度（或电流密度）与溶液电阻成反比，而溶液电阻又与阳极和阴极间的距离成正比，因此电流的初级分布比值也等于阴极至阳极间距离的比值，当 $K_1 = 1$ 时为均匀分布，$K_1 > 1$ 时为不均匀分布，此处 $K_1 = 5$。如果此时电流效率皆为理论值时，那么金属在近的和远的阴极上沉积物厚度也将与阴极和阳极间的距离成反比，因此，此时 K_1 值也等于两个阴极上金属电沉积层厚度的比值。金属电沉积层在远和近阴极上的分布类似于在一个不平整的有凹凸部位的阴极表面上的分布，电极表面凸出部位离阳极近，好比是上述近阴极，而电极上的凹入部位离阳极就远，就好比是上述远阴极。因此，上述电流的初级分布实际表征了在无极化作用条件下，电流或金属沉积层在阴极凹凸表面上的分布状况。

上述讨论表明，在电极不极化的条件下，只有在平整的阴极表面上，或同心圆筒或同心球体电极上，电流或电沉积物厚度才是均匀的，而在有凹凸表面的阴极上，其 $K_1 > 1$，电流与电沉积层分布始终是不均匀的，在凸出部位上电流密度或电沉积层厚度大，而在凹入部位上电流密度或电沉积层厚度小，其凹凸差别愈大，分布愈不均匀。

（2） 阴极上电流的次级分布

电流的次级分布也称二次电流分布或实际电流分布，是指电解池在通实际的直流电流时电极产生极化的条件下，电流在阴极上各部位的分布状况。式(13-3) 同样成立，只是 R 项含义不同。在电极无极化时，R 可看做电解液的电阻，但在实际的直流电通过电解液时，由于阳极和阴极均产生极化，当电极极化时，阴极电位变负，阳极电位变正，极化电极构成的原电池产生的电位符号与外电源施加的电位符号方向相反，因此实际效果相当于极化作用产生一个附加电阻，使流经电解池的电流变小了，此电阻我们用 $R_{极化}$ 表示，因此通直流电时溶液电阻中增加了 $R_{极化}$ 电阻，故式(13-3) 应写成：

$$K_2 = \frac{I_n}{I_f} = \frac{R_{f(电解液)} + R_{f(极化)}}{R_{n(电解液)} + R_{n(极化)}} \tag{13-4}$$

式中，$R_{极化}$ 值与电流密度有关，一般的规律是随电流密度增大，极化增强，$R_{极化}$ 值增大。$R_{f(极化)}$ 相应在 I_f 电流密度下的值，而 $R_{n(极化)}$ 相当于在 I_n 电流密度下的值，已知 $I_n > I_f$，因此 $R_{n(极化)} > R_{f(极化)}$，由于 $R_{极化}$ 的影响，使得 I_n/I_f 比值比无极化时的比值减小了，即电流趋向于均匀分布了。这说明电极极化可使阴极表面电流分布趋向均匀，即电解液的分散能力提高了。K_2 称为阴极上电流的次级分布。

一般来说，阴极形状越简单，阴、阳两极间距离越远，镀液导电性越好，阴极极化率越高，越有利于二次电流的均匀分布。

（3） 阴极上金属的分布

单位时间内离阳极近的阴极上金属沉积量 M_n 与远离阳极的阴极上金属在阴极的沉积量不仅与电流密度有关，而且与电流效率有关。单位时间内析出的金属量应与电流密度和电流效率乘积成比例：

$$\frac{M_n}{M_f} = \frac{I_n \eta_n}{I_f \eta_f} = K_3 \tag{13-5}$$

假定金属沉积时厚度均匀，两个阴极面积又相等，则 K_3 等于两个阴极上沉积金属的厚度的比值。

已经知道金属电沉积时，阴极电流效率与电流密度之间的关系大致有三种情况（如图 13-4 所示）。图中线段 a 表示电流效率与电流密度无关，此时 $\eta_n/\eta_f = 1$。因此，金属在阴极上的分布实际上等于电流的分布。硫酸铜溶液中电镀铜即属此类型。图中线段 b 表示阴极电流效率随电流密度增加而增大。酸性铬酐镀铬液即属此类型。已知 $I_n > I_f$，因此 $\eta_n > \eta_f$，根据式(13-5) 可知，此时，$K_3 > I_n/I_f$，即金属分布比二次电流分布更不均匀。图中线段 c 表示阴极电流效率随电流密度的增大而减小。一切氰化物镀液或络合物镀液属此类型。已知 $I_n > I_f$，因此 $\eta_n < \eta_f$，根据式(13-5)可知，此时 $K_3 < I_n/I_f$，即金属分布比二次分布更均匀。经验已经证实，用络合物镀液电镀金属容易取得厚度较为均匀的镀层。

（4） 电解液分散能力的数学公式

通常用二次电流分布或金属分布与电流的初级分布差额的相对比例 （%） 来表示电解液的分散能力 (TP)。

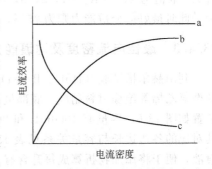

图 13-4　金属电沉积电流效率与电流密度的三种关系曲线

a—电流效率与电流密度无关；b—阴极电流效率随电流密度增加而增大；c—阴极电流效率随电流密度的增大而减小

$$TP = \frac{K_1 - K_2}{K_1} \times 100\% \tag{13-6}$$

或

$$TP = \frac{K_1 - K_3}{K_1} \times 100\% \tag{13-7}$$

根据图 13-3，两个阴极与同一个阳极并联，故有：

$$E_a - E_{kf} + I_f R_f = E_a - E_{kn} + I_n R_n \tag{13-8}$$

式中，E 皆为析出电位，化简后得出：

$$I_f R_f - I_n R_n = E_{kf} - E_{kn} \tag{13-9}$$

两边除以 $I_f R_n$，由此得出：

$$\frac{R_f}{R_n} - \frac{I_n}{I_f} = \frac{E_{kf} - E_{kn}}{I_f R_n} \tag{13-10}$$

将式(13-3)、式(13-4)代入式(13-10)得：

$$K_1 - K_2 = \frac{E_{kf} - E_{kn}}{I_f R_n} \tag{13-11}$$

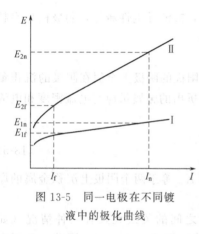

图 13-5　同一电极在不同镀
液中的极化曲线

结合式(13-11)和式(13-6)可得电解液的分散能力 TP：

$$TP = \frac{K_1 - K_2}{K_1} = \frac{E_{kf} - E_{kn}}{K_1 I_f R_n} = \frac{E_{kf} - E_{kn}}{I_f R_f} \tag{13-12}$$

由式(13-12)可见，分散能力 TP 正比于 $(E_{kf} - E_{kn})$，反比于 I_f 和 R_f。根据同一电极在不同镀液中的极化曲线（图 13-5），曲线 Ⅱ 极化作用大于曲线 Ⅰ。相同电流密度下，相应的 $(E_{2f} - E_{2n}) > (E_{1f} - E_{1n})$，故与极化曲线 Ⅱ 相应的镀液的分散能力好。

TP 值不仅与 K_1 有关，而且与 K_2 或 K_3 有关。当 $K_1 = 5$，而 $K_3 = 1$（理想的最大分散能力，金属均匀分布）时，TP = 80%；而当 $K_3 = 2，3，4，5，\cdots，\infty$ 时，TP 值分别为 60%，40%，20%，0，$\cdots$，$-\infty$。

若 K_1 取值为 4，当 $K_3 = 1，2，3，4，\cdots，\infty$ 时，TP 值分别为 75%，50%，25%，0，$\cdots$，∞。此时最好的分散能力则为 75%，最坏的为 $-\infty$。

13.4.3　最佳电流密度及均镀能力的测定方法

利用赫尔槽试验（Hull cell test）可以测量电镀液的均镀能力。赫尔槽常用有机玻璃或硬聚氯乙烯等绝缘材料制成，底部呈梯形，阴、阳极分别置于不平行的两边，赫尔槽结构及装置如图 13-6。容量有 1000mL 和 267mL 两种，除高度相同外，4 个边线长度各不相等，其对应的各边边长与容量关系见表 13-1 所列。试验时一般在 267mL 试验槽中加入 250mL 镀液，便于将添加物折算成每升含有多少克。

在 AC 边接外电源阳极，BD 边接阴极。可见赫尔槽的特点是：阴极各部位与阳极之间的距离可以在很大幅度范围内连续变化。AB 端阳极与阴极距离最近，CD 端最远。简称 AB 端为近端，CD 端为远端。

常常根据下述方法确定最佳电流密度。根据对 4 种常用的镀液即酸性铜、酸性镍、氰化物镀锌、氰化物镀镉，在不同的电流强度（I_k）下进行电镀试验结果进行统计处理得出，阴

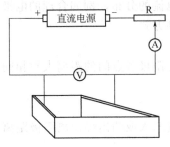 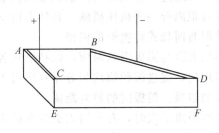

图 13-6　赫尔槽结构及装置示意图

表 13-1　赫尔槽边长与容量关系　　　　　　　　　　　　　　单位：mm

项　目	1000mL	267mL	项　目	1000mL	267mL
AB	119	47.6	CD	213	127
BD	127	101.7	CE	81	63.5
AC	86	63.5			

极上某点的电流密度值（D_k）与该点距赫尔槽近端的距离（L）的对数成反比关系。

　　对 1000mL 的赫尔槽有　　　　　$D_k = I_k(3.26 - 3.05 \lg L)$　　　　　　　　（13-13）

　　对 267mL 的赫尔槽有　　　　　$D_k = I_k(5.10 - 5.24 \lg L)$　　　　　　　　（13-14）

　　式中，电流密度 D_k 单位为 A/dm^2；I_k 单位为 A。根据式(13-13) 或式(13-14)，已知距近端的距离，即可算出此部位的电流密度（外电流强度 I_k 已知）。用小的阴极试片（被镀金属试验金属片）挂在有不同的电流密度地方试验电镀效果，可确定最佳电流密度条件。同时，还可逐一改变电镀液成分在不同电流密度条件下试验，研究得出镀液的最佳配方等条件，预测和查明某些杂质的影响等。

　　赫尔槽试验与一般的电镀电路相同，电源根据试验对电压波形要求选择。串联在试验电路中的可变电阻及电流表用以调节试验电流及电流指示，并联的电压表用以指示试验的槽电压。

　　做赫尔槽试验时，电流常选择 0.5～3A，常用的电流为 1A，电镀时间为 5～15min。赫尔槽阴极板厚度在 0.25～1mm 之间，材料视试验要求而定，一般可采用冷轧钢板、铜及黄铜片，试片表面必须平整。

　　可以根据下述方法确定电镀液的均镀能力。赫尔槽阴极样板在被测镀液中镀覆以后，划分成 8 个小方格，然后分别测出 1～8 各方格中心的镀层厚度 d_1、d_2、…、d_8，最后根据下式求出分散能力：

$$TP = \frac{d_n}{d_1} \times 100\%$$　　　　　　　　（13-15）

　　式中，d_n 是被选择的任一方格的镀层厚度；d_1 为第 1 号方格的镀层厚度。分散能力最佳为 100%，最差为 0。

　　除了赫尔槽装置以外，还可应用卷边阴极、缺口槽等设备或装置来研究电解液的分散能力和覆盖能力。

13.4.4　提高镀液均镀能力的机械措施

　　为了改善电镀液的分散能力，除了在电镀液中加入一定量的强电解质、络合物及适量添加剂外，还可以通过一些机械的办法调整阴极表面电流的分布，例如合理的电极形状、合适的电极位置及距离等一些机械措施。具体有以下几种方式。

（1）采用与阴极式样类似的阳极

阳极形状大致与阴极形状对应，保持阴极各点与阳极各点间的距离大致相同，有利于电流密度分布均匀，促进沉积物均匀分布在阴极上。

（2）增加阳极、阴极间的相对距离

当电极间距离增大时，有不同表面曲率的阴极其凹入或凸出部位离阳极距离差别相对变小，这有利于阴极上电流分布均匀。

（3）采用补充的阴极

在阴极突出的部位附近放置补充阴极，可以吸引部分过剩的电流，使镀件表面电流分布变得均匀。

（4）采用不导电的屏

在阳极和阴极突出部位之间，安放能减少通到突出部位的电流的不导电屏障，从而调整并改善阴极上电流的分布情况。

13.5　常用镀层举例

13.5.1　电镀锌

铁上镀锌是最有效并且最早采用的防腐方法，镀锌后铁皮可在 $10 \sim 20$ 年期间经得住大气腐蚀。由于锌的电位比铁负，当镀层与铁基金属形成原电池时，锌先受腐蚀，因此锌是阳极性镀层。

锌镀层在铬酸溶液中钝化后，表面生成一层光亮而美观的彩色钝化膜，使锌的防护性能比原来提高许多倍。由于这种特性，锌镀层在机械工业、电子工业，仪表工业和轻工业等方面得到了广泛的应用。据估计全世界几乎有一半的锌用于镀锌。

镀锌方法分氰化物镀锌和无氰镀锌两类。在我国目前镀锌工艺方法中，以酸性镀锌和碱性镀锌应用最广，氰化镀锌有被逐渐淘汰的趋势。

（1）氰化物镀锌

氰化物镀锌根据氰化钠（钾）含量的高低分为高氰、中氰和低氰三种，表 13-2 是氰化物镀锌液组成及工作条件。氰化物镀锌的优点是镀层结晶细致，镀液的分散能力和深镀能力较好，对钢铁设备无腐蚀作用。缺点是镀液剧毒，容易对人及环境造成危害。

表 13-2　氰化物镀锌液组成及工作条件

镀液成分及工作条件	高氰镀液	中氰镀液	低氰镀液
ZnO 质量浓度/(g/L)	$35 \sim 45$	$7 \sim 10$	$7 \sim 10$
NaCN 质量浓度/(g/L)	$80 \sim 90$	$15 \sim 30$	$10 \sim 15$
NaOH 质量浓度/(g/L)	$80 \sim 85$	$8 \sim 12$	$70 \sim 80$
Na₂S 质量浓度/(g/L)	$0.5 \sim 5$	—	—
甘油质量浓度/(g/L)	$3 \sim 5$	—	—
HT 光亮剂体积分数/(ml/L)	—	—	$0.5 \sim 1$
$t/℃$	$10 \sim 35$	$10 \sim 35$	$10 \sim 35$
$D_k/(A/dm^2)$	$1 \sim 3$	$1 \sim 2$	$1 \sim 3$

镀液各成分的作用及工作条件影响如下所述。

氰化镀锌的主盐为锌氰化钠 $[Na_2Zn(CN)_4]$ 和锌酸钠 Na_2ZnO_2，它们是由氧化锌、氰化钠和苛性钠作用生成，其反应如下：

$$2ZnO+4NaCN \xrightarrow{<50℃} Na_2Zn(CN)_4+Na_2ZnO_2$$

$$ZnO+2NaOH \Longrightarrow Na_2ZnO_2+H_2O$$

锌氰化钠和锌酸钠在镀液中离解过程如下。

第一步
$$Na_2ZnO_2 \Longrightarrow 2Na^+ + ZnO_2^{2-}$$
$$Na_2Zn(CN)_4 \Longrightarrow 2Na^+ + Zn(CN)_4^{2-}$$

第二步
$$ZnO_2^{2-}+2H_2O \Longrightarrow Zn^{2+}+4OH^- \qquad K_{不稳定}=3.6\times10^{-16}$$
$$Zn(CN)_4^{2-} \Longrightarrow Zn^{2+}+4CN^- \qquad K_{不稳定}=1.3\times10^{-27}$$

可能的阴极反应：

$$Zn(CN)_4^{2-}+2e^- \longrightarrow Zn+4CN^- \qquad E^{\ominus}=-1.26V$$
$$ZnO_2^{2-}+2H_2O+2e^- \longrightarrow Zn+4OH^- \qquad E^{\ominus}=-1.216V$$

氰化钠与氢氧化钠均为络合剂。Na_2S 为光亮剂，同时它又可沉淀镀液中对镀层有害的重金属离子杂质，含量过多时会使镀层发脆。

甘油用于提高阴极极化作用，有利于获得均匀细致的镀层。阳极采用纯锌片。电镀时温度不宜超过 35℃，否则会加速氰化钠的分解、降低阴极极化作用及均镀能力。

(2) 弱酸性氯化钾镀锌

该法是 20 世纪 80 年代的镀锌新工艺，该工艺克服氰化物镀液剧毒性缺点，是一种无氰无铵弱酸性镀液。该镀液深镀能力强，分散能力好，色泽光亮鲜艳，镀层质量相当于氰化镀锌工艺。其镀液成分简单、稳定、设备成本低、电流效率高、沉积速率快、生产效率高，适用于铸铁零件、高碳钢零件镀锌。镀层光亮、细致、整平性好。缺点是镀液对钢铁设备有腐蚀作用。表 13-3 是弱酸性氯化钾镀锌镀液成分及工作条件。

表 13-3 弱酸性氯化钾镀锌镀液成分及工作条件

镀液成分及工艺条件	镀锌液	镀液成分及工艺条件	镀锌液
$ZnCl_2$ 质量浓度/(g/L)	50~70	YDZ-1 光亮剂 体积分数/(ml/L)	10~15
KCl 质量浓度/(g/L)	180~220	$t/℃$	5~40
H_3BO_3 质量浓度/(g/L)	25~35	pH	5 左右
柠檬酸钾($K_3C_6H_5O_7 \cdot H_2O$)质量浓度/(g/L)	40~70	D_k/(A/dm^2)	0.8~3

$ZnCl_2$ 为镀液中的主盐，使用前用锌粉处理除去金属杂质。当其含量高时，允许阴极电流密度大，但分散能力差；其浓度低时，高电流密度处有烧焦现象，但分散能力好。以钾盐为导电盐的工艺中，$ZnCl_2$ 含量控制在 50~100g/L，以钠盐为导电盐的工艺中，$ZnCl_2$ 含量控制在 50~70g/L。

KCl 是镀液中的导电盐，又是 Zn^{2+} 的弱配体 Cl^- 的来源。也可以用钠盐代替，此时温度不得高于 35℃，否则 YDZ 组合光亮剂便分解析出。Cl^- 能与 Zn^{2+} 形成络离子 $[ZnCl_3]^-$、$[ZnCl_4]^{2-}$、$[ZnCl_6]^{4-}$ 等。Zn^{2+} 浓度低，Cl^- 浓度高，可生成高配位数的络离子，有利于镀液分散能力的提高和阴极极化作用增强。含量过高时，冬天 KCl 达过饱和结晶析出。

柠檬酸钾是辅助络合剂，有利于改善镀液的均镀能力和深镀能力。

YDZ 光亮剂——氯化钾镀锌的主光亮剂可以用亚苄基丙酮（苄叉丙酮），亚苄基丙酮与邻氯苯甲醛复配，芳香醛、酮的改性产物可以提高阴极极化作用，并使镀层结晶细致、平滑、光亮。

电镀时温度不能超过 35℃，否则镀层质量降低。电流密度大，沉积速率快，深镀能力和光亮度也得到提高。对于镀层厚度要求薄和白色钝化时，可以适当加大电流密度。对于镀层要求较厚和彩色钝化时，电流密度应小些，以减少镀层的应力和提高钝化膜的抗蚀能力。

pH 值高低对该工艺性能影响较大。pH＞6 时，会产生 $Zn(OH)_2$ 沉淀，镀层局部出现黑条纹；pH 偏低时，镀层阴极极化作用、电流效率、均镀能力和深镀能力均降低。只有控制镀液 pH＝5 时，该镀液才比较稳定。

锌镀层的耐蚀性主要依靠后处理钝化工艺来保证。

13.5.2　电镀铜

目前生产中电镀铜的方法主要有 4 种：硫酸盐镀铜、氰化物镀铜、焦磷酸盐镀铜和 HEDP 镀铜。

硫酸盐镀铜有普通酸性硫酸盐镀铜液和光亮镀铜液两类。硫酸盐镀铜液的基础成分是硫酸铜和硫酸。硫酸铜提供镀液中的 Cu^{2+}，硫酸防止铜盐的水解，提高镀液导电能力和阴极极化作用。由于镀液的电流效率接近 100%，可镀得较厚的铜镀层。

普通硫酸盐镀铜液成分简单，稳定性好，电流效率高，沉积速率快，成本低和便于维护控制，缺点是镀液的极化作用不大，镀液分散能力差，镀层结晶粗糙和不光亮，在工业生产中已应用了 140 多年。

光亮镀铜液是 20 世纪 60~70 年代发展起来的新工艺，它是在普通镀铜液中加入某些光亮剂配制成的。这些高光亮度和整平性能良好的硫酸盐镀铜组合光亮剂的开发，不仅能够镀出镜面光亮、整平性能和韧性良好的铜镀层，而且镀液的分散能力和镀层的结晶组织都有改善。这类镀铜通常用作防护-装饰性电镀和塑料电镀的中间镀层。国内多层防护-装饰性电镀能够大量采用硫酸盐镀铜工艺，当前很多工厂采用镀厚铜薄镍工艺，达到了节约用镍的效果，同时还促进了我国塑料电镀工业的迅速发展。

钢铁镀件必须先用氰化铜镀液先打底或用镍先打底，以避免置换镀层及低附着性形成。

(1) 普通酸性硫酸盐镀铜

虽然酸性电镀液可镀铜，但用此镀液不能在铁表面直接镀上铜。因为铁比铜电位负，会发生接镀现象，镀层呈粉末状。铁制件必须先在氰化物溶液中镀一薄层铜，或镀一层镍，而后在酸性溶液中再覆盖较厚的镀铜层。

铜电镀液与铜精炼过程中所用的电解液相似，但酸度较小。主要成分是硫酸铜和硫酸。镀液成分和工作规范见表 13-4 所列。

表 13-4　普通硫酸盐镀铜

组成和条件	配方 1	配方 2	配方 3
硫酸铜 $CuSO_4 \cdot 5H_2O$ 浓度/(g/L)	175~250	180~200	175~250
硫酸(相对密度 1.84)浓度/(g/L)	45~70	35~50	40~70
明胶质量浓度/(g/L)		0.1~0.2	—
酚磺酸 $C_6H_4(OH)SO_3H$ 浓度/(g/L)	—	—	1.0~1.5
温度/℃	18~25	15~35	20~30
阴极电流密度/(A/dm²)	1~1.5	1~1.5	1~2

这类镀液成分比较简单，配制液比较方便，只要将计算量的硫酸铜用热水溶解后，稍加冷却，就可慢慢加入计算量的硫酸，再加水至规定的体积。如原料杂质较多，可以用双氧

水-活性炭处理后使用。

阴极反应　据研究，Cu^{2+} 同时得到两个电子直接还原为金属 Cu 的可能性不大，较大的可能分为两步还原：

$$Cu^{2+} + e^- \longrightarrow Cu^+（慢）$$
$$Cu^+ + e^- \longrightarrow Cu（快）$$

由于形成 Cu^+ 后很容易再得到一个电子还原成金属铜，因此在阴极区几乎检测不出有 Cu^+ 存在。

阳极反应　铜阳极主要发生如下反应：

$$Cu \longrightarrow Cu^{2+} + 2e^-$$

有时也发生不完全氧化：

$$Cu \longrightarrow Cu^+ + e^-$$

形成的 Cu^+ 又可能进一步被氧化为 Cu^{2+}，也可能被水解形成氧化亚铜（俗称铜粉）：

$$2Cu^+ + 2H_2O \longrightarrow 2CuOH + 2H^+ \longrightarrow Cu_2O \downarrow + H_2O$$

氧化亚铜的生成使得阴极镀层粗糙，有时甚至出现海绵状的镀层，影响镀层质量。可加入少量双氧水使氧化亚铜氧化为二价铜，以改善镀层质量。

极化性质对沉积物结构和分散能力有很大的影响。在酸性溶液中镀铜，阴极极化不大，加入胶体后，可使极化增加，但使沉积物脆性增大，因此只能加入一定量的胶体。

电镀液中加酸有利于得到更细小结晶，并能提高溶液电导率和防止碱式亚铜盐的析出。但硫酸过量能引起阴极铜的溶解。提高温度能使铜的晶体增大，然而提高电流密度能增大极化，有利于细结晶生成，减弱了温度的影响。一般电镀的温度控制在 $35\sim50℃$ 之间，温度不得低于 $20℃$。

实验发现，电流密度低于 $0.3A/dm^2$ 时，电流效率急剧降低，在加热和强制循环时可提高到 $7A/dm^2$。提高溶液酸度和加强溶液循环时，也可增高到 $20A/dm^2$，然而此时有引起析氢的危险，得到的沉积物也呈疱状。

酸性铜电解液分散能力很小，在电镀复杂阴极件时，必须采用防护板、辅助阴极等。

酸性槽主要优点是可用大的电流密度，电镀速率快，有利于电镀较厚的铜镀层。主要缺点是沉积物晶粒大，镀层粗糙，不能用于钢铁件表面直接镀铜。由于电铸对产品表面状况要求低，因此酸性电镀液常用于制造铜铸件。

（2）焦磷酸盐镀铜

焦磷酸盐镀铜镀液的主要成分是供给铜离子的焦磷酸铜和作为络合剂的焦磷酸钾，此两者能作用生成络盐焦磷酸铜钾。焦磷酸钾除了与铜生成络盐外，还有一部分游离焦磷酸钾，它可以使络盐稳定并可提高镀液均镀能力和深镀能力。除此以外，镀液中往往还添加一些辅助络合剂，如柠檬酸、酒石酸、氨三乙酸等，以改善镀液性能。当镀液中添加某些光亮剂后，还可以获得光亮的铜镀层。

焦磷酸盐镀铜工艺成分简单、镀液稳定、电流效率高、均镀能力和深镀能力较好、镀层结晶细致，并能获得较厚的镀层。电镀过程没有刺激性气体逸出，一般可不用通风设备，但对于钢铁零件镀铜时，要进行预镀或预处理，以改善镀层和基体的结合力。

该法几乎在一个半世纪以前即已发明，但由于成本较高，直到 20 世纪 50 年代以后才在工业上得到应用。

焦磷酸盐镀铜的主要缺点是成本较高，由于焦磷酸盐水解而产生的正磷酸根会在镀液中积累起来，一般在几年之内，使沉积速率显著下降，因而得不到广泛的使用。

　　焦磷酸盐镀铜的基本原理：

　　焦磷酸根与铜离子的络合作用　该镀液中焦磷酸铜是主盐，焦磷酸钾是络合剂。镀液中的络合反应可写为：

$$Cu_2P_2O_7(S)+3[P_2O_7]^{4-} \longrightarrow 2[Cu(P_2O_7)_2]^{6-}$$

生成的络合物 $[Cu(P_2O_7)_2]^{6-}$ 具有螯合物结构，如图 13-7 所示。

　　现已发现，不同的 pH 值，焦磷酸根与铜形成络合物的结构形式也不同。

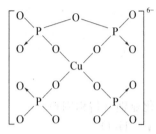

图 13-7　$[Cu(P_2O_7)^{6-}]$
结构形式

　　pH$<$5.3，主要存在形式为 $[Cu(HP_2O_7)_2]^{4-}$

　　pH 在 5.3～7 之间，主要存在形式为 $[Cu(HP_2O_7)P_2O_7]^{5-}$

　　pH 在 7～10 之间，主要存在形式为 $[Cu(P_2O_7)_2]^{6-}$

　　pH$>$10，主要存在形式为 $[Cu(OH)(P_2O_7)_2]^{3-}$

　　一般焦磷酸盐镀铜液的 pH 在 8～9 之间，所以主要的络合物结构形式为 $[Cu(P_2O_7)_2]^{6-}$。这种结构是上述几种络合形式中较为稳定的一种，它的不稳定常数为：

$$K_i=[Cu^{2+}][P_2O_7]^{2-}/[Cu(P_2O_7)_2]^{6-}=1.0\times10^{-9}$$

　　有些镀液中，同时加入氨水或柠檬酸铵，他们与焦磷酸盐形成混合配体络合物，但其浓度不高，氨水与柠檬酸铵主要作为缓冲剂及辅助络合剂使用。

　　焦磷酸盐镀铜的电极反应比较复杂。多数情况下是低配位数的络离子在阴极上放电。但随溶液 pH 变化，络合剂浓度增减，在电极上放电反应的络合离子也可能变化。

　　在焦磷酸盐镀铜溶液中，当镀液中游离 $P_2O_7^{4-}<0.09mol/L$ 时，阴极上主要是 $[Cu(P_2O_7)]^{2-}$ 放电：

$$[Cu(P_2O_7)]^{2-}+2e^- \longrightarrow Cu+P_2O_7^{4-}$$

　　当游离 $P_2O_7^{4-}>0.18mol/L$ 时，阴极上主要放电的络离子为 $[Cu(P_2O_7)_2]^{6-}$，分两步进行。

第一步　　　　$[Cu(P_2O_7)_2]^{6-} \rightleftharpoons [Cu(P_2O_7)]^{2-}+P_2O_7^{4-}$

第二步　　　　$[Cu(P_2O_7)]^{2-}+2e^- \longrightarrow Cu+P_2O_7^{4-}$

总反应为　　　$[Cu(P_2O_7)_2]^{6-}+2e^- \longrightarrow Cu+2P_2O_7^{4-}$

　　焦磷酸盐镀液的阴极电流效率较高。当镀液中游离焦磷酸根含量较低时，阴极电流效率 $\eta_k \approx 100\%$。但当镀液中正磷酸盐含量和游离焦磷酸根含量增高时，阴极电流下降，阴极上也会发生析氢反应：

$$2H_2O+2e^- \longrightarrow H_2\uparrow+2OH^-$$

　　在镀液中加入硝酸根离子，可以提高电镀电流密度上限，但硝酸根在阴极还原降低了阴极电流效率：

$$NO_3^-+7H_2O+8e^- \longrightarrow NH_4^++10OH^-$$

　　反应中生成的 NH_4^+ 能与铜离子络合，促进阳极溶解，使镀层结晶细化并有光泽，但是 NH_4^+ 过多，会产生铜粉，镀层结合力下降。

　　在焦磷酸盐镀铜中，一般采用可溶性的电解铜做阳极，它在足够量的焦磷酸盐存在的情况下，阳极主要发生如下反应：

$$Cu+P_2O_7^{4-} \longrightarrow [Cu(P_2O_7)]^{2-}+2e^-$$

$$[Cu(P_2O_7)]^{2-}+P_2O_7^{4-} \longrightarrow [Cu(P_2O_7)_2]^{6-}+2e^-$$

总反应为：

$$Cu + 2P_2O_7^{4-} \longrightarrow [Cu(P_2O_7)_2]^{6-} + 2e^-$$

除了上述主要反应外，有时会发生阳极的不完全氧化，生成 Cu^+，它水解后又产生铜粉。

在溶液中络合剂量不足时，阳极会发生钝化，并发生析氧反应：

$$4OH^- \longrightarrow O_2\uparrow + 2H_2O + 4e^-$$

(3) 焦磷酸盐镀铜工艺规范

表 13-5 是焦磷酸盐镀液成分及工艺规范。

表 13-5 焦磷酸盐镀液成分及工艺规范

项 目	配方 1	配方 2	配方 3	配方 4	配方 5
焦磷酸铜/(g/L)	70~100	70~100	70~100	50~60	60~80
焦磷酸钾/(g/L)	300~400	300~400	300~400	300~350	300~400
柠檬酸铵/(g/L)	20~25	10~15	—	—	—
酒石酸钾钠/(g/L)	—	—	25~30	—	15~20
氨三乙酸/(g/L)	—	—	20~30	20~30	—
硝酸钾/(g/L)	—	—	15~20	—	—
硝酸铵/(g/L)	—	—	—	—	20~30
氨水/(mL/L)	—	—	2~3	2~3	—
二氧化硒/(g/L)	—	0.008~0.02	0.008~0.02	0.008~0.02	—
2-巯基苯并咪唑/(g/L)	—	0.002~0.004	0.002~0.004	0.002~0.004	0.005
2-巯基苯并噻唑/(g/L)	—	—	—	0.002~0.004	—
pH	8~8.8	8~8.8	8~8.8	8.5~9	7~7.5
$t/℃$	30~50	30~50	30~50	30~40	65~70
电流密度/(A/dm²)	0.8~1.5	2~4	2~4	0.6~1.2	4~6
阳极移动/(次/min)	25~30	25~30	25~30	滚镀	空气搅拌

注：1. 对应的分子式：焦磷酸铜（$Cu_2P_2O_7$），焦磷酸钾（$K_4P_2O_7 \cdot 3H_2O$），柠檬酸铵 [$(NH_4)_2HC_6H_7O_7$]，酒石酸钾钠（$KNaC_4H_4O_6 \cdot 4H_2O$），氨三乙酸 [$N(CH_2COOH)_3$]。

2. 配方 1 用于普通镀铜；配方 2、3 用于光亮镀铜；配方 4 用于滚镀；配方 5 用于快镀。

普通镀铜时，镀液中铜含量一般控制在 20~25g/L 之间。铜含量过高时，阴极极化降低，镀液分散能力下降，镀层较粗糙。镀液中铜含量过低时，允许使用的电流密度下降，镀液整平能力下降，镀层光亮度差。

焦磷酸钾是焦磷酸盐镀铜的络合剂，柠檬酸铵、酒石酸钾钠和氨三乙酸是辅助络合剂，能促进阳极溶解，改善镀液的分散能力，提高电流密度上限，增加镀液 pH 缓冲作用和提高镀层光亮度。以柠檬酸铵效果最好，酒石酸盐或氨三乙酸盐对镀层整平性和光亮度稍差。NH_4^+ 也能与铜络合，并能起调节镀液 pH 的作用，对镀层质量有明显影响。NH_4^+ 浓度过低，镀层粗糙，色泽变暗。NH_4^+ 含量过高时，镀层为暗红色。

2-巯基苯并咪唑和 2-巯基苯并噻唑均为焦磷酸盐镀液的光亮剂。以 2-巯基苯并咪唑效果最好。二氧化硒、亚硒酸钠或亚硒酸钾、亚硒酸铜等为辅助光亮剂，与光亮剂配合使用效果最佳。

13.6 电镀工艺过程中的镀前预处理和镀后处理

电镀工艺过程一般包括电镀前预处理、电镀及镀后处理三个阶段。

(1) 镀前预处理

镀前预处理的目的是为了得到干净新鲜的金属表面，为最后获得高质量镀层作准备。主要进行脱脂、去锈蚀、去灰尘等工作。步骤如下：第一步使表面粗糙度达到一定要求，可通过表面磨光、抛光等工艺方法来实现；第二步去油脱脂，可采用溶剂溶解以及化学、电化学等方法来实现；第三步除锈，可用机械、酸洗以及电化学方法除锈；第四步活化处理，一般在弱酸中侵蚀一定时间进行镀前活化处理。

(2) 镀后处理

① 钝化处理 所谓钝化处理是指在一定的溶液中进行化学处理，在镀层上形成一层坚实致密的、稳定性高的薄膜的表面处理方法。钝化使镀层耐蚀性大大提高并能增加表面光泽和抗污染能力。这种方法用途很广，镀 Zn、Cu 及 Ag 等后，都可进行钝化处理。

② 除氢处理 有些金属如锌，在电沉积过程中，除自身沉积出来外，还会析出一部分氢，这部分氢渗入镀层中，使镀件产生脆性、起泡甚至断裂，称为氢脆。为了消除氢脆，往往在电镀后，使镀件在一定的温度下热处理数小时，称为除氢处理。

【科学视野】

鲜花电镀技术

鲜花具有美丽诱人的色彩，婀娜多姿的形态。然而这一切少则几小时，多则十天半月就要枯萎。为了保持鲜花的结构和优美的造型，可以采用电镀。鲜花经过电镀可以成为永不凋谢的金属饰物。电镀后的鲜花，纤维突出，花瓣硬朗，可以保留鲜花原有的形态和花瓣纹理，长期保留鲜花最娇艳的刹那形态。它比任何人工巧匠雕塑制成的花和模拟的花卉都要生动。如果镀成金花、银花、彩色花等，可作为女士胸饰或家庭、宾馆的装饰。

操作过程如下所述。

1. 工艺流程

选材—预处理—定型—粗化—水洗—氨浸—水洗—浸酸—敏化—水洗—化学镀—水洗—电镀—水洗—干燥。

2. 镀前处理

(1) 挑选完整、美丽的电镀用的花朵，可以带花柄，但花朵不宜过大，花瓣层次不宜太重叠，花瓣要厚实，例如凤兰花等。

(2) 鲜花的保鲜防腐处理：

配方 1：水杨酸 2～3 份，甲醛 1 份，乙醇 115 份，水 2000 份

配方 2：糖 3～10 份，水 97～90 份，硝酸银 50×10^{-6}，8-羟基喹啉硫酸盐 200×10^{-6}。全部配成溶液，把鲜花浸入处理后取出沥干。

(3) 定型：把处理后的鲜花浸在很稀的 CDA 树脂中（CDA 树脂是用有机溶剂溶解 ABS 塑料粉末形成的糊状溶液），保持温度在 20～25℃ 之间，浸泡片刻后取出。在 30～35℃ 之间进行固化，使得鲜花表面形成的 ABS 塑料薄膜的厚度在 0.05～0.1cm 左右（如果厚度不够，可重复上述过程）。

(4) 粗化：粗化液配方 CrO_3 180g/L, H_2SO_4($d=1.84$) 350ml/L。

ABS 塑料是非极性的，它是一种疏水体，为了达到增大镀层的接触面和亲水的目的，

必须进行粗化。由于 ABS 塑料由 A（丙烯腈）、B（丁二烯）、S（苯乙烯）三元共聚而成，其内部结构是由 A 和 S 组分共聚构型，而橡胶状的 B 组分则以球形分散于 S-A 构型中。粗化液中的硫酸将塑料表面的 B 组分蚀刻掉，对 S-A 构型则基本无影响，同时在酸性条件下，氧化剂也可对丁二烯起氧化作用，在塑料表面生成较多的亲水性基团，如羰基 $\left(\begin{array}{c}\diagdown\\\diagup\end{array}C=O\right)$、羟基（—OH）、磺酸基团（—SO$_3$H）等，或使非离子的分子极化。这些极性基团的存在，极大地提高了塑料表面的亲水性，有利于化学结合，从而有利于提高镀层的结合力。铬酐-硫酸粗化液能迅速完全地除去塑料表面的污垢，而且粗化均匀，对塑料表面光洁度及尺寸精度影响都很小。粗化时间与镀层的结合力关系密切，粗化时间太短，镀层的结合力不够；时间太长，镀层的结合力反而下降。

（5）中和：中和的过程包括氨浸和浸酸两步。氨浸的目的是把经上一步粗化并水洗后，镀件表面仍然残留的粗化液彻底去除。因为粗化液呈氧化性，会影响下一步敏化液的效果，甚至导致敏化液失效。而浸酸的目的是因为下一步的敏化液呈酸性，如不浸酸，则可能因为水洗得不彻底而使镀件仍具碱性，从而影响敏化效果。

（6）敏化：敏化液配方 SnCl$_2$ 3.5g/100mL，HCl 10～20mL/100mL。

敏化处理是将粗化过的鲜花置于含有敏化剂的溶液中进行浸泡，在鲜花表面吸附一层易于氧化的 Sn^{2+}。当 Sn^{2+} 的数量较多时，活化后可在鲜花的表面形成较多的活化中心，以获得结合力好、光滑一致的化学镀层；若 Sn^{2+} 的数量太少，活化后鲜花表面形成的活化中心少，化学镀难以进行；若 Sn^{2+} 的数量太多，易使镀层粗糙、疏松，结合力反而下降。敏化在鲜花表面形成的凝胶状的活化中心，不是在敏化液中形成的，而是在下一道工序水洗时产生的，所以敏化效果与鲜花在敏化液中的持续浸泡时间无关，而与敏化剂的酸度、Sn^{2+} 的含量及塑料的结构、塑料表面的粗化度、鲜花本身形状的复杂程度、清洗条件有关。敏化时，要翻动鲜花，使敏化均匀，提高敏化效果。由于敏化剂易失效，故最好现用现配。

3. 化学镀

化学镀银是一种化学还原过程，依靠还原剂的催化还原而连续地沉积银，从而为电镀银创造条件。

（1）化学镀银配方：

银氨溶液：硝酸银 1.6g/100mL，即 KOH 0.8g/100mL，氨水调清。

酒石酸钾钠液：1.5g/100mL，温度：15～20℃，时间：10～15min。

（2）影响因素：镀银液中氨的含量高，化学镀的起始速率降低，但溶液的稳定性和镀层加厚；酒石酸钾钠溶液的浓度增加，镀层的极限厚度下降；溶液的温度过高，则银大量析于溶液中，温度过低，则沉积速率太慢，影响工作效率。理论上讲，化学镀时间增加，可降低电镀后鲜花表面的电阻，但 10～15min 已达要求，再增长电阻降低有限。镀银后如对镀件进行适当的热处理，可进一步提高镀层的结合力。

4. 电镀

镀件在经过镀前处理和化学镀以后，表面附着一层金属导电薄膜，但这层薄膜并不能满足镀件在防腐、装饰和耐磨方面的要求。为此，还要进行电镀。本实验以 KAg(CN)$_2$ 和 KOH 为电镀液主盐，Ag 板为阳极，阴极电流为 2A，于室温下进行电镀。

电镀后的鲜花呈现银白色，美观漂亮，别有特色。如若采用镀金、镀铜、镀镍、镀玫瑰金等，则可得到各种不同的颜色。利用同样的方法也可电镀植物的叶、果实、昆虫和纸等。

【科学家简介】

电化学专家：屠振密教授

如今已 80 高龄的屠振密教授，曾是哈尔滨工业大学电化学专业最早的三名"当家元老"之一。

1. 曲折跌宕的科研路

1952 年，从南开大学化学专业毕业的屠振密被分配到哈尔滨航空工业学校任教，由于学校合并，于 1957 年正式调到哈尔滨工业大学（简称哈工大）化学教研室工作。当时适逢全国各高校要建立一批新专业，哈工大新建了一个火箭燃料专业，屠振密被调到该专业从事火箭推进剂的研究。因工作突出，1958 年他光荣地加入了中国共产党。1959 年，中国从苏联聘请了一批专家帮助中国发展航天事业，要从哈工大、北航、北京工业学院、西工大抽调一批青年教师赴北京向苏联专家学习，屠振密荣幸地被选中。他发自内心地热爱国防事业，希望祖国强大起来，在北京的一年半时间里，屠振密学习非常刻苦，努力把苏联专家传授的尖端技术学到手。本科时学的是英语，他强迫自己在最短的时间内学会俄语。1960 年，屠振密学成后回到哈工大，从事火箭燃料专业的筹备和建设工作。1964 年，哈工大因专业调整，火箭燃料专业下马，屠振密又被调到火箭发动机专业，并正式登上讲台为本科生讲课。他主张教学科研并重，要想搞好教学，必须从事科研工作。这两者是相辅相成的。也许是他的讲课总是蕴含着很多的工厂实践心得，他的课非常生动，学生们从中能学到很多实用的知识。在讲课之余，他一方面编写《液体火箭推进剂》教材，同时建设火箭推进剂实验室，并结合教学和科研阅读了大量国内外文献，还撰写了多篇有关液体火箭推进剂的文章，其中一篇刊登在原五院内部出版的《研究与学习》杂志上。

在科研和教学领域刚刚步入正轨的屠振密教授遇到了人生的"坚冰"时期。1966 年文化大革命开始了，屠振密和其他教师一样，正常的教学科研工作无法开展。1970 年，哈工大部分与国防相关的专业南迁，屠振密被迫放弃原来的专业，被转到基础教研室，选择了电化学专业作为自己新的研究方向。由于对这一领域的陌生，屠振密和工农兵大学生一起到工厂锻炼，了解和学习电化学工程专业的生产和工艺过程。每次去至少都是 3 个月的时间，条件很艰苦，但对他的成长很有帮助，从感性方面学到了很多知识。他笑称为最早的社会实践。这为他后来回到课堂讲课提供了很好的素材和实例。

1976 年，在授课之余，屠振密正式开展电化学专业领域的科研工作。当年，他和一家工厂联合研制的无氰电镀就获得了国家轻工部科技进步三等奖。可谓厚积薄发。

在科研上，屠振密的目光始终瞄准国内甚至是世界电化学领域科研技术的最前沿：20世纪 60～70 年代他投身于无氰电镀的研究；70～80 年代他率先在全国开展"三价铬"电镀研究；80～90 年代他又抓住了锌基合金电镀和脉冲电镀研究作为自己新的研究方向；进入21 世纪，他又开始涉足"电沉积纳米材料"领域。屠振密的英语基础较好，这使他可以经常从互联网上搜寻和捕捉国际上电化学领域研究的最新动向。

1983 年，制糖用电铸筛网项目获得了轻工部科技进步二等奖和国家金奖。此后他的科研工作再未中断过，教学科研硕果累累。由于在科研方面取得的突出成绩，屠振密教授自1990 年开始享受国家政府特殊津贴。至今已发表学术论文 150 余篇，国外杂志论文 10 余篇，国际会议论文 13 篇，其中多篇被 SCI 收录，获得有关表面精饰和电镀合金新工艺方面的省部级科技成果进步奖 14 项，主编、主审专著、教材 9 本，参编专著及手册 7 本，获得国家发明专利 2 项。《电镀工程手册》、《电沉积纳米技术》、《钛及其合金表面处理》的编写工作已排到了明后年的工作日程。

2. 做学问要先学会做人

屠振密教授不仅学问做得很好，更是科技工作者为人处世的楷模。年轻教师无论是谁在工作、生活上遇到困难，他总是给予力所能及的帮助。这种帮助体现在生活上对青年教师的关爱有加，教学业务和科研方面的严格要求。例如，屠振密教授对青年教师传帮带，听完课后总是直言不讳地指出每位青年教师存在的优缺点。

2006 年，电化学专业一名本科生在毕业论文答辩时，成绩不太好。当时在场的几位老师觉得这位学生读了四年书，如果拿不到学位实在太可惜，认为可以放他过去。但屠振密教授坚持从严要求，保持哈工大"规格严格，功夫到家"的优良传统，决定给予这名学生延迟授予学位的决定。

屠振密教授有着淡泊名利的生活观，他把自己多年积累的 16 字箴言送给青年教师们，这就是：规律生活，合理运动，饮食平衡，良好心态。由于他退休较早，在住房、工资待遇方面，比一些博导差了不少，但从不怨天尤人。为人平实朴实，家庭和睦，对朋友对同事都很真诚。生活俭朴，不随时代变迁改变自己的人生理想和价值观。

由于屠振密教授的人品好，在科研上的信誉好，自 1975 年由他率头承担国家航天部的第一个科研项目开始，一直到 2000 年，在 25 年的时间里，他率领课题组里的老中青教师，总是按时保质保量地完成每一项课题，得到了国家航天部的认可，因此每次都得以顺利续签合同。

从参加工作至今已有 60 多个年头了，屠振密教授如今已是桃李满天下。2007 年 7 月 30 日，来自全国各地的学子和《电镀与精饰》、《表面技术》、《材料保护》的总编等 60 多人汇聚哈尔滨共同庆贺屠老 80 寿诞。

我们的大学需要更多像屠老这样的大师。老骥伏枥，志在千里。静水深流，大音稀律。屠老活出了一种精神，一种境界，就像一枝空谷幽兰，无视当今学界的喧嚣浮躁而静静地吐露芳香。愿更多准备投身教学和科研的青年人能像屠老那样学习、生活和工作着，他们终会收获颇丰。

思考练习题

1. 简述金属电镀的基本原理。
2. 金属电镀包括哪些基本步骤？说明其物理意义。
3. 电镀液的化学性质对金属电镀有何影响？
4. 分析碱性镀锌液分散能力差的原因。如何提高氯化钾镀锌液的分散能力？
5. 电极极化作用是如何影响金属电镀质量的？
6. 镀铜工艺有几种？
7. 钢铁件上怎样直接镀铜？
8. 硫酸盐镀铜有几大类？各自的特点和适用范围是什么？
9. 分析焦磷酸盐镀铜用什么样的电源和阳极最合适？
10. 计算以 5A 电流电镀铜 5h，求沉积铜的质量（其电流放率为 100%）？
11. 在电流效率 100% 的情况下，在 $NiSO_4$ 镀液中电镀镍，若在 10min 里镀上 2.5g 的镍，需多大电流？
12. 15A 电流通过硫酸铜镀液 10min，镀件面积为 1500cm²，电流效率 100%，铜的密度为 8.93g/cm³，原子量为 63.54，求镀层平均厚度。

附录1　一些物理化学常数（IUPAC 1988 推荐值）

名　　称	符号	数值和单位	名　　称	符号	数值和单位
理想气体摩尔体积	V_m	$22.41410\pm0.00019 dm^3/mol$ （273.15K，101.3kPa） $22.71108\pm0.00019 dm^3/mol$ （273.15K，100kPa）	Planck 常数 真空光速 电子电荷 电子质量	h c_0 e m_e	$6.6260755(40)\times10^{-34}J\cdot s$ $299792458 m/s$ $1.60217733(49)\times10^{-19}C$ $9.1093897(54)\times10^{-31}kg$
标准压力	$p^\ominus$	$1bar=10^5Pa$	Rydberg 常数	R_∞	$10973731.534(13)/m$
摩尔气体常数	R	$8.314510(70)J/(mol\cdot K)$	Bohr 半径	a_0	$5.29177249(24)\times10^{-11}m$
Boltzman 常数	k	$1.380658(12)\times10^{-23}J/K$	Bohr 磁子	μ_B	$9.2740154(31)\times10^{-24}J/T$
Avogadro 常数	N_A	$6.0221367(36)\times10^{23}/mol$	真空电容率	ε_0	$8.854187816\times10^{-12}F/m$
水的三相点	$T_{tp}(H_2O)$	$273.16K$	原子质量常量	m_u	$1.6605402(10)\times10^{-27}kg=$
水的沸点	$t_b(H_2O)$	$99.975℃（1990.1.1）$	$\frac{1}{12}m(^{12}C)$		$1u$
Faraday 常数	F	$9.6485309(29)\times10^4C/mol$			

附录2　几种气体在水中的溶解度［在标准状况下 $1cm^3$ 水中溶解气体的体积（cm^3）］

气　体	温度 $t/℃$						
	0	10	20	30	40	50	60
氢	0.0215	0.0198	0.0184	0.0170	0.0164	0.0161	0.0160
氮	0.0236	0.0190	0.0160	0.0140	0.0125	0.0113	0.0102
空气	0.0288	0.0226	0.0187	0.0161	0.0142	0.0130	0.0122
氧	0.049	0.038	0.031	0.025	0.023	0.021	0.019

附录3　甘汞电极相对标准氢电极的电极电位

单位：V

$t/℃$	KCl 溶液的浓度		
	0.1mol/L	1mol/L	饱和溶液 4.1mol/L
0	0.3380	0.2888	0.2601
5	0.3377	0.2876	0.2568
10	0.3374	0.2864	0.2536
15	0.3371	0.2852	0.2503
20	0.3368	0.2840	0.2471
21	0.3367	0.2838	0.2464
22	0.3367	0.2835	0.2458
23	0.3366	0.2833	0.2451
24	0.3366	0.2830	0.2445
25	0.3365	0.2828	0.2438
30	0.3362	0.2816	0.2405
34	0.3360	0.2806	0.2379
40	0.3356	0.2792	0.2340
44	0.3354	0.2782	0.2314
50	0.3350	0.2768	0.2275

附录4 线性极化技术中 B 的文献值（摘录）

腐 蚀 体 系	B/mV	腐 蚀 体 系	B/mV
Fe/10% H_2SO_4	43	SS304/3% NaCl	21.7
碳钢/0.5mol/L H_2SO_4	12	Cu,Cu-Ni 合金,黄铜/海水	17.4
不锈钢/0.5mol/L H_2SO_4	约18	碳钢,不锈钢/水(pH=7,250℃)	20～25
Fe/0.2mol/L HCl	30	碳钢,SS304/水(298℃)	20.9～24.2
Fe/HCl＋H_2SO_4(缓蚀剂)	11～21	Cr-Ni 不锈钢/Fe^{3+}/Fe^{2+}(缓蚀剂)	约52
Fe/0.4% NaCl(pH=1.5)	17.2	Cr-Ni 不锈钢/$FeCl_3$ 和 $FeSO_4$	约52
钢铁/海水	25	Fe/有机酸	90
Al/海水	18.2	Fe/中性溶液	75
Al,Cu,软铁/海水	5.5	软钢/0.02mol/L H_3PO_4＋缓蚀剂	16～21
Cu/3% NaCl	31		

附录5 水的饱和蒸气压

温度/℃	水的饱和蒸气压/kPa	温度/℃	水的饱和蒸气压/kPa
0	0.610	23	2.808
1	0.657	24	2.983
2	0.706	25	3.167
3	0.758	26	3.360
4	0.813	27	3.564
5	0.872	28	3.779
6	0.935	29	4.005
7	1.001	30	4.242
8	1.072	31	4.492
9	1.148	32	4.754
10	1.228	33	5.029
11	1.312	34	5.318
12	1.402	35	5.622
13	1.497	36	5.940
14	1.598	37	6.274
15	1.705	38	6.624
16	1.817	39	6.991
17	1.397	40	7.375
18	2.063	41	7.777
19	2.196	42	8.198
20	2.337	43	8.638
21	2.486	44	9.099
22	2.643		

附录 6 酸性溶液中的标准电极电位 $E^{\ominus}$（298K）

电极材料	电 极 反 应	$E^{\ominus}$/V(vs. SHE)
Ag	$AgBr + e^- \rightleftharpoons Ag + Br^-$	+0.07133
	$AgCl + e^- \rightleftharpoons Ag + Cl^-$	+0.2223
	$Ag_2CrO_4 + 2e^- \rightleftharpoons 2Ag + CrO_4^{2-}$	+0.4470
	$Ag^+ + e^- \rightleftharpoons Ag$	+0.7996
Al	$Al^{3+} + 3e^- \rightleftharpoons Al$	−1.662
As	$HAsO_2 + 3H^+ + 3e^- \rightleftharpoons As + 2H_2O$	+0.248
	$H_3AsO_4 + 2H^+ + 2e^- \rightleftharpoons HAsO_2 + 2H_2O$	+0.560
Bi	$BiOCl + 2H^+ + 3e^- \rightleftharpoons Bi + 2H_2O + Cl^-$	+0.1583
	$BiO^+ + 2H^+ + 3e^- \rightleftharpoons Bi + H_2O$	+0.320
Br	$Br_2 + 2e^- \rightleftharpoons 2Br^-$	+1.066
	$BrO_3^- + 6H^+ + 5e^- \rightleftharpoons 1/2Br_2 + 3H_2O$	+1.482
Ca	$Ca^{2+} + 2e^- \rightleftharpoons Ca$	−2.868
Cl	$ClO_4^- + 2H^+ + 2e^- \rightleftharpoons ClO_3^- + H_2O$	+1.189
	$Cl_2 + 2e^- \rightleftharpoons 2Cl^-$	+1.358
	$ClO_3^- + 6H^+ + 6e^- \rightleftharpoons Cl^- + 3H_2O$	+1.451
	$ClO_3^- + 6H^+ + 5e^- \rightleftharpoons 1/2Cl_2 + 3H_2O$	+1.47
	$HClO + H^+ + e^- \rightleftharpoons 1/2Cl_2 + H_2O$	+1.611
	$ClO_3^- + 3H^+ + 2e^- \rightleftharpoons HClO_2 + H_2O$	+1.214
	$ClO_2 + H^+ + e^- \rightleftharpoons HClO_2$	+1.277
	$HClO_2 + 2H^+ + 2e^- \rightleftharpoons HClO + H_2O$	+1.645
Co	$Co^{3+} + e^- \rightleftharpoons Co^{2+}$	+1.83
Cr	$Cr_2O_7^{2-} + 14H^+ + 6e^- \rightleftharpoons 2Cr^{3+} + 7H_2O$	+1.232
Cu	$Cu^{2+} + e^- \rightleftharpoons Cu^+$	+0.153
	$Cu^{2+} + 2e^- \rightleftharpoons Cu$	+0.3419
	$Cu^+ + e^- \rightleftharpoons Cu$	+0.522
Fe	$Fe^{2+} + 2e^- \rightleftharpoons Fe$	−0.447
	$Fe(CN)_6^{3-} + e^- \rightleftharpoons Fe(CN)_6^{4-}$	+0.358
	$Fe^{3+} + e^- \rightleftharpoons Fe^{2+}$	+0.771
H	$2H^+ + e^- \rightleftharpoons H_2$	0.0000
Hg	$Hg_2Cl_2 + 2e^- \rightleftharpoons 2Hg + 2Cl^-$	+0.281
	$Hg_2^{2+} + 2e^- \rightleftharpoons 2Hg$	+0.7973
	$Hg^{2+} + 2e^- \rightleftharpoons Hg$	+0.851
	$2Hg^{2+} + 2e^- \rightleftharpoons Hg_2^{2+}$	+0.920

电极材料	电 极 反 应	$E^{\ominus}/V$(vs. SHE)
I	$I_2 + 2e^- \Longrightarrow 2I^-$	$+0.5355$
	$I_3^- + 2e^- \Longrightarrow 3I^-$	$+0.536$
	$IO_3^- + 6H^+ + 5e^- \Longrightarrow 1/2I_2 + 3H_2O$	$+1.195$
	$HIO + H^+ + e^- \Longrightarrow 1/2I_2 + H_2O$	$+1.439$
K	$K^+ + e^- \Longrightarrow K$	$+2.931$
Mg	$Mg^{2+} + 2e^- \Longrightarrow Mg$	-2.372
Mn	$Mn^{2+} + 2e^- \Longrightarrow Mn$	-1.185
	$MnO_4^- + e^- \Longrightarrow MnO_4^{2-}$	$+0.558$
	$MnO_2 + 4H^+ + 2e^- \Longrightarrow Mn^{2+} + 2H_2O$	$+1.224$
	$MnO_4^- + 8H^+ + 5e^- \Longrightarrow Mn^{2+} + 4H_2O$	$+1.507$
	$MnO_4^- + 4H^+ + 3e^- \Longrightarrow MnO_2 + 2H_2O$	$+1.679$
Na	$Na^+ + e^- \Longrightarrow Na$	-2.71
N	$NO_3^- + 4H^+ + 3e^- \Longrightarrow NO + 2H_2O$	$+0.957$
	$2NO_3^- + 4H^+ + 2e^- \Longrightarrow N_2O_4 + 2H_2O$	$+0.803$
	$HNO_2 + H^+ + e^- \Longrightarrow NO + H_2O$	$+0.983$
	$N_2O_4 + 4H^+ + 4e^- \Longrightarrow 2NO + 2H_2O$	$+1.035$
	$NO_3^- + 3H^+ + 2e^- \Longrightarrow HNO_2 + H_2O$	$+0.934$
	$N_2O_4 + 2H^+ + 2e^- \Longrightarrow 2HNO_2$	$+1.065$
O	$O_2 + 2H^+ + 2e^- \Longrightarrow H_2O_2$	$+0.695$
	$H_2O_2 + 2H^+ + 2e^- \Longrightarrow 2H_2O$	$+1.776$
	$O_2 + 4H^+ + 4e^- \Longrightarrow 2H_2O$	$+1.229$
P	$H_3PO_4 + 2H^+ + 2e^- \Longrightarrow H_3PO_3 + H_2O$	-0.276
Pb	$PbI_2 + 2e^- \Longrightarrow Pb + 2I^-$	-0.365
	$PbSO_4 + 2e^- \Longrightarrow Pb + SO_4^{2-}$	-0.3588
	$PbCl_2 + 2e^- \Longrightarrow Pb + 2Cl^-$	-0.2675
	$Pb^{2+} + 2e^- \Longrightarrow Pb$	-0.1262
	$PbO_2 + 4H^+ + 2e^- \Longrightarrow Pb^{2+} + 2H_2O$	$+1.455$
	$PbO_2 + SO_4^{2-} + 4H^+ + 2e^- \Longrightarrow PbSO_4 + 2H_2O$	$+1.6913$
S	$H_2SO_3 + 4H^+ + 4e^- \Longrightarrow S + 3H_2O$	$+0.449$
	$SO_4^{2-} + 4H^+ + 2e^- \Longrightarrow H_2SO_3 + H_2O$	$+0.172$
	$S_4O_6^{2-} + 2e^- \Longrightarrow 2S_2O_3^{2-}$	$+0.08$
	$S_2O_8^{2-} + 2e^- \Longrightarrow 2SO_4^{2-}$	$+2.010$
Sb	$Sb_2O_3 + 6H^+ + 6e^- \Longrightarrow 2Sb + 3H_2O$	$+0.152$
	$Sb_2O_5 + 6H^+ + 4e^- \Longrightarrow 2SbO^+ + 3H_2O$	$+0.581$
Sn	$Sn^{4+} + 2e^- \Longrightarrow Sn^{2+}$	$+0.151$
V	$V(OH)_4^+ + 4H^+ + 5e^- \Longrightarrow V + 4H_2O$	-0.254
	$VO^{2+} + 2H^+ + e^- \Longrightarrow V^{3+} + H_2O$	$+0.337$
	$V(OH)_4^+ + 2H^+ + e^- \Longrightarrow VO^{2+} + 3H_2O$	$+1.00$
Zn	$Zn^{2+} + 2e^- \Longrightarrow Zn$	-0.7628
Ti	$Ti^{2+} + 2e^- \Longrightarrow Ti$	-1.628
	$Ti^{3+} + 3e^- \Longrightarrow Ti$	-1.37

附录 7　碱性溶液中的标准电极电位 $E^{\ominus}$（298K）

电极材料	电 极 反 应	$E^{\ominus}/V$(vs. SHE)
Ag	$Ag_2S+2e^-\rightleftharpoons 2Ag+S^{2-}$	-0.691
	$Ag_2O+H_2O+2e^-\rightleftharpoons 2Ag+2OH^-$	$+0.342$
Al	$H_2AlO_3^-+H_2O+3e^-\rightleftharpoons Al+4OH^-$	-2.33
As	$AsO_2^-+2H_2O+3e^-\rightleftharpoons As+4OH^-$	-0.68
	$BrO_3^-+3H_2O+6e^-\rightleftharpoons Br^-+6OH^-$	$+0.61$
Br	$BrO^-+H_2O+2e^-\rightleftharpoons Br^-+2OH^-$	$+0.761$
	$ClO_3^-+H_2O+2e^-\rightleftharpoons ClO_2^-+2OH^-$	$+0.33$
Cl	$ClO_4^-+H_2O+2e^-\rightleftharpoons ClO_3^-+2OH^-$	$+0.36$
	$ClO_2^-+H_2O+2e^-\rightleftharpoons ClO^-+2OH^-$	$+0.66$
	$ClO^-+H_2O+2e^-\rightleftharpoons Cl^-+2OH^-$	$+0.81$
Co	$Co(OH)_2+2e^-\rightleftharpoons Co+2OH^-$	-0.73
	$Co(NH_3)_6^{3+}+e^-\rightleftharpoons Co(NH_3)_6^{2+}$	$+0.108$
	$Co(OH)_3+e^-\rightleftharpoons Co(OH)_2+OH^-$	$+0.17$
Cr	$Cr(OH)_3+3e^-\rightleftharpoons Cr+3OH^-$	-1.48
	$CrO_2^-+2H_2O+3e^-\rightleftharpoons Cr+4OH^-$	-1.2
	$CrO_4^{2-}+4H_2O+3e^-\rightleftharpoons Cr(OH)_3+5OH^-$	-0.13
Cu	$Cu_2O+H_2O+2e^-\rightleftharpoons 2Cu+2OH^-$	-0.360
Fe	$Fe(OH)_3+e^-\rightleftharpoons Fe(OH)_2+OH^-$	-0.56
H	$2H_2O+2e^-\rightleftharpoons H_2+2OH^-$	-0.8277
Hg	$HgO+H_2O+2e^-\rightleftharpoons Hg+2OH^-$	$+0.0977$
I	$IO_3^-+3H_2O+6e^-\rightleftharpoons I^-+6OH^-$	$+0.26$
	$IO^-+H_2O+2e^-\rightleftharpoons I^-+2OH^-$	$+0.485$
Mg	$Mg(OH)_2+2e^-\rightleftharpoons Mg+2OH^-$	-2.690
Mn	$Mn(OH)_2+2e^-\rightleftharpoons Mn+2OH^-$	-1.56
	$MnO_4^-+2H_2O+3e^-\rightleftharpoons MnO_2+4OH^-$	$+0.595$
N	$NO_3^-+H_2O+2e^-\rightleftharpoons NO_2^-+2OH^-$	$+0.01$
O	$O_2+2H_2O+4e^-\rightleftharpoons 4OH^-$	$+0.401$
S	$S+2e^-\rightleftharpoons S^{2-}$	-0.47627
	$SO_4^{2-}+H_2O+2e^-\rightleftharpoons SO_3^{2-}+2OH^-$	-0.93
	$2SO_3^{2-}+3H_2O+4e^-\rightleftharpoons S_2O_3^{2-}+6OH^-$	-0.571
	$S_4O_6^{2-}+2e^-\rightleftharpoons 2S_2O_3^{2-}$	$+0.08$
Sb	$SbO_2^-+2H_2O+3e^-\rightleftharpoons Sb+4OH^-$	-0.66
Sn	$Sn(OH)_6^{2-}+2e^-\rightleftharpoons HSnO_2^-+H_2O+3OH^-$	-0.93
	$HSnO_2^-+H_2O+2e^-\rightleftharpoons Sn+3OH^-$	-0.909

附录8　清除各种金属腐蚀产物的化学方法

材　料	溶　液	时　间	温度	备　注
铝合金	70% HNO$_3$	2～3min	室温	随后轻轻擦洗
	20% CrO$_3$,5% H$_3$PO$_4$ 溶液	10min	79～85℃	用于氧化膜不溶于 HNO$_3$ 的情况，随后仍用 70% HNO$_3$ 处理
铜及其合金	15%～20% HCl	2～3min	室温	随后轻轻擦洗
	5%～10% H$_2$SO$_4$	2～3min	室温	随后轻轻擦洗
铅及其合金	10%醋酸	10min	沸腾	随后轻轻擦洗,可除去 PbO
	5%醋酸铵		热	随后轻轻擦洗,可除去 PbO
	80g/L NaOH,50g/L 甘露醇,0.62g/L 硫酸肼	30min 或至清除为止	沸腾	随后轻轻擦洗
铁和钢	20% HCl 或 H$_2$SO$_4$＋有机缓蚀剂	几分钟	30～40℃	橡皮擦,刷子刷
	20% NaOH＋10%锌粉	5min	沸腾	
	浓 HCl,50g/L SnCl$_2$＋20g/L SbCl$_2$	清除为止	室温	溶液应搅拌
镁及其合金	15% CrO$_3$,1% Ag CrO$_4$ 溶液	15min	沸腾	
镍及其合金	15%～20% HCl	清除为止	室温	
	10% H$_2$SO$_4$	清除为止	室温	
锡及其合金	15%Na$_3$PO$_4$	10min	沸腾	随后轻轻擦洗
锌	10% NH$_4$Cl 然后用 5% CrO$_3$,1% AgNO$_3$ 溶液	5min 20s	室温 沸腾	随后轻轻擦洗
	饱和醋酸铵	清除为止	室温	随后轻轻擦洗
	100g/L NaCN	15min	室温	

参 考 文 献

[1] 刘宝俊. 材料的腐蚀及其控制. 北京：北京航空航天大学出版社，1989.
[2] 黄永昌. 金属腐蚀与防护原理. 上海：上海交通大学出版社，1989.
[3] 曹楚南. 腐蚀电化学. 北京：化学工业出版社，1994.
[4] E. 马特松著. 黄建中等译. 腐蚀基础. 北京：冶金工业出版社，1990.
[5] 王凤平，朱再明，李杰兰. 材料保护实验. 北京：化学工业出版社，2005.
[6] 小若正伦著. 金属的腐蚀破坏与防蚀技术. 袁宝林等译. 北京：化学工业出版社，1988.
[7] H. H. Uhlig. Corrosion and Corrosion Control. 2nd ed. New York：John Wiley & Sons，1971.
[8] 涂湘湘. 实用防腐蚀工程施工手册. 北京：化学工业出版社，2000.
[9] 魏宝明. 金属腐蚀理论及应用. 北京：化学工业出版社，1984.
[10] 钱苗根，姚寿山，张少宗. 现代表面技术. 北京：机械工业出版社，2000.
[11] 刘秀晨，安成强. 金属腐蚀学. 北京：国防工业出版社，2002.
[12] 陈鸿海. 金属腐蚀学. 北京：北京工业大学出版社，1995.
[13] 张宝宏，丛文博，杨萍. 金属电化学腐蚀与防护. 北京：化学工业出版社，2005.
[14] 刘永辉. 电化学测试技术. 北京：北京航空航天大学出版社，1987.
[15] 贾铮，戴长松，陈玲. 电化学测量方法. 北京：化学工业出版社，2006.
[16] 宋诗哲. 腐蚀电化学研究方法. 北京：化学工业出版社，1988.
[17] 张天胜. 缓蚀剂. 北京：化学工业出版社，2002.
[18] 唐丽娜，王凤平，朱永春. 硬脂酸钠在油/水界面自组装膜的电化学研究. 电化学，2006，12（3）：324～328.
[19] 杨学耕，陈慎豪，马厚义等. 金属表面自组装缓蚀功能分子膜. 化学进展，2003，15（2）：123～128.
[20] 徐桂英，王凤平，唐丽娜. 镁合金阳极在氯化钠溶液中电偶腐蚀的电化学振荡行为. 辽宁师范大学学报，2007，30（4）：62～64.
[21] 吴鹏，王凤平. 不同波形电流对 AZ91D 镁合金电镀铜的影响. 电镀与涂饰. 2008，27（1）：12.
[22] Tang Lina，Wang Fengping. Electrochemical Evaluation of Allyl Thiourea Layers on Copper Surface. *Corrosion Science*. 2008，50（4）：1156～1160.
[23] 胡传晰. 表面前处理手册. 北京：化学工业出版社，1988.
[24] 王凤平，严川伟，张学元，杜元龙. 石英晶体微天平（QCM）及其在大气腐蚀研究中的应用. 化学通报，2001，64（6）：382～387.
[25] 司云森，杨显万. 电化学极化过程实验数据处理分析的研究. 昆明理工大学理学学报（理工版）. 2003，28（1）：164～167.
[26] 王凤平，李晓刚，李明等. 316L 不锈钢法兰腐蚀失效分析试验与防护对策研究. 腐蚀科学与防护技术，2003，15（3）：180～183.
[27] 王凤平，唐丽娜. 比利时科学家布拜生平. 化学教育，2007，（4）：76～77.
[28] 曹楚南. 悄悄进行的破坏——金属腐蚀. 北京：清华大学出版社，广州：暨南大学出版社，2000.
[29] 王凤平，杜元龙，张学元. 二氧化碳腐蚀防护对策研究. 腐蚀与防护. 1997，18（3）：8～11.
[30] W. V. 贝克曼，W. 施文克，W. 普林兹著. 阴极保护手册. 胡士信等译. 北京：化学工业出版社，2005.
[31] 宋日海，郭忠诚，樊爱民，龙晋明. 牺牲阳极材料的研究现状. 腐蚀科学与防护技术，2004，16（1）：24～28.
[32] 郭鹤桐，陈建勋，刘淑兰. 电镀工艺学. 天津：天津科学技术出版社，1985.
[33] 表面处理工艺手册编委会. 表面处理工艺手册. 上海：上海科学技术出版社，1991.
[34] 陈一虎. 鲜花电镀. 苏州教育学院学报，2003，20（1）：69～70.
[35] 张鉴清. 电化学测试技术. 北京：北京工业大学出版社，2010.

主 题 索 引

（中文以汉语拼音为序）